Géographie humaine

QUESTIONS ET LIEUX
DU MONDE CONTEMPORAIN

Sous la direction de
Jean-Paul Charvet **Michel Sivignon**

Francis Beaucire
François Bost
Guy Di Méo
Monique Poulot
Gérard Salem
Thérèse Saint-Julien
Pierre Zembri

Géographie humaine

Questions et enjeux du monde contemporain

ARMAND COLIN

Les auteurs

Francis Beaucire, professeur à l'université de Cergy-Pontoise

François Bost, maître de conférences à l'université Paris-X-Nanterre

Jean-Paul Charvet, professeur à l'université Paris-X-Nanterre

Guy Di Méo, professeur à l'université Bordeaux-III

Monique Poulot, maître de conférences à l'université Paris-X-Nanterre

Gérard Salem, professeur à l'université Paris-X-Nanterre (avec la collaboration de Stéphane Rican, chargé de cours à l'université Paris-X)

Michel Sivignon, professeur émérite à l'université Paris-X-Nanterre

Thérèse Saint-Julien, professeur à l'université Paris-I-Panthéon-Sorbonne

Pierre Zembri, maître de conférences à l'université de Cergy-Pontoise

Les auteurs remercient Anne-Marie Barthélemy et Marianne Lanusse pour la réalisation des cartes.

Illustration de couverture :
Honjingd Onglu à Shanghai (Chine)
© G. Boutin/Hoaqui

ISBN 2-200-25272-2

ARMAND COLIN • 21, RUE DU MONTPARNASSE • 75006 PARIS

Sommaire

Avant-propos

La rédaction de cet ouvrage repose sur la conviction que la géographie est à même d'éclairer de façon à la fois originale et utile la plupart des grands enjeux et des grands problèmes du monde contemporain. Le titre retenu, *Géographie humaine, questions et enjeux du monde contemporain*, fait référence aux interrogations du monde d'aujourd'hui, qui sont abordées sous l'angle propre de la géographie humaine. Pour nous, la géographie humaine, au sens classique, englobe aussi bien la géographie économique, la géographie sociale que la géographie culturelle.

La géographie humaine s'oppose à la géographie physique dont elle est le complément. Lorsqu'on se place du point de vue de la géographie physique, on prend en compte les résultats de l'action de l'homme comme un des éléments parmi d'autres dans l'explication de l'évolution des milieux physiques de notre planète. Par exemple, l'étude des formations végétales du Bassin méditerranéen par un spécialiste de géographie physique tient nécessairement compte du fait que les activités agricoles modifient ces formations végétales depuis au moins huit millénaires.

En revanche, lorsqu'on se place du point de vue de la géographie humaine, on prend en compte l'influence du milieu physique comme un des éléments parmi d'autres dans l'explication des formes d'aménagement de la planète par les sociétés humaines. Par exemple, l'étude de la mise en valeur agricole du même Bassin méditerranéen par un spécialiste de géographie humaine le conduira à examiner le poids des contraintes climatiques et écologiques dans la répartition des diverses cultures et à confronter ce poids avec d'autres facteurs sociaux et économiques.

L'approche de la géographie humaine peut aider, à sa manière, à mieux comprendre les inégalités devant la maladie ou la mort, devant la pauvreté ou la richesse ou devant l'accès aux ressources alimentaires ainsi qu'à différents équipements et services. Les compétitions entre territoires qui s'expriment dans le cadre de la mondialisation au travers des délocalisations et des relocalisations d'activités économiques, les transformations rapides des systèmes urbains et des réseaux de transport sont de façon encore plus immédiatement évidente passibles d'un regard géographique. De leur côté, les domaines culturels et politiques gagnent à être envisagés sous un angle spatial ou territorial.

Toutes ces questions débouchent dans bien des cas, à différentes échelles, sur des problèmes d'aménagement.

La démarche du géographe se fonde sur une curiosité pour notre environnement qui appartient à tous les hommes depuis leur enfance. Il existe une géographie spontanée où se logent les souvenirs des lieux où nous avons vécu. C'est sur ce fondement que sont nés le souci de se situer, celui de savoir ce qui se passe au delà de notre horizon familier et finalement de connaître les bornes de la terre. On est passé de cette façon de l'expérience sensible à la connaissance scientifique.

Traiter de tout un ensemble de grandes questions suppose que les principaux termes du vocabulaire géographique tels ceux de milieu ou d'environnement, ceux d'espace, de territoire, de région ou ceux de contraintes ou de ressources soient définis avec une précision suffisante afin de pouvoir être employés à bon escient dans les analyses.

C'est à quoi s'emploient les deux premiers chapitres de cet ouvrage, le premier intitulé « La géographie spontanée, le paysage et la carte » et le second, « Les notions centrales de la géographie ». Ils définissent et éclaircissent les concepts de base, ceux qui reviennent sans cesse sous la plume des géographes et fondent l'originalité de leur approche. Très souvent, milieu, espace, région, paysage, territoire, peuvent apparaître comme à peu près équivalents et interchangeables, commodes pour varier le vocabulaire. Pour éviter ce travers, ces termes très communs doivent être définis en eux mêmes et aussi les uns par rapport aux autres.

Le troisième chapitre est consacré à la géographie du peuplement et des populations ainsi qu'à la géographie de la santé. L'analyse de la répartition des densités de population ou des écarts d'espérances de vie ne manque pas d'apporter des éléments de réflexion importants sur des questions majeures de notre époque tels le développement durable ou les relations Nord-Sud. Quant à la géographie de la santé, elle apparaît particulièrement révélatrice non seulement des inégalités sociales, mais aussi des modes de gestion des territoires et des mobilités des populations. Comme la plupart des autres thèmes abordés dans les chapitres suivants, elle amène à poser des problèmes très concrets d'aménagement du territoire et d'agencement territorial optimal des services auxquels peuvent s'adresser les populations.

Le quatrième chapitre traite du fractionnement du monde en aires culturelles et entités politiques. Comment ne pas être frappé au moment où les échanges de toute sorte apparaissent de plus en plus mondialisés, au moment où les menaces qui pèsent sur les équilibres écologiques s'exercent de plus en plus à un niveau global, et en tout cas très souvent transfrontalier, de la fragmentation politique très marquée du monde dans lequel nous vivons.

Dans le même temps où l'on assiste à la construction d'entités politiques plus vastes telle l'Union européenne, on ne peut que constater la réémergence dans différentes parties du globe de luttes et de conflits de nature tribale. La mosaïque culturelle du monde repose principalement sur celle des religions et sur celle des langues. Elles servent elles-mêmes de support aux morcellements politiques. Or États et nations ont souvent du mal à coïncider comme on peut le constater en ex-Yougoslavie ou en Asie centrale ex-soviétique. Il y a là un vaste champ pour des analyses géographiques, ce que traduit la complexité des cartes que l'on peut dresser. Bien des populations se trouvent confrontées à un enjeu territorial de base : vivre ensemble sur un même territoire ou se séparer ?

Le cinquième chapitre, « Richesse et pauvreté : esquisse d'une géographie sociale du monde » souligne la répartition très inégale des richesses de tous ordres entre les hommes de l'échelle mondiale à l'échelle régionale ou locale. Richesse et pauvreté permettent ainsi de qualifier des espaces géographiques plus ou moins étendus. Il s'agit plus précisément de voir ce que peuvent nous apporter les analyses de la répartition géographique et des formes spatiales de la richesse et de la pauvreté sur les sociétés qui les produisent. Alors que le rôle des fatalités « naturelles » doit être très fortement relativisé les analyses conduites par les géographes ne manquent pas d'apporter d'utiles éléments de réflexion à une question fondamentale : pourquoi des riches ici et pourquoi des pauvres là ? Deux échelles géographiques ont été privilégiées : l'échelle locale ou micro-régionale qui est donc celle d'une géographie sociale et celle d'aires beaucoup plus étendues qui permet de passer à une géographie du développement.

Dans le sixième chapitre, « Les villes entre réseaux et territoires », l'analyse des évolutions récentes des villes conduit à réfléchir au passage du modèle traditionnel de la ville à de nouvelles entités urbaines. L'essor des régions urbaines et des archipels métropolitains, l'étalement et l'omniprésence de l'urbain amènent à poser les questions d'une réinvention de la ville ainsi que celle d'une ville fonctionnant « à la carte ». Ces évolutions ont été accompagnées d'autres évolutions intéressant les relations entre division sociale et division fonctionnelle à l'intérieur des villes. À plus petite échelle, elles conduisent à s'interroger sur les conditions nouvelles dans lesquelles s'opère de nos jours la mise en réseau des lieux grâce aux villes et aux systèmes de villes.

La question des dynamiques contrastées des agricultures et des espaces ruraux est abordée dans un septième chapitre. Les problèmes qui se posent ne sont en fait pas les mêmes selon les échelles géographiques auxquelles on se place. À l'échelle de la planète entière, il est clair que la nécessité d'accroître toujours davantage — quantitativement — la production agricole demeure une obligation et un enjeu majeurs. Or face à une croissance soutenue de la demande, l'accroissement de l'offre ne provient plus aujourd'hui pour l'essentiel que d'un accroissement des rendements par hectare, ce qui ne manque pas de poser de redoutables problèmes de gestion de l'environnement et en particulier de gestion de l'eau. Parallèlement, les énormes écarts de productivité par unité de main d'œuvre qui existent aujourd'hui et qui ne font que se creuser posent le vaste problème de la mise en compétition des espaces agricoles les uns avec les autres à l'échelle planétaire: les réflexions sur les spécialisations agricoles régionales et sur les politiques agricoles sont à mener de pair. À l'échelle des pays riches et plus particulièrement de l'Union européenne, l'objectif n'est plus aujourd'hui d'augmenter toujours davantage la production sur le plan quantitatif, mais de l'améliorer sur le plan qualitatif, ce qui conduit entre autres à une renaissance des terroirs. Le lien qui est établi entre une production agricole donnée et un territoire particulier relève tout à fait du domaine des analyses géographiques. À l'échelle mondiale, les campagnes des pays riches et celles des pays pauvres se trouvent confrontées à des problèmes et enjeux profondément différents, et à l'intérieur de ces deux grands ensembles, les contrastes apparaissent de plus en plus marqués.

Le huitième chapitre porte sur la localisation des activités économiques. Les logiques de localisation des activités économiques ont beaucoup évolué en relation avec la mondialisation de l'économie. Après s'être surtout intéressés aux localisations des productions agricoles, puis à celles des activités industrielles, les géographes s'intéressent de plus en plus de nos jours — en relation avec la tertiarisation de plus en plus poussée des économies qui fait parfois parler pour les pays riches de sociétés « post-industrielles » — aux localisations des activités tertiaires. Avec la mondialisation économique, les combinaisons de facteurs qui rendent compte des localisations d'activités agricoles, industrielles ou tertiaires ont évolué de façon très significative. Les réseaux de production et d'information se sont multipliés. De nouvelles logiques de localisation (et de délocalisation), de nouvelles stratégies territoriales sont développées à différentes échelles par les firmes et en particulier par les firmes transnationales, ce qui conduit les géographes à s'interroger sur de nouveaux agencements de l'organisation de l'espace, en relation en particulier avec la « révolution des transports ». Ces mutations apparaissent plus marquées pour les activités « spécifiques » que pour les activités « banales ». Parallèlement, l'essor du tourisme qui a marqué les dernières décennies du XXe siècle constitue, avec ses impacts sociaux et territoriaux, un autre domaine d'étude important pour les géographes.

Dans le chapitre 9, qui traite des transports et des réseaux, sont abordés les effets d'une mobilité de plus en plus généralisée des hommes, des marchandises et des informations. Les différentes composantes de la « révolution des transports » et les performances toujours plus remarquables des différents modes de transport transforment de plus en plus notre vie quotidienne, au point que tout blocage temporaire du fonctionnement d'un réseau est désormais susceptible d'entraîner une gêne réelle. Les réflexions développées dans ce chapitre sont fondées sur les inter-relations multiples qui existent entre réseaux de transport et territoires. Ceci permet de mettre en évidence les complémentarités toujours plus marquées qui existent entre modes de transport au point que les articulations entre modes de transport ont tendance à devenir aujourd'hui au moins aussi importantes que les réseaux eux-mêmes. En témoigne le rôle tenu désormais par les chaînes multimodales de transport dans le fonctionnement des systèmes productifs et dans l'aménagement du territoire.

Le dixième et dernier chapitre, qui sert en quelque sorte de conclusion à l'ensemble de l'ouvrage, aborde les aménagements des territoires. Il illustre les voies multiples, anciennes ou beaucoup plus récentes, de passage de la réflexion géographique sur les territoires à l'action sur les territoires. Les formes d'aménagement de l'espace géographique par les sociétés humaines sont aussi nombreuses que variées. Elles sont repérables à toutes les échelles géographiques, depuis l'échelle locale jusqu'à celle des aménagements de grande envergure qui traduisent les interventions programmées des pouvoirs publics pour protéger un espace, pour le mettre en valeur ou pour relier entre eux des hommes et des espaces grâce à des infrastructures organisées en réseaux. De plus en plus les aménagements globaux apparaissent privilégiés par rapport aux aménagements sectoriels. Qu'il s'agisse d'aménagement urbain ou d'aménagement rural, schémas et zonages constituent des outils privilégiés de l'aménagement. Les évolutions de l'aménagement rural en France au cours des dernières décennies traduisent de façon tout à fait significative les réorientations qui sont susceptibles de survenir dans le domaine de l'aménagement en fonction des évolutions des attentes de la société globale. Jusque dans les années 1970, on a surtout attendu des campagnes qu'elles produisent toujours davantage de nourriture : pendant longtemps l'aménagement rural a été essentiellement axé sur le développement de la production agricole. En revanche, depuis les années 80, et encore davantage depuis les années 90, la société globale adresse moins une demande quantitative qu'une demande qualitative à l'agriculture. À cette demande de qualité s'ajoutent d'autres attentes portant sur la gestion de l'environnement et des territoires ou sur la fourniture d'aménités. D'où la mutation d'un aménagement rural essentiellement axé sur le développement agricole vers un aménagement rural multiforme, promoteur de développement durable et gestionnaire des patrimoines naturels et culturels présents dans les campagnes françaises.

Avec les évolutions des politiques d'aménagement, nous nous retrouvons bien au cœur de la problématique des relations — changeantes — qui se tissent entre les sociétés humaines et leurs territoires, relations qui sont fondées, pour reprendre la formulation de Philippe Pinchemel, à la fois sur des relations « verticales » (les relations à l'environnement) et sur des relations « horizontales » (les relations aux autres pôles et territoires, proches ou éloignés). La présentation suivie dans cet ouvrage est une présentation thématique, mais il est clair que les relations entre thèmes sont multiples au point qu'il est seulement possible de mentionner certaines d'entre elles. Soulignons entre autres en conclusion de cet avant propos les relations très fortes qui existent entre « révolution des transports » et transformations de l'ensemble des autres activités humaines, ou celles que l'on peut relever entre ces diverses activités et la répartition géographique de la richesse et de la pauvreté ou celle de la santé.

Chapitre 1

La géographie spontanée, le paysage et la carte

La géographie correspond-elle à une nécessité ? Non pas à une nécessité scolaire, mais à une nécessité pour « être humains sur la Terre ». Notre vie, c'est la pratique d'un espace donné dans un temps donné. Notre condition, c'est de parcourir un bout d'espace dans un bout de temps.

On peut vivre sans se soucier de géographie. On a même dit que les Français ignoraient la géographie et que c'était un trait du caractère national.

Ne pas soucier de géographie, c'est penser que tous les lieux se valent, c'est se remettre à d'autres pour se laisser guider, comme le personnage de Tolstoï qui proclame : « Pourquoi apprendre le nom des villes et des chemins ? Le cocher saura bien te conduire où tu veux ». Point de vue d'un riche propriétaire terrien, pour qui le souci de la route est affaire de valets et qui peut se glorifier de sa propre ignorance.

Accéder au savoir sur l'espace qui nous entoure nous garantit en revanche une certaine maîtrise de notre propre destinée. Allons plus loin : cet accès de tous au savoir géographique est un des éléments constitutifs de la démocratie. Quand un régime dictatorial s'installe dans un pays, il interdit le libre usage des cartes à grande échelle. La liste des pays où on peut librement se procurer des cartes correspond à la liste des pays démocratiques.

Pour accéder au savoir géographique, le géographe utilise un certain nombre d'outils. On se limitera ici à trois d'entre eux. Le premier est la perception directe de ce qui nous entoure, de notre environnement par le biais de nos sens. Cette perception directe nous permet de construire une géographie spontanée.

Cette même perception par les sens nous permet ensuite d'accéder à un objet construit, un outil plus élaboré, le paysage, pour accéder à cette écriture et dessin de la Terre qui est la géographie même et qui procède du travail des hommes.

Une étape encore et c'est la fabrication d'un autre outil, la carte, qui est une mise en ordre du monde à partir d'une grille de représentation et d'une échelle. La carte est le résultat d'une abstraction du réel perçu.

Les grandes étapes des études géographiques sur les savoirs populaires, les paysages, la carte

Le souci d'une étude géographique des savoirs populaires, des géographies vernaculaires ou des ethnogéographies est tout à fait nouveau. Il procède des orientations des géographes vers les cultures d'autres sociétés et en particulier des sociétés sans écriture (Collignon, 1996 ; Bonnemaison, 2000). Mais il conduit aussi à l'analyse des savoirs populaires géographiques de notre propre société. Il démontre que derrière la géographie scientifique surgit une géographie spontanée.
L'étude du paysage est en revanche pour le géographe une préoccupation ancienne (Dion, 1930). L'étude du paysage comme fondement de la géographie a été contestée par des géographes qui lui ont dénié tout caractère scientifique : le paysage serait seulement une apparence. Toutefois la préoccupation du paysage est revenue en force avec deux directions de recherche principales. La première est proche de la géographie culturelle. Les sociétés ne se comportent pas toutes de la même façon vis-à-vis de leur propre paysage. À travers le paysage, on perçoit leur rapport à la nature (Berque.) La seconde orientation est beaucoup plus pratique. Des agronomes (J.- P. Deffontaines, 1998) montrent comment l'analyse des paysages permet de comprendre les pratiques des agriculteurs qui sont de grands fabricants de paysage. Ces études sont très utiles pour diagnostiquer les évolutions des paysages : progression ou dégradation.
En cartographie, la grande découverte récente est l'informatisation des données, et la possibilité, grâce à des logiciels appropriés, de multiplier les cartes thématiques. L'autre grande révolution, en matière de représentation cartographique, est le recours à l'image satellitaire. On est encore loin d'avoir exploité la multitude des données fournies par les images, aussi bien pour notre environnement propre que pour la connaissance des contrées les plus lointaines.

L'EXPÉRIENCE SENSIBLE

Faire de la géographie sans le savoir

La géographie est une connaissance de type scientifique. Mais en amont de cette géographie savante ou scientifique, la géographie est aussi une opération individuelle. Tous les hommes se bâtissent chacun pour son compte une géographie et chacun des hommes est, dans une certaine mesure, construit par elle. Cette géographie première, spontanée ou naïve, ou innocente, qui nous renvoie à notre enfance.

Dans un ouvrage autobiographique, Andreï Makine, écrivain russe de langue française, nous explique qu'il est né dans un petit village de la taïga sibérienne arrosé par un ruisseau qui n'avait même pas de nom particulier, que ce ruisseau se jetait à la sortie du village dans une rivière plus ample qui coulait entre les troncs des arbres innombrables, puis se jetait dans un énorme fleuve, le fleuve Amour, dont le professeur de géographie montrait du doigt le tracé, « sur un globe poussiéreux », sorti du placard pour la circonstance.

« Et les habitations humaines se disposaient dans notre microcosme naïf, toujours selon cette configuration à trois niveaux. Notre village, Svetlaïa, sur la rivière ; un chef-lieu, Kajdaï, plus en aval, à dix kilomètres du village, et enfin, sur le grand fleuve, la seule vraie ville, Nerloug, avec son magasin où l'on pouvait acheter même de la limonade en bouteilles. »

Andreï Makine, *Au temps du fleuve Amour*, Éditions du Félin, 1994 p. 19

Ce texte évoque la découverte du monde par un jeune enfant d'un village de la Sibérie orientale. Mais il décrit aussi une mise en ordre du monde, dans un « microcosme naïf », qui est une première opération intellectuelle pour comprendre où on se situe et par rapport à quoi. La première manière de se situer, dans un milieu naturel contraignant et sans doute oppressant comme la grande forêt sibérienne consiste pour lui à se raccorder au réseau hydrographique, avec sa hiérarchie, depuis le ruisseau jusqu'au grand fleuve. L'idée du cours d'eau proche, familier, qui vient en nourrir un plus puissant et plus lointain sert ensuite de référence pour imaginer l'ordre qui régit aussi selon une hiérarchie comparable les établissements des hommes depuis le village jusqu'à la ville. De l'image ramifiée du réseau hydrographique surgit par analogie une sorte de principe de classement de toutes les observations de l'enfant.

Même s'il s'agit d'une vision enfantine, c'est un essai pour disposer les observations « en un monde cohérent », ce qui est aussi le propre de la réflexion géographique. L'expérience géographique est une expérience première et l'enfant fait, comme tout un chacun, de la géographie sans le savoir.

Ce texte présente également l'idée de la différence entre le domaine de l'expérience sensible et le domaine de la science. L'enfant est allé jusqu'aux rives du fleuve Amour, mais non pas jusqu'à l'embouchure de ce dernier. Il est allé jusqu'à la ville de Nerloug, mais pas au delà, jusqu'à Vladivostok, le grand port sur l'océan Pacifique. Il a une expérience personnelle, mais celle-ci est nécessairement limitée. Elle est limitée par le hasard qui l'a fait naître dans un lieu de la Sibérie orientale où la forêt couvre d'énormes surfaces, où les hommes sont rares et où il n'est guère de grande ville. Elle est aussi limitée du fait de son âge. Ordinairement, l'espace vécu de l'enfant s'élargit à mesure que passent les années et que s'accumulent les expériences.

Pour savoir ce qui se passe au-delà des limites de son espace connu, enregistré par l'expérience sensible, il lui faut faire confiance aux livres, aux cartes, à la mappemonde poussiéreuse du professeur de géographie, et à ses leçons où on apprend le nom de la capitale et les pays avoisinants. Cette dernière contient et ordonne le savoir géographique accumulé par d'autres, depuis longtemps.

Il n'y a pas de géographie qui vaille sans expérience sensible. Cette expérience sensible est d'abord une découverte du monde qui nous entoure, des paysages au sein desquels nous nous mouvons, paysages composés d'images, mais aussi de sons et d'odeurs. Ces images, ces sons, ces odeurs sont ressentis en fonction de nos dispositions personnelles, de notre propre histoire et nous pouvons les restituer dans un journal intime, dans un poème ou dans un récit.

Cet ensemble d'impressions constitue notre espace vécu, notre espace perçu, notre espace reçu.

Dans notre expérience, le lieu et le temps sont indissolublement liés. Tout ce que nous avons vécu a été vécu dans des lieux donnés, précis, repérables, susceptibles d'être inscrits sur une carte. Et tous les lieux que nous avons fréquentés correspondent à des moments de notre vie, repérables eux aussi sur un annuaire ou un calendrier.

Toutefois, il y a une différence entre ce que nous avons réellement vécu et ce qui en reste dans notre imagination, entre l'espace de l'action et l'espace du souvenir. À côté des lieux et des temps dont nous gardons la mémoire il y a aussi des lieux et des temps que nous avons oubliés, volontairement ou non.

La mémoire fonctionne de façon plus compliquée encore : il existe des moments dont nous gardons le souvenir, sans pouvoir nous rappeler où nous les avons vécus et des lieux dont nous gardons le souvenir sans nous rappeler ce que nous avons bien pu y faire ni quand nous les avons fréquentés.

Cette mémoire imparfaite des moments et des lieux contribue à fonder notre personnalité, mais aussi à peser sur nos comportements d'aujourd'hui. Nous nous déplaçons dans le monde, nous observons le monde, nous construisons le monde en nous appuyant sur la perception que nous conservons de ce que nous avons déjà vécu. Ce vécu est en quelque sorte un matériau brut qu'il faut ensuite ordonner en connaissance.

Il n'est pas en lui-même de la géographie, qui est une démarche à caractère scientifique, mais il est analysable d'un point de vue géographique.

L'espace vécu

La géographie du jeune Chateaubriand

On peut dresser une carte où sont mentionnés les lieux que nous avons visités, les itinéraires que nous avons suivis. Leur somme constitue notre espace vécu. On peut se rendre compte à cette occasion que les cartes de notre espace vécu sont bien différentes, selon les âges, selon les lieux et selon les conditions sociales.

L'horizon limité d'un jeune gentilhomme comme René de Chateaubriand, au château de Combourg dans la Bretagne de la fin du XVIIIe siècle, est décrit dans les *Mémoires d'outre-tombe* :

> « Dans tout le cours de l'année aucun étranger ne se présentait au château, hormis quelques gentilshommes, le marquis de Monlouet, le comte de Goyon-Beaufort, qui demandaient l'hospitalité en allant plaider au Parlement. Ils arrivaient l'hiver, à cheval, pistolets aux arçons, couteau de chasse au côté, et suivis d'un valet également à cheval, ayant en croupe un gros portemanteau de livrée. Mon père, toujours très cérémonieux, les recevait tête nue sur le perron, au milieu de la pluie et du vent. Les campagnards introduits racontaient leurs guerres de Hanovre, les affaires de leur famille et l'histoire de leurs procès [...] Le lendemain matin, lorsque je descendais dans la grand'salle, et qu'à travers les fenêtres je regardais la campagne inondée ou couverte de frimas, je n'apercevais que deux ou trois voyageurs, sur la chaussée solitaire de l'étang : c'étaient nos hôtes chevauchant vers Rennes. Ces étrangers ne connaissaient pas beaucoup les choses de la vie ; cependant notre vue s'étendait par eux à quelques lieues au-delà de l'horizon de nos bois. Aussitôt qu'ils étaient partis, nous étions réduits, les jours ouvrables au tête-à-tête de famille, le dimanche à la société des bourgeois du village et des gentilshommes voisins »
>
> Chateaubriand, *Mémoires d'outre-tombe.*

Voici déjà un espace vécu un peu plus étendu, que celui du commun, à une époque où les voyages sont rares parce que coûteux, fatigants et dangereux (les voyageurs sont armés, pour se prévenir contre de mauvaises rencontres). Le jeune René agrandit son espace personnel des récits que lui apportent les visiteurs, spécialement des récits les plus exotiques (les guerres que ces gentilshommes, qui sont aussi des soldats, ont menées en Allemagne). Pour le jeune René, il s'agit d'un espace reçu et non plus seulement d'un espace vécu : nous nous enrichissons de l'espace vécu des autres et nous nous l'approprions : quel enfant n'a pas rêvé lorsqu'un proche lui raconte tel voyage lointain ou tel épisode de sa vie ?

En même temps, ce texte suggère clairement la liaison entre la condition sociale et l'espace vécu, porteur lui même d'information : passer du commerce des bourgeois du village à la rencontre inopinée du gentilhomme qui se rend au Parlement de Bretagne à Rennes ouvre des perspectives qui sont à la fois spatiales et sociales.

Espace perçu selon le temps et le lieu

L'espace des jeunes n'est pas celui des vieux. Celui des riches est plus étendu que celui des pauvres. À l'intérieur d'une société donnée, certains ont une expérience beaucoup plus ample sur un territoire beaucoup plus étendu (Frémont, 1999) En règle générale, plus on s'élève dans la condition sociale et plus l'espace vécu s'étend, parce que l'espace vécu s'élargit avec la mobilité et que la mobilité est fortement liée à la richesse.

Mais l'extension de l'espace vécu dépend aussi de l'appartenance à ce que les géographes appelaient autrefois un genre de vie particulier.

Tel est le cas des pasteurs nomades, qui se déplacent avec leurs troupeaux à la recherche de pâturages dans les régions subdésertiques de l'Ancien Monde. Les pâturages apparaissent avec l'herbe qui pousse après la pluie, où qui dans les montagnes devient accessible quand la neige se retire. L'espace familier des nomades est beaucoup plus étendu que celui des sédentaires : ce dernier se limite au village et au bourg voisin, tandis que celui du nomade va de la montagne à la plaine littorale et du désert à ses marges lointaines. Cette connaissance d'itinéraires compliqués et changeants et la possession de moyens de transport (leurs montures) propres à franchir rapidement de grandes distances, a donné aux nomades au cours de l'histoire une puissance militaire et politique beaucoup plus considérable que celle qu'on pouvait attendre des effectifs restreints de leurs tribus. D'où les grands empires qu'ils dominèrent : ceux des Arabes, des Mongols, des Turcs, ou l'aventure des Mandchous, dont les hordes s'emparèrent au XVIIe siècle de l'immense et populeuse Chine.

Dans un tout autre registre, parmi les peuples appartenant à une diaspora, comme les Juifs, et à un moindre degré les Libanais, les Grecs, les Arméniens, les familles sont souvent disséminées sur des espaces très vastes, à cheval sur plusieurs continents. Très tôt par conséquent les enfants ont une idée de la variété du monde, à une très vaste échelle, variété du monde qu'ils peuvent relier à la disposition dans l'espace de leurs cousins, leurs oncles, leur parenté.

C'est aussi le cas des familles de travailleurs émigrés venus dans les pays industriels qui retournent régulièrement dans leur lieu d'origine à la faveur des vacances et qui bénéficient ainsi d'un espace vécu double, celui du pays d'origine et celui du pays d'accueil, celui de leur naissance et celui de leur travail.

Bien entendu, la précision de la connaissance décroît avec la distance. On connaît mieux ce qui nous est familier. Au-delà de notre horizon familier, la connaissance ne se fonde plus que partiellement sur l'expérience sensible.

Géographie spontanée et géographie savante

Cette expérience première qu'on vient d'évoquer conduit à une géographie première, ou primitive, ou spontanée, ou brute, comme on parle d'art brut. Il s'agit d'une part d'une géographie enfantine, comme celle du jeune Sibérien décrit par André Makine, mais aussi d'une géographie antérieure à la géographie savante, une géographie que tout un chacun porte en soi, sans la remettre en cause.

Cette géographie première ou spontanée est un mélange d'observations justes et d'idées reçues, de faits avérés et d'opinions aux fondements douteux. Il n'existe pas au sein de la géographie spontanée de démarcation nette entre la connaissance et le jugement de valeur.

On pourrait croire que cette géographie spontanée est l'apanage de ceux qui ont peu voyagé, ou de ceux qui faute de formation adaptée n'ont qu'une information insuffisante. On constate au contraire qu'elle est répandue partout, même chez les grands voyageurs, et même chez les géographes professionnels.

De l'influence du climat

Dans un recueil de textes intitulé *Ebène*, le journaliste polonais Ryszard Kapuscinski dresse de l'Afrique tropicale un portrait souvent convaincant et sensible, issu des réflexions qu'il a menées durant les quarante dernières années. Mais que penser de cette introduction ?

> « Et enfin la découverte la plus importante : les hommes, les gens du pays, les indigènes. Étonnant la façon dont ils s'accordent à ce paysage, à cette lumière, à cette odeur ! Stupéfiant la manière dont l'homme et son environnement vivent en symbiose, forment un ensemble indissociable et harmonieux, s'identifient l'un à l'autre ! Incroyable, le degré d'intégration de chaque race à son paysage, à son climat ! C'est nous qui façonnons notre décor et c'est lui qui sculpte les traits de notre visage. »
>
> R. Kapuscinski, *Ébène*, Plon, 2000 (traduit du polonais)

C'est le premier contact d'un jeune journaliste polonais qui arrive à Accra au Ghana en 1957 et qui, écrit-il par ailleurs, en guise d'expérience tropicale antérieure n'a que les souvenirs très anciens de la boutique « Articles coloniaux et autres » de Monsieur Kanzman, rue Perec à Pinsk, dans l'est de la Pologne d'avant guerre, et aujourd'hui en Biélorussie.

On voit poindre dans ce texte l'idée d'une correspondance entre une race ou une société et un milieu naturel, idée très commune et très ancienne et qui a constitué un fil conducteur constant des réflexions de ceux qui s'intéressent aux relations entre l'homme et son milieu, depuis l'Antiquité. La théorie des climats de Montesquieu en est peut-être l'expression la plus célèbre. C'est l'idée que le milieu naturel dans lequel nous vivons influence notre comportement et jusqu'à notre aspect physique. C'est une idée qui procède typiquement de la géographie spontanée, mais c'est aussi une idée qui court dans bien des ouvrages de géographie savante, sans que les auteurs en soient toujours conscients. On peut même la retrouver dans des manuels de géographie dont pourtant les auteurs, géographes patentés devraient se tenir éloignés. Voici ce qu'écrivaient les auteurs d'un manuel de la classe de 3e à propos du climat de la Grèce :

> « Le climat très varié de la Grèce a contribué à développer chez les Grecs les facultés les plus diverses : il a éveillé leur intelligence naturellement vive, fine et curieuse ; les images de leur esprit, les conceptions même les plus abstraites, ont pris forme plastique, des lignes nettes, des contours arrêtés ; c'est l'éclat radieux de la lumière qui a fait d'eux un peuple d'artistes, doué d'un sentiment exquis de la mesure et de l'harmonie. »
>
> Gibert et Turlot, *L'Europe*, classe de 3e, Delagrave, 1937

Étonnante affirmation : y aurait-il des climats qui rendent intelligent et à l'opposé des climats qui rendent stupide ? ; Et les circonstances historiques ne seraient-elles pour rien dans l'éclosion d'un art grec, qui se situe dans l'Antiquité classique ? Ces géographes ne le disent pas. Concluons que des géographes patentés ne doivent pas être crus sur parole.

Les idées reçues

Dans cette géographie spontanée se mêlent le juste et le faux, en proportion variable, comme dans beaucoup d'idées reçues. Car il est bien vrai par exemple que posséder une peau noire ou simplement brune, est un facteur qui permet d'affronter avec moins de risques médicaux les rayons solaires. Mais c'est une idée dangereuse car elle conduit à penser que les Blancs sont incapables du moindre effort physique sous les tropiques et qu'il faut donc importer des travailleurs en provenance d'autres régions tropicales, ce qui conduisait à justifier tous les abus, au premier rang desquels le travail forcé dans les colonies et l'importation de main d'œuvre servile. Dans son livre « Les pays tropicaux », dont la première édition paraît en 1947, le géographe Pierre Gourou s'attache à démontrer à travers l'exemple des coupeurs de canne britanniques du Queensland australien, qui constituent les seules populations issues de l'Europe du Nord à travailler à des travaux de force dans les tropiques humides, que les populations blanches sont tout à fait capables d'efforts physiques dans les pays chauds. Il insiste lourdement sur cet exemple parce qu'il lui paraît nécessaire de contester ou de relativiser l'idée selon laquelle les populations originaires des pays tempérés seraient inaptes aux travaux physiques dans les latitudes tropicales.

L'évolution historique a conduit à construire une géographie savante parfois à partir de la géographie spontanée, non sans difficultés et souvent en opposition à cette dernière : il est difficile de faire admettre que la terre tourne autour du soleil, quand dans toutes les langues et sur tous les continents, on dit communément que le soleil se lève puis se couche, et que l'observation commune conduit à penser que c'est lui qui se meut autour de la terre. Lorsque les Grecs démontrèrent la rotondité de la terre, ils allaient à coup sûr contre l'opinion générale issue des observations les plus simples. De même dans un autre registre de la géographie spontanée, le registre météorologique, il est malaisé de discerner dans le florilège des dictons à usage des jardiniers, ce qui relève d'une judicieuse observation, et ce qui relève d'une astrologie, qui n'a rien à faire dans le cortège des sciences.

LE PAYSAGE : DE L'OBSERVATION À LA CONSTRUCTION SCIENTIFIQUE

Le paysage constitue lui aussi un outil du géographe, fondé lui aussi sur une approche personnelle de ce qui nous entoure.

Le paysage, nous dit le dictionnaire Littré est « l'étendue de pays que l'on voit d'un seul point de vue ». Il s'agit donc d'un terme très général auquel il est difficile d'accoler une définition de type scientifique. Il n'appartient à personne. Initialement, il a plutôt une connotation artistique. C'est l'affaire du peintre, de l'architecte, de l'écrivain. Historiquement, le paysage, qu'on représente très tôt dans la peinture chinoise, est apparu au XVIe siècle en Europe, comme une étendue pittoresque, c'est-à-dire au sens premier digne d'être peinte.

Au XIXe siècle, le paysage, en tant qu'objet digne d'être admiré et représenté, a connu sa grande fortune avec le romantisme. Le paysage, c'est le moi devant la nature et le mouvement romantique a trouvé devant le paysage, objet que l'observateur s'approprie, des correspondances avec les sentiments et les émotions qu'il éprouve. On assimile alors, dans une certaine mesure, le paysage et le spectacle de la nature, ou même le paysage et la nature elle-même.

La fortune du paysage fut d'autant plus rapide et complète au XIXe siècle qu'elle est contemporaine du développement du tourisme et d'un procédé de représentation comme la photographie.

Le paysage des géographes

Le paysage au cœur de la géographie

Il n'y a pas de contradiction entre le paysage des peintres, celui des touristes et le paysage des géographes. D'ailleurs, Cézanne disait que pour peindre le paysage de la Sainte-Victoire de façon satisfaisante, il avait besoin d'en connaître les assises géologiques.

Mais le mot paysage a plusieurs sens. Le sens premier est celui d'une étendue qui s'offre à l'observation, à partir d'un point choisi. Ce sens premier conduit à l'analyse des composants de ce paysage, des formes qui le constituent : on le divise en plans et plan après plan on va des grandes lignes, comme la nature du relief, la végétation, les traces de l'occupation par l'homme, aux détails, comme les limites des champs, la forme et la nature des arbres, l'habitat. Naturellement, l'observation n'est pas de même échelle pour le premier et le dernier plan. Cette analyse du paysage suppose qu'on puisse raccorder les formes qu'on observe avec des objets réels appartenant à des catégories reconnues : telle forme de toit est recouverte de tel type de tuile qui porte un nom précis dans le langage des couvreurs.

Le géographe répond en somme en regardant le paysage : qu'est ce que je suis en train de voir ?

Le sens second du mot paysage se réfère à la représentation du réel. Lorsqu'on parle des paysages de la côte normande, on se réfère des lieux précis, qu'on peut localiser sur une carte, de points de vue qu'on peut retrouver sur le terrain. Mais lorsqu'on parle des paysages d'Eugène Boudin (1824-1898) qui, né à Honfleur et précurseur des impressionnistes, peignit beaucoup de paysages de sa province natale : des marines, scènes de plage, vues de ports, on envisage des tableaux qu'on appelle paysages, mais qu'on considère en tant qu'œuvres d'art. On pourra sans doute, parce qu'il s'attache à dépeindre avec fidélité une réalité qu'il observe, se servir des tableaux de Boudin pour avoir une idée des débuts du tourisme balnéaire sur les côtes de la Manche, mais on observe la réalité à travers un filtre, celui du peintre, qui lui même voit et représente comme on voyait et représentait à son époque.

Il existe des géographes qui s'attachent au paysage en tant que représentation et cette curiosité est tout à fait légitime. On a pu ainsi étudier le paysage de la côte bourguignonne à travers la perception qu'en ont et qu'en ont eu les différentes catégories sociales intéressées depuis trois siècles.

Ce n'est pas pourtant cet examen indirect du paysage à travers les yeux des uns et des autres que nous retiendrons ici, mais le paysage en tant qu'outil d'analyse du réel, du terrain comme on dit parfois.

Le paysage occupe dans la géographie moderne une place étrange à la fois centrale et contestée. La géographie, s'est approprié le paysage au XXe siècle, à un moment où il envahissait la littérature et la peinture.

Les géographes ont pendant longtemps défini la géographie comme une description et une explication raisonnée des paysages. Max Sorre, n'hésitait pas à écrire « nous dirions volontiers que toute la géographie est dans l'étude du paysage ». Pierre Gourou est aussi affirmatif. Les premières lignes de *Pour une géographie humaine* énoncent : « ce qui, dans le paysage tient à l'intervention de l'homme : tel est le premier objectif de la géographie humaine ».

Beaucoup plus près de nous, le paysage est toujours sollicité. C'est ainsi que dans une série de films scientifiques, Philippe Pinchemel et Jean-Louis Tissier ont traité successivement de l'anatomie, puis de la physiologie et enfin de la pathologie du paysage, montrant par l'usage de la métaphore médicale la richesse de la notion et la possibilité d'en dépasser la simple description à condition de recourir à la vision aérienne.

Le paysage convenait aux géographes dans la mesure où il représentait une combinaison de formes et où ils voyaient dans la géographie une morphologie, c'est-à-dire un discours sur les formes. Prenons pour illustrer ce propos la notion de paysage agraire. Si l'on suit les géographes de la période classique, les paysages agraires, notion plus restrictive que celle de paysages ruraux, ont pu se résumer aux champs cultivés avec leur densité par rapport à l'étendue dans laquelle ils s'inscrivent, leurs tracés, leurs clôtures, leur utilisation par l'agriculture. Il s'agissait plus d'une étude des aménagements agraires que des paysages.

Le mot de paysage était choisi par commodité. Il n'avait pas le contenu d'étendue visible à partir d'un point de vue, qu'on lui donne communément. Le paysage agraire ainsi conçu était simplement la forme visible des aménagements agraires.

Le paysage convenait aussi aux géographes parce qu'il constituait un moyen pour aborder la nature, à un moment où la géographie était considérée comme une science naturelle. Que ce paysage soit rural ou urbain, ou plus encore s'il rendait compte d'un lieu où la marque de l'homme était imperceptible (désert chaud, étendues proches des pôles, haute montagne), la nature y était toujours présente.

Mais le paysage convenait aussi aux géographes parce qu'il leur apparaissait comme un objet synthétique, ou bien, comme ils aimaient à le dire, comme une combinaison. Ils se représentaient la géographie comme une « science de synthèse » et dans ce cadre le paysage était une illustration de cette synthèse : on voyait d'un même coup d'œil des cultures de céréales, des troupeaux, des bâtiments de fermes avec les matériaux de construction des murs et la forme des toits. Et on pouvait élaborer des hypothèses sur les relations entre ces formes de nature diverse.

Il leur convenait enfin parce que le paysage illustrait ce qu'ils dénommaient le terrain. Les géographes ont, en effet, toujours été attachés au contact direct avec le concret. En ce sens, le terrain s'oppose aux livres, aux statistiques, aux grimoires de toute sorte. Il y a toujours eu chez les géographes un côté coureur de brousse, par le biais duquel ils détonnent chez les littéraires avec lesquels ils voisinent le plus souvent dans les universités. Et certains ne sont pas loin de penser que rien ne vaut le contact direct avec le terrain et que l'œil exercé peut y saisir des faits qui ne sont pas représentés sur la carte, ni inscrits dans le livre. Les études de géographie comportaient et comportent encore dans une certaine mesure des excursions sur le terrain à l'occasion desquelles les étudiants rentrent en contact avec les paysages avec l'idée, naïve sans doute, que le terrain ne ment pas.

C'est cette vision ingénue qu'exprimait en 1901 un des premiers disciples de Vidal de la Blache, Édouard Ardaillon : « Rien ne vaut l'étude directe des phénomènes sur le terrain. L'observateur exercé peut y saisir des rapports multiples entre les facteurs physiques et l'homme, qui échappent à la description par le livre ou à la représentation par la carte ».

De l'observation à la généralisation

La première application en France de l'étude des paysages porta sur les paysages agraires, à une époque ou agraire et rural étaient des termes à peu près synonymes. L'étude, la description, le classement raisonné des paysages agraires ont alors joui d'une grande faveur. C'est que la société française était restée encore rurale de manière prédominante. On y distinguait trois grands types de ces paysages : les champs ouverts du nord-est ou *openfield*, les bocages de l'Ouest et les paysages morcelés de la région méditerranéenne. Cette sorte de division première présentait beaucoup d'avantages : elle introduisait à des civilisations agraires sous-jacentes par rapport aux divisions politiques. De surcroît, ces divisions se prolongeaient hors de nos frontières : voici qu'on retrouvait le bocage dans tous les finistères de l'Europe atlantique, depuis la Galice jusqu'à l'Écosse ; voici que l'*openfield* se prolongeait dans les pays germaniques, puis dans les

Figure 1 : **Transformation du paysage littoral au sud de Valence (Espagne) en 1974 (par Pierre Deffontaines)**
Des cordons littoraux sableux s'appuient sur des caps rocheux comme celui au premier plan. En arrière, la plaine littorale est couverte d'orangers. Mais le tourisme balnéaire commence à bétonner le paysage agraire : des tours viennent se planter au milieu des orangers.

Source : Pierre Deffontaines, *Petit guide du voyageur actif*, Presses d'Ile-de-France, 1980

pays slaves bien au-delà de nos frontières de l'Est ; voici que la mosaïque méditerranéenne franchissait nos confins vers l'Italie ou l'Espagne. Par-delà les vicissitudes politiques qui avaient amené le dessin des frontières, les géographes, suivis d'ailleurs par les historiens qui leur emboîtèrent le pas avec enthousiasme, retrouvaient là les fondements de vieilles civilisations agraires dont on ne savait trop quand elles s'étaient installées : Roger Dion mettait sous le patronage de Tacite son *Essai sur la formation du paysage rural français*.

L'étude des paysages agraires fournissait la première grande leçon de géographie culturelle, qu'on appelait plus simplement alors géographie humaine. On ne pouvait en effet manquer de remarquer que si parfois les soubassements géologiques soulignaient les limites entre le bocage et l'*openfield*, comme dans la plaine de Caen en Normandie, parfois aussi cette correspondance faisait défaut. Les frontières des paysages agraires étaient, pensait-on, des frontières de civilisations. Et Roger Dion pouvait affirmer que les structures agraires sont le fruit non pas des conditions locales, mais de « la volonté, consciente ou non, de répéter indéfiniment sur de vastes territoires qui débordent largement le cadre de nos régions naturelles, l'application d'une seule et même formule d'aménagement ». Roger Dion rencontrait donc un paysage construit : « le plan arrêté d'avance avant tout examen des conditions physiques locales, s'est indifféremment imprimé sur toutes les variétés de terrains que peuvent offrir nos plaines et nos plateaux ».

On remarquera que ces paysages ruraux, tels que les décrit Roger Dion, ne sont plus des paysages uniques. Il ne s'agit plus d'un paysage donné observé à partir d'un point de vue donné, identifiable. La notion de paysage d'*openfield* ou de paysage de bocage suppose qu'on ait généralisé à partir d'observations partielles convergentes et extrait des caractères communs pour aboutir à un idéal-type constitué et défini.

Le paysage contesté

Cette place royale du paysage dans la géographie a été pourtant fortement contestée. Une des premières raisons évoquées à l'appui de cette contestation est l'idée que si l'on s'en tient au paysage, on s'en tient aux apparences, à la surface des choses, alors qu'une réalité tout autre se dissimule derrière ces apparences.

Jean Tricart interroge au moyen d'une métaphore : « Qu'est l'anatomie en médecine ? ». Il veut par là récuser le recours au paysage, avec l'idée que le paysage est un trompe l'œil, que la vérité se trouve derrière, et que le géographe doit débusquer cette vérité que le paysage lui dissimule. Loin d'être une voie de la recherche, il leur apparaît comme un obstacle, un faux semblant, auquel il ne faut pas se laisser prendre.

À l'appui de cette contestation vient une autre idée, l'idée qu'il n'existe pas de paysage en soi, que c'est une illusion de croire qu'en s'attachant à un paysage, on s'approche du réel. On dit, en effet, qu'un paysage reflète le point de vue de celui qui regarde et ce point de vue est subjectif. Placés devant le même paysage, le peintre, l'architecte, l'agronome, le géographe n'en font pas la même lecture. Chacun arrive devant le paysage muni d'un viatique où figurent aussi bien son histoire personnelle, les dispositions psychologiques du moment, le savoir faire et le savoir regarder professionnels. Où se trouve alors le réel ?

Autrement dit, pour les tenants de cette idée, le paysage est d'abord un regard et ils soulignent qu'au début du XIXe siècle, quand en Angleterre particulièrement survint une mode des paysages, les amateurs de paysages recherchèrent dans la contemplation de la nature des images conformes à ce qu'ils avaient vu sur des lithographies. Les riches Anglais faisaient le voyage de la Suisse pour retrouver les paysages de sommets englacés, de bois et de cascades qui les avaient séduits dans les livres.

Enfin, en insistant sur le paysage, le géographe prenait le risque de ne considérer que l'immobile, de faire fi du mouvement. De se limiter à « l'ordre éternel des champs ». Et il est vrai que les formes qui, dans les paysages, témoignent des dynamismes ne sont pas faciles à déceler. Elles existent pourtant et les agronomes sont sensibles aux traits de la végétation qui témoignent d'un abandon ou au contraire d'un défrichement.

Il y avait sans doute quelque exagération et un parti pris contestable à limiter la géographie à l'étude des paysages, mais faut-il croire ceux qui pensent que le paysage est obligatoirement la source de méprises ? Au demeurant ceux-là même qui doutent de la pertinence du paysage pour fonder un discours scientifique s'accordent pour dire qu'il est souvent indispensable, comme point de départ de la démarche de recherche, comme observation initiale.

On a donc soutenu que le paysage n'est qu'un point de vue, qu'il est éminemment subjectif. Et que c'est faire preuve de beaucoup de naïveté de confondre le paysage avec le réel. Voilà une opinion qui n'est guère partagée par les autorités militaires qui sur les photos aériennes camouflent et caviardent des bâtiments publics, des aérodromes, des fortifications. Si la photographie ne peut refléter qu'un point de vue subjectif, pourquoi des avions-espions ? L'espionnage passe par le regard et par la photographie discrète provenant de l'appareil miniaturisé. Et la peur de l'espion passe par la crainte du regard étranger et de la diffusion de la photo. Combien de géographes travaillant dans des pays peu démocratiques se sont retrouvés au poste de police parce qu'on les avait vus en possession d'une photo aérienne ? Inversement, c'est un signe de démocratie que le libre accès à la carte à grande échelle et à la photo aérienne.

À vrai dire, il faut creuser le contenu du paysage des géographes, et surtout éviter de se méprendre sur son statut. Le paysage convient bien à une géographie qui se définit comme une étude de la marque concrète laissée par les sociétés humaines à la surface de la terre. Mais il y a aussi des géographies sans paysage.

Le paysage inutile

Il existe des secteurs entiers de la géographie qui sont reconnus comme parfaitement légitimes par l'ensemble des géographes et où le recours au paysage n'est d'aucun secours. Tel le grand secteur des flux, flux de personnes, flux de marchandises, flux d'informations. Tout le monde conviendra que les transports aériens ont pris une importance considérable dans le monde contemporain. Peut-on cependant réduire une étude des transports aériens aux paysages des aéroports et aux traces nuageuses laissées par les avions dans le ciel ? Ce qui ne signifie pas que la question de l'inscription des aéroports dans l'espace d'une agglomération soit sans intérêt : la question de la localisation d'un troisième aéroport dans l'agglomération parisienne soulève des passions dans lesquelles le regard du géographe et ses interrogations sont parfaitement justifiés. De même la construction dans des îles grecques de petite taille comme Santorin ou Skiathos de pistes accessibles aux longs courriers change considérablement la géographie de ces îles. Mais le questionnement du géographe ne peut pas se limiter à cette question d'aménagement local, aussi bien pour la région parisienne que pour les îles grecques. Il doit nécessairement mesurer les flux, noter les destinations et provenances, voir aussi les conséquences de ces flux sur le fonctionnement des espaces concernés.

En terme de géographie des transports, l'éclatement de l'URSS en autant d'États qu'elle contenait de républiques, a suscité la création en Asie centrale de réseaux aériens nationaux orientés très diversement par rapport aux réseaux régionaux de l'ex-URSS. Et pourtant, le seul changement visible dans les aéroports est celui de la peinture des avions et du nom des compagnies aériennes.

Dans la même région, la nouvelle orientation des flux de marchandises fait apparaître sur les marchés, des produits provenant de Turquie, d'Iran, de Chine et sur les routes des camions immatriculés dans ces pays. Cependant, si l'on veut évaluer l'importance de ces trafics et leurs destinations, leur importance dans l'organisation de l'espace, le paysage nous dit bien peu de choses.

Le paysage, n'est pas plus bavard dans le domaine de la géographie de la population, dès qu'on quitte les effets concrets des densités pour chercher les conséquences géographiques des structures par âge, ou des comportements en matière de fécondité ou encore en géographie de la santé. Si l'on s'attache à une étude de la répartition spatiale des causes de la mortalité en France, le paysage ne nous est d'aucun secours. Globalement, l'analyse spatiale, telle qu'on la définira plus loin, qui considère l'espace comme une étendue uniforme dans laquelle par convention on fait abstraction des aspérités de toute sorte, n'a que faire du paysage.

Parler d'espace au sens de l'analyse spatiale, c'est faire abstraction du paysage. Soit un gros établissement industriel de construction automobile. Le paysage visible nous renseigne sur les conséquences de son implantation dans son environnement proche, peut-être même sur les flux journaliers de travailleurs qu'il provoque, bien visibles sur les voies d'accès. Mais il ne nous dit rien sur la nature de ses approvisionnements, sur ses liens financiers nationaux et internationaux. Or nous savons bien par ailleurs, en ces temps de mondialisation, que la fermeture d'un gros établissement industriel peut dépendre d'une prise de participation financière survenue à l'autre bout du monde.

En d'autres termes, le paysage nous renseigne sur les faits de proximité, mais dit peu de choses sur les liaisons lointaines.

Toutefois, en s'aventurant dans les champs de l'économie (et dans d'autres cas de la sociologie ou de l'anthropologie), le géographe change aussi de méthode. C'est le recours aux statistiques qui s'impose, ainsi qu'aux techniques mathématiques afférentes, et le résultat est une carte où apparaissent des régularités et ce qu'on peut appeler un ordre dans l'espace. À ce point, les formes dont le géographe se soucie, ne sont plus celles qui lui apparaissent dans le paysage, mais celles qui lui apparaissent sur la carte.

Le paysage menteur

L'examen du paysage trouve son intérêt dans la confrontation avec les explications fournies au cours d'enquêtes par les responsables locaux auxquels on peut poser les questions que nous a suggéré le paysage. Encore faut-il que les responsables soient disposés à parler. Or, dans des pays de régime totalitaire, les questions que le géographe est amené à poser ne sont pas toujours les bienvenues. Elles dérangent. Elles soulignent les contradictions entre le discours et ce qu'on peut observer. Tel était le cas avant 1990 dans l'Europe de l'Est. En 1991, les régimes communistes sont tombés et les bouches se délient. Quelques années auparavant, il était beaucoup plus difficile d'obtenir des informations dans une ambiance de régime totalitaire.

Dans un pays de régime autoritaire, en effet, tous ceux qui sont investis d'un pouvoir, comme ceux qui n'en ont aucun, les uns et les autres, mus par la crainte, visent d'abord à se protéger en collant au discours officiel. Dans de tels cas, en effet, la seule possibilité de vérifier les dires officiels est de les confronter avec les observations sur le terrain. C'est bien pourquoi, dans de tels régimes, on cherche à limiter les contacts des enquêteurs étrangers avec le paysage et plus généralement avec le terrain. Bien des scientifiques, y compris géographes s'y sont laissés prendre. Dans l'Union soviétique, avant 1990, un voyage officiel d'un géographe occidental sur le terrain comprenait bien plus d'heures passées en banquets officiels ou conversations de bureau que de contacts avec le terrain et les paysages. Dans la Chine communiste, on ne montrait aux étrangers que quelques dizaines de communes populaires, triées sur le volet, préparées à cette fin pour jouer le rôle de vitrines du régime. Il était exclu que le visiteur étranger puisse en visiter d'autres. Le risque était alors que l'on tînt pour représentatif de l'ensemble ce qui n'était qu'un montage destiné à donner une image favorable.

Le paysage n'est révélateur que pour qui sait le lire et qui n'est pas aveuglé par le parti pris idéologique : pendant et après la Révolution culturelle chinoise des cohortes de maoïstes occidentaux ont été promenés dans les communes chinoises et ont été heureux de gober ce qu'on leur racontait, incapables de « mettre en accusation le paysage » comme le réclame le géographe Pierre Gourou, pour des raisons d'insuffisance dans leurs connaissances et de suffisance idéologique. Pire, tous ceux qui se sont laissés abuser n'étaient pas des zélateurs du maoïsme, mais simplement des naïfs.

Dans le même temps, d'autres études, réalisées à partir de l'extérieur de la Chine, en utilisant la presse chinoise ou l'écoute des radios chinoises donnait une image bien plus convaincante de la réalité chinoise, parce que fondée sur une connaissance approfondie de la civilisation et de la langue, et non pas sur la propagande distillée dans les voyages officiels.

L'inventeur du paysage trompeur est peut-être Potemkine (1739-1791), ministre et gouverneur de l'Ukraine, sous l'impératrice Catherine de Russie. Il avait imaginé de disposer le long de la route que devait suivre l'impératrice lors d'une visite de ses nouvelles provinces du sud des villages postiches peuplés de paysans endimanchés manifestant un enthousiasme de commande. Potemkine a ensuite fait beaucoup d'émules. Au géographe de discerner ce qu'un paysage peut avoir de factice. À lui d'avoir, en face d'un paysage, une attitude de détective.

Le regard du détective n'est pas un regard naïf. Il en est même le contraire. Le détective est extrêmement attentif aux détails et sait précisément ce qu'est un paysage normal, c'est-à-dire conforme à une norme. À lui de relever ce qui déroge et ce qui dérange.

Le contact avec le paysage ne constitue donc pas en soi une garantie d'objectivité. Dans ce domaine, n'allons pas limiter l'intérêt du paysage aux pays plus ou moins lointains, affligés d'un régime autoritaire, sinon dictatorial. Le recours au paysage est parfaitement adapté aux espaces marginaux en lisière de la ville. La moitié nord de l'île de Chatou, c'est-à-dire la partie de cette île qui se trouve au nord du golf de l'île Fleurie, sur le territoire de la commune de Carrières-sur-Seine, dans un méandre de la Seine à l'ouest de Paris, est bienveillante à ceux qui « brûlent des voitures pour arnaquer les assurances et carbonisent des câbles électriques volés pour récupérer le cuivre » (J. Gardin). Ce ne sont sûrement pas les bulletins municipaux, ni les entretiens avec les élus qui vont nous en informer. Le paysage est plus bavard qui nous suggère même une liaison possible entre les câbles carbonisés et un centre de recherche voisin d'EDF ! C'est du moins ce qui viendrait à l'esprit du détective.

D'autres regards

Paysages et pratiques : le regard de l'agronome

Ce sont sans doute les agronomes qui ont le mieux exploité dans leur propre perspective les possibilités de l'analyse des paysages. Bien souvent les géographes se retrouvent dans cette analyse.

Laissons la parole à Jean-Pierre Deffontaines pour qui il s'agit de regarder pour comprendre :

> « Regarder pour comprendre, il y a de quoi faire ! Pas de paysage sans regard. Beaucoup ne partagent plus ce point de vue ! Il sert à analyser les pratiques d'aujourd'hui et d'hier, car il est mémoire. Il sert également à segmenter les pays, à distinguer les terroirs. Associé aux images d'en haut, il révèle des organisations. Bref, il pose plus de questions qu'il n'en résout, mais il en pose de bonnes. »
>
> J.-P. Deffontaines, *Les sentiers d'un géoagronome*, Arguments, 1998

À coup sûr, beaucoup de géographes souscriront à cette définition et à ce programme qu'on retrouve dans un guide pratique de recherche intitulé lui aussi *Comprendre un paysage* (B. Lizet et F. de Ravignan, 1987).

Les paysages dont il est question ici sont des paysages ruraux marqués par l'activité agricole. Dans ces paysages ruraux, l'analyse porte sur les formes produites par les techniques agricoles. Par techniques agricoles on entend dans une région viticole : méthode de conduite d'une vigne, nature des cépages, écartement des ceps, taille des sarments, etc. Ces techniques sont reconnaissables par le regard de l'observateur compétent, parce qu'elles ont produit des formes : alignement, hauteur et taille des ceps, présence ou non de supports, mode des labours. En pays d'élevage, il peut s'agir de la forme et de la dimension des prairies, des clôtures (haies, fil de fer), de la composition des troupeaux, etc.

J.-P. Deffontaines a choisi pour appuyer sa démonstration ce qu'on peut appeler un paysage difficile, celui de la Pampa argentine. Difficile parce que le géographe n'y retrouve pas ce qu'il cherche habituellement : de la différenciation spatiale : tout y est monotone. Pas de relief et des paysages inchangés sur des surfaces très étendues. Pourtant, dans ce cadre peu favorable, il montre que le chercheur peut choisir des indicateurs visuels.

Ces caractères apparents renvoient d'une part à ce qu'il appelle le terrain et d'autre part les pratiques d'élevage. D'abord ce sont les objets constitutifs de la structure agraire : la taille des parcelles et la différence dans leur couverture végétale, les bouquets d'arbres qui signalent les bâtiments d'exploitation, les éoliennes qui pompent l'eau pour les abreuvoirs, les dispositifs de contention pour traiter, soigner, marquer les animaux. Ensuite, ce sont les troupeaux : leur densité, leur composition par sexe, par âge, par race bovine.

À l'aide de cette recherche, qui utilise le regard comme outil (comment apprendre à regarder et savoir regarder), l'agronome se constitue un modèle de paysage pampéen dont J.-P. Deffontaines dit qu'il est source de questionnement et référentiel spatial. Source de questionnement : il s'agit d'utiliser les questions

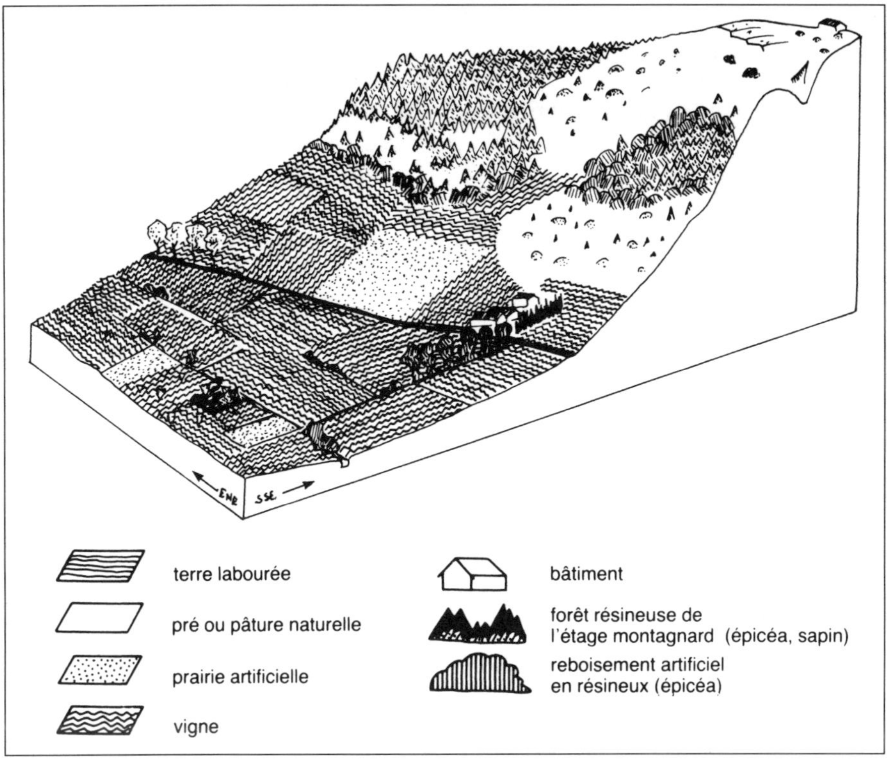

Figure 2 : **Un paysage vu par un agronome**

Une vallée (une plaine et un coteau à Lagrasse dans l'Aude) traitée en bloc diagramme par des agronomes. L'agronome note les cultures (ici la vigne), la localisation de l'habitat, le mélange de résineux et de garrigue, sur le haut des pentes, une bergerie au sommet.

Source : B. Lizet, F. de Ravignan, *Comprendre le paysage : guide pratique de recherche,* INRA, 1987

que pose le paysage dans une enquête tout à fait nécessaire dans les exploitations du lieu considéré. Référentiel spatial : on utilise la zone qu'on a examinée et parcourue pour généraliser. À cette fin, l'agronome fait un tour du pays, au niveau régional et relève les changements des indicateurs visuels qu'il s'est constitué au départ : modifications du couvert végétal, des clôtures, des troupeaux, etc.

Un autre agronome, Hubert Cochet, montre comment la crise sociale des campagnes d'un pays africain est visible à travers une étude des paysages et comment le paysage peut être à la fois le point de départ de l'étude et la référence concrète à laquelle on confronte les autres observations :

> « Le paysage agraire peut être assimilé à un grand livre ouvert à la dernière page et dont on chercherait à feuilleter les pages précédentes. Le problème principal est que ces pages sont le plus souvent collées les unes aux autres, si bien que le tout nous apparaît comme un ensemble de voiles se recouvrant partiellement ou totalement. »

H. Cochet, *Crises et révolutions agricoles au Burundi,* INAPG, Karthala, 2001

Les agronomes vont plus loin : après avoir établi un diagnostic, ils peuvent aussi utiliser le paysage dans une opération de développement. J.-P. Deffontaines l'indique dans une formule : « Du paysage comme moyen de connaissance de l'activité agricole à l'activité agricole comme moyen de production du paysage ». Nous avons montré le contenu de la première parie de l'affirmation. Reste la seconde.

La valeur du paysage et sa production

Lorsqu'on accole le mot production à un terme avec lequel on ne le rencontre pas habituellement, c'est ordinairement dans un but précis, celui de signifier qu'il est passé d'une valeur d'usage à une valeur marchande, ou de signaler à ceux qui ne l'auraient pas vu qu'il a été subrepticement introduit dans la sphère marchande. C'est une aventure qui arrive au paysage, mais aussi à d'autres termes comme celui d'espace.

Le paysage a aujourd'hui une valeur marchande ; on peut en quelque sorte le vendre et l'acheter, alors qu'il a eu longtemps seulement une valeur d'usage. Le paysage a longtemps été un donné, un bien qu'on consomme sans qu'il ne s'use. Lorsqu'un urbain achète une résidence secondaire dans un village, la valeur de cette résidence est faite non seulement des qualités propres de la maison et du terrain qui l'entoure, mais aussi de la vue qu'on a depuis les fenêtres, autrement dit du paysage rural environnant. Ce paysage rural, pour être attractif doit être harmonieux. Cette harmonie est de l'ordre de l'esthétique, autant dire des représentations. Ce sont des représentations conçues par la société urbaine d'où proviennent les acheteurs de résidences secondaires : ils protesteront donc contre la construction d'un hangar au toit en tôle qu'un agriculteur fait bâtir pour abriter son nouveau matériel, hangar considéré comme laid, dans un pays où les fermes sont recouvertes de tuiles canal. Si le paysage s'enlaidit, la valeur du bien foncier peut en être affectée. Cette valeur du paysage se retrouve aussi en ville, où, quand on achète un appartement, on achète aussi tout son voisinage.

Les paysages littoraux propres au développement touristique, comme les plages de sable fin ombragées de cocotiers, ont eux aussi une valeur marchande qui se traduit par les convoitises pour l'achat des terrains immédiatement en arrière.

Mais le souci de maintenir un paysage considéré comme traditionnel ne doit pas être réduit à des considérations mercantiles. Le paysage a progressivement acquis une valeur patrimoniale. Lorsque le paysage de bocage a progressivement été réduit ou détruit dans l'ouest de la France, pour procéder à des remaniements fonciers, ou afin de laisser passer des engins agricoles de grande taille, ou pour augmenter les rendements en rasant des haies considérées comme inutiles, des voix se sont élevées pour défendre le bocage.

Les arguments des défenseurs du bocage étaient parfois d'ordre technique : en rasant les haies, on facilitait les inondations, et on oubliait leur rôle de frein de l'érosion. Ils étaient aussi d'ordre écologique : on détruisait des abris pour les oiseaux, les petits rongeurs. Mais ils étaient aussi d'ordre sentimental : en détruisant les haies, on détruisait un paysage séculaire, dont un des charmes réside dans les horizons toujours boisés. On lui substituait un paysage morne et sans surprise, avec comme résidus des haies détruites, des tas de pierres et de branchages, abandonnés au milieu des champs, parce qu'on ne savait qu'en faire. Au fond, le paysage de bocage était assimilé à un patrimoine régional, au même titre que tel ou tel monument. En s'en prenant à lui, les aménageurs de l'espace rural s'en prenaient aux fondements d'une personnalité régionale, certains diraient d'une identité régionale.

Mais si on pouvait détruire un paysage, cette action prouvait aussi qu'on pouvait également le construire ou le reconstruire. J-P. Deffontaines dit justement que les pratiques agricoles construisent des paysages. Si un paysage était reconnu comme de plus grande valeur qu'un autre, ne pouvait-on pas produire des paysages de valeur ? En évitant les constructions disgracieuses, en se souciant des futures conséquences sur les paysages des grands travaux, comme une autoroute ou un barrage sur un fleuve. D'où des dispositions plus ou moins contraignantes pour en assurer la protection.

Le paysage et le droit

À partir du moment où le paysage acquiert une valeur, il est normal qu'il entre à divers titres dans la législation. Le premier parc naturel, celui de Yellowstone aux États-Unis, date de 1872. En France, la première introduction indirecte de la notion de paysage date de 1906, avec la loi sur la protection des sites et monuments naturels (les cascades de Gimel avaient été classées en 1898). En 1919 à propos d'une loi sur l'énergie hydraulique l'autorisation de canaliser une cascade à des fins de production hydroélectrique avait été annulée car il s'agissait de protéger la valeur touristique d'un site. C'est dans cette perspective qu'on s'efforça ensuite de protéger les paysages, avec l'idée de mettre sous cloche les paysages remarquables.

Depuis 1961, le code de l'urbanisme permet en France de refuser un permis de construire au motif que le projet porte atteinte au paysage À partir de 1976, les grands projets doivent être précédés d'une étude d'impact, qui évalue les conséquences de la construction sur le paysage avoisinant. À partir de 1985, des chartes paysagères sont mises sur pied dans les parcs naturels régionaux, qui fixent les règles de protection des paysages. En 1992 une loi dite Loi paysage reconnaît que tout paysage peut avoir un intérêt, sans toutefois qu'il y ait une définition juridique du paysage. La loi recommande aux communes de rédiger les plans d'occupation des sols en fonction de la valeur paysagère des sites. Progressivement, donc, on admet qu'il appartient à l'État de défendre la valeur paysagère d'un lieu.

En même temps, à l'échelle européenne, on finance des aides à la protection des paysages. À vrai dire, ce n'est pas toujours de paysage qu'il s'agit, mais de nature, l'un et l'autre étant plus ou moins confondus. Or, dans un continent si profondément humanisé que l'Europe, la nature vierge n'existe pas. Des actions comme Natura 2000 visent à mettre en défens une partie importante d'un territoire national (directives européennes dites « Habitats » et « Oiseaux »), parce que « la variété des climats, des paysages et des cultures induit une grande diversité biologique dont le maintien est un facteur clé, en particulier dans les zones rurales, pour un développement durable et maîtrisé » (ministère de l'Aménagement du territoire et de l'Environnement, décembre 2000).

Cette attention au paysage procède d'un souci de notre environnement dont on peut se louer. En même temps, le risque est une muséification du paysage, un refus du changement, une réticence devant le mouvement, qui repose sur l'idée implicite que ce dont nous avons hérité est meilleur que ce que nous produisons.

LA CARTE : DU REGARD OBLIQUE AU REGARD VERTICAL

Du paysage à la carte et de la carte au paysage

Dans la démarche du géographe, le paysage sert à repérer les formes et à déceler comment elles sont organisées. Le paysage est une étape, un passage obligé. L'étape suivante, c'est la carte.

Le paysage, c'est le regard oblique ; la carte, c'est le regard vertical. Si l'histoire de la cartographie est inséparable de celle de la géographie, c'est parce que le regard vertical, celui du cartographe, est celui qui permet la généralisation. L'aménagement de l'espace suppose la carte. Les urbanistes, les fabricants de cadastre ne peuvent travailler sans carte.

Dans leur démarche, les géographes ont pu chercher les paysages sur la carte et même confondre paysage et carte. Dans l'exercice pédagogique du commentaire de carte que pratiquent les géographes dans l'enseignement supérieur français, le paysage était assimilé à l'unité physionomique.

Inversement, on utilise aussi le regard vertical pour produire du regard oblique. Pendant le siège de Paris par les Prussiens en 1870, les journaux publiaient des vues obliques de Paris telles qu'on pouvait les imaginer à partir d'un ballon.

Aujourd'hui, on fabrique couramment des vues aériennes obliques à partir des images de satellites. Étrange retour des choses. On en trouvera un exemple avec un panorama des Vosges méridionales recomposé par image de synthèse.

Lors de la conférence de Dayton, qui aboutit à résoudre au moins partiellement et pour un temps le conflit issu de l'éclatement de l'ancienne Yougoslavie, on exposa une vue aérienne oblique de la Bosnie à très grande échelle, parce qu'on avait constaté que les présidents de la Bosnie, de la Croatie et de la Serbie-Monténégro, sans doute peu familiers de la carte, comprenaient mieux cette représentation, plus parlante pour eux qu'une carte. Toute proposition de nouveau tracé de frontière, faite sur la vue oblique suscitait immédiatement une réaction de leur part, alors que la carte les laissait froid, parce qu'elle supposait une interprétation. Donnons un autre exemple. Dans une étude des terrains de parcours d'une commune montagnarde de l'Othrys, en Grèce, étude menée à bien par les géographes de l'université de Thessalie, ces derniers ont construit à partir de l'image satellitaire une image en trois dimensions bien plus efficace pour discuter avec les éleveurs et demander à ces derniers d'indiquer leurs déplacements pastoraux. Les éleveurs se repèrent beaucoup plus facilement en localisant leurs bergeries et leurs alpages sur l'image mobile en trois dimensions.

Le paysage reconstitué l'emporte ici en efficacité sur la carte.

Figure 3 : **Un paysage reconstitué des Vosges méridionales**
Grâce à la carte du relief et à la carte de l'utilisation du sol Corine Land Cover, les géographes de Besançon ont reconstitué le paysage rural. On a imaginé. une vision oblique du territoire à partir de cette carte et on a disposé sur ce paysage reconstitué les divers éléments qui figurent sur la légende de la carte : l'habitat, les bois de feuillus et de conifères, les prairies etc. La technique permet de passer de la carte au paysage

Source : *Atlas des paysages de Franche-Comté*

La géographie pour traduire en cartes

D'abord mesurer : la connaissance des distances

La connaissance géographique commence avec une mesure des distances.

L'espace où nous vivons est évalué en termes quantitatifs : distance et temps de parcours. Nous nous sommes affranchis des distances dans la transmission des informations : télégraphe, téléphone, courrier électronique. Mais ni le déplacement des hommes ni celui des marchandises ne sont affranchis des distances, qui se traduisent en temps de déplacement et en coût.

Une des premières fonctions de la cartographie, qui est une sœur jumelle de la géographie, fut de représenter et de faire connaître des itinéraires, qui permettent les déplacements dans les meilleures conditions. Cette fonction est une des plus communément répandues et elle a été réalisée par des moyens divers, qui ne sont pas tous ceux de la carte. Les Polynésiens disposaient, sur des cordelettes représentant des itinéraires maritimes, des nœuds pour signifier la position respective des îles dans l'océan Pacifique. Les indigènes des îles Marshall utilisaient à la même fin des bâtonnets et les Esquimaux taillaient des bois flottés pour représenter les formes du littoral.

Les Aborigènes d'Australie utilisaient encore un autre procédé, les *songlines* ou chants des pistes (Bruce Chatwin, 1988). Ces chants énuméraient la liste des éléments géographiques (montagnes, rivières etc., avec leur signification sacrée) rencontrés sur un itinéraire donné. Ces chants constituent un « labyrinthe de sentiers invisibles sillonnant tout le territoire australien et connus des Européens sous le nom de songlines, itinéraires chantés [...] Un chant était à la fois une carte et un guide topographique. Pour peu que vous connaissiez le chant, vous pouviez toujours vous repérer sur le terrain. »

Les Grecs de l'Antiquité sont les fondateurs d'une géographie scientifique, mais nous n'avons presque aucun témoignage direct des cartes de l'Antiquité gréco-romaine car elles ont toutes disparu. Il ne subsiste que des fragments de plans tracés sur la pierre de quelques monuments. La carte la plus connue, dite table de Peutinger est un long parchemin roulé (en latin *volumen*, qui a donné volume), qui date du Moyen Âge (XIIIe siècle). C'est une copie d'un travail de l'Antiquité tardive (IIIe-IVe siècle). La table de Peutinger est un premier exemple de carte routière : elle donne les routes de l'Empire romain. Dans le même esprit, les portulans étaient des cartes marines visant à établir aussi précisément que possible le dessin des côtes et la localisation des ports sur les littoraux.

Dès l'Antiquité cependant, la carte a eu une autre fonction : reporter sur un plan, l'image de la sphère terrestre, avec ses cercles remarquables, comme l'Équateur et le Tropique et les coordonnées géodésiques des différents points à représenter. Aussi bien, chez Ptolémée, la carte, que nous n'avons plus, est-elle accompagnée d'un texte, qui nous est heureusement parvenu et qui s'appelle précisément *Géographie*, et qui est une sorte de mode d'emploi pour dresser la carte. Cette *Géographie* fournit les coordonnées géodésiques de tous les différents points à représenter. C'est pourquoi les cartographes de la Renaissance ont pu, en s'appuyant sur ce texte et sur les coordonnées précises qu'il contient, dessiner la carte de Ptolémée. Les diverses cartes de Ptolémée que nous possédons ont été dressées plus de mille ans après sa mort.

La carte étant disposée sur un plan à deux dimensions, elle doit, si elle ambitionne d'être autre chose qu'un croquis, se soucier du mode de projection d'une sphère (celle de la terre) sur un plan (celui de la carte). Historiquement, ce fut l'apport des Grecs de l'Antiquité d'établir que la terre est une sphère et aussi de proposer des modes de projection de la sphère sur le plan. Ptolémée en propose deux : la projection orthogonale dite à la Renaissance de Mercator, et la projection conique simple. Aussi bien les premiers géographes furent-ils en même temps des mathématiciens et des astronomes.

Progressivement, cette branche mathématique de la géographie s'en est séparée pour voler de ses propres ailes.

La carte des explorateurs

De nos jours, le terme de cartographie recouvre plusieurs réalités différentes. D'une part, la carte est un outil destiné à représenter le plus exactement possible les détails de notre planète. Cette cartographie-là fut depuis longtemps un des soucis de l'autorité politique.

D'autre part, la carte est destinée à rassembler et populariser les connaissances progressivement acquises sur les mondes lointains.

Le prince portugais Henri le Navigateur (1394-1460), fils du roi du Portugal, ne doit pas son nom aux expéditions maritimes qu'il aurait lui-même conduites, puisqu'il a passé sa vie au Portugal, mais aux explorations qu'il a organisées sur la côte occidentale de l'Afrique. Les explorateurs rapportaient les informations nécessaires à la confection des portulans, cartes destinées aux marins et où figurent le tracé des côtes et le détail des installations portuaires.

Au XVIIIe siècle, les expéditions françaises et britanniques dans le Pacifique visaient d'une part à vérifier l'hypothèse de l'existence d'un continent austral et plus généralement à cartographier les îles et archipels. Le plus remarquable de ces explorateurs, l'Anglais James Cook, a établi par exemple le caractère insulaire de la Nouvelle-Zélande, que jusqu'à lui on considérait comme partie de l'hypothétique continent austral. Il écrit dans son rapport :

> « Cette contrée, considérée jusqu'ici comme faisant partie d'un continent austral imaginaire, se compose de deux grandes îles séparées l'une de l'autre par un détroit ou passage large de 4 à 5 lieues. Ces îles se situent entre 34° et 48° de latitude sud, et entre 181 et 194° de longitude ouest à partir du méridien de Greenwich [...] La carte que j'ai dessinée montrera parfaitement les contours et l'étendue de ces îles, l'emplacement des baies et des ports qu'elles abritent ainsi que les îles plus petites disséminées autour d'elles. »
>
> James Cook, *An Account of a Voyage Round The World*, 1773

Cook, est donc à la fois un marin, un scientifique et un remarquable cartographe. C'est sur ses travaux que l'Angleterre s'est appuyée pour établir son emprise sur le Pacifique Sud et inclure dans son empire colonial l'Australie et la Nouvelle Zélande.

De nos jours, la totalité de la planète est connue et les satellites nous rendent même compte de tous les bouleversements naturels importants : cyclones, grands incendies de forêts, pollutions marines. On pourrait penser que la cartographie des explorateurs est terminée. Pourtant, on cartographie maintenant le fond des océans, pour y déceler les mouvements des plaques continentales. Et ce travail est loin de son terme.

La carte des administrateurs

Mais la cartographie n'avait pas comme finalité unique la connaissance et l'exploitation des mondes lointains. L'autorité politique l'utilisait aussi pour gérer son propre territoire. Elle a donc servi aussi à dessiner avec une grande précision les territoires nationaux.

La première carte de France à grande échelle, établie avec des procédés modernes fut celle de Cassini (1714-1784) publiée à partir de 1754 jusqu'à la veille de la Révolution, en 180 feuilles à l'échelle de 1 : 86 400, soit une ligne pour 100 toises La toise était une ancienne mesure de longueur valant six pieds, soit à peu près deux mètres et la ligne correspondait à la douzième partie du pouce, soit environ 2 mm. Cassini lui même expliquait l'utilité de sa carte :

> « L'exactitude de la configuration du terrain est presque aussi importante que la position des objets de détail. On ne peut former des projets utiles au commerce sans consulter la Carte. La construction des chemins, la direction qu'il faut leur donner pour les rendre plus courts et plus praticables, en évitant les inégalités du terrain ; l'établissement des canaux de communication qui ne sont pas assez multipliés en France suppose une carte bien figurée et assez détaillée pour la conduite des ouvrages et l'estime de la dépense. »
>
> Cassini, *Description géométrique de la France*, 1783

Rien d'étonnant que la carte à grande échelle ait été au XIXe siècle réalisée par les militaires : ce fut la carte d'État-major au 1 : 80 000. On affirma même que l'ignorance de la technique de lecture des cartes par l'armée française avait été une des raisons de la défaite de la France face à la Prusse, en 1870. Beaucoup d'officiers avaient été incapables d'utiliser la carte pour se repérer sur le terrain. La connaissance cartographique précise du territoire national est une condition nécessaire de la bonne administration et de la bonne réalisation des travaux publics, des routes, des voies ferrées comme des fortifications.

Aujourd'hui, dans le même esprit, les cartographes des différents pays de l'Europe harmonisent les cartes nationales : une carte au 1 : 25 000 est en voie de réalisation. L'Agence européenne de l'environnement réalise une carte de l'occupation du sol de l'Europe à partir des images satellitaires à 1 : 200 000 (Carte dite Corine Land Cover) et les pays de l'Europe orientale qui veulent rentrer dans l'Union européenne rivalisent pour se raccorder eux aussi à cette carte commune.

La carte thématique

Le temps des cartographes explorateurs est près de se terminer, encore qu'il reste beaucoup à faire en matière de cartographie du fond des océans. La carte des administrateurs est le fait de praticiens spécialisés.

Mais le géographe est aussi producteur de cartes qui n'ambitionnent pas l'exactitude mathématique de la représentation des détails mais visent à dessiner la distribution spatiale d'un phénomène : ce sont les cartes thématiques.

Ces cartes thématiques sont parfois de simples croquis, où par exemple on dispose sur une carte de l'Europe les grandes régions touristiques, ou les grandes régions agricoles ou encore telle industrie lourde comme le raffinage pétrolier.

D'une manière plus scientifique, la carte sert à disposer au moyen de figurés proportionnels ou au moyen de trames différenciées des données statistiques par unité territoriale. Par exemple la densité de la population par unité administrative comme la densité de population à Madagascar ou à Taïwan.

La carte thématique peut servir à mettre en relation deux phénomènes, par exemple la densité de population et le relief, ou la production de blé et la qualité des sols. Les procédés modernes de cartographie, comme la cartographie assistée par ordinateur, mettent la cartographie thématique à la portée de beaucoup d'utilisateurs non géographes. Nos quotidiens sont désormais souvent illustrés de telles cartes, dont la qualité a nettement progressé.

La carte est alors élément d'information à destination de tous et aussi fondement d'une réflexion. Le travail du géographe, ce sont précisément les allers retours entre la carte et les autres données susceptibles de l'expliquer.

LA GÉOGRAPHIE POUR AGIR

L'analyse du paysage, la carte, mais aussi la collecte des informations spatialisées de toute nature : statistiques, archives historiques, entretiens avec les responsables sont des outils que le géographe apprend à manier. Mais pourquoi faire ?

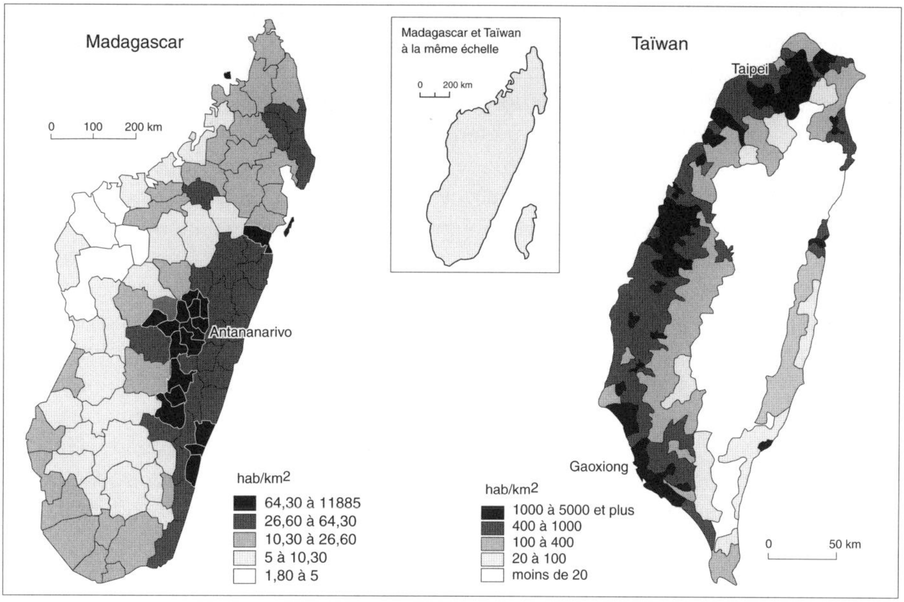

Figure 4 : **Densité de population à Madagascar et à Taïwan**

L'île de Taïwan (35 000 km^2) a une population de 22 millions d'habitants, soit une densité moyenne de 612 habitants au km^2. L'île de Madagascar, beaucoup plus vaste (587 000 km^2) est moins peuplée avec 14 millions d'habitants, soit une densité de 24 habitants au km^2. Les deux îles ont un centre montagneux. Mais à Taïwan, les montagnes centrales sont vides, alors qu'à Madagascar elles abritent une grande partie de la population, dont la capitale. Cette carte thématique permet de poser la question de la distribution d'une population sur un territoire.

La géographie n'est-elle utile que pour faire des constats ? Se résume-t-elle à un état des lieux ? Le géographe est-il un homme qui arrive quand tout est fini et qui explique ce qui vient de se passer ?

La géographie peut être mise entre toutes les mains. Elle peut servir à chacun ; elle permet de mieux se situer dans le monde. Mais peut-elle aussi être utile à la société ?

Peut-on parler de géographie appliquée ? Un géographe, Yves Lacoste, a partiellement répondu à la question en intitulant un de ses livres, *La géographie, ça sert d'abord à faire la guerre*. Par cette formule provocante, il souhaitait insister sur l'intérêt stratégique de la géographie. Il avait eu l'attention attirée par le fait que pendant la guerre du Vietnam, les bombardements américains sur les digues du fleuve Rouge étaient dirigés avec une efficacité telle qu'ils avaient probablement lu, avant les opérations, les géographes qui avaient écrit sur le sujet et avaient dévoilé la logique de leur construction.

Depuis toujours le géographe est au service du prince. Et Yves Lacoste, considère que Hérodote ce Grec de l'Antiquité en qui les historiens voient le premier de historiens et les géographes le premier des géographes est à son époque un espion au service de l'impérialisme athénien. Ses descriptions servent aux responsables pour mettre en œuvre leur politique extérieure.

La cartographie à grande échelle, celle qui permet une lecture détaillée du terrain n'a t-elle pas été, en France comme en beaucoup d'autres pays, un instrument au service de l'État-major ? La carte servait et sert encore à définir les meilleurs itinéraires, pour rester hors de la vue et si possible hors de portée de l'ennemi. En campagne, Napoléon était toujours accompagné d'une brigade de topographes, qui lui confectionnaient des cartes nécessaires aux opérations.

Mais le pouvoir militaire n'est qu'une des formes du pouvoir et il n'est pas d'État-major que dans les armées. Les grandes entreprises économiques en ont aussi. La géographie sert le pouvoir économique comme le pouvoir politique.

La question est moins de savoir le rôle de la géographie dans le passé que les conditions selon lesquelles elle peut aujourd'hui être une géographie active, utile à la communauté.

La géographie, en effet, ne se contente plus d'être un moyen pour comprendre, elle veut aussi être un instrument pour agir. On peut dater cette orientation aux nécessités de la reconstruction, après les destructions de la Seconde Guerre mondiale, lorsque Jean-François Gravier publia, pour dénoncer la trop grande importance de Paris dans l'organisation du territoire français, un livre qui fit date : *Paris et le désert français*.

Cette orientation est de nos jours justifiée en terme de méthode pour les géographes soucieux d'analyse spatiale par le souci de bâtir des modèles, construits grâce à une généralisation à partir d'observations empiriques. En effet si les modèles rendent compte d'une manière satisfaisante de la réalité, on peut les utiliser pour faire des choix d'aménagement. Soit une société commerciale qui souhaite ouvrir un supermarché. On peut déterminer pour les différentes localisations potentielles qui s'offrent à elle, le volume théorique de clients qu'elle peut atteindre et leur pouvoir d'achat, compte tenu de la distribution de la population. Elle pourra s'en servir pour choisir l'implantation la plus favorable pour le supermarché qu'elle veut ouvrir.

La géographie n'est donc pas seulement un instrument pour comprendre le monde qui nous entoure. Les géographes qui travaillent dans les agences d'urbanisme des agglomérations s'efforcent, par leurs études, d'aider dans leurs décisions ceux qui ont la charge de la cité. On en verra des exemples dans le chapitre consacré aux questions d'aménagement du territoire

Références bibliographiques des auteurs cités

BERQUE A. (1996), *Être humain sur la terre,* Gallimard, coll. « Le débat ».

BONNEMAISON J. (2000), *La géographie culturelle,* CTHS.

COCHET H. (2001), *Crises et révolutions agricoles au Burundi,* INAPG, Karthala.

CHATWIN B. (1988), *Le champ des pistes,* Grasset.

COLLIGNON B. (1996), *Les Inuits, ce qu'ils savent du territoire,* L'Harmattan.

DEFFONTAINES J.-P. (1998), *Les sentiers d'un géoagronome,* Arguments.

DION R. (1934), *Essai sur la formation du paysage rural français,* Arrault.

DION R., (1990), *Le paysage et la vigne,* Payot.

FRÉMONT A. (1999), *La région, espace vécu,* Flammarion, « Champs, 2e ed.

GOUROU P. (1973), *Pour une géographie humaine,* Flammarion.

LIZET B., RAVIGNAN F. de (1987), *Comprendre un paysage : guide pratique de recherche,* INRA.

Références filmographiques

Anatomie du paysage. Physiologie du paysage. Pathologie du paysage. Une vallée dans la ville. Films réalisés par Philippe Pinchemel et Jean-Louis Tissier, Service audio-visuel de l'ENS de St Cloud, 1977-1987.

Chapitre 2

Les notions centrales de la géographie

Comme toutes les sciences, la géographie s'est construite un vocabulaire, composé d'un ensemble de termes qu'elle s'est efforcée de définir avec précision et d'utiliser au mieux en fonction de ses définitions.

Les termes de la géographie sont parfois des termes complètement nouveaux, forgés à partir de racines latines ou grecques. Parfois et c'est une deuxième catégorie, on a pris des mots locaux qui n'étaient connus que dans un domaine géographique restreint et on en a généralisé l'utilisation. Parfois enfin, on s'est emparé de mots d'usage commun et imprécis et on s'est efforcé d'en préciser un champ d'utilisation bien délimité. À la première catégorie appartiennent beaucoup de termes de géographie physique. Les géomorphologues disent par exemple que dans un bassin sédimentaire, une vallée est cataclinale quand son écoulement se produit dans le même sens que la pente des couches sédimentaires sous jacentes. Elle est anaclinale dans le cas contraire. Les deux termes de cataclinal et anaclinal ont été créés par les géographes. Dans le même esprit, Roger Brunet a appelé chorèmes les structures élémentaires de l'espace géographique et il a proposé une liste des chorèmes. À la seconde catégorie, celle des termes locaux auxquels on attribue une valeur générale, appartient le vocabulaire des formes du relief karstique : doline, ouvala, hum, sont des termes empruntés au croate et dont l'usage est devenu général.

Dans ce chapitre, on ne traitera que de la troisième catégorie évoquée plus haut, celle des termes plus généraux, comme milieu, environnement, espace, région, territoire. Ces termes sont empruntés au langage commun. Comme ils n'appartiennent pas spécifiquement à la géographie, et qu'on les rencontre quotidiennement aussi bien en lisant le journal qu'en regardant la télévision, il est indispensable de préciser le sens que leur attribuent les géographes et de s'en tenir à ce sens.

MILIEU ET ENVIRONNEMENT

Essai de définition

Comme pour le mot paysage, les géographes peuvent user du mot milieu, mais ils n'en ont pas l'exclusivité. Ils doivent partager son usage avec beaucoup d'autres utilisateurs.

Le mot « milieu » a d'abord un sens biologique par lequel on se rapproche du sens géographique. Le *Grand Larousse encyclopédique* nous dit que c'est « l'espace qui entoure immédiatement les cellules ou les êtres vivants et avec lequel les êtres vivants réalisent les échanges constants de matière et d'énergie qui les rendent plus ou moins dépendants à son égard ». Un géographe pourrait reprendre cette définition en substituant aux cellules et êtres vivants les sociétés humaines et en ajoutant aux échanges de matière et d'énergie les échanges d'information de toute nature. Nous voici dans une définition élargie du milieu, avec une composante physique ou naturelle (nature se dit en grec *physis*) et une composante liée à l'homme.

On appelle milieu géographique le milieu conçu au sens large, soit l'ensemble de ses composantes physiques, économiques et sociales. Mais en réalité, quand on parle de milieu, seules les composantes physiques sont bien définies. La notion de milieu physique est utilisable, celle de milieu géographique l'est moins. Le terme de milieu géographique signifie bien souvent conditions locales ou situation économique et sociale. Le terme de milieu géographique a trop d'extension et manque de précision.

Le mot milieu ne se distingue pas aujourd'hui du mot environnement. Sous la plume des géographes, les deux termes ont à peu près le même sens. Toutefois, le mot milieu est parfois employé dans le sens restrictif de milieu naturel ou physique, alors que le mot environnement comporte souvent une dimension sociale et parfois même psychologique. La fortune du mot environnement est liée à sa proximité avec le terme anglais *environment*. En anglais, les spécialistes utilisaient d'ailleurs souvent le mot français « milieu ». On tiendra ici environnement comme l'équivalent du mot milieu.

Les grandes étapes des études sur l'épistémologie de la géographie

Pendant longtemps les géographes ne se sont pas beaucoup souciés de l'épistémologie de la géographie c'est-à-dire de ses fondements théoriques et de la place de la géographie par rapport aux sciences voisines. L'épistémologie commence par la définition précise et commune des termes utilisés. Dans cet effort on relève deux tendances opposées. Certains (Pinchemel, 1997) sont avant tout désireux de recentrer la géographie sur l'étude des formes visibles de cette « écriture de la terre ». Ils cherchent au sein de la géographie elle-même et en reliant sans cesse géographie physique et géographie humaine à clarifier les concepts. D'autres au contraire (Claval, 2001) attentifs aux orientations des géographies étrangères et plus particulièrement anglo-saxonnes essaient de définir les fondements de la géographie française dans son cadre international. Ils sont également sensibles aux apports de l'anthropologie sociale, de la sociologie et de la psychologie. Beaucoup pratiquent une géographie culturelle proche de la géographie humaine classique à laquelle ils rattachent le souci des représentations. Il ne faut donc pas s'étonner si les mots clés de la géographie (milieu, environnement, espace, territoire, région) doivent être sans arrêt redéfinis. Tous ces termes fondamentaux ont leur propre histoire au sein de la géographie et bien souvent on les trouvera utilisés dans la littérature avec des acceptions assez variées.

À l'origine, on parle de milieu seulement par rapport à un lieu ou par rapport aux habitants de ce lieu. On parlera du milieu montagnard dans lequel se déploie l'agglomération de Chamonix. On se posera la question de savoir ce qui dans le milieu naturel explique la présence d'un vignoble comme celui de la Côte d'Or : la qualité des sols, l'orientation des pentes, l'égouttement facile, etc. C'est le milieu de la côte bourguignonne qu'on étudie.

Cependant, on est naturellement amené à comparer un milieu naturel à un autre, à regrouper les milieux qui se ressemblent, à rechercher des types, à parler par exemple des milieux désertiques chauds. Dès lors, le mot milieu n'est plus relatif à un lieu. Le milieu des géographes n'est cependant pas l'équivalent des écosystèmes des écologistes scientifiques ; en effet, pour le géographe, le milieu dit naturel est le résultat de son façonnement par l'homme pendant les sept derniers millénaires qui correspondent à l'activité agricole alors que pour l'écologiste scientifique, l'homme n'est qu'un facteur parmi d'autres, et un facteur dérangeant. Au delà, dans beaucoup de textes, le terme de milieu physique ou naturel devient l'équivalent de celui de nature.

Une application : les appellations d'origine contrôlée

La question des appellations d'origine contrôlée pour les produits agricoles fournit une application du mot milieu, notion tout à fait quotidienne, mais qui se situe dans le domaine central de la démarche des géographes.

Les dispositions légales de l'appellation d'origine contrôlée visent à protéger l'originalité de certaines productions, surtout agricoles, mais aussi artisanales par une dénomination exclusive. Un vrai camembert ne peut être produit et vendu avec cette dénomination que dans une région précise en Normandie. En Grande-Bretagne, le label Harris Tweed signifie que ce tissu est un tweed dont la laine provient des îles écossaises des Hébrides, qu'il est filé, tissé et teint sur place. Il n'est pas permis d'appeler « Champagne » des vins qui seraient produits à partir de raisins provenant de vignobles situés hors d'un périmètre strictement défini. De surcroît, d'autres exigences doivent être respectées : cépages, procédés de vinification, mais ces exigences ne sont pas du même ordre : elles n'intéressent pas une étendue particulière et délimitée ; elles définissent un savoir faire ou, comme on préfère le dire, une tradition.

Autrement dit, pour tous ces produits, la garantie d'authenticité est fournie, entre autres, par le milieu. Milieu est ici pris au sens large de milieu géographique et pas seulement dans son sens de milieu physique. Dans la littérature publicitaire que fournissent les organismes de viticulteurs d'appellation contrôlée, on insiste beaucoup sur les avantages d'ordre topographique, pédologique, géologique, climatique : orientation des pentes, composition des sols, aptitude de ces derniers à se réchauffer aux rayons du soleil. On explique aussi que la qualité des sols n'est pas uniquement un don de la nature mais aussi le produit du travail des hommes et des amendements qu'ils y ont apporté. Dans cette littérature, les productions agricoles sont ainsi l'expression des qualités du milieu physique et d'une tradition artisanale ou si l'on préfère d'une histoire.

Dans les brochures destinées à faire connaître ces productions, on met l'accent sur ce qui est totalement spécifique, sur ce que les concurrents ne peuvent vous

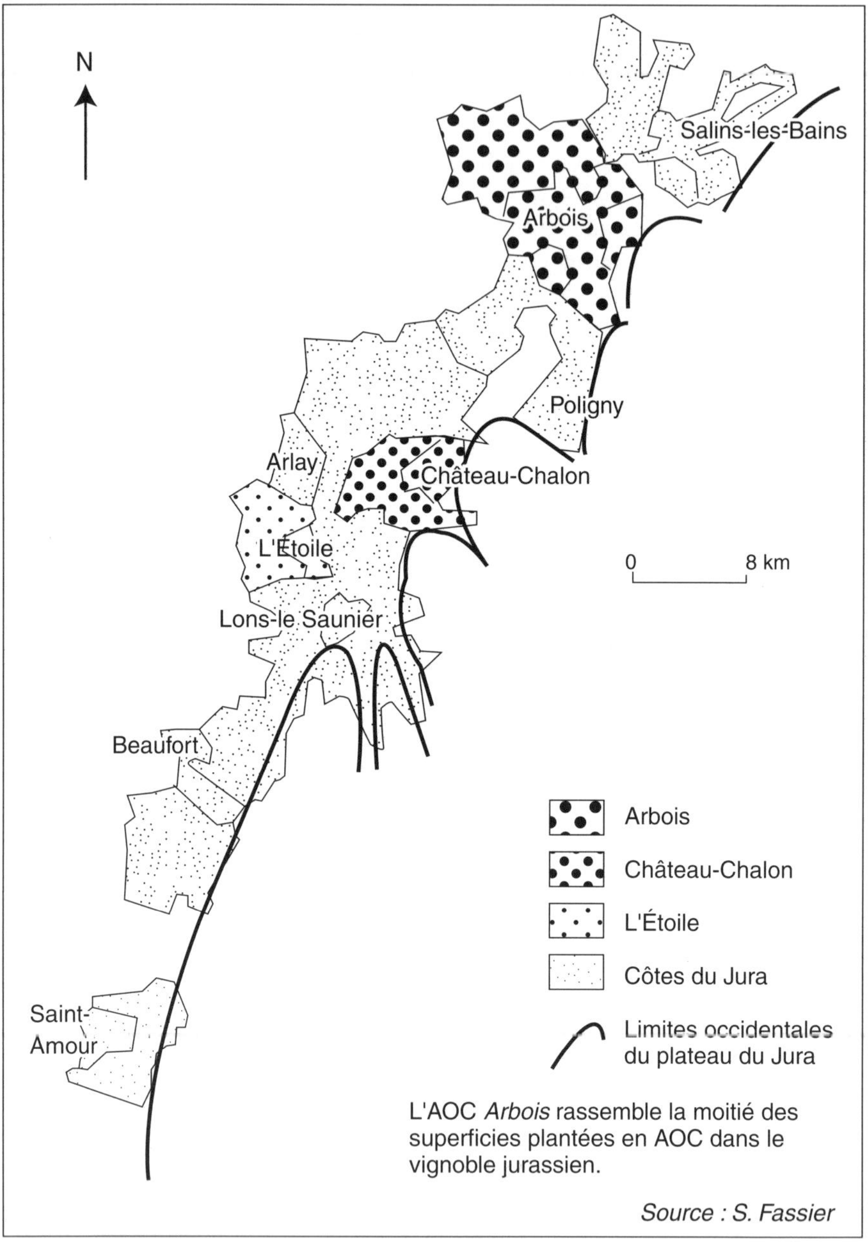

Figure 5 : **Les AOC des vignobles du Jura**

Les communes et parfois des fractions de communes ont reçu le bénéfice d'une appellation d'origine contrôlée. Pour les vins de grande qualité (Étoile, Arbois, etc.) la dénomination est celle de la commune. Pour les autres, c'est celle de Côteaux du Jura. Tous sont situés sur les pentes en bordure des plateaux calcaires du massif jurassien.

ravir. C'est-à-dire le lieu de production avec ses caractéristiques propres. On dit aux concurrents ou on leur fait comprendre que quels que soient leurs efforts, ils ne pourront jamais reconstituer dans leur pays des terroirs d'une si haute qualité.

Au contraire les procédés techniques et les cépages peuvent être transférés au bout du monde. Et c'est bien ce qui arrive : les cépages bordelais ou bourguignons (cabernet, sauvignon, chardonnay ou pinot) ont fait le tour de la planète et on les retrouve aussi bien en Californie qu'en Australie ou en Afrique du sud et au Chili. La seule chance pour que les vins français conservent leur avance et leur cote est dans l'exploitation de leur situation topographique, sur les qualités de laquelle il convient donc d'insister, mais en montrant que c'est la combinaison spécifique des qualités du lieu et d'un savoir faire qui constitue un privilège difficile à égaler et à reproduire ailleurs.

Les liens entre l'homme et le milieu

Quelle influence le milieu physique exerce-t-il sur l'homme en tant qu'individu biologique ? C'est une préoccupation des médecins depuis Hippocrate (vers 460-vers 377). Notre état de santé est-il dans la dépendance de notre environnement ? C'est une interrogation que des géographes comme Max Sorre ont repris au XXe siècle (Sorre, 1953). Ce dernier s'est attaché avec d'autres à composer une géographie des grandes endémies. Par exemple celle de la malaria qui a affecté pendant des siècles les populations des plaines du bassin méditerranéen. Quelle est la part de la nature dans la répartition de la malaria ? Celle-ci étant transmise par la piqûre d'un moustique, quelle est l'écologie de ce moustique ? La réponse appartient autant aux médecins et aux biologistes qu'aux géographes, du moins aux médecins et biologistes soucieux de géographie.

Ces questions ont été relancées à propos des maladies infectieuses contemporaines, comme le sida : d'où provient-il ? Comment s'est-il répandu dans l'espace ?

Ce problème des rapports entre l'environnement naturel et l'homme dans le domaine biologique est rejoint par un autre, qui intéresse le domaine social. Depuis les grands voyages de découverte au XVIe siècle, on sait que les milieux équatoriaux sont habitables, alors qu'on avait cru un temps que les températures trop élevées les rendaient hostiles à toute installation humaine. L'économiste Jean Bodin (1529-1596) divise le globe selon la graduation des climats. Il émet l'idée que ces climats, des plus chauds jusqu'aux plus froids, induisent des différences de tempéraments : ce sont les humeurs selon Bodin, expression qui est parvenue jusqu'à nous : ne dit-on pas « être de bonne ou de mauvaise humeur » ? Selon le même auteur, les peuples du Nord sont plus flegmatiques, ceux du Sud plus ardents ce qui explique les différences entre les modes de gouvernement. Cette question, celle de l'influence de l'environnement sur les sociétés a toujours fasciné les hommes.

Une autre question est celle de l'homme en tant qu'agent géographique : dans quelle mesure l'action de l'homme modifie-t-elle son environnement naturel ? Cette question revient surtout depuis la fin du XVIIIe siècle, c'est-à-dire depuis les débuts de la révolution industrielle.

Elle a pris de nos jours une importance et une coloration particulières, du fait de l'augmentation rapide du nombre des hommes et des conséquences négatives d'une activité toujours plus consommatrice de sources d'énergie : les progrès des différentes formes de pollution sont ici pour nous le rappeler.

Le déterminisme physique en géographie

Le déterminisme est l'idée selon laquelle, si les causes d'un phénomène sont connues avec certitude, et si ces causes sont réalisées à un moment donné, il est exclu que ce phénomène puisse ne pas se produire. Inversement si la cause disparaît, l'effet aussi. Sans déterminisme, a-t-on dit, il n'est pas de science possible. Du moins est-ce vrai pour les sciences physiques, biologiques et mathématiques.

Au sein de la géographie physique, le déterminisme est partout à sa place. Par exemple, d'une manière générale, dans les mers fermées, sans marée ou avec de faibles marées, les côtes sableuses donnent naissance à des flèches littorales enserrant des lagunes, dans le voisinage de l'estuaire des fleuves. On peut affirmer que si les conditions lithologiques et hydrologiques sont réunies, les lagunes apparaissent comme par exemple en Méditerranée, en mer Noire, en Baltique. Il existe une relation de nécessité entre les conditions lithologiques et hydrologiques d'une part et d'autre part la présence des lagunes.

En affirmant cette relation nécessaire, on se situe dans une philosophie déterministe. Pour autant, même à l'intérieur de la géographie physique, l'optique déterministe n'est pas toujours aussi assurée.

Les botanistes ont reconnu des limites, qui sont souvent des limites thermiques, pour la croissance et la maturation des plantes. En dessous de telle température hivernale telle plante gèle et meurt. Si l'on prend l'exemple de la Finlande, on observe que le chêne ne se rencontre que dans l'archipel méridional d'Aaland et dans l'extrême Sud-Ouest ; l'érable est limité par le 62° de latitude nord ; le tilleul se risque jusqu'à 63° 30' ; l'épicéa s'arrête à 68°. Il s'agit d'arbres de la végétation naturelle, dans la répartition de laquelle l'homme est peu intervenu. Mais d'autres cas sont moins nets. Dans la région de Bergen, en Norvège, le hêtre pousse fort bien. Pourtant, éliminé au moment des grandes glaciations quaternaires, il y a été réintroduit récemment par l'homme. Sa présence tient donc à des circonstances historiques. Elle est contingente.

Pour les espèces cultivées, il existe des limites naturelles, qui peuvent interdire telle culture. Mais à l'intérieur de ces limites, la présence ou non de telle culture dépend aussi de considérations économiques comme les prix internationaux ou la politique du pays considéré. En Finlande la floraison du pommier ne se fait plus au-delà de 64° de latitude. En Norvège, les pommiers les plus septentrionaux sont situés sur les rives du Hardanger Fjord, par 61° de latitude nord ; mais ces vergers sont aventurés dans un milieu qui ne leur convient guère, où assez souvent les gels détruisent la floraison et interdisent toute récolte. Ils se maintiennent grâce à des subventions. Pourront-ils supporter la concurrence internationale de producteurs beaucoup mieux situés sur le plan climatique et donc sur celui des coûts ?

D'une manière générale, les plantes cultivées ont des exigences écologiques qui leur sont propres ; mais le fait que ces exigences soient remplies en un lieu ne

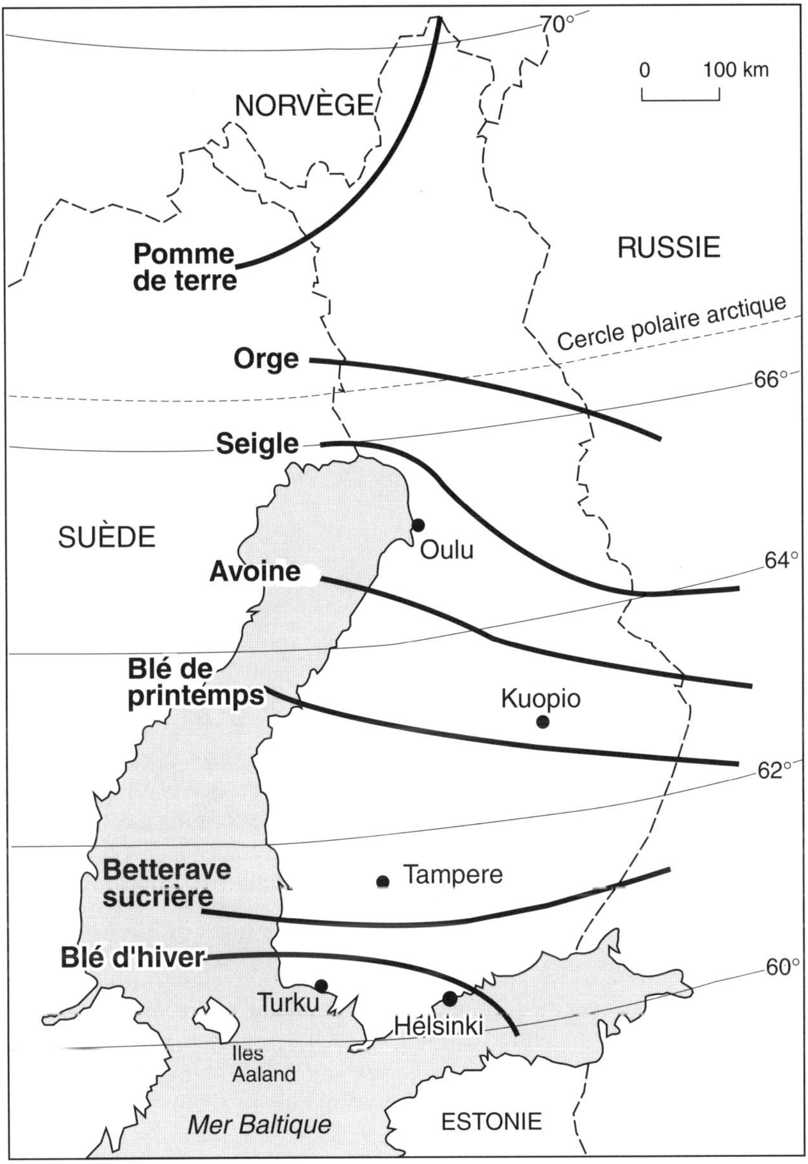

Figure 6 : **Limites septentrionales des grandes cultures « tempérées » possibles en Finlande (avec rendements acceptables)**

En Finlande, les contraintes liées aux hautes latitudes, par suite de la brièveté de la saison végétative, limitent les possibilités agricoles, qui disparaissent dans l'extrême Nord.

garantit pas que l'on y trouve obligatoirement telle ou telle culture. Des régions relativement étendues de l'Amérique sont propres à la culture de l'olivier, qui exige des saisons thermiquement contrastées, sans gels sévères et prolongés : l'olivier sèche quand il subit des gelées de moins de 10 degrés centigrades au-dessous de zéro pendant plus de 12 heures. Bien des régions d'Amérique remplissent ces exigences, en Californie, au Mexique, au Pérou. Pourtant, les olivettes y sont rares, non pas pour des raisons écologiques, mais parce que du temps de la domination espagnole, il était interdit de planter des oliviers dans le Nouveau Monde, pour ne pas concurrencer l'huile de la métropole.

On trouve ici exactement les limites du déterminisme physique : les rapports des sociétés avec leur milieu sont contingents. Ils ne sont pas nécessaires. Le déterminisme est acceptable au sein de la géographie physique ; il n'est plus à sa place dès qu'on passe au domaine culturel, social, économique.

Mais ces réserves, qui constituent un cadre général ne doivent pas pousser à estimer que la question des rapports avec le milieu est sans fondement, même dans les sociétés industrielles où la perception du milieu naturel est devenue plus floue. Parlons de rapports et non pas de causes.

Les conséquences de la mondialisation : avantages et handicaps naturels

Le milieu peut et doit être analysé. On n'a pas l'ambition de le faire ici : ce serait traiter de l'ensemble de la géographie physique : les sols, la couverture végétale, les eaux continentales et marines etc. D'ailleurs un manuel de géographie physique ne s'intitule-t-il pas *Les milieux « naturels » du globe* ? (Demangeot, 2000).

Dans la période récente, les questions du rapport de la société au milieu ne sont plus posées dans les mêmes termes. La question du déterminisme ne passionne plus les géographes, même si elle ressurgit périodiquement sous la plume d'autres spécialistes comme le biologiste Jared Diamond (Diamond, 2000). Paradoxalement, les avantages naturels sont loin de s'estomper.

On a pu penser cependant que la mondialisation, avec sa conséquence première, la création d'un seul marché mondial pouvait effacer les vieilles descriptions des systèmes de cultures en fonction de la variété des milieux naturels. On observe plutôt au contraire des progrès encore plus marqués de la spécialisation agricole selon les avantages comparatifs qu'offrent les milieux. Les entreprises transnationales ont choisi par exemple d'encourager la production de soja dans le centre de l'Argentine, parce que les conditions climatiques y sont idéales pour cette plante et que les conditions politiques et sociales y sont favorables. De la même façon, les producteurs de sucre ont saisi l'occasion de l'ouverture politique de la Russie et de l'Ukraine pour s'y installer en attendant une normalisation économique : ils savent que ces pays ont de vastes zones où les conditions écologiques sont excellentes pour la betterave à sucre.

Ces spécialisations sont l'extension, à l'échelle internationale, des spécialisations déjà réalisées à l'échelle nationale. En France, le blé n'est cultivé essentiellement que dans les bassins sédimentaires et toutes choses égales par ailleurs, les meilleures terres donnent les meilleurs rendements et les meilleurs revenus. À l'échelle européenne, la Grèce, depuis son adhésion en 1981, a vu décroître sa production de blé tendre et son troupeau bovin, augmenter sa production de blé dur et de coton : on a là un effet de la concurrence et de la spécialisation dans les produits les mieux adaptés au milieu méditerranéen chaud. La création d'un marché mondial met en évidence les faiblesses des pays qui, même en tenant compte de la modeste rémunération de leur main d'œuvre, ne peuvent rentrer en compétition avec les plus favorisés. Les conserves de tomates produites par l'agriculture de l'Union européenne, par ailleurs subventionnée, concurrencent victorieusement les productions locales en Afrique. Il est vrai que dans ce dernier cas, il ne s'agit pas seulement d'avantages naturels.

Les avantages naturels sont loin de se limiter à l'agriculture. Toutes les richesses minières en font partie. On peut également inscrire dans cette rubrique les avantages climatiques qui suscitent des possibilités de développement touristique. Les riverains de la Méditerranée bénéficient ainsi de la présence d'une mer chaude et d'un été sec, facteurs éminemment favorables au tourisme balnéaire, l'autre avantage étant la proximité des pays riches émetteurs de flux touristiques de l'Europe occidentale.

La contrainte planétaire

Les hommes ont aujourd'hui conscience de dépendre d'une planète dont les ressources ont des limites. Nous dépendons, en tant qu'individus biologiques et en tant que membres d'une société, de notre environnement naturel. Ne demandons nous pas une nourriture saine, un air respirable, une eau pure, mais aussi des ressources minérales abondantes propres à fournir des sources d'énergie et les matières premières de l'industrie. ?

Cette dépendance est perçue non seulement à l'échelle locale ou nationale, mais aussi planétaire. Les thèmes sont bien connus. Ils sont la préoccupation des mouvements écologistes. C'est l'interrogation sur le réchauffement de la planète en liaison avec les émissions de gaz carbonique provenant de la combustion des diverses sources d'énergie fossile. C'est la question de la fonte progressive des calottes glaciaires des pôles en liaison avec ce réchauffement. C'est la question du trou d'ozone dans les régions polaires et finalement de tous les changements de l'écosystème planétaire, changements que l'on peut relier à l'action de l'homme, au moins à titre d'hypothèse.

Sur toutes ces questions, le géographe n'a pas toujours d'opinion scientifique particulière, parce qu'elles relèvent plutôt des sciences de la Terre.

Tout au plus le géographe peut-il rappeler quelques vérités de bon sens devant un discours simplificateur. Il peut rappeler par exemple que même si le réchauffement climatique doit produire une remontée du niveau des mers, il peut localement produire l'effet inverse : en Scandinavie, depuis des siècles, la fonte de la calotte glaciaire provoque un relèvement du bouclier scandinave et ce sont là-bas les terres qui émergent progressivement. Autrement dit, ce qui est avéré au niveau de la planète peut être controuvé au niveau local.

Les risques naturels

Plutôt que de s'interroger sur la pertinence du déterminisme, les géographes explorent aujourd'hui la notion de risque naturel. Toute initiative d'une société humaine ou d'un individu dans un milieu donné suppose que l'on prenne un risque. C'est prendre un risque de confier des semences à la terre sans savoir ce qu'on va récolter. C'est un autre risque de bâtir une maison dans une vallée sans savoir si la crue séculaire de la rivière ne va pas l'emporter.

Tous les milieux naturels ne sont pas également soumis à des risques d'égale intensité. Mais ces risques sont des risques pour les hommes. Une éruption volcanique du volcan Erebus dans l'Antarctique n'a pas les mêmes conséquences que la même éruption d'un volcan de Java. L'Antarctique est en effet vide d'hommes alors que des densités rurales de 1 000 habitants au km^2 ne sont pas rares à Java.

D'une part, des milieux sont plus exposés aux risques et d'autre part ils sont très inégalement peuplés. Le risque a son intensité maximale dans les terres à forte densité du monde tropical. Le Bengladesh en fournit un bon exemple : le delta du Gange est menacé chaque année par de redoutables inondations. Il tend à s'affaisser et la remontée du niveau des océans le menace, cependant que les très denses populations qui l'habitent sont en forte croissance. Il est en outre sur la trajectoire habituelle de cyclones tropicaux.

Les séismes, les éruptions volcaniques sont parmi les plus impressionnantes des catastrophes naturelles. En dépit de leur caractère dramatique, les hommes s'en accommodent : aucune région sismique ou volcanique n'a été abandonnée de ses habitants. Les catastrophes d'origine climatique posent d'autres problèmes.

Mais le terme de catastrophe convient mal. En effet, il recouvre d'une part des événements ponctuels, comme la rupture des digues des îles de Zélande en février 1953, provoquée par la conjonction de fortes marées et d'une terrible tempête. Mais il recouvre aussi des changements géographiques de plus longue durée comme la sécheresse qui a affecté le Sahel, sur la bordure méridionale du Sahara, de 1978 à 1986.

Une des difficultés de la mise en valeur réside dans l'irrégularité des comportements climatiques. Les très grandes variations interannuelles de la pluviométrie sont caractéristiques aussi bien des zones méditerranéennes que des pays tropicaux. De surcroît, les populations les plus démunies, et les États les moins bien organisés sont beaucoup plus sensibles aux risques naturels. Les conséquences d'un tremblement de terre sont bien plus dramatiques, toutes choses égales par ailleurs, dans un pays sous-développé que dans un pays riche. Les risques naturels doivent être appréciés en fonction des situations économiques et politiques.

Mais les risques naturels ne se situent pas tous à la même échelle spatiale. Si les modifications de l'atmosphère au-dessus des pôles ou le niveau des océans se placent à l'échelle de la planète terre, à l'échelle locale les élus doivent aussi apprécier les risques, et voir s'ils autorisent la construction d'un lotissement dans une zone proche d'une rivière et par conséquent sous la menace des inondations d'ampleur exceptionnelle.

LES RESSOURCES ET LEUR DISTRIBUTION

Définitions

La notion de ressources a joué et joue un rôle important en géographie. Le mot de ressources, comme beaucoup d'autres, a plusieurs sens et de surcroît, il a changé de sens. Dans un premier sens, il désigne, nous dit le dictionnaire, « l'ensemble des moyens naturels dont dispose ou peut disposer une collectivité ». Il existe donc, puisqu'on parle de moyens naturels, une relation forte entre milieu et ressources.

Par ailleurs, le terme de ressources n'est pas l'équivalent de richesses. Jacques Bethemont parle des « richesses naturelles du monde » (Bethemont, 1987). Ce faisant, il signifie que toute ressource n'est pas une richesse. Le terme de ressource est plutôt du domaine de l'écologie. Le terme de richesse de celui de l'économie. Une ressource ne devient une richesse qu'à condition d'être exploitée. Elle devient richesse par le biais du travail de l'homme.

Une ressource potentielle devient une richesse à un certain moment, dans une certaine société, à un certain niveau technologique. Une ressource exploitée à une certaine période peut ensuite être abandonnée. L'obsidienne, une variété de lave ressemblant au verre, a été très recherchée durant certaines phases de la préhistoire, pour la fabrication des outils. On a même pu la transporter fort loin. Après l'invention des métaux, elle a été abandonnée.

Essai de classement des ressources

Tout ou presque peut devenir ressource. On peut ouvrir une carrière à peu près partout pour en extraire des pierres pour la construction. Toutes les pierres ne sont pas cependant des ressources potentielles ni susceptibles de se transformer en richesses, parce que certaines sont impropres à la construction. D'autres sont plus faciles à tailler et à assembler ou plus résistantes à l'écrasement ou aux effets du gel. Certains marbres, comme celui de Carrare en Italie sont même d'une telle qualité qu'on les transporte aux extrémités de la terre. Plus souvent cependant, on s'accommode des ressources qu'on trouve dans la proximité. C'est d'ailleurs ce que font les diverses sociétés traditionnelles qui utilisent les matériaux les plus proches : pierres de taille, galets, terre, etc. et les plus faciles à extraire et à travailler. Il existe donc des ressources d'usage tout à fait local.

On a dressé de ces ressources une liste convaincante : les sols en tant que supports de la végétation, la couverture végétale, les eaux courantes, les mers et océans et pour finir les matières premières d'origine minérale (Bethemont 1987).

Quelques questions initiales demeurent : doit-on faire figurer au nombre des ressources l'énergie solaire, ou l'air de l'atmosphère, ou l'eau des océans ? La répartition de ces trois biens n'est pas égale à la surface de la terre, puisque les effets thermiques du rayonnement solaire diminuent de l'équateur aux pôles, et que la répartition des vents n'est pas la même à la surface de la terre. Les marins qui participent aux grandes courses à la voile le savent bien qui redoutent les calmes équatoriaux et les tempêtes des *roaring forties* de l'hémisphère sud. Et enfin, la richesse des océans n'est pas à la disposition de tous les hommes, puisque sans parler des variations de la faune marine, tous les hommes n'habitent pas sur des littoraux.

L'inégalité des hommes devant les ressources

L'inégale richesse des nations est un fait bien connu que les statistiques s'efforcent de mesurer au moyen de différents indices, comme le produit national brut par habitant. L'inégale richesse des nations est liée à la fois à l'inégal accès aux ressources et à l'inégale capacité dont elles font preuve pour les mettre en œuvre, compte tenu de leur niveau de développement.

Une idée est très répandue, en dehors de toute réflexion scientifique, celle que l'inégale distribution des ressources conduit à l'inégalité entre pays riches et pays pauvres. Mais cette idée est contestable. Si l'on considère le classement des différents États selon leur PNB par habitant, on constate, en 1997, que le premier pays à devoir son rang à ses richesses en matières premières et sources d'énergie, est l'État pétrolier du Koweit. Tous les pays qui le précèdent dans ce classement à l'exception partielle de la Norvège qui est aussi un pays riche en pétrole, ne doivent pas leur position enviable à des ressources naturelles exceptionnelles. Les trois pays qui figurent en tête du classement, le Luxembourg, la Suisse et le Japon sont au contraire connus pour la modicité de leurs ressources naturelles.

Toutefois, on ne peut pas non plus soutenir que l'abondance des ressources naturelles ne joue aucun rôle dans la richesse d'un pays. Sans le pétrole, les États du golfe comme l'Arabie saoudite et les Émirats ne seraient pas dans la situation économique relativement bonne où ils se trouvent.

Encore faut-il utiliser à bon escient les richesses provenant des ressources en matières premières.

Si on compare les trois États du Maghreb, Algérie, Tunisie et Maroc, seule l'Algérie bénéficie de richesses importantes en hydrocarbures. Le Maroc n'en a pas et la Tunisie fort peu. Les hydrocarbures assurent 95 % des recettes extérieures de l'État algérien. Pourtant, si le PNB par habitant est légèrement supérieur en Algérie à celui du Maroc, il est inférieur à celui de la Tunisie. On peut même dire que la présence des ressources pétrolières a amené à négliger l'agriculture sans parler de choix économiques catastrophiques dans le domaine industriel. Le cas algérien n'est pas isolé. En Amérique du Sud, le Venezuela bénéficie depuis longtemps de rentrées de devises considérables à cause du pétrole, du gaz naturel et aussi du minerai de fer. Pourtant, sa situation économique n'est pas sensiblement meilleure que celle de ses voisins.

La loterie des matières premières

Les ressources minières sont réparties sur la Terre en fonction d'une logique géologique qui n'a rien à voir avec la densité de la population, ni non plus avec les besoins des sociétés. D'où bien entendu les échanges de matières premières, portant sur des volumes considérables, pour faire correspondre l'offre et la demande.

Les géographes se sont attachés à l'étude des ressources par le biais des matières premières. Ils s'y sont attachés parce que la répartition initiale des matières premières ne devait rien au savoir faire des hommes, mais que ces derniers intervenaient seulement dans leur mobilisation ou si l'on préfère leur exploitation. D'où l'idée de découverte et les légendes autour des puits de pétrole du Texas ou du golfe arabo-persique ou des diverses ruées vers l'or.

Prenons l'exemple du pétrole qui reste la source d'énergie de loin la plus importante. On sait depuis longtemps que le pétrole est inégalement réparti à la surface de la terre et que cette répartition, est liée aux conditions géologiques de sa formation en bordure des chaînes plissées. Les pays dont les caractéristiques géologiques sont autres ont peu de chances de devenir producteurs. Dès lors, si la répartition des hydrocarbures (pétrole et gaz naturel) obéit à une logique géologique, leur distribution selon les États apparaît comme une loterie. En effet, dans la majorité des cas, la fixation des frontières est antérieure à la découverte des gisements. Cette distribution est encore plus aléatoire lorsqu'elle intéresse des zones maritimes offshore, comme dans la mer du Nord, où on a délimité les zones d'intérêt économique après la découverte des champs de pétrole et de gaz.

En revanche, on peut noter bien des cas de conflits armés entre États dont le but est le contrôle des ressources du sous-sol, supposées ou avérées. L'envahissement du Koweit par l'Irak, préalable à la guerre du Golfe visait d'abord les gisements de pétrole de ce pays.

L'ESPACE, CONCEPT CENTRAL

Définition

Le concept d'espace, nous disent certains géographes est le concept central de la géographie. Il est « l'étendue terrestre utilisée et aménagée par les sociétés en vue de leur reproduction » (R. Brunet, 1992).

Le mot espace s'est répandu dans la géographie française à partir d'un moment donné pour répondre à un besoin donné. Le moment, c'est environ 1960, lorsque des géographes français découvrent l'analyse spatiale venue de la géographie anglo-saxonne (*locational analysis*). Un moment décisif de la popularisation du mot espace est la traduction en français du manuel de Peter Haggett, *Locational analysis in Human Geography* (Haggett, 1973).

Le mot espace se substitua alors à milieu comme concept majeur de la géographie. Presque tout le questionnement des géographes s'était centré depuis des décennies sur les relations des sociétés à leurs milieux d'une part et d'autre part sur les héritages historiques dans les sociétés contemporaines.

La géographie anglo-saxonne avait reproché à cette orientation de conférer inévitablement une prime à ce qui est unique exceptionnel, au détriment de ce qui est régulier, habituel. D'ailleurs, en France, la longue primauté de la géographie régionale en était la conséquence.

Se concentrer sur l'espace c'est recourir à une vision géométrique. C'est mettre de côté les caractéristiques particulières des lieux « toutes choses égales par ailleurs » comme disent les mathématiciens. C'est considérer l'espace comme un plan dont les points sont les lieux à étudier.

Le recours à l'espace comme outil de réflexion et de calcul, permet de répondre à la question de l'interaction spatiale, c'est-à-dire de l'influence qu'exercent les uns sur les autres plusieurs lieux voisins. On admet que les villes qui sont distribuées sur un espace donné sont des lieux. Par exemple, dans la région Centre, on peut considérer l'espace où se trouvent, une métropole régionale, Tours, une ville moyenne Blois, une petite ville, Vendôme. On peut calculer, en fonction du poids spécifique de chaque ville, l'influence qu'elle exerce et la façon dont elles se partagent l'espace considéré. Dans cette opération, on met entre parenthèse le site physique des villes, les éléments du relief, l'histoire de ces villes. On tient compte seulement de leurs caractéristiques présentes (population, effectif des emplois qu'elle abritent, spécialisation des fonctions). On traduit en indices chiffrés ces caractéristiques présentes et on peut donc en faire un traitement mathématique. On pourra par la suite réintroduire d'autres éléments qu'on a préalablement mis entre parenthèse.

Passer du milieu à l'espace, c'est passer d'une géographie où on privilégie les relations « verticales », celles qui lient un lieu à son soubassement physique et à son héritage historique, à une géographie où on privilégie les relations « horizontales », celles qui relient un lieu avec d'autres lieux semblables, particulièrement s'ils sont voisins.

Par exemple, étudier le réseau urbain de la France, c'est, pour les besoins de la démonstration, considérer l'espace national comme une étendue dépourvue d'aspérités, comme un plan tel que le définissent les mathématiciens et examiner la disposition et les relations des villes dans cet espace.

Les divisions de l'espace

Les divisions foncières

Les sociétés organisent et aménagent leur espace. C'est même une des finalités majeures de la géographie que l'étude de ces aménagements.

À cette fin, les sociétés divisent l'espace. Une de ces divisions les plus générales est la division foncière. À Cuba, les images satellitaires montrent les traces encore visibles d'immenses cercles dont le rayon est d'une ou deux lieues (une lieue = 4,2 km). Ces limites circulaires à très grand rayon de courbure sont respectées par le parcellaire des champs et souvent suivies par un chemin. Elles sont le témoignage de la division de l'espace en immenses propriétés, attribuées par la couronne espagnole à de grands dignitaires, au XVIe siècle. Parfois, certains cercles sont sécants, ce qui suppose des conflits de propriété.

Le cercle est une forme rare : il présente l'inconvénient de ne pas couvrir toute la surface, de laisser des vides si les cercles sont tangents. La centuriation romaine, c'est-à-dire la division orthogonale de l'espace à laquelle la civilisation romaine a procédé, dont les traces dans le paysage sont encore bien visibles aujourd'hui en Émilie Romagne, et dont on a relevé les témoignages dans la France méridionale, est formée de lignes perpendiculaires articulées sur le réseau des routes et chemins.

Aux États-Unis, à partir de 1785, tout l'espace a été divisé en carrés de six miles de côté les *townships*, dont la surface a elle-même été subdivisée en sections carrées de un mile de côté. Échappent à ce dessin général les parties des États-Unis qui furent colonisés par les Espagnols ou les Français. Ces derniers, en Louisiane comme au Québec ont appliqué un autre schéma. C'est le rang : des rectangles très allongés découpent l'espace perpendiculairement à la rivière, ou au chemin, le long desquels sont disposées les habitations.

Dans les pays de l'Amérique tempérée qui furent des colonies, et qui à l'arrivée des Européens étaient peuplés exclusivement d'Indiens cueilleurs et chasseurs, de

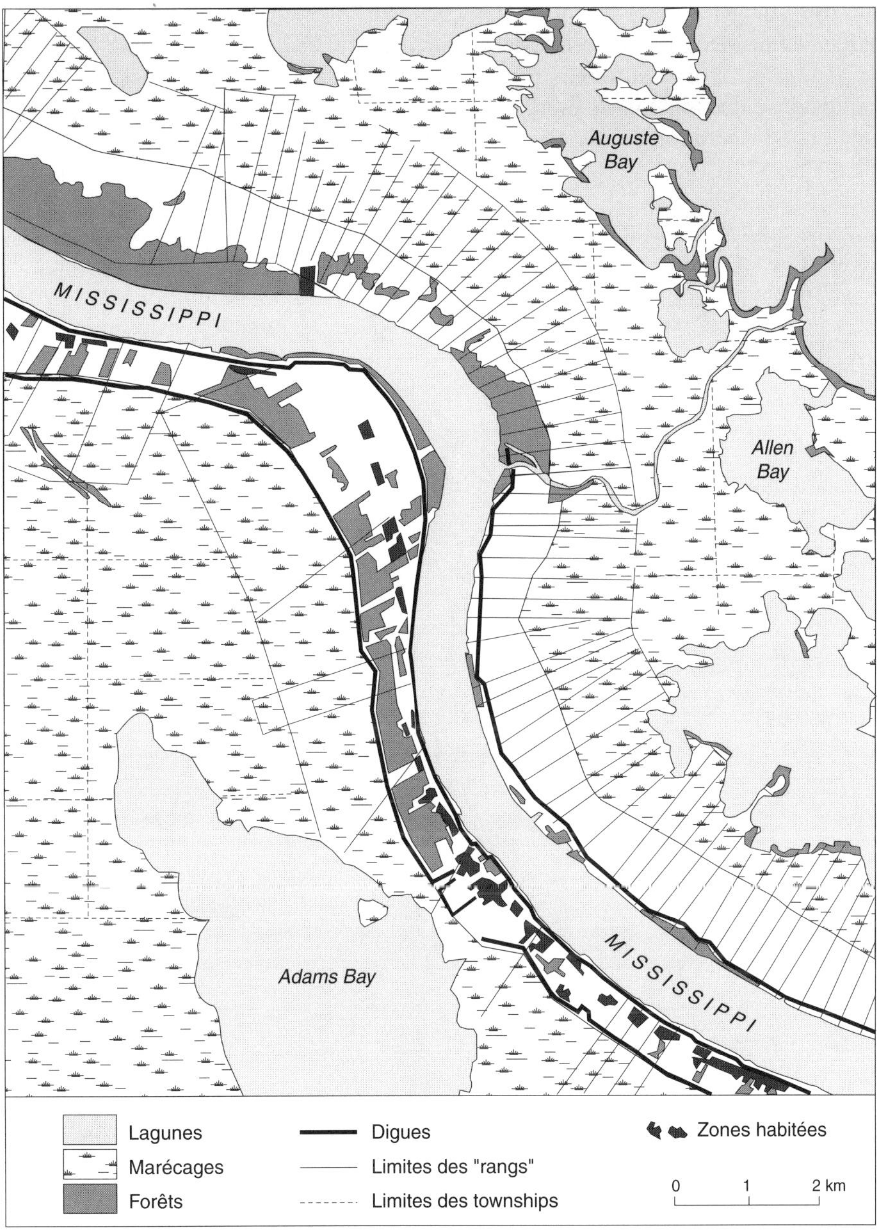

Figure 7 : **La vallée du Mississippi**

Dans la basse vallée du Mississipi, la première colonisation fut celle des Français, jusqu'à la vente de la Louisiane aux Américains par Napoléon, en 1803. Les Français ont divisé le territoire selon le modèle du rang en Louisiane comme au Québec. Ils se sont installés sur les berges du fleuve, à l'abri des inondations et ont opéré une division de la terre entre les colons en parcelles allongées perpendiculaires au fleuve. En revanche, ils ne se sont pas souciés des marécages situés en arrière, qui étaient alors sans intérêt économique. Après 1803, les Américains n'ont pas changé le système de division du sol, dans les zones déjà attribuées. En revanche, ils ont adopté pour les marécages, une division en carrés, les townships, conforme au système en vigueur dans le reste du territoire américain.

surcroît sans écriture, on peut facilement reconstituer la trame foncière décidée par le colonisateur, parce qu'elle est le fruit d'une décision historiquement connue de partage et de distribution et que ces pays étaient alors presque vides, du fait du genre de vie des Indiens. À Cuba, les traces de ce partage demeurent bien visibles parce que l'opération de division a été effectuée en un seul coup, à la suite de la conquête.

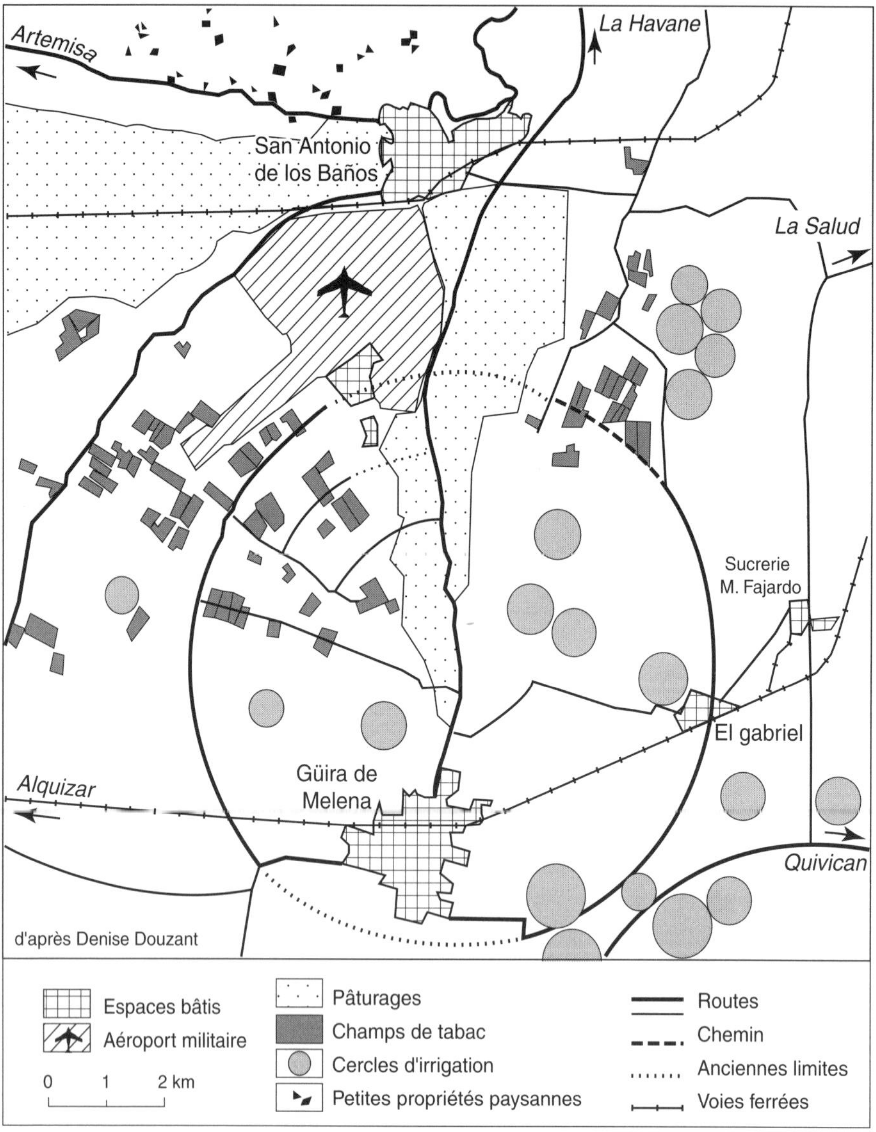

Figure 8 : **Paysage agraire à Cuba**

À Cuba, les cercles visibles à partir d'une vue aérienne sont les traces de l'ancienne division de la terre en grandes propriétés, au XVIe siècle, par les Espagnols.

Mais dans les pays anciennement peuplés, cultivés, appropriés, comme en Europe, la trame foncière, patiemment constituée au cours des siècles, est beaucoup plus irrégulière.

Elle est toutefois bien connue, parce que dans la plupart des pays, un cadastre a été conçu, registre officiel des propriétés où toutes les parcelles sont repérées aussi bien en campagne qu'en ville, et où toutes les mutations foncières sont enregistrées. En ville le cadastre reflète l'histoire de la cité : rien de plus stable que la trame viaire (le dessin des voies publiques et éventuellement privées) et que le dessin des parcelles. La trame viaire, exprime une autre division de l'espace : il s'agit, en gros, de celle du domaine public par rapport au domaine privé. Elle conduit au plan de la ville qui reflète l'organisation fonctionnelle de la cité. On pourrait reprendre à propos du plan les mêmes réflexions que celles qui ont été faites à propos du parcellaire. Là aussi, les aménageurs travaillent sur l'espace, pour intégrer les quartiers anciens et dessiner les nouveaux, selon des formes géométriques le plus souvent. Les villes nouvelles, conçues d'un seul élan, ont des plans géométriques, que n'ont pas la plupart des villes anciennes.

Les divisions foncières conduisent aux divisions administratives, parce que l'appropriation foncière, si elle bénéficie à des individus, doit être légitimée par une autorité à qui les individus reconnaissent le droit de dire à qui appartient telle ou telle parcelle.

Aux oppositions de parcellaire peuvent correspondre des oppositions sociales, aussi bien à la ville qu'à la campagne. Le parcellaire se modifie moins vite que la société qui l'a vu naître : le rang se maintient en Louisiane alors que les seigneuries françaises n'y sont plus qu'un lointain souvenir.

Les divisions administratives

Toute autorité s'exerce sur un espace donné qui lui est reconnu. Cet espace est donc limité. Les limites de l'espace d'un État sont ses frontières.

Mais à l'intérieur d'un État, sauf s'il s'agit d'un micro-État, il faut diviser cet espace pour le gérer. Telle est l'origine des divisions administratives. La France est ainsi divisée en régions, départements, communes. L'Union européenne s'efforce d'obtenir des États membres une division de leur espace en unités territoriales, dont le premier niveau est dit « région communautaire européenne » et dont le second niveau est appelé « unités administratives de base ».

Il s'agit ici d'administration générale. Mais à côté figurent d'autres divisions, propres à chaque administration : la justice, l'armée, l'éducation ont chacune leurs divisions propres. Les divisions administratives sont particulièrement résistantes au changement. En France, on a pu multiplier le nombre des départements dans la région parisienne pour tenir compte de l'accroissement de la population de la métropole, mais tous les efforts pour regrouper les 36 000 communes en un nombre plus réduit se heurtent, à quelques exceptions locales près, à de très fortes résistances, malgré les progrès récents de l'intercommunalité.

Les points forts de l'espace

On a remarqué depuis longtemps des régularités dans la répartition spatiale du peuplement. Les lieux où s'installent les hommes ne sont pas distribués au hasard, qu'il s'agisse d'une ferme isolée, d'un village ou d'une ville. À l'échelle locale, l'espacement des villages est assez régulier à l'intérieur d'un style de peuplement, caractérisé par un habitat groupé ou dispersé. De même la répartition des villes dans un espace donné montre des régularités qui sont à l'origine de la théorie des lieux centraux. On appelle lieux centraux (*central places* en anglais) les villes qui fournissent biens et services à la zone qui se trouve dans leur dépendance. Les lieux centraux se répartissent selon une distance minimale entre eux. On a remarqué que dans le territoire français, les grandes métropoles régionales (Lille, Strasbourg, Lyon, Marseille, Toulouse, Bordeaux, Nantes) sont toutes situées à une certaine distance de Paris. De la même façon, on repère que dans le voisinage immédiat de la capitale (moins de 100 km) aucune ville moyenne n'a pu se développer. Autrement dit la répartition spatiale du peuplement obéit à certaines règles, fondées entre autres sur la distance entre les points forts.

Les réseaux

La division administrative de l'espace suppose que la totalité de l'espace considéré soit desservie et contrôlée. Chacune des 36 000 communes de France a la même organisation. Un même code électoral s'y applique et les compétences des maires sont partout les mêmes. On peut dire que cet espace, envisagé de ce point de vue, est isotrope, c'est-à-dire qu'il présente les mêmes propriétés dans toutes les directions.

Mais les lieux sont inégaux. On a vu que certains sont des lieux centraux. Ces lieux centraux forment entre eux des réseaux qui sont un mode d'organisation territoriale. Prenons le cas des grandes agglomérations urbaines de l'Europe, comme Londres, Paris, Berlin, Milan, Rome, Madrid, Barcelone etc. Ces grandes agglomérations entretiennent entre elles des relations qui font en quelque sorte abstraction de l'espace qui les sépare, à l'image du réseau du TGV, composé de lignes qui ne relient qu'un nombre limité de stations et qui traversent sans jamais s'y arrêter l'espace intermédiaire. On dit que ces grandes agglomérations se disposent entre elles en réseau.

Le fonctionnement des ports de commerce maritime fournit une bonne idée d'un réseau. Un port est relié à l'extérieur par des lignes de navigation aboutissant à d'autres ports qui sont des nœuds ou *hubs*. Cet espace extérieur est parfois appelé *foreland*. Autour de ces derniers, gravitent d'autres lignes de navigation d'un niveau plus modeste qui emploient des navires appelés *feeders,* pour des trafics locaux moins importants. L'ensemble de toutes ces liaisons maritimes forme un réseau. Le port principal dirige également du côté du continent un autre réseau complémentaire du premier : celui de l'arrière pays ou *hinterland.*

Dans le fonctionnement d'un réseau portuaire seuls comptent les nœuds, On fait abstraction de tout l'espace intermédiaire. Les transports aériens fonctionnent également en réseau autour de gros aéroports qu'on tend aussi à appeler *hubs* ou plates-formes aéroportuaires de correspondance.

LE TERRITOIRE : L'ESPACE SOCIALISÉ

Définition

La première définition du territoire est d'ordre politique. Le territoire est une « étendue de terre qui dépend d'un empire, d'une province, d'une ville, d'une juridiction » (dictionnaire Littré).

Mais cette définition est insuffisante, parce que trop étroite. On admet aujourd'hui qu'un territoire est un espace socialisé. L'espace est, comme on l'a vu, une abstraction constituée pour les besoins d'un raisonnement. On considère l'étendue sur laquelle sont disposés des objets géographiques comme une surface dont tous les points ont la même valeur. Mais à partir du moment où un espace est mesuré, divisé, peuplé, habité, aménagé il est socialisé, c'est-à-dire qu'il dépend d'une société et que cette société se reconnaît en lui. On ne peut plus dès lors le considérer comme une abstraction. Cet espace est devenu un territoire.

Le territoire des animaux

Un chien aboie dès qu'un autre animal ou un homme qu'il ne connaît pas pénètre dans l'espace qu'il s'est approprié. Cette intrusion est considérée comme un acte d'hostilité. À l'intérieur de cette étendue qu'il domine, il se défend et défend sa progéniture. Cette étendue constitue son territoire. Au-delà des limites de ce territoire il ne montre ni réaction, ni intérêt particulier.

Il est toujours dangereux d'assimiler les comportements des hommes à ceux des autres êtres vivants (mammifères, insectes sociaux, etc.). Mais cette référence animale peut servir de première approche à la notion de territoire. En d'autres termes, on peut se demander si le souci de délimiter et de défendre un territoire n'a pas une dimension très primitive.

Le territoire national

Dans le domaine politique, le mot de territoire a souvent été utilisé pour désigner des espaces marginaux, éloignés du centre et auxquels on donnait provisoirement un statut particulier. Ainsi, dans le Commonwealth d'Australie, il y a six États et (outre le territoire fédéral de Canberra), un territoire, le Territoire du Nord, qui est aussi celui où les Aborigènes sont proportionnellement les plus nombreux. En France, on relève de la même façon des Territoires d'Outre-Mer, comme la Nouvelle-Calédonie, la Polynésie française, les Terres australes et antarctiques françaises, Wallis et Futuna. Aux États-Unis, les territoires étaient des étendues périphériques et peu peuplées, comme l'Alaska, qui ont ensuite accédé au rang d'États. On relève des dispositions du même type au Canada.

Pourtant, ce sens de territoire n'est pas le principal. Un État comporte toujours un territoire. On appelle territoire national l'étendue sur laquelle s'exerce la souveraineté d'un État. À l'intérieur de ce territoire clairement délimité par des frontières internationales, l'État exerce sa souveraineté. Au-delà s'exerce la souveraineté d'un autre État. Dans le cas de frontières maritimes les eaux territoriales s'étendent le long de la côte et sur une distance du rivage de 20 miles marins et parfois davantage. Dans les eaux territoriales, la souveraineté de l'État bordier s'exerce de plein droit. Au-delà de cette limite on rentre dans les eaux internationales, où la circulation est libre et régie par des accords internationaux. De la même façon, l'État exerce sa souveraineté sur l'espace aérien au-dessus de son territoire.

Le territoire de l'État ainsi que ses frontières ont été sacralisés. C'est-à-dire que sa défense est considérée comme un absolu. On exalte le sacrifice de ceux qui sont morts pour défendre un territoire national. Cette sacralisation s'étend même pour une part à l'espace aérien au-dessus du territoire national. Lorsque des avions russes ont abattu un avion coréen au-dessus de la péninsule du Kamtchatka les autorités russes ont déclaré que les frontières de la Russie sont « inviolables et sacrées ». L'avion coréen, s'étant éloigné des couloirs prévus pour la circulation internationale a été considéré comme ennemi. La défense et la protection du territoire sont un des fondements de l'État-nation.

Généralisation du concept de territoire

Le terme de territoire est cependant d'un usage beaucoup plus large, de la même façon que le terme de propriété et que le terme d'identité.

Si le territoire est un espace approprié, chacun a son territoire ou même ses territoires, même si on ne possède rien, au sens juridique du terme. Le territoire se confond là avec l'espace vécu. Le territoire de l'enfance, c'est l'espace familier à cet âge, parcouru quotidiennement ou régulièrement, avec ses points forts : l'école, la maison. On dira que chaque âge a son territoire.

Par extension, on rencontre le mot de territoire avec un sens voisin de domaine, sans indication spatiale particulière. On dira « le territoire de l'historien », comme une métaphore, exactement comme on parle du « paysage audiovisuel ». Ce n'est pas du tout en ce sens que le géographe doit utiliser le mot territoire. Il est plus sage de lier toujours le territoire à l'exercice d'un pouvoir sur un espace donné.

L'aménagement du territoire consiste en une action volontaire d'une communauté (nationale ou régionale) sur une étendue de son ressort. Le terme d'aménagement du territoire est aussi le résultat de cette action.

On désigne en France par fonction publique territoriale l'ensemble des fonctionnaires recrutés par une autorité locale ou régionale. Dans cette acception, territorial s'oppose à national.

LA RÉGION : LE NÉCESSAIRE DÉCOUPAGE

Les deux regards de la géographie, le général et le régional

La géographie générale se donne pour objet l'étude d'un thème géographique particulier (les formations végétales, ou l'habitat urbain ou encore les sources d'énergie) dont elle envisage la distribution à une échelle qui peut être celle d'une région, d'un État, ou celle de la terre entière. La géographie générale est donc celle d'un phénomène choisi, dont elle explique la répartition actuelle et l'évolution dans le temps de cette répartition.

Par exemple la géographie de la circulation aérienne, ou celle des céréales, ou celle des migrations internationales relèvent toutes de la géographie générale. Dans cet ouvrage, l'essentiel des questions présentées le sont sous l'angle de la géographie générale.

La géographie générale, que les Anglo-Saxons appellent *systematic geography* recherche des régularités qui peuvent prendre la forme de lois. Elle s'efforce de généraliser, de construire des modèles : pourquoi telle formation végétale occupe-t-elle tel milieu et non pas tel autre ? Existe-t-il des conditions générales (sols, climat, dégradation par l'homme) qui l'expliquent ? Et si ces conditions sont réalisées, doit-on nécessairement rencontrer cette formation végétale ?

Le souci de la géographie régionale est autre. La géographie régionale s'efforce de rendre compte des combinaisons locales des différents facteurs (physiques, économiques, culturels) qui constituent des régions ou des domaines particuliers. Elle se situe dans la droite ligne des explorations qui ont progressivement permis d'élaborer une carte complète de la Terre, où les zones en blanc qui correspondaient aux terres inconnues se sont réduites pour disparaître tout à fait. Une fois que la terre tout entière a été connue et arpentée on a pu proposer des comparaisons entre régions et l'élaboration de types de régions.

Aussi bien la géographie régionale a-t-elle été longtemps une description raisonnée de la terre et a-t-on dit, plus un art qu'une science. En effet, contrairement à la géographie générale, elle ambitionne de décrire l'unique et non pas de rechercher des régularités et des lois.

L'utilité des deux regards

La géographie régionale est le fruit d'une curiosité pour les autres milieux, accablants de chaleur ou glacés, pour d'autres arbres et d'autres fruits à manger, pour d'autres hommes dont la couleur de la peau diffère, ceux qui ne portent pas le même costume, ne mangent pas les mêmes plats, ne croient pas au même dieu. C'est cette curiosité-là que la géographie régionale essaie de satisfaire et d'ordonner.

La géographie générale s'efforce de reconstituer la logique du fonctionnement de la terre en tant que planète habitée. Par exemple elle établit la disposition théorique des climats sur un modèle de continent qui procède d'une simplification et d'une synthèse de tous ceux qui existent réellement. Par rapport à la géographie régionale, la géographie générale est plus proche d'une opération intellectuelle. Elle est moins directement liée aux sens.

Les deux regards ont chacun leur utilité. Une étude de l'extraction, de la production, de la consommation et des échanges de pétrole, étude envisagée dans un cadre spatial est une étude de géographie générale bien utile pour comprendre les stratégies des États dans le monde contemporain.

Mais pour comprendre les luttes qui se déroulent en 2001 en Afghanistan, on a plutôt besoin d'une géographie particulière de ce pays, avec la distribution des éléments du relief, des oppositions climatiques, de la population, de ses divisions ethniques et politiques, de ses activités.

On peut aussi examiner le même objet géographique selon deux points de vue différents, celui de la géographie générale et celui de la géographie régionale

Soit une vaste portion du monde, relativement bien définie comme le Sahara. On peut, et c'est le point de vue régional, observer les limites de ce désert chaud aux quatre points cardinaux, définir la disposition des reliefs dans cette vaste étendue, celle des oppositions climatiques que crée la répartition dans le temps de la pluviométrie, repérer l'occupation humaine de ce désert par des nomades et des sédentaires, le tracé des frontières politiques qui le divisent. On aura au terme de cette étude une description précise d'une vaste région du monde. Si la planète est un vaste puzzle, on en a ainsi disposé correctement quelques pièces.

Mais on peut aussi étudier ce même Sahara du point de vue de la géographie générale. Le Sahara est considéré comme un des déserts chauds à la surface de la planète. Ses caractéristiques physiques (la sécheresse, la chaleur et les formes du relief qui en découlent) ou humaines (la répartition des cultivateurs des oasis et des pasteurs nomades des marges plus ou moins humides) sont alors comparées à celles des autres déserts du même type. Entre quelles latitudes est situé le Sahara ? Pourquoi est-il le plus vaste des déserts de la planète ? En quoi est-il différent des autres ? Le Sahara n'est plus alors considéré comme une pièce d'un puzzle dont tous les éléments sont jointifs. Il est un élément d'une catégorie, celle des déserts chauds, dont on étudie la répartition sur la terre et les raisons de cette répartition : leur localisation en latitude, la disposition des grandes chaînes de montagnes, leur position par rapport aux façades occidentales et orientales des continents.

On comprendra à travers cet exemple du Sahara que l'opposition entre les deux points de vue n'est pas totale. Elle est pour une part artificielle. Pour étudier scientifiquement une région du monde, la géographie utilise les méthodes et les acquis de la géographie générale. Si cette distinction entre deux géographies perdure elle le doit beaucoup en France à l'organisation de l'enseignement supérieur et à celle des concours de recrutement de l'enseignement.

Deux états d'esprit complémentaires président à cette opposition : d'une part le souci de la géographie générale de comprendre des mécanismes à l'échelle planétaire, comme par exemple celui du climat ou en géographie humaine celui de l'habitat, mécanismes dont les effets se reproduisent en d'autres lieux. D'autre part le souci de la géographie régionale de comprendre en profondeur l'organisation de l'espace sans en exclure aucun des éléments. Ce qui conduit à privilégier l'inscription de l'histoire dans l'espace visible et donc à s'attacher au même lieu, toujours revisité, et avec lequel le géographe acquiert une familiarité profonde. Le mot de géographie régionale est d'ailleurs impropre : ce qui s'oppose à la géographie générale est plutôt une géographie particulière, et la géographie générale est dès lors une géographie des ensembles spatiaux particuliers.

Dans la période récente, la géographie régionale, ayant en quelque sorte rempli sa mission de rendre compte de la variété de notre planète, s'est donné pour tâche de repérer les organisations régionales semblables, d'en rechercher la logique, de trouver un alphabet de ses formes spatiales élémentaires, que Roger Brunet a appelé les chorèmes. La géographie régionale est ainsi pénétrée de l'esprit systématique de la géographie générale.

Définition de la région

Le mot de région est un des mots que les géographes ont le plus utilisés. Il souffre parmi eux d'une certaine défaveur, au moment même où d'autres que les géographes s'en emparent et l'utilisent abondamment.

Une région est une portion de l'espace terrestre clairement délimitée. Les géographes tendent à en faire la première subdivision territoriale de l'État. Mais ce choix vient de leur position à l'échelle nationale. À l'échelle européenne, les régions sont au contraire des regroupements d'États : par exemple, la Croatie a protesté auprès de Bruxelles pour avoir été classée dans une région des Balkans occidentaux. À l'échelle d'une organisation comme l'ONU, le Moyen-Orient ou l'Asie centrale, qui regroupent plusieurs États, sont des régions.

L'interrogation sur la région

C'est une démarche que de s'attacher à une portion de l'espace pour y définir puis y résoudre un problème particulier et c'est une autre chose que se poser la question de la région. Le géographe britannique Peter Haggett explique comment il a choisi le bassin de Fortaleza dans le nord-est du Brésil pour étudier le rapport entre les cycles d'utilisation du sol depuis la mise en culture et la distribution actuelle de la qualité des sols et des cultures. En un sens, il s'agit d'une étude régionale, dans la mesure où tous les éléments qui peuvent expliquer la situation actuelle des cultures sont étudiés, et ceci dans un cadre spatial bien défini et délimité (Haggett 1961 et 1990). Mais il n'est nullement question de la division régionale du territoire. Peter Haggett a au contraire délimité sa région d'études en fonction de l'interrogation qui est la sienne et en fonction des sources locales disponibles. Sa région est une région d'étude.

Cette question est tout à fait différente de celle de la division régionale d'un territoire donné. Les géographes français, à la suite de Vidal de la Blache ont longtemps pensé que les diverses divisions administratives d'un pays n'avaient aucun intérêt scientifique. À côté de ces divisions officielles du territoire, issues de la nécessité de le gérer, il y en a, pensaient-ils, d'autres et ces divisions ont un caractère permanent : elles ne dépendent pas de la politique ou même des variations des frontières des États. Pour eux, ces divisions permanentes ne pouvaient se fonder que sur des traits naturels constants, géologiques, climatiques, botaniques, ou sur des héritages historiques qui avaient créé des liens anciens entre pays différents.

La division régionale de la France

La division régionale de la France devait donc aboutir à une division incontestable et les grands travaux des géographes de la première moitié du XXe siècle furent le plus souvent de remarquables études régionales où les auteurs, comme Demangeon décrivant la Picardie, dressaient un tableau de la personnalité régionale de l'espace qu'ils étudiaient. Au stade suivant et en s'appuyant sur ces études particulières, on rassembla ces études selon un schéma de division qui devint en quelque sorte une vérité pédagogique, inscrite dans les programmes de l'enseignement secondaire.

C'est alors qu'apparut par exemple le Massif central comme division régionale de la France, comprenant aussi bien le Morvan, engagé dans le Bassin parisien que la montagne Noire, aux portes de Toulouse. Une telle division laissait supposer que les éléments de ressemblance entre ces « pays », en l'occurrence le substrat géologique des roches anciennes, était plus important que ce qui les différenciait, c'est-à-dire les grandes différences climatiques, la dépendance de villes extérieures aussi éloignées que Toulouse ou Lyon. Dans ce cas du Massif central, on avait donc choisi un facteur géographique valorisé au détriment des autres pour en faire un élément d'unité.

Restait la question des provinces historiques. Le Limousin ou l'Auvergne, par chance pouvaient être inclus dans le Massif central, où elles se logeaient tout entières. Mais d'autres, comme la Bourgogne et le Languedoc étaient à cheval sur les divisions géologiques et morphologiques. Or les géographes étaient conscients de l'influence de la longue durée historique inscrite dans ces provinces anciennes sur les personnalités régionales. La manière dont ces provinces historiques se combinent avec les grandes divisions physiques du territoire constituait une interrogation centrale. Au fond, l'existence d'une province historique était validée par la correspondance entre son territoire et les données physiques. L'organisation des provinces composites comme la Bourgogne et la Normandie étaient justifiées par la complémentarité de leurs ressources.

Dans cette recherche des éléments sûrs, invariables, indépendants des vicissitudes politiques, on ne se préoccupait guère des divisions administratives actuelles. Paradoxalement, ce qui subsiste aujourd'hui de tout cet effort, ce n'est pas une méthode de découpage, mais la finesse d'analyse de situations géographiques particulières. Ces analyses ont été reprises beaucoup plus par les historiens que par les géographes.

L'intérêt pour la géographie régionale s'est réduit. À ce désintérêt plusieurs raisons. D'une part le renouvellement des thèmes est difficile, une fois que les « explorateurs » sont passés et que la description est faite. Il faut attendre que le monde change assez. En outre, dans un cadre pédagogique et scolaire, les images de la télévision sont plus efficaces que les descriptions des géographes. Enfin, du point de vue de la recherche, en insistant sur le caractère unique de chaque région, on s'est interdit la comparaison et finalement toute généralisation.

De surcroît, si la région a manifestement un sens dans la vieille Europe, où on a pu dire qu'elle est fondamentalement un « espace vécu » (A. Frémont, 1976), c'est-à-dire un espace dont les habitants ont une pratique personnelle et une perception fondée sur l'expérience. La division en régions n'a pas le même sens aux États-Unis ou au Brésil, ou en Australie où la densité du peuplement est beaucoup plus faible, et les distances immenses. Quelle est la définition pertinente de la région ? N'est-elle pas une affaire de civilisation ?

La renaissance de l'idée de région

D'une manière surprenante, la région a été récupérée par d'autres au moment où les géographes doutaient de sa pertinence. Cette fortune nouvelle du mot n'est nulle part plus visible que dans l'expression « en région » qui s'est substituée à

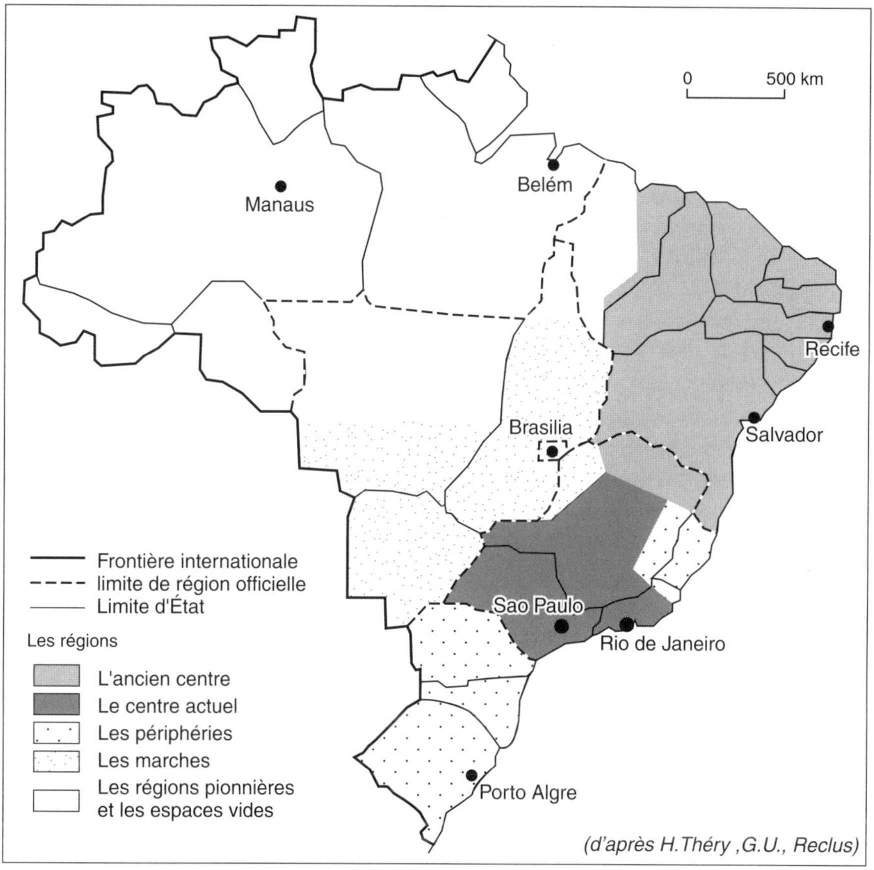

Figure 9 : **Une division régionale du Brésil**

Le Brésil, très vaste pays, dont la superficie équivaut à 16 fois celle de la France, est divisé en États. Ces États sont regroupés en régions administratives officielles. Mais les géographes, comme H. Théry, proposent d'autres divisions régionales, à partir du centre, situé sur le littoral, vers la périphérie. Ces régions sont des régions d'études destinées à montrer le rôle des différentes divisions de l'espace brésilien. Elles n'ont pas de reconnaissance officielle.

l'expression « en province », pour signifier qu'on se trouve ailleurs que dans la capitale.

La renaissance du terme et de l'idée de région se situe d'abord dans le domaine politique. En France, alors que le département constituait la division administrative la plus étendue, on créa les régions, regroupant chacune plusieurs départements.

L'intérêt porté à la région vient des reproches faits à l'État-nation. On dit volontiers que l'État-nation a opprimé des minorités au détriment desquelles il s'est constitué. C'est le point de vue d'une partie des Basques et des Catalans en Espagne, des Corses en France, des Kurdes en Turquie. Des mouvements autonomistes et indépendantistes remettent en cause, en Europe et ailleurs, la légitimité de l'État pour promouvoir des entités nouvelles, qui, dans un premier temps au moins, sont proches de la région. L'Espagne dans sa constitution de 1978 « reconnaît et garantit le droit à l'autonomie des nationalités et des régions qui la composent ainsi que la solidarité qui les lie ». De fait, l'Espagne est divisée en dix-sept communautés autonomes qui sont autant de régions.

En France, on a dit que l'État-nation s'est constitué aux dépens des régions et au profit de la capitale, opinion dont témoigne l'extraordinaire succès du livre de J.-F. Gravier, *Paris et le désert français* (1947). D'où la fortune de l'expression de « politique régionale ». Il s'agit donc, par une redistribution bien menée des deniers publics, de rééquilibrer le territoire en faveur des régions les plus défavorisées. Cette politique suppose un classement des régions selon leur richesse. L'Union européenne elle-même reprend cette politique, avec la volonté de mettre l'ensemble du territoire au même niveau de richesse et d'équipement. Il existe une justice spatiale qui est un des aspects de la justice sociale.

À une échelle encore plus modeste, celle d'une petite vallée montagnarde, ou celle d'un ensemble de communes, la politique française d'aménagement du territoire a suscité la reconnaissance de petits « pays », qui sont une subdivision nouvelle des régions. Il s'agit de faire correspondre au mieux les cadres de vie des habitants et la perception qu'ils ont de leurs territoires avec l'organisation administrative et avec les projets communs de développement.

Il est utile, pour les mots clés de la géographie, de s'en tenir à un usage aussi précis que possible des termes. La difficulté vient de ce que, souvent mal définis, ils paraissent de ce fait interchangeables : pourquoi dire espace et non pas milieu, région plutôt que territoire ? La difficulté vient aussi du fait que les géographes les ont utilisés successivement et que si on rencontre dans un texte l'un plutôt que l'autre, cet usage renvoie à la date à laquelle l'ouvrage a été écrit, tout autant qu'au sens qu'on lui attribue.

Le mot de milieu correspond à un regard écologique où l'homme aussi est considéré comme un acteur. Le mot de ressource correspond à un regard économique. Le mot d'espace correspond à un regard géométrique. Le mot de territoire correspond à un regard sociologique. Le mot de région correspond à un regard d'administrateur.

Tous ces termes ont en commun de se référer à une étendue de terre, mais ils diffèrent selon le point de vue selon lequel ils considèrent cette étendue.

Références bibliographiques des auteurs cités

BETHEMONT, J. (1987), *Les richesses naturelles du monde*, Masson.

BRUNET R. (1992), *Les mots de la géographie*, Reclus-La Documentation française.

CHARVET J.-P. (2000), *Dictionnaire de géographie humaine*, Éditions Liris.

CLAVAL P. (2001), *Épistémologie de la géographie*, Nathan.

DEMANGEOT J. (2000), *Les milieux « naturels » du globe*, Armand Colin (8e éd.).

DIAMOND J, (2000) *De l'inégalité parmi les sociétés. Essai sur l'homme et l'environnement dans l'histoire*, Gallimard NRF.

FRÉMONT A. (1976), *La région, espace vécu*, PUF.

SORRE M. (1953) *Les fondements de la géographie humaine. Tome 1 : Les fondements biologiques*, Armand Colin.

HAGGETT P. (1973), *L'analyse spatiale en géographie humaine*, Armand Colin.

Chapitre 3

Peuplement, population et santé : une inégale répartition

Si l'on assigne à la géographie l'objectif de comprendre une société par l'agencement de son espace et l'organisation de son territoire, les indicateurs de population et de santé sont certainement les plus synthétiques qui soient. Quoi de plus révélateur en effet qu'une densité de population, un taux de migration, de mortalité ou de croissance naturelle pour exprimer la maîtrise qu'une société a de son milieu ? Ces indicateurs simples permettent de souligner les processus de structuration et de différenciation spatiales ainsi que des comparaisons entre lieux. La simple cartographie de ces indicateurs standardisés introduit la réflexion du géographe : identifier les relations sociétés/espace.

La géographie du peuplement participe au projet général de la géographie en étudiant, à différentes échelles, la répartition spatiale de la population, ses structures par sexe, âge, caractères sociaux et culturels, types d'espace occupé, etc. En croisant ces indicateurs avec les ressources de chaque espace, elle verse des arguments forts aux débats contemporains : développement durable de la planète, mondialisation, rapports Nord/Sud, etc. La démarche du géographe est à l'opposé d'une démarche normative qui fixerait une fois pour toutes et pour toutes les sociétés un optimum de peuplement par exemple. L'examen d'anciennes projections démographiques, toujours fausses, montre d'ailleurs que les ressorts du peuplement de la planète reposent sur de nombreux facteurs, naturels et humains. L'analyse du peuplement de la planète renvoie précisément aux combinaisons de facteurs environnementaux, économiques, sociaux, culturels, politiques en un lieu, aux liens fonctionnels entre espaces qui expliquent les singularités et les permanences de l'occupation humaine de la planète, des potentialités différentes. Le souci d'un développement durable apparaît ainsi inséparable des relations entre pays du Nord et pays du Sud. De même la mondialisation sera étudiée par un géographe spécialiste du peuplement et de la santé en tenant compte des interdépendances et des singularités de chaque espace : homogénéisation de comportements démographiques, flux migratoires liés au travail ou aux loisirs. La géographie du peuplement est donc très proche de la géographie politique, de la géographie sociale, de la géographie culturelle.

La géographie de la santé étudie dans la même démarche les disparités spatiales de santé de la population et leurs déterminants. Les indicateurs utilisés sont ceux de l'épidémiologie et de la démographie : états nutritionnels (maigreur *vs* obésité), mortalité, morbidité, couverture sanitaire, etc. La cartographie de tels indicateurs est croisée aux nombreux déterminants collectifs de l'état de santé : environnement, organisation sociale, culture, organisation politique, etc., déter-

Les grandes étapes des études géographiques sur la santé

La géographie de la santé trouve ses origines chez Hippocrate de Cos qui dans un traité fameux, souligne le lien étroit entre les éléments naturels et les maladies, mais aussi la nécessaire prise en compte des traditions sociales et culturelles d'un lieu pour comprendre la santé de la population qui l'habite. Cette démarche se retrouvera au XVIIe siècle avec la multiplication de topographies médicales menées à différentes échelles, notamment intra-urbaines.
Une première synthèse est réalisée par L. Finke en trois volumes publiés entre 1792 et 1795, *Essai de géographie médicale pratique.* Finke vise à identifier les déterminants des principales pathologies afin d'en prévenir le développement. Ces travaux alimenteront la réflexion générale de géographes comme Humboldt ou Ritter.
Sous différentes appellations, la géographie de la santé sera alternativement développée par des géographes ou des médecins. Jean Boudin, médecin militaire, écrira ainsi trois ouvrages majeurs dont un *Essai de géographie médicale* en 1843. Son objectif est d'identifier des lois présidant à la distribution géographique des maladies. Dans son dernier ouvrage (1857), il utilisera les premières statistiques médicales pour asseoir sa démarche. *Le manuel de pathologie historico-géographique* (1860-1864) d'A. Hirsch constituera une première somme qui connaîtra une très large diffusion en Europe. Mais on peut considérer que le premier travail scientifique géographique et épidémiologique est celui de J. Snow, qui a analysé les origines de la grande épidémie de choléra à Londres en localisant les malades et en cartographiant les réseaux d'eaux. Les conquêtes coloniales vont favoriser les études sur les pathologies tropicales, initiant une collaboration toujours active entre naturalistes, géographes et médecins, notamment à l'Orstom.
Il faudra attendre les années 30 pour voir vraiment se développer des travaux théoriques et empiriques. On note les travaux de Pavlovsky en URSS, de Rodenwalt et Jusatz en Allemagne, de Sorre en France et de J. May aux États-Unis.
Les travaux de Sorre connaîtront un grand écho... à l'étranger. Il introduit la notion de complexe pathogène dès 1928 (congrès de Cambridge), notion qu'il mettra en forme dans un article des *Annales de Géographie* en 1933. On trouvera la synthèse de sa démarche dans son ouvrage sur les fondements biologiques de la géographie humaine (1943). L'idée de base de Sorre est que l'Homme entretient des rapports avec son milieu en constituant des « complexes » dont certains sont pathogènes. Les travaux de Sorre seront diffusés et développés aux États-Unis par J. May. Ce type de travaux a mis longtemps à être reconnu en France, notamment par manque de culture de santé publique et de capitalisation de travaux menés en techniques quantitatives. Depuis le début des années 90, la géographie de la santé est en plein essor en France, tant dans le champ de la géographie générale que de l'épidémiologie et de la santé publique. D'importants programmes lui sont ainsi consacrés, à la DATAR comme au Ministère de la santé, qui réalise avec l'université Paris X-Nanterre le premier atlas de la santé en France.

minants qui relève d'une géographie très classique. Le système de soins est un de ces déterminants qui constitue une déclinaison particulière de la géographie des services. L'analyse géographique des indicateurs de santé constitue donc à la fois un éclairage fort sur les relations entre l'homme et l'espace, et une explication des dynamiques spatiales inégales qui font l'objet même de la discipline. On aborde ainsi un aspect de la mondialisation en soulignant les spécificités sanitaires de certaines régions (paludisme dans les pays intertropicaux, maladies cardiovasculaires dans les pays développés, etc.) spécificités qui s'opposent aux phénomènes mondiaux (obésité, SIDA). De même à une échelle fine on éclairera les fractures sociospatiales par une cartographie des inégalités d'espérance de vie au sein de grandes agglomérations du Nord comme du Sud.

Géographie du peuplement et géographie de la santé sont donc étroitement liées, les dynamiques spatio-démographiques s'expliquant largement par la santé de la population, et réciproquement la santé d'une population par le niveau et le type de développement des espaces.

GÉOGRAPHIE DE LA POPULATION ET DU PEUPLEMENT

On peut, schématiquement, distinguer la géographie de la population en deux grands sous-ensembles très liés, la démo-géographie et la géographie du peuplement :

– la « démo-géographie » s'applique à étudier les dimensions spatiales des faits démographiques : variations de croissance naturelle, de régime démographique, de mortalité, de migrations, de vieillissement, de nuptialité, etc.

– la géographie du peuplement décrit les distributions et les éventuelles structures spatiales de l'occupation humaine sur la terre ; elle en définit des régularités, les invariants, elle en reconstitue la genèse. L'indicateur basique de la géographie du peuplement est celui de densité de population.

Les grands traits du peuplement

Un espace habité

L'espace occupé par l'homme est désigné sous le terme générique d'écoumène. Ce concept n'est pas aussi clair qu'il y paraît : il recouvre, pour les uns, l'espace effectivement habité par l'homme, voire l'espace qu'il contrôle, pour d'autres l'espace habitable par l'homme. Cette dernière notion d'habitabilité est au cœur de la réflexion géographique, car elle renvoie aux capacités de l'homme à domestiquer la nature. La géographie du peuplement apporte des arguments centraux aux débats qui divisent la géographie depuis des décennies : déterminisme du milieu physique ou simple possibilisme. La démarche déterministe en matière de peuplement reviendrait à considérer qu'en dernière analyse, le peuplement est surdéterminé par des facteurs largement externes aux populations. Le déterminisme le plus classique en géographie est le déterminisme physique, considérant que les grands traits du peuplement actuel et à venir de la planète sont dus à des facteurs de pluviométrie, de nature des sols. D'autres types de déterminisme existent, comme le déterminisme culturel (les inégalités de croissance naturelle s'expliqueraient ainsi par des comportements religieux), ou encore le déterminisme spatial, affirmant que d'hypothétiques lois spatiales régiraient les modes de peuplement. La démarche possibiliste tient compte d'un système de « contraintes » physiques, sociales, culturelles, mais souligne que chaque facteur joue comme une condition nécessaire mais pas suffisante pour expliquer à elle seule des différentiels de croissance démographique. La géographie du peuplement est, par essence, plus naturellement que d'autres une géographie possibiliste.

Elle apporte des faits objectifs permettant de souligner l'importance de facteurs comme l'organisation politique, le progrès technique et l'innovation, ou encore les facteurs culturels.

Pour instruire ce débat, l'étude du peuplement est incontournable. L'indicateur le plus synthétique est celui de densités de population car il révèle les capacités différentes qu'ont des sociétés à vivre dans un environnement donné. Mais cet indicateur qui rapporte un effectif de population à une unité de surface est moins simple qu'il n'y paraît.

Du choix de l'échelle au calcul des densités

Le besoin de recourir aux concepts d'aire, de foyer ou de noyau, l'opposition entre campagne, ville et micro-implantations, souligne l'importance cruciale de l'échelle spatiale dans l'analyse du peuplement.

La question de l'échelle d'analyse n'est pas propre à la géographie de la population ou de la santé (ni même à la discipline géographique !). Il s'agit en effet de déterminer à quelle échelle un objet peut être perçu, qualifié voire quantifié.

Ainsi, pour caractériser une population d'éléphants dans un espace donné, l'observateur devra disposer d'un recul suffisant pour avoir une vision d'ensemble du troupeau dans son territoire. Cette vision d'ensemble se fera naturellement au détriment de précisions, peut être utiles, sur la morphologie de l'animal et sa façon de se nourrir. Pour étudier cette morphologie, le curieux devra prendre le risque de s'avancer, pour examiner, par exemple, la forme des défenses de l'animal. Ce gain de précision se fera naturellement au détriment de l'approche d'ensemble préalablement fixée. Il ne permettra pas non plus d'examiner comme il le faut parfois, la façon de manger de l'éléphant. Celui-ci ne pourra être étudié qu'à une échelle très fine, au détriment de ce qui pouvait s'observer aux échelles macro et mésoscopiques.

Il convient donc d'adopter l'échelle correspondant à son objet : aucune échelle n'est parfaite, chacune présente des avantages et des inconvénients. Mais, l'éléphant qu'on étudiera à différentes échelles naturellement reste le même !

Ce qui compte pour le géographe, particulièrement dans le domaine de la géographie de la population et de la santé, est de prendre en compte les articulations d'échelles, en restituant le jeu d'échelles dans lequel une population laisse comprendre ses modes d'organisation spatiale.

On peut appliquer ce raisonnement à la question des densités de population. Une densité de population exprime en effet un rapport entre un effectif de population et une unité de surface. Cette surface peut être définie à différentes échelles. Ainsi, on peut rapporter l'effectif de population d'une ville à la superficie de toute la zone urbanisée, à la superficie des seules zones construites (hors voirie), ou encore à la superficie cumulée des logements. Ces trois indicateurs de densités sont exacts et nous informent de façon complémentaire sur cette même ville.

La densité de la population

À l'échelle mondiale, la densité de population est faible, de l'ordre de 40 habitants au km^2. Or, une carte représentant le peuplement (fig. 10) montre la très inégale répartition des hommes : si 50 % de la population mondiale vit sur 8 % de la surface du globe, 2 % n'occupent pas moins de 25 % de la superficie générale !

Il est donc nécessaire de dépasser des valeurs moyennes en spatialisant les données de population. Ainsi, les densités varient de façon considérable, avec des valeurs extrêmes allant de moins de 2 habitants au km^2 en Namibie et en Mongolie à plus de 600 à Taiwan ou au Bangladesh. Et si l'essentiel de la population mondiale vit entre 20 et 60° de latitude Nord, un habitant sur six de la planète est Indien, un autre Chinois.

Les aires de peuplement

La planète compte trois aires majeures de peuplement : le Sud et l'Est de l'Asie, et l'Europe. Dans ces aires géographiques, les plus forts effectifs de population correspondent aux plus fortes densités de peuplement.

En Asie, aux côtés des deux superpuissances démographiques que sont l'Inde et la Chine (plus d'un milliard d'habitants chacune), l'Indonésie, le Pakistan, le Japon et le Bangladesh, qui comptent respectivement 210, 150, 126 et 125 millions d'habitants, font de cette partie du monde une aire de peuplement majeure. Pour autant, la population n'y est pas également distribuée.

On observe en Asie orientale de fortes discontinuités géographiques – 90 % des Chinois vivent ainsi sur la partie Est de leur pays — mais aussi des continuités qui, s'affranchissant des limites étatiques, dessinent une bande de densités rurales exceptionnellement fortes (supérieures à 500 habitants au kilomètre carré), du Vietnam au Japon.

Mais le fait le plus marquant est sans doute la présence d'un nombre très important de villes multimillionnaires : Hanoï, Hong-Kong, Shanghai, Pékin, Séoul, Tokyo. L'étudiant de géographie sera souvent surpris de découvrir que des villes dont il ne connaissait même pas le nom, abritent parfois plus d'un million de citadins.

L'Asie méridionale est dominée par le poids démographique de l'Inde et de ses voisins, Bangladesh, Pakistan, Sri-Lanka. On note également des discontinuités géographiques mettant en évidence au nord de l'Inde des foyers de peuplements ruraux aussi importants que ceux de la plaine du Gange, et la présence de villes qui dessinent un véritable chapelet urbain d'est en ouest : Dhaka, Calcutta, Lucknow, Delhi, Lahore.

On observe enfin de fortes densités de populations rurales sur la partie la plus méridionale du sous-continent, encadrées par des villes aussi importantes que Karachi, Bombay, Hyderabad, Bangalore, Coimbatore, Maduraï, Madras et Colombo, soutenues par un semis dense de villes secondaires.

L'Europe constitue la troisième grande aire de peuplement de la planète. Schématiquement on distingue deux grands axes partant de la Grande-Bretagne, l'un vers l'Ukraine, l'autre vers l'Italie centrale. Ce dernier axe est souvent désigné comme la « Banane bleue » de l'Europe. Ce nom de baptême original tiendrait à

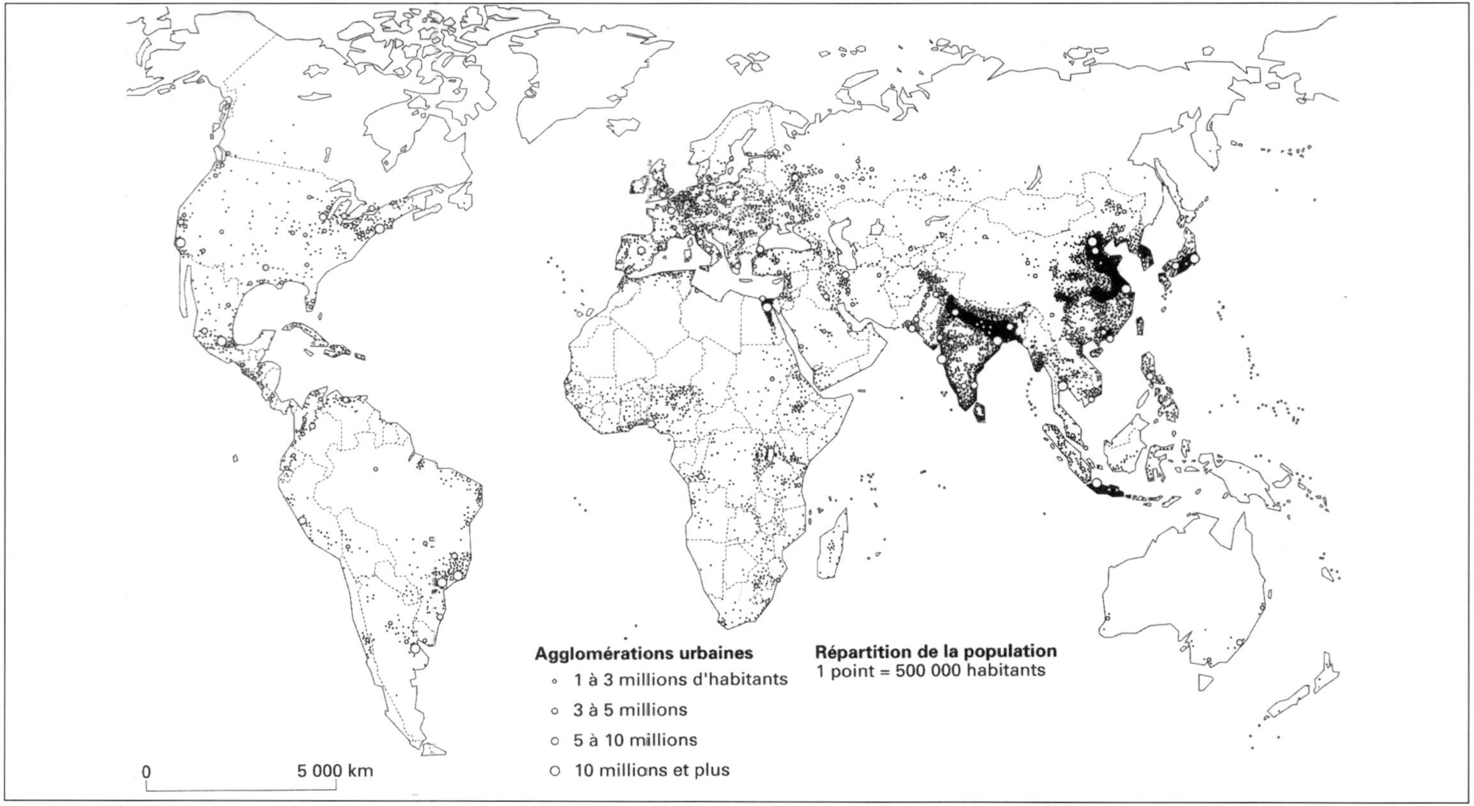

Figure 10 : **La répartition de la population mondiale**

Source : G. Baudelle, *Géographie du peuplement*, Armand Colin, coll. « Cursus », 2000.

sa forme et à la couleur de la première carte mettant en évidence cet axe structurant de l'Europe, fruit de son histoire politique et industrielle. Cette configuration simple a néanmoins été critiquée parce que les discontinuités géographiques de peuplement sont, en son sein, importantes. Cette structure de peuplement, à l'image de l'histoire politique et industrielle de l'Europe, ne résume pas la géographie européenne. On note ailleurs de vigoureux foyers de peuplement, au premier rang desquels la région parisienne, et d'étonnantes plages de sous-peuplement, comme la moins fameuse mais plus réelle « diagonale du vide » allant des Ardennes au sud du Massif central. La géographie du peuplement de la France révèle ainsi fortement les déséquilibres d'un territoire pourtant géré de façon très centralisée depuis plus de deux siècles. Le fait régional s'y affirme dans toute sa complexité naturelle, historique, sociale, politique, s'affranchissant des limites administratives.

Distincts de ces aires majeures, on observe des foyers de peuplement, qu'on ose à peine qualifier de secondaires. Il s'agit notamment du littoral occidental de l'Afrique, du Sudeste brésilien, du Proche-Orient, et de la côte est des États Unis. Ces foyers associent souvent de fortes densités rurales et de grands centres urbains. On note enfin, à une échelle plus fine, de très nombreux noyaux de peuplement.

Cette géographie d'espaces si densément peuplés s'oppose aux grandes étendues vides, déserts froids ou chauds, secs ou humides, qui couvrent une surface notable de la planète. Ces espaces ne sont pas tous vides. Ainsi, note-t-on, ici autour d'oasis sahariennes, là de zones froides canadiennes, des populations qui ont su s'implanter et perdurer en dépit de conditions naturelles difficiles.

Cette géographie du peuplement souligne le poids des facteurs physiques (climatiques, biogéographiques, pédologiques, etc.). Cependant, la variété des densités de populations — fortes ou faibles — à conditions naturelles équivalentes invite à relativiser le poids du milieu naturel. Il s'agit là de l'objet même de la géographie, montrant les combinaisons de ces facteurs avec d'autres, historiques, sociaux, économiques, culturels et politiques, qui sont développés par ailleurs dans le présent ouvrage. Ces facteurs sont à l'origine de la croissance spectaculaire de la population mondiale et des inégalités croissantes de peuplement. Les facteurs plus spécifiquement démographiques jouent naturellement un grand rôle.

Les facteurs démographiques du peuplement

Les composantes démographiques des facteurs de peuplement sont au nombre de trois : la natalité, la mortalité et les migrations. La croissance d'une population en un lieu tient à la différence entre le nombre de naissances et le nombre de décès, auquel s'ajoute, ou se retranche, le solde migratoire. On peut, à partir de ces données, évaluer les rythmes de croissance de la population, prédire les effectifs à venir. Les migrations nationales et internationales constituent un phénomène majeur du dernier siècle. Migrations des campagnes vers les villes, des bourgs vers les plus grandes villes, migrations de populations des pays du Sud vers les pays du Nord.

Les différentes phases de la transition démographique

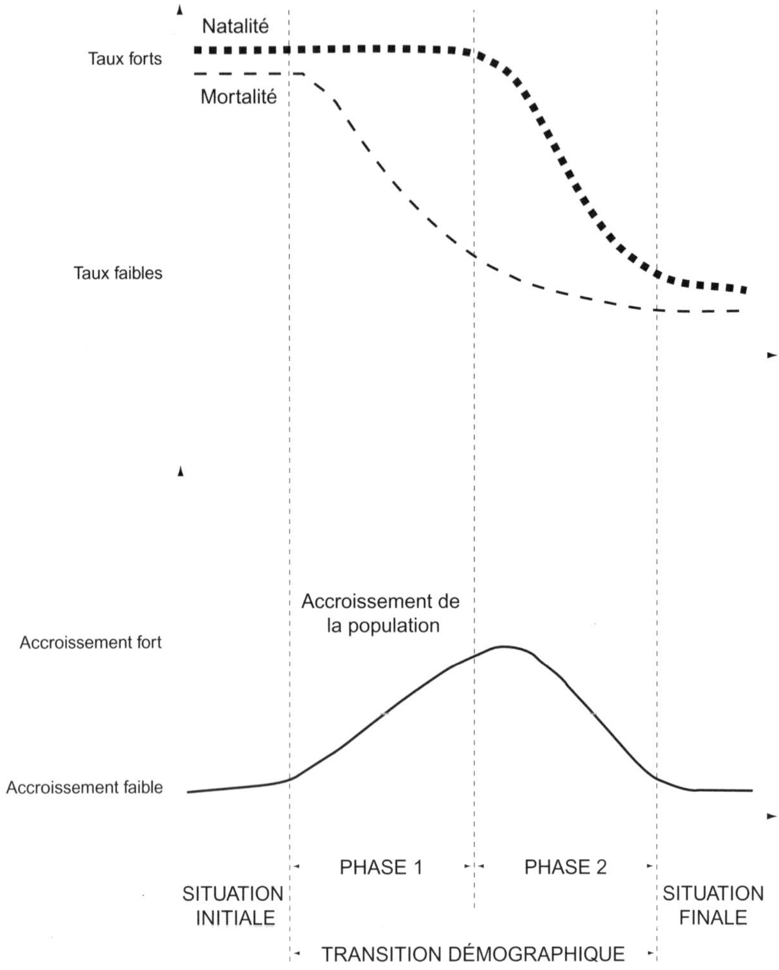

– *Situation initiale* : les taux de mortalité et de natalité, malgré de fréquentes fluctuations sont forts. L'accroissement de la population est nul ou très faible.
– *La phase de transition démographique* : dans un premier temps, la mortalité régresse lentement tandis que la natalité reste au même niveau. La population s'accroît progressivement. La baisse de la mortalité s'amplifiant, l'accroissement de la population devient maximal. Dans un second temps, la natalité décroît à son tour fortement, tandis que la mortalité continue de régresser lentement. L'accroissement de la population est moins prononcé.
– *Situation finale* : les taux de natalité et de mortalité sont faibles et fluctuent peu. L'accroissement de population est nul ou faible.

Les régimes démographiques dits « traditionnels » se caractérisent par une forte natalité et une forte mortalité, tandis que les régimes dits « modernes » se distinguent par une faible natalité et une faible mortalité. Le passage d'un régime à l'autre définit la transition démographique.

Le démarrage du changement démographique, sa durée, et son rythme constituent autant de caractères d'une transition qui se prêtent à une analyse géographique. On analyse ainsi pour comprendre les rythmes de croissance naturelle, les décalages spatio-temporels entre périodes de diminution significative de mortalité et de natalité. Ainsi oppose-t-on les pays du Nord qui ont connu une diminution précoce et rapide de la fécondité combinée à une diminution lente de la mortalité, aux pays du Sud qui ont connu une diminution tardive et lente de la fécondité combinée à une diminution tardive mais brutale de la mortalité. Il en résulte des taux de croissance de population presque nuls dans les pays du Nord et des taux forts dans les pays du Sud, non compensés par des flux croissants de migrants originaires des pays du Sud vers les pays du Nord.

L'espérance de vie

L'indicateur démo-géographique le plus synthétique est l'espérance de vie à la naissance. Ce chiffre traduit l'espérance de vie d'un nouveau né, en un lieu donné au temps *t*. L'inégalité devant la mort est bien sûr la plus fondamentale qui soit. Elle résume mieux que n'importe quelle autre, le niveau de développement de chaque pays, ses inégalités internes. Elle constitue en outre un révélateur fin des inégalités entre hommes et femmes, entre groupes statutaires, catégories socio-professionnelles, etc.

Les différences d'espérance de vie à la naissance entre pays du Nord et pays du Sud sont considérables, pouvant varier du simple au double (fig. 11). Les amplitudes sont à peu près les mêmes pour les populations masculine et féminine, et marquent les mêmes césures géographiques. Les espérances de vie les plus longues sont enregistrées dans les pays urbanisés et industrialisés (Europe, Japon, Amérique du Nord), les plus faibles dans les pays sous-développés, au premier rang desquels les pays d'Afrique Noire. Entre ces situations extrêmes, on remarque l'amélioration sensible de la situation des pays d'Amérique centrale et latine, mais aussi de l'Asie orientale et la stagnation, voire la détérioration, dans les pays de l'ancien bloc socialiste. On enregistre ainsi dans nombre d'anciennes

L'espérance de vie

En apparence simple, exprimée en nombre moyen d'années de vie, l'espérance de vie exprime l'âge moyen qu'aurait une génération fictive soumise aux conditions de mortalité du moment. Elle nécessite le calcul de quotients de mortalité par âge, c'est à dire les probabilités de décéder entre chaque âge (Pressat, 1985). Les espérances de vie se calculent à différents âges (naissance, 35 ans, 65 ans, etc.). On peut de la sorte comparer les conditions de mortalité indépendamment de la mortalité des plus jeunes. Ainsi, si l'espérance de vie à la naissance est très largement supérieure dans les pays du Nord, l'espérance de vie à 35 ans est souvent proche dans les pays du Nord et les pays du Sud.

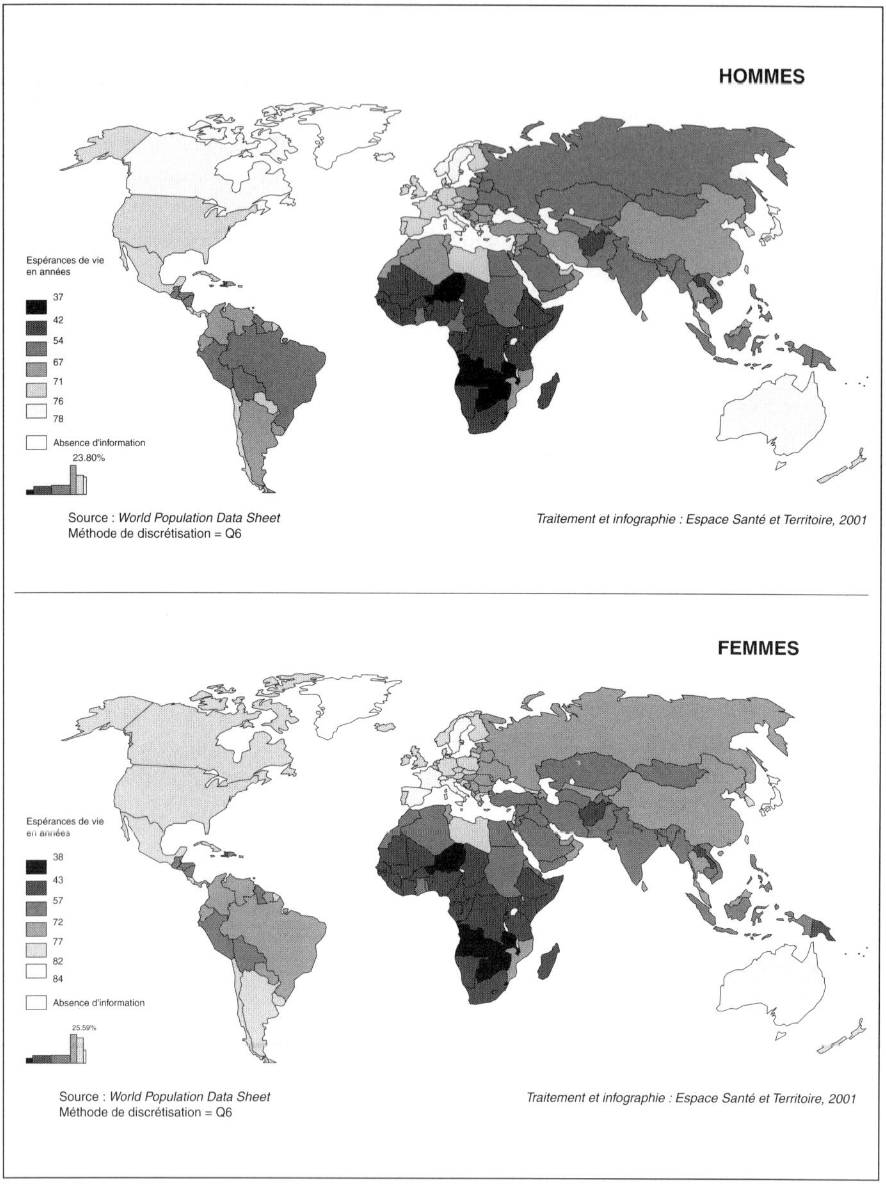

Figure 11 : **Espérances de vie à la naissance en 2001**

républiques socialistes une diminution de l'espérance de vie à la naissance de plusieurs années. Ce type d'indicateur est donc très sensible aux changements sociopolitiques. On avait d'ailleurs pu montrer le décalage croissant entre les Républiques socialistes et les pays d'Europe de l'Ouest au lendemain de la

Seconde Guerre mondiale. L'ensemble de ces républiques, pourtant très différentes, présentant dès cette période les mêmes (faibles) espérances de vie.

Ces deux cartes synthétisent tout ce qui, au plan environnemental, social, économique, scolaire, sépare, de façon croissante, pays riches et pays pauvres. Mais l'échelle adoptée occulte à nouveau d'importantes différences, tant dans les pays du Nord que du Sud.

Ainsi, on a mesuré des différences considérables d'espérances de vie au sein d'un même pays, d'une même région, d'une même ville. La France donne sans doute l'exemple le plus inattendu de disparités, plus importantes que celles de l'Italie ou l'Angleterre dont on se plaît à souligner les différences régionales. L'espérance de vie masculine à la naissance varie ainsi de plus de 10 ans entre le Nord minier et le Sud-Ouest de la France en faveur de ce dernier. La géographie des espérances de vie épouse très étroitement les limites des régions, au sens géographique et non administratif du terme. Ainsi les affinités historiques, sociales, culturelles entre le nord et l'est de la France, entre le nord de la Picardie et le Nord-Pas-de-Calais, le sud de la Picardie et le nord de l'Île-de-France s'expriment par des continuités et discontinuités spatiales des espérances de vie. La même démarche vaut pour l'analyse des oppositions entre villes et campagnes. Dans les pays du Nord comme dans les pays du Sud, l'espérance de vie est généralement supérieure en milieu urbain à ce qu'elle est en milieu rural. Des écarts particulièrement importants sont observés en Amérique latine et en Afrique. Pour autant des taux moyens en milieu urbain n'ont guère de signification tant les villes sont hétérogènes. Les villes nord-américaines comme les villes du Sud enregistrent des différences d'espérance de vie supérieures à 10 ans au sein des mêmes agglomérations. On a même montré que l'opposition entre l'est et l'ouest parisien tendait vers l'amplitude qui sépare le nord et le sud de la France. Un changement d'échelle s'impose donc dès que l'espace étudié est hétérogène.

La mortalité infantile

L'espérance de vie est étroitement dépendante de la mortalité aux bas âges. Une forte mortalité infantile pèse en effet sur l'espérance de vie globale. La carte de la mortalité infantile (fig. 12) qui se superpose à la précédente illustre ce phénomène. Les inégalités s'avèrent encore plus choquantes, dans un rapport de 1 à 100. Si quelques pays du Nord ont réussi, par les progrès de la santé périnatale, mais surtout par le développement économique et social, à abaisser leurs taux à moins de 5 décès pour mille naissances vivantes, nombre de pays africains ou asiatiques, en dépit de progrès récents notables, connaissent encore des taux supérieurs à 170 ‰. Cela signifie concrètement, que près de 3 enfants sur 10 meurent avant l'âge d'un an et 4 sur 10 avant l'âge de 5 ans. La mortalité infantile est directement liée aux conditions d'hygiène du milieu — notamment l'accès à l'eau potable et l'assainissement —, au niveau scolaire des parents, à l'alimentation, à l'accès aux soins, domaines d'étude connus de la géographie. Elle exprime également, au travers des différences de taux entre garçons et filles, un contexte social, culturel, voire religieux qui peut avantager un sexe plutôt qu'un autre. Si la mortalité des petits garçons est naturellement plus forte que celle des petites filles, l'Inde enregistre une surmortalité féminine. La

Les indicateurs de mortalité

Les indicateurs de mortalité rapportent d'une manière générale un effectif de décès observé sur une unité de temps à l'effectif moyen de population pour la même période. On distingue, suivant l'âge, plusieurs indicateurs de mortalité.
Par convention, la *mortalité prématurée* correspond à la mortalité avant 65 ans.
Parce qu'elle touche à une période très vulnérable de l'être humain, une attention particulière est accordée, notamment dans les pays du Sud, à la *mortalité infanto-juvénile*, correspondant aux décès entre 0 et 4 ans.
Plus généralement utilisée, la *mortalité infantile* porte sur la période allant de la naissance à un an. Le taux de mortalité infantile est le rapport entre le nombre de décès des enfants âgés de 0 à 1 an et l'effectif de naissance. Il est souvent utilisé comme indicateur de niveau général de la santé d'une population. La mortalité infantile se subdivise en plusieurs composantes :

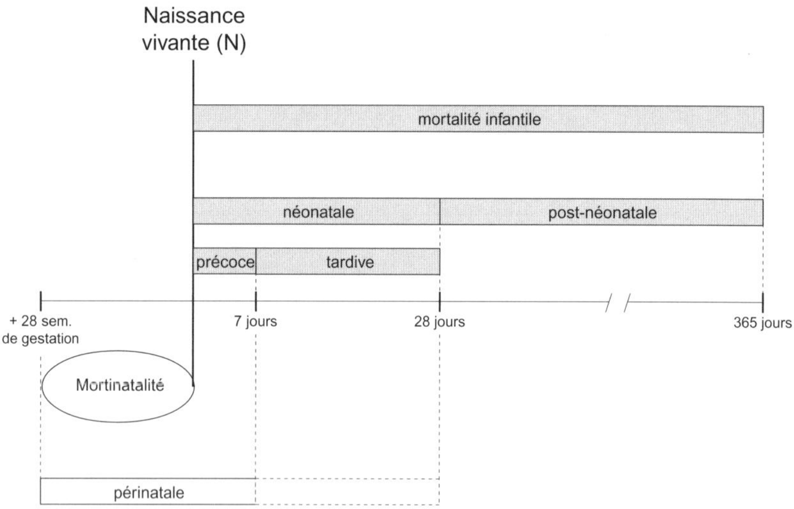

– La *mortalité périnatale* est considérée comme un bon indicateur de la qualité de la prise en charge de la grossesse et de l'accouchement. Elle est toutefois souvent difficile à appréhender, faute de données disponibles concernant la *mortinatalité*.
– La *mortalité néo-natale précoce*, portant sur la période suivant immédiatement la naissance, est alors utilisée. La *mortalité post-néonatale*, concernant la période allant de un mois à un an, reflète davantage les conditions socioéconomiques des zones étudiées.

mortalité infantile est également très dépendante de l'allaitement maternel, pratique globalement en diminution dans les villes parce que les femmes travaillent davantage à l'extérieur de leur domicile. Cet exemple qui illustre l'étroite interdépendance entre modification du cadre de vie, modes de vie quotidiens et santé, montre le lien entre géographie du peuplement et géographie sociale et culturelle.

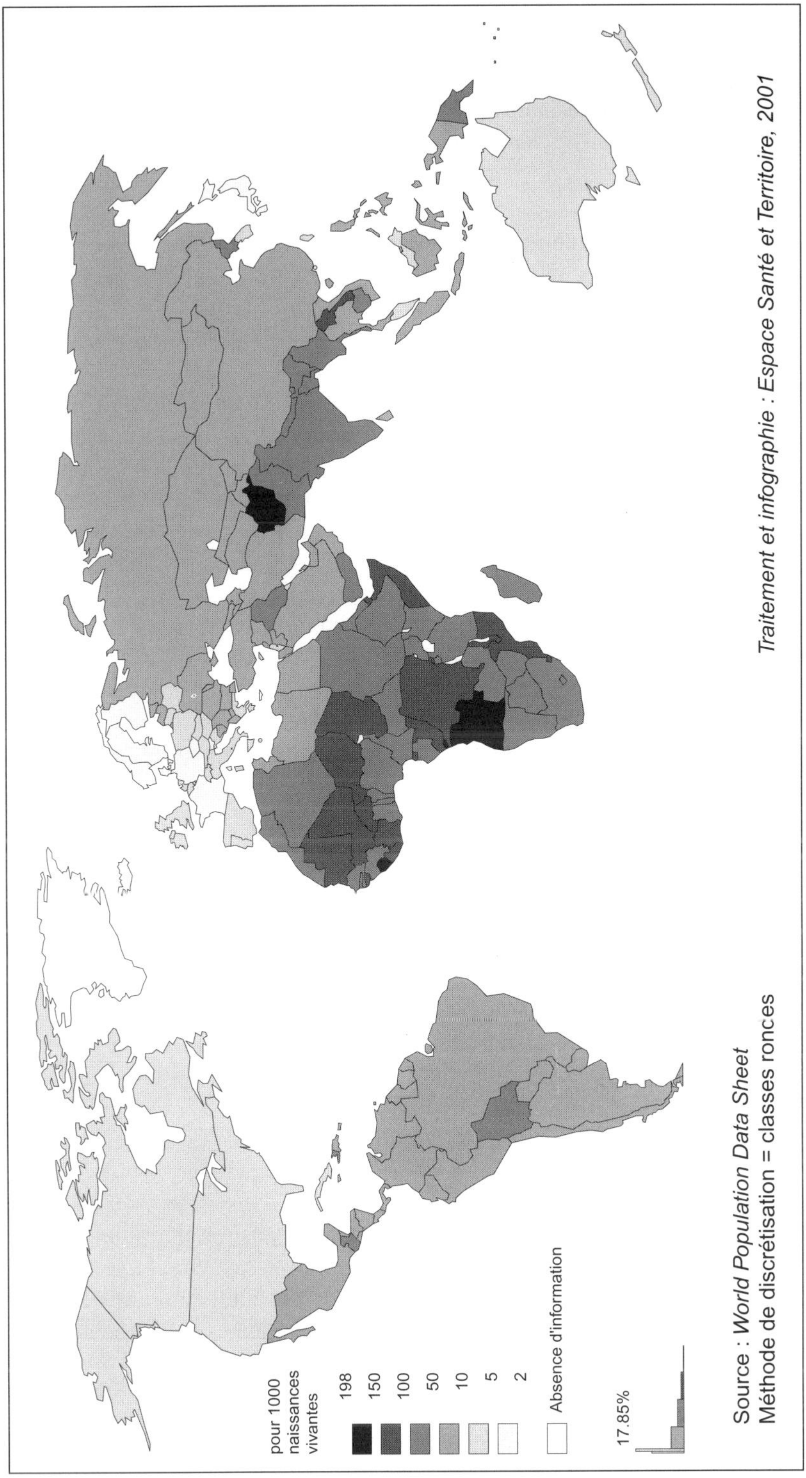

Figure 12 : **La mortalité infantile dans le monde en 2001**

Comme l'espérance de vie à la naissance, le taux de mortalité infantile devrait être simultanément calculé à d'autres échelles, y compris intra-urbaines, tant il est dépendant des conditions de vie quotidiennes. On a ainsi pu mettre en évidence un taux de mortalité infantile variant du simple au double à Pikine (Sénégal) entre quartiers d'une même banlieue déshéritée.

La fécondité

L'indice synthétique de fécondité est un autre indicateur géographique révélateur d'inégalités. La cartographie du nombre moyen d'enfants par femme, marque en effet le fossé entre pays développés où l'on enregistre fréquemment moins de deux enfants par femme, et pays sous-développés, où ce chiffre peut dépasser sept. Ces cartes se superposent également au niveau de la scolarité des femmes, à leur accès à la contraception, et, d'une façon générale, au niveau du développement du pays. Le souci d'une approche différenciée de l'espace distingue à nouveau l'approche du géographe de celle de démographes plus à la recherche de déterminants globaux. On observe en effet des résultats paradoxaux, voire contradictoires, que des moyennes risqueraient d'occulter. On a ainsi constaté que la fraction de femmes allaitant leur enfant était, dans les pays du Nord, d'autant plus importante que le niveau scolaire de la mère était élevé, et que la relation était exactement inverse en Afrique ! De même, le nombre d'enfants par femme en Europe du Nord était, jusqu'à récemment, plus important dans les milieux défavorisés et dans les milieux les plus favorisés, que dans les classes moyennes.

La description des disparités spatiales de fécondité et de mortalité infantile suppose donc une réflexion sur les échelles d'analyse, permettant de montrer les oppositions Nord/Sud ou encore, au sein d'une ville, les clivages entre quartiers riches et quartiers pauvres.

De vigoureuses polémiques ont opposé les représentants de différents pays aux conférences mondiales sur la population à propos de l'évolution spatio-temporelle de la fécondité dans le monde, notamment dans les pays du Sud. Les uns, souvent originaires du monde anglo-saxon, voyaient dans le maintien de forts niveaux de fécondité, une cause essentielle du sous-développement. Il convenait donc de diminuer cette forte fécondité en développant l'information sur la contraception, voire, comme ce fut le cas en Inde et en Chine, en favorisant des campagnes de stérilisation. D'autres, notamment des pays nouvellement indépendants, ont souligné que la baisse de la fécondité était une conséquence « naturelle » du développement social et économique, et qu'il convenait donc de se pencher sur les rapports entre le Nord et le Sud. Ces débats, très marqués par les idéologies des années 1970-80, n'ont plus vraiment cours et presque tous s'accordent à dire de nos jours que la baisse de la fécondité est ou sera cause et conséquence du « développement »... ou de la crise économique comme c'est actuellement le cas dans nombre de pays du Maghreb ou d'Afrique Noire. On enregistre en effet dans ces régions — celles-là même où l'on invoquait d'irréductibles obstacles culturels à une baisse de la fécondité (islam, statut de la femme, enfant gage d'assurance vieillissement, etc.) — une diminution brutale du nombre d'enfants par femme, sans qu'on observe une baisse significative de la mortalité infantile. Un facteur semble néanmoins commun à toutes les évolutions démographiques : le niveau scolaire

Les indicateurs de fécondité

Plusieurs indicateurs permettent de mesurer le niveau de fécondité d'une population.
La mesure la plus simple, *le taux brut de natalité,* rapporte le nombre de naissances observées au cours d'une période de temps à l'effectif moyen de population au cours de cette même période. Cet indicateur est étroitement dépendant de la structure par âge et par sexe de la population étudiée.
Le *taux global de fécondité* rapporte l'effectif de naissance au nombre de femmes en âge de procréer (le plus souvent les femmes âgées de 15 à 49 ans). Toutefois comme le taux brut de natalité, il dépend de la répartition par âge de la population féminine. Ces deux indicateurs permettent donc difficilement de comparer les niveaux de fécondité d'une population à l'autre.
Les *taux de fécondité par âge* annulent l'effet de la structure par âge. Pour chaque tranche d'âge (le plus souvent quinquennale), c'est le rapport entre le nombre de naissances issues de femmes du groupe d'âge et le nombre total de femmes appartenant à la tranche d'âge correspondante.
L'indice conjoncturel de fécondité (aussi appelé *indice synthétique de fécondité* ou *somme des naissances réduites*) est la somme des taux de fécondité par âge. Il constitue une mesure synthétique de l'intensité de la fécondité d'une population. Simple à construire, il est aussi facile à interpréter puisqu'il s'exprime en nombre moyen d'enfants par femme. Il correspond à la descendance moyenne finale d'une population féminine qui aurait, à chaque âge, le comportement de fécondité observé au moment étudié.

des femmes. Toutes les études montrent en effet une très étroite corrélation entre niveau d'alphabétisation des femmes et espérance de vie et mortalité infantile. Le meilleur exemple est fourni par le Kérala en Inde qui a vu ses taux de fécondité et de mortalité infantile diminuer de façon extraordinaire en raison d'une forte politique de scolarisation. La carte de la fécondité, comme les précédentes, synthétise de multiples facteurs dont la dimension spécifique de la condition féminine.

La géographie du peuplement comme l'analyse de ses composantes démographiques renvoient donc à un ensemble de facteurs qui intéressent la géographie. Parmi ces facteurs, le système de santé joue un rôle déterminant.

GÉOGRAPHIE DE LA SANTÉ

Sur les termes de « système de santé », un quiproquo fréquent doit immédiatement être levé. Ce terme est en effet généralement utilisé comme synonyme de système de soins, alors que ce dernier n'en est qu'une composante. Comme on l'a vu précédemment, l'espérance de vie, la mortalité infantile ou la fécondité, qui constituent de robustes indicateurs de santé de la population, dépendent de beaucoup d'autres facteurs que du seul système de soins. Pour un géographe, le système de santé est défini comme l'ensemble des facteurs jouant sur les disparités spatiales

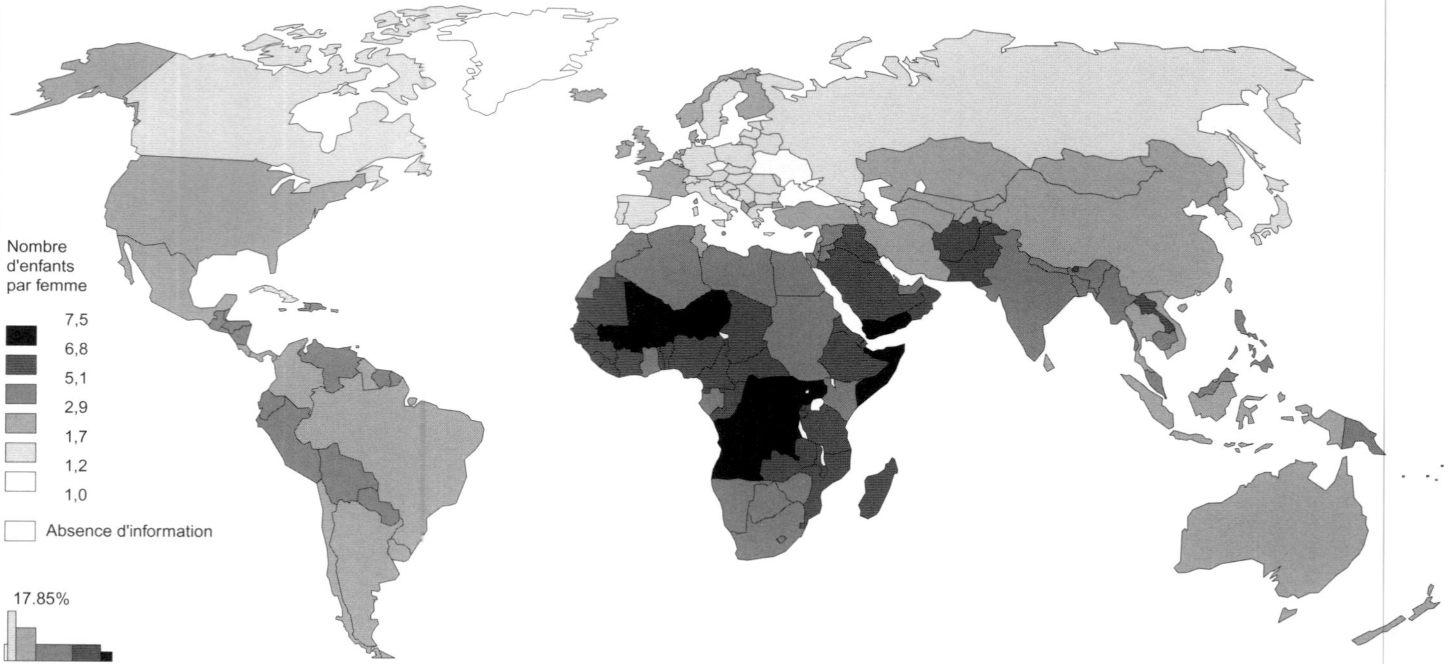

Source : *World Population Data Sheet*
Méthode de discrétisation = classes rondes

Traitement et infographie : Espace Santé et Territoire, 2001

Figure 13 : **Indice synthétique de fécondité dans le monde en 2001**

de santé. Dans la lignée du présent chapitre, on s'attachera à décrire l'approche géographique de la santé des populations.

La description et l'explication des disparités spatiales de santé constituent une entrée originale pour la géographie, révélatrice des inégalités sociales, des modes de gestion des territoires, au travers d'indicateurs aussi essentiels que les causes de décès, la maladie, le handicap. En retour, la géographie de la santé contribue au projet général de la discipline, en montrant comment la santé est un facteur explicatif essentiel des dynamiques spatiales.

L'encadré ci-après résume les grands indicateurs utilisés. Ce sont ceux de l'épidémiologie et de la santé publique. Le traitement et l'analyse géographiques de ces indicateurs sont en revanche propres à la discipline.

La démarche de la géographie de la santé

Faire de la géographie de la santé n'est qu'une façon particulière de faire de la géographie. Il s'agit toujours d'étudier les relations qu'une société entretient avec son espace. Ici, le but est, au travers d'indicateurs sanitaires, de mettre en évidence d'éventuelles structures spatiales de santé.

Prévalence, incidence et standardisation

La *prévalence* d'une maladie est le nombre total de cas, anciens et nouveaux, à un moment donné ou sur une période donnée. Le *taux de prévalence* est le rapport entre ce nombre de cas et l'effectif moyen de population au cours de cette période.
L'*incidence* d'une maladie est le nombre de nouveaux cas enregistrés au cours d'une période donnée (journalière, hebdomadaire, mensuelle, annuelle ou pluri-annuelle). On calcule le *taux d'incidence* en rapportant l'incidence à l'effectif moyen de population au cours de la période.
Les taux d'incidence et de prévalence sont des *mesures brutes* du risque d'apparition d'une maladie au sein d'une population. Elles ne tiennent pas compte des nombreux facteurs (sexe, âge, catégorie socioprofessionnelle etc.) associés à ce risque. L'inégale répartition de ces facteurs au sein de chaque population peut rendre difficilement comparable les niveaux de risque ainsi calculés. Il est nécessaire pour cela, de standardiser les taux correspondants. La *standardisation* consiste à rendre comparable les mesures de risque entre différentes populations en annulant l'effet des facteurs conjoints. Parmi ces facteurs, l'âge est celui sur lequel la standardisation est la plus fréquente.
Deux méthodes de standardisation permettent d'annuler l'effet de la structure par âge de la population.
– La *standardisation directe* consiste à rendre comparable les taux en faisant l'hypothèse d'une même structure par âge de la population pour l'ensemble des unités spatiales étudiées. On calcule, sous cette hypothèse, le nombre de cas attendus dans chaque unité spatiale, en appliquant aux taux par âge constatés, la répartition par âge d'une population théorique commune.
– La *standardisation indirecte* s'appuie sur l'hypothèse d'une distribution identique des taux par âge dans toutes les unités spatiales. Aux taux par âge de référence, on applique la répartition par âge de chaque population afin d'obtenir les effectifs attendus de cas dans chaque unité spatiale.

L'objectivation de ces disparités fait appel aux concepts, méthodes et outils relevant à la fois de la géographie, de l'analyse spatiale et de l'épidémiologie. L'explication de ces disparités passe par la confrontation de la distribution et des combinaisons spatiales, des facteurs de risques d'un indicateur de santé à la géographie de cet indicateur. À la fois quantitative et qualitative, la démarche relève donc des sciences de la santé et des sciences sociales. Les géographes confrontent, dans leur dimension spatiale, trois séries de données qui décrivent, l'environnement (biogéographique, social, culturel, etc.), le système de soins (offre, activité, aires d'attraction, etc.) et l'état de santé de la population générale.

Cet exercice, aussi fin et rigoureux soit-il, resterait incomplet s'il n'était que descriptif : il ne s'agit pas seulement d'indiquer le comment des dispositifs spatiaux, mais d'en expliquer le pourquoi. C'est dans ce projet que la géographie s'inscrit pleinement dans le champ des sciences et, plus spécifiquement, dans le champ des sciences sociales. L'espace est en effet à la fois support, produit et enjeu de rapports sociaux. Support parce que doté d'atouts et de limites : l'espace s'impose aux sociétés dans tous les projets d'exploitation du milieu. Produit, parce que l'espace observé est le fruit d'une longue socialisation, et donc le résultat de toute une histoire. Enjeu, parce qu'il n'y a pas de système social, d'État, qui ne s'établisse sans contrôle territorial : le système de soins en constitue une composante essentielle.

La santé d'une société est directement le fruit de cette équation : si l'espace naturel prédispose des sociétés à certains états de santé, l'histoire, la culture et la politique modifient le cours de cette prédisposition par un certain type d'agencement de l'espace. Les acteurs de l'espace et du territoire réapparaissent ainsi au premier plan. Cette dimension proprement « science sociale » de la géographie n'est pas un simple supplément de connaissances : en donnant une intelligence à des disparités spatiales de santé, elle permet d'identifier des déterminants d'états de santé et (pas toujours !) d'agir.

L'autre raison qui fait se rejoindre géographie et sciences de la santé réside dans le lien étroit qui existe entre santé publique et aménagement du territoire. La santé publique, à travers elle le système de santé, vise prioritairement l'amélioration de l'état de santé de la population, tandis que l'aménagement du territoire vise d'abord l'agencement optimal pour le développement du pays. Si ces deux ordres de préoccupations ne sont pas intrinsèquement contradictoires, il n'est pas rare que les projets suivent des logiques concurrentes. Ainsi, l'aménageur encouragera-t-il le développement d'un nouvel aéroport ou d'une usine créatrice d'emplois, même polluante ; le spécialiste de la santé publique verra dans ces aménagements une source de nuisances. Réciproquement, un ministre de la Santé peut décider de la fermeture d'une maternité au nom de la qualité des soins quand l'aménageur verra dans cette décision une source de déséquilibres du territoire.

Une définition élargie du système de santé, non limitée comme c'est souvent le cas au seul système de soins, et incluant les déterminants environnementaux, sociaux, culturels, etc. « d'états de santé » en un lieu, permettrait de jouer sur les causes plutôt que sur les conséquences sanitaires. Réciproquement, une conception élargie de l'aménagement du territoire, incluant les questions de santé publique, pourrait constituer un levier important de développement économique, et pas seulement de croissance.

Décrire et expliquer en rendant comparable

Les taux de mortalité ou de morbidité varient naturellement avec l'âge. Aussi un taux brut de mortalité est-il surtout l'image de la structure par âge de la population : le taux brut de mortalité est d'autant plus faible que la population est jeune et inversement, comme l'illustre la carte (fig. 14) représentant la géographie des taux de mortalité par maladie cardio-vasculaire.

La carte des taux bruts met en évidence des disparités régionales importantes, de 222 à 493 décès pour 100 000 habitants. La surmortalité par maladies cardio-vasculaires du grand Sud-Ouest de la France s'oppose à la situation apparemment plus favorable de l'Île-de-France, de la Picardie et de la Normandie. Cette carte donne des indications aux planificateurs de la santé pour déterminer les lieux où une offre de soins *ad hoc* doit être proposée. Elle ne permet cependant pas de comprendre la réalité des inégalités spatiales, parce que les régions à taux forts sont en fait des régions dont la population est âgée.

La carte des taux comparatifs montre que les inégalités sont un peu moins importantes qu'il n'y paraissait (de 275 à 369 pour 100 000 habitants). Un grand croissant nord de surmortalité qui s'étend à l'Auvergne et englobe aussi le Limousin, s'oppose aux régions allant grossièrement de l'Île-de-France à l'Atlantique. Cette carte, non tributaire de la structure par âge, exprime les facteurs proprement sociogéographiques jouant sur ce type de mortalité : l'alimentation, notamment l'opposition entre les régions de cuisine au beurre et de cuisine à l'huile, la consommation d'alcool (préférences pour le vin rouge, dont on a montré certains effets bénéfiques, plutôt que pour le vin blanc ou à la bière), le tabagisme, le stress, etc. Il appartient ainsi au géographe de mobiliser toutes ses connaissances pour expliquer ces dispositifs spatiaux.

Il peut être également utile de comparer par rapport à une moyenne. On utilise alors des ratios. La carte cantonale des ratios standardisés de mortalité (fig. 15) situe ainsi chaque canton par rapport à la moyenne française. On peut dire

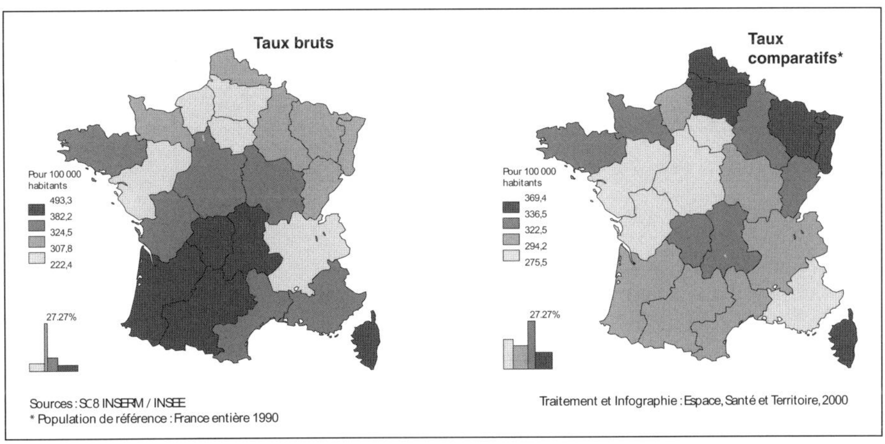

Figure 14 : **La mortalité par maladies cardiovasculaires en France (1988-1992)**

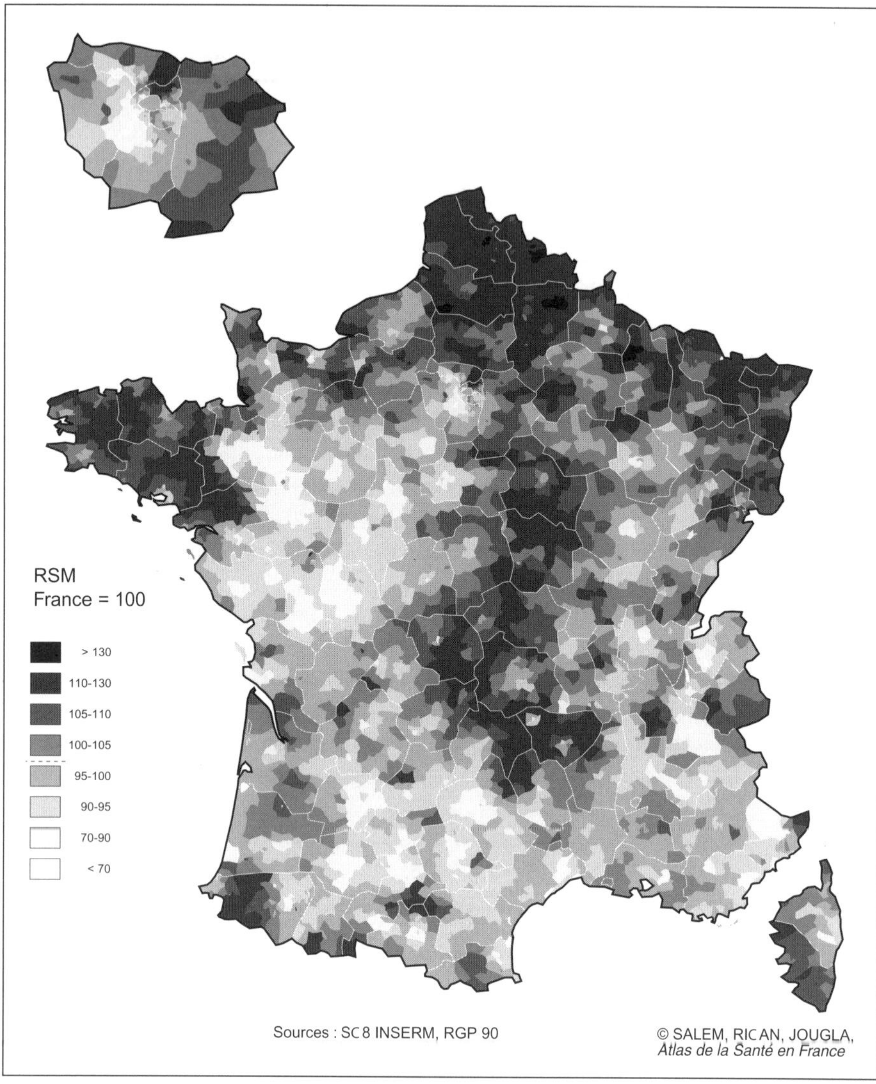

Figure 15 : **Ratios standardisés de mortalité à l'échelle cantonale (carte « lissée »), 1988-1992**

que pour 100 décès attendus dans chaque canton, nombre d'entre eux en comptent plus de 130, tandis que d'autres en enregistrent moins de 70.

Ce type de carte, dressée à échelle fine, est très riche. Il permet, mieux que d'autres, d'identifier des structures spatiales, de souligner les continuités et discontinuités géographiques. Ainsi P.-J. Thumerelle (1996) a identifié un T de surmortalité et un U de sous mortalité qui s'affranchissent des limites régionales administratives pour dessiner les entités géographiques « vraies » de la France.

On retrouve également dans cette carte les oppositions déjà décrites, entre centre et périphérie des départements.

Ces situations n'ont cependant rien d'immuable. Elles traduisent très rapidement les dynamiques spatiales des régions : ainsi on a souligné les progrès continus de la Bretagne, et le recul relatif de la diagonale du vide, l'opposition entre Paris et sa banlieue, ou encore entre l'est et l'ouest de l'Île-de-France. De même que pour l'analyse de la mortalité par maladies cardiovasculaires, le géographe de la santé doit faire appel à la géographie générale et à l'histoire de la France pour donner une intelligence à ces cartes.

Son apport est ainsi double. D'une part aider les spécialistes de la santé à comprendre les disparités en identifiant les déterminants de ces inégalités ; d'autre part contribuer à la géographie générale de la France.

Choisir l'échelle d'analyse : rigueur statistique et pertinence scientifique

Comme les cartes précédentes (fig. 14 et 15) le laissent supposer, l'analyse des disparités spatiales de santé passe par le choix d'échelles. Deux contraintes s'imposent au géographe :

– *une première d'ordre statistique* : le taux calculé doit remplir des conditions d'effectifs telles que l'intervalle de confiance soit acceptable. On estime ainsi généralement qu'il faut au moins 30 décès par unité spatiale pour pouvoir en calculer le taux. Il faut par ailleurs que la variabilité interne à chaque zone soit inférieure à la variabilité entre les zones, pour dégager des structures spatiales, comme on en a observé dans l'étude de la mortalité à l'échelle cantonale.

– *une seconde est d'ordre logique* : la recherche de ces éventuelles structures spatiales doit se faire à la lumière des facteurs de risque connus de la maladie ou de la cause de décès et de leur distribution spatiale.

La carte suivante (fig. 16) exprime ainsi à deux échelles différentes la géographie des décès dus aux cancers broncho-pulmonaires. La carte régionale oppose à grands traits les moitiés est et ouest de la France, d'un côté la France industrielle et urbaine et de l'autre la France plus rurale. La Bretagne semble cette fois épargnée.

L'analyse à l'échelle plus fine des zones d'emploi met en évidence des amplitudes beaucoup plus importantes, dans un rapport de 1 à 5, et dessine nettement un gradient décroissant de mortalité du Nord-Est vers le Centre de la France. Les noyaux de surmortalité se retrouvent logiquement dans les centres miniers et sidérurgiques. Un élément nouveau apparaît cependant : les villes portuaires, le long de la Manche, de l'océan Atlantique comme de la Méditerranée, enregistrent des taux de décès équivalents à ceux du Nord-Est. Cette carte est à mettre en relation avec la présence importante d'amiante dans les chantiers navals, exposition naturellement aggravée par le tabagisme.

Cette carte contribue donc à comprendre les combinaisons spatiales de facteurs de risque d'une maladie. Elle offre à la géographie sociale, à la géographie industrielle un éclairage complémentaire essentiel.

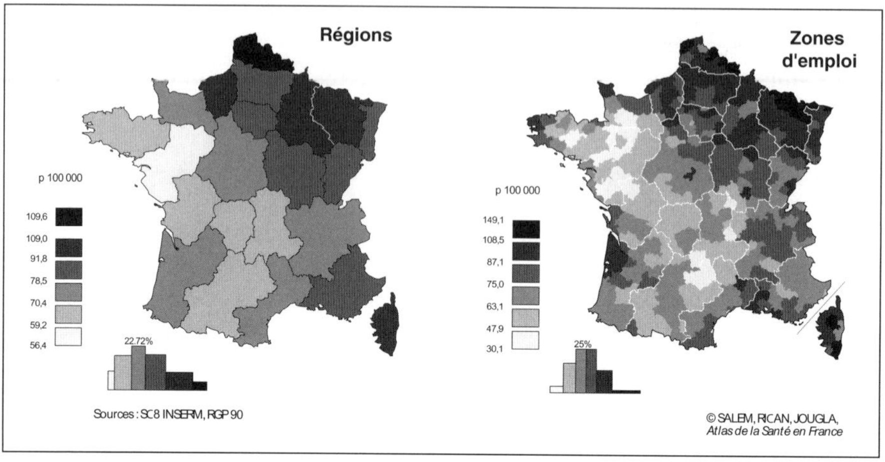

Figure 16 : **Exemple de changement d'échelle : taux comparatifs masculins de mortalité par cancers broncho-pulmonaires en France (1988-1992)**

Tenir compte de la mobilité des populations : l'exemple du choléra

L'histoire de l'humanité est marquée par des pandémies qui, telles la peste ou le choléra, ont pu ravager des pays entiers. Ces pandémies suivaient logiquement les axes de déplacements, d'échanges de la population.

Encore aujourd'hui, des migrations internationales aux migrations pendulaires, les populations se déplacent et sont donc confrontées à des risques pour la santé qui ne sont pas seulement ceux de leur lieu de naissance ou de résidence.

Ainsi les cartes de mortalité étudiées jusqu'à présent souffrent du fait qu'on ne peut tenir compte des éventuelles migrations des personnes. Or, la géographie de la population nous apprend que les échanges migratoires sont déséquilibrés, et la géographie sociale que les migrations ne sont pas les mêmes selon la catégorie sociale. Il importe donc de distinguer les biais ainsi introduits.

Les grands échanges ont toujours leur dimension sanitaire, renvoyant à une géographie de la diffusion. L'Inde souffre d'épidémies de choléra de façon récurrente, déclenchées par l'existence de foyers endémiques, et entretenues par des échanges importants (fig. 17). Une géographie de la diffusion a ainsi pu être élaborée montrant comment la diffusion de la maladie se calquait sur la carte des échanges nationaux, exprimant une géographie des réseaux sociaux, des flux commerciaux entre villes et campagnes, entre villes. On a ainsi été amené en Afrique, à interdire la tenue des marchés hebdomadaires voire la participation aux obsèques d'un malade, pour ne pas favoriser la diffusion de la maladie. Celle-ci ne connaissant pas de frontière, la multiplication des échanges internationaux facilite la dissémination du vibrion, l'agent pathogène.

La géographie économique au travers des échanges, la géographie culturelle au travers de lieux de pélerinage, viennent ici éclairer le sens d'une épidémie. Des dispositifs de surveillance sont ainsi mis en place en Europe pour la surveillance et la prévention de la grippe.

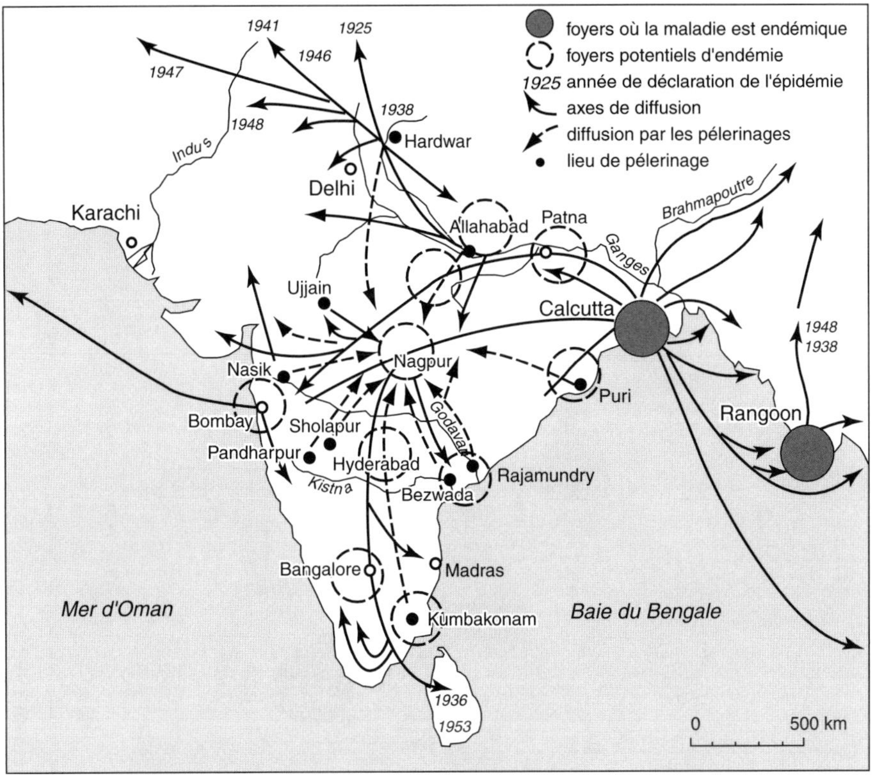

Figure 17 : **Diffusion du choléra en Asie (1931-1955)**

Source : Learmonth A. (1972), *Atlases In Medical Geography : A Review in McGlashen,* ND (éd.), *Medical Geography : Techniques and Field Studies,* Londres, Methuen.

Illustrer et expliquer des territoires : le Sida

L'épidémie de Sida, qui a explosé au début des années 80, a évoqué, par la rapidité de son extension et son caractère international les grandes pandémies du passé. Elle présente néanmoins des caractéristiques tout à fait originales qui intéressent le géographe. Si l'identification du foyer originel et du facteur déclenchant de l'épidémie prête encore à discussion, les facteurs généraux ont été identifiés.

Il s'agit notamment, dans les pays du Nord, de la conjugaison du développement des voyages internationaux, de la consommation de drogues par voies intraveineuses, de l'émergence, notamment dans les villes américaines, de véritables communautés gays, et enfin de l'utilisation croissante de produits sanguins en médecine.

Dans les pays du Sud, les facteurs d'épidémisation ne se conjuguent pas exactement de la même manière : les migrations nationales et internationales, notamment vers l'Afrique centrale et les pays du Nord, jouent un grand rôle de même que le mariage tardif et le multipartenariat sexuel.

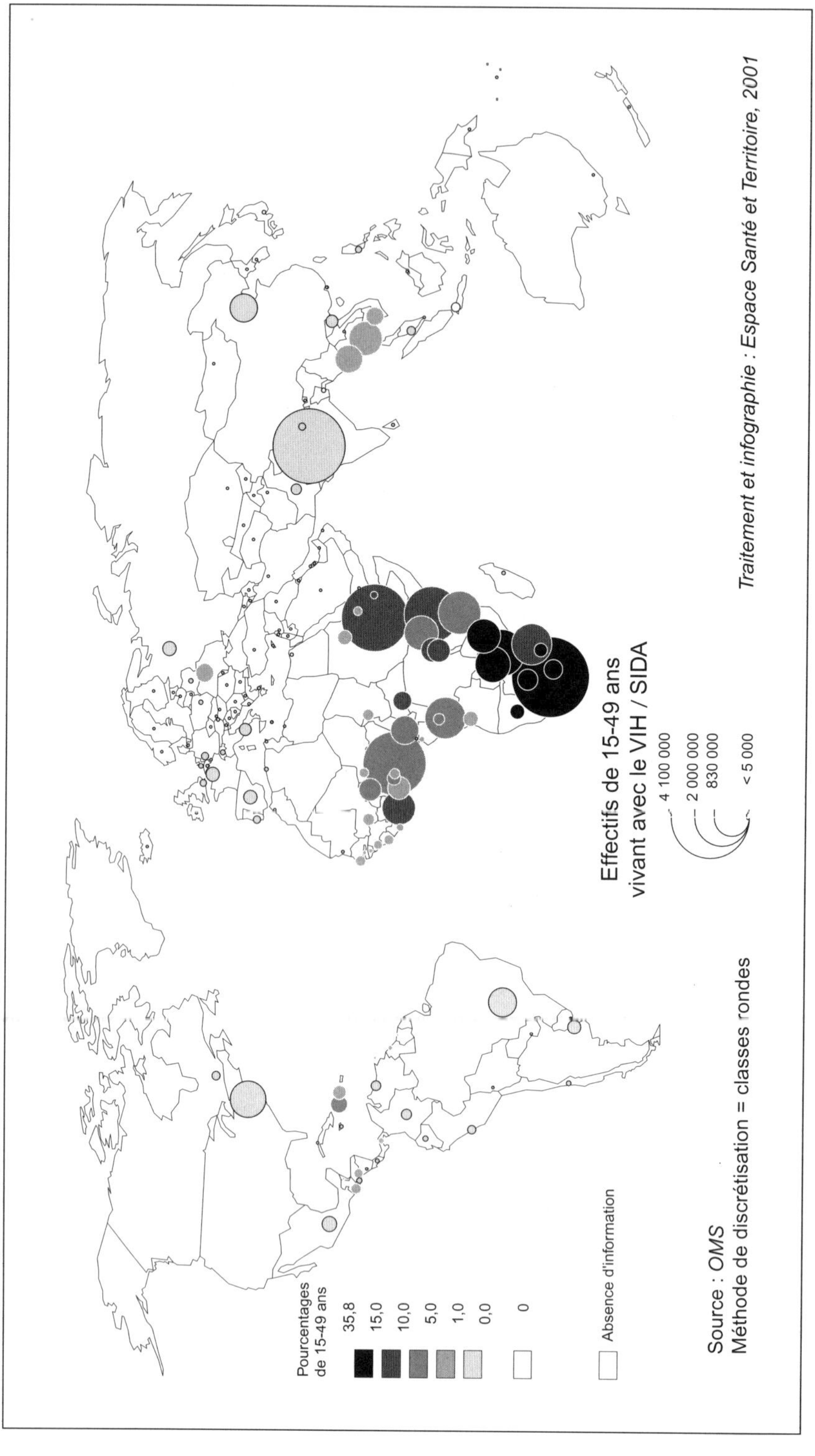

Figure 18 : **Adultes (15-49 ans) vivant avec le VIH/Sida dans le monde en 1999**

Il y a donc des lieux électifs d'éclosion et de diffusion de la maladie en une période historique donnée. C'est ce que l'historien Grmek appelle la pathocénose.

Dans les pays du Nord, l'incidence de la maladie a apparemment cessé de croître, notamment grâce aux campagnes de prévention ; l'espérance de vie des malades s'est considérablement améliorée, grâce aux progrès des thérapeutiques. En revanche, dans les pays du Sud, la misère, qui a fait le lit de la maladie, perdure et l'incidence, comme la mortalité, ne marquent aucune réelle inflexion.

Les conséquences géographiques de cette épidémie sont encore mal cernées. Certains pays comptent un adulte sur deux séropositif, ce qui va avoir des conséquences sur l'économie rurale comme urbaine, l'organisation sociale, le système d'enseignement, etc., d'autant qu'en Afrique, ce sont souvent les cadres, les médecins et les enseignants des jeunes États, qui sont les premières victimes.

La carte suivante (fig. 18) exprime cette double information : l'effectif d'individus vivant avec le VIH/Sida est exprimé par un cercle proportionnel, la part des 15-49 ans dans cette population est représentée par une trame dans le cercle. Cette carte montre que numériquement les pays d'Afrique subsaharienne et l'Inde sont les plus concernés et que la part des jeunes actifs touchés est dramatiquement élevée en Afrique méridionale et orientale. La maladie a donc un coût social dramatique : des hommes et femmes jeunes, dont le coût de formation (école, santé, etc.) a été assuré en pure perte par la communauté, meurent sans avoir pu faire la même chose pour les nouvelles générations. Les experts dressent des scénarios de pays entiers qui, au plan économique, social, démographique régresseront de plusieurs décennies. La nouvelle donne internationale qui en résultera n'est pas écrite à l'avance. On s'inquiète néanmoins en haut lieu des conséquences militaires de l'épidémie, certaines armées, en Afrique des hauts lacs et Afrique du Sud, comptant jusqu'à 75 % de séropositifs.

La géographie du Sida est donc, comme hier la géographie de la peste, largement explicative des dynamiques territoriales à venir. Le géographe doit donc s'efforcer d'expliquer les dimensions spatiales d'une maladie et d'en cerner les conséquences géographiques.

Synthétiser en définissant des profils sanitaires

Un état de santé résultant de multiples facteurs, une approche synthétique est le plus souvent nécessaire. Il s'agit de voir comment se combinent dans le même espace des pathologies distinctes, comment elles peuvent aussi s'exclure, etc., de construire les profils sanitaires d'espaces à l'aide d'analyses multivariées.

Ces profils peuvent s'établir selon différents critères. Nous avons choisi d'illustrer ce propos en analysant les profils de mortalité des zones d'emploi françaises selon la cause de décès (fig. 19).

Pour la population masculine, sept profils spécifiques de décès ont été identifiés à l'échelle des zones d'emploi. Trois sont en situation de sous-mortalité, quatre de surmortalité, pour l'ensemble des causes de décès.

La cartographie de ces groupes statistiques révèle des structures spatiales très fortes, rappelant la carte des espérances de vie. On retrouve en particulier la sous-mortalité de la France méridionale et la surmortalité de tout le croissant nord de la

Utiliser les approches multivariées en géographie de la santé

Les analyses statistiques multivariées — analyses factorielles et modèles de régression d'une part ; classifications ascendantes hiérarchiques d'autre part — correspondent à un ensemble de techniques statistiques permettant d'analyser simultanément un grand nombre de caractéristiques observées sur différentes entités spatiales.
Les analyses factorielles et *les modèles de régression*, tout d'abord, consistent à synthétiser l'ensemble de l'information statistique disponible en un nombre réduit de facteurs (ou composantes). Elles fournissent ainsi des éléments pour mettre en évidence les principales régularités, les oppositions ou les relations entre différentes caractéristiques de l'espace étudié et leurs structurations spatiales. On peut par exemple, grâce à ces techniques, analyser les liens existant entre la composition sociale des zones étudiées et l'état de santé des populations résidentes.
En complément, les classifications, essentiellement *les classifications ascendantes hiérarchiques*, constituent un outil précieux pour regrouper les unités spatiales selon leurs ressemblances par rapport à des attributs variés. La cartographie de ces partitions statistiques permet dans un second temps d'analyser la répartition spatiale de ces groupes homogènes. En croisant les indicateurs sanitaires avec leurs déterminants sociaux ou environnementaux, on peut ainsi dresser les profils sociosanitaires des entités spatiales étudiées et identifier les zones à cibler en priorité.

France se prolongeant de la Lorraine à l'Auvergne. Ces deux grands sous-ensembles présentent cependant une certaine hétérogénéité interne.

Dans le groupe I, la sous-mortalité est particulièrement marquée pour les causes de décès associées au tabagisme et, pour autant qu'on puisse en juger, à la pollution : tumeurs de l'appareil respiratoire, bronchites chroniques etc. On note en revanche une légère surmortalité par suicides, accidents de la circulation et tumeurs de l'estomac. Ce profil de mortalité est caractéristique de zones plutôt rurales et peu industrialisées, comme celles situées dans les régions Centre, Pays de Loire, sud de la Normandie, bassin rennais, Poitou et Limousin. Mais on le rencontre également en Franche-Comté et en Rhône-Alpes.

Le groupe II se caractérise par une sous-mortalité nette pour les causes de décès imputables à l'alcoolisme (cirrhoses et psychoses alcooliques, tumeurs des voies aérodigestives supérieures et maladies de l'appareil digestif). Ce profil de mortalité se rencontre dans les zones peu industrialisées du sud-ouest de la France (Aquitaine et Midi-Pyrénées), du pourtour méditerranéen et du sud-ouest du Bassin parisien, autant de zones où l'espérance de vie est élevée.

Le groupe III se distingue aussi par une nette sous-mortalité due à l'alcoolisme, mais également aux accidents de la circulation et aux tumeurs de la prostate. On observe en revanche dans ce même groupe, une surmortalité par maladies infectieuses (essentiellement le sida) et par tumeurs de l'appareil respiratoire. La présence simultanée d'une faible mortalité par suicides et d'un pourcentage élevé de causes mal déclarées renvoie aux problèmes de la fiabilité des données déjà évoqués. Ce type de mortalité est caractéristique de la région parisienne, de la ville de Nice et de la Corse.

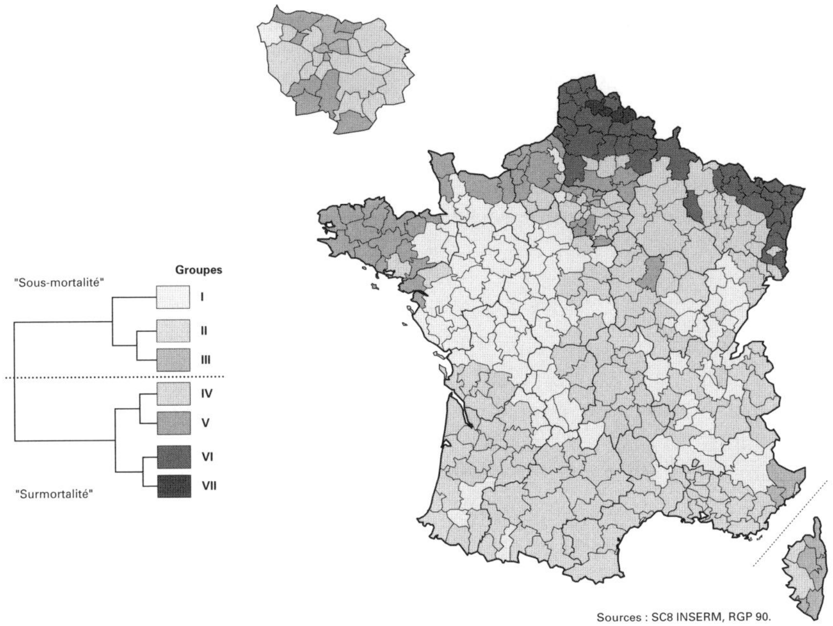

Sources : SC8 INSERM, RGP 90.

Description des groupes : rapports entre les taux moyens de décès pour chaque groupe et le taux moyen français (Valeur = 1).

moyenne française

0,75	0,90	0,95	1,05	1,10	1,25	
---	--	-		+	++	+++

Groupes

Causes de décès	I	II	III	IV	V	VI	VII
Maladies infectieuses et parasitaires	--	+	+++		+	-	
Causes de décès inconnues	--		+++		--	-	---
Accidents de la circulation		[illegible]		[illegible]			
Suicides	+	--	---		+++		++
Chutes accidentelles	-	--	---	++		++	++
Autres morts violentes			++		++	-	
Autres tumeurs			+				+
Tumeurs de l'appareil génito-urinaire	--		+	+	-	++	+
Maladies vasculaires cérébrales	-					++	++
Cardiopathies ischémiques	-	--	-		+	++	+++
Autres maladies de l'appareil circulatoire	-		-	+		++	++
Autres causes de décès	-					+	++
Alcoolisme	-	---	---	++	+++	+++	+++
Tumeurs des voies aérodigestives supérieures	-	---	--		+++	+++	+++
Tumeurs de l'estomac	+	--	-		+++		-
Autres tumeurs de l'appareil digestif		--	--		++	+	-
Mal. de l'appareil digestif	-	-	--	+		++	+++
Tumeurs de l'intestin		--	--			++	++
Tumeurs de la prostate		--	---		++		
Tumeurs de l'appareil respiratoire	--	-	++		+	+++	+++
Bronchite chronique / Mal. pulmonaire obstructive	--	--		+	+	+++	+++
Pneumonies / Bronchopneumonies	-	--	---		++	+++	+++
Autres maladies de l'appareil respiratoire	-	--	--		+	++	+++

Figure 19 : **Profils des zones d'emploi selon les taux comparatifs masculins de mortalité par cause de décès (1988-1992)**

Le groupe IV se rapproche de la moyenne française mais marque une légère surmortalité pour toutes les causes de décès. Ce groupe définit un axe géographique nord-est/sud-ouest, allant de la Champagne à l'Auvergne, et couvre aussi les montagnes vosgiennes et alpines. Ces zones sont peu peuplées et connaissent un lent processus de désertification.

Le groupe V est marqué par une surmortalité pour toutes les causes de décès, d'autant plus nette qu'elles sont associées à l'alcoolisme (cirrhose et psychose alcoolique, tumeurs des voies aérodigestives, tumeurs de l'estomac). On note également une surmortalité par suicide. Ces profils de mortalité se retrouvent dans les zones agricoles bretonnes et sur toute la zone littorale normande ainsi qu'en Picardie.

La surmortalité enregistrée pour le groupe VI est encore plus prononcée. Ce groupe cumule une surmortalité par maladies de l'appareil circulatoire, par alcoolisme et par maladies de l'appareil respiratoire (associées au tabagisme). Une sous-mortalité par accidents de la circulation et par sida est à noter. Les vieux foyers industriels du Nord, de Lorraine et l'est industriel se situent dans ce groupe.

Le groupe VII est quant à lui très spécifique. Il enregistre les plus mauvais indicateurs de mortalité, pour presque toutes les causes de décès, à l'exception des accidents de la circulation. Les maladies de l'appareil respiratoire ainsi que les causes associées à l'alcoolisme sont notamment très fréquentes. Il s'agit exclusivement des zones d'emploi de l'ancien bassin minier du Nord-Pas-de-Calais.

Ce type d'analyse permet de synthétiser l'information, d'envisager une réflexion intégrant le caractère multifactoriel de la santé. Cette approche est indispensable aux spécialistes de santé publique ; elle offre aux géographes l'opportunité de croiser des informations sanitaires avec des données environnementales, économiques, sociales, dont il est familier.

Si les liens entre la géographie de la population et la géographie de la santé sont particulièrement étroits, il importe avant tout pour le géographe de garder sa démarche synthétique en faisant des catégories spatiales des catégories d'études rigoureuses. C'est dans l'affirmation d'une démarche disciplinaire forte que le géographe remplira au mieux sa mission auprès d'autres disciplines et plus généralement auprès de la collectivité. Mais c'est avant tout par une inscription claire dans le champ des sciences sociales que les dispositifs spatiaux dessinés vont trouver un sens : la mise en perspective environnementale, historique, sociale, culturelle, rendra compte de ces inégalités, de leur évolution et de leur impact sur les dynamiques territoriales. Cette démarche donne également aux planificateurs (dont des géographes) et aux décideurs des indications sur les zones à cibler, sur les facteurs qui en amont déterminent ces faits géographiques majeurs.

Références bibliographiques des auteurs cités

BAUDELLE G. (2000), *Géographie du peuplement*, Armand Colin, coll. « Cursus ».

THUMERELLE P.-J. (1996), *Les populations du monde*, Nathan, coll. « Fac ».

LEARMONTH A. (1972), *Atlases In Medical Geography : A Review* in McGlashen ND (éd.), *Medical Geography : Techniques and Field Studies*, Londres, Methuen.

SALEM G., RICAN S., JOUGLA E. (2000), *Atlas de la Santé en France*, vol. 1 : *Les causes de décès*, John Libbey Eurotext.

Chapitre 4

Aires culturelles et divisions politiques : le fractionnement du monde

Les dernières années du XXe siècle présentent une situation paradoxale. D'une part, les signes de la mondialisation se multiplient. Les hommes ont de plus en plus le sentiment de vivre sur une planète solidaire. S'il se confirme que le réchauffement des températures de la terre est dû à des émissions de gaz trop abondantes liées à une consommation d'énergie qui croît sans cesse, ce danger menace tous les hommes où qu'ils se trouvent et les exemples sont multiples d'une solidarité écologique croissante de la planète Terre. Par ailleurs la domination d'une langue, l'anglais dans toutes les techniques porteuses de modernité s'affirme, comme dans le domaine informatique. Dans le domaine économique, les entreprises dépendent de marchés financiers dont les centres sont Londres, Paris, Francfort, mais aussi New York, Tokyo, ou Singapour. Dans le domaine culturel, la même musique est appréciée par la jeunesse du monde entier et les vêtements tendent à se ressembler. Les joutes sportives sont retransmises partout par la télévision et le cinéma américain règne presque sans partage. Il n'est jusqu'à la lutte politique contre la mondialisation qui apparaisse comme elle-même mondialisée.

Et cependant, la fin du XXe siècle a été marquée par des conflits violents, dont beaucoup ne sont pas éteints et qui apparaissent comme contradictoires avec cette mondialisation. L'Union soviétique s'est émiettée en autant d'États indépendants qu'il y avait de républiques et d'autres divisions sont encore en cours, comme le montre le conflit de Tchétchènie. La Yougoslavie a suivi un chemin parallèle au prix de trois conflits sanglants en Croatie, en Bosnie Herzégovine et au Kosovo.

Et ces conflits se présentent avec des enjeux territoriaux dérisoires : lutte en Bosnie pour le maintien du corridor de Brcko, large de cinq km, pour assurer la liaison entre l'est et l'ouest de la Republika Srpska ; creusement d'un tunnel sous l'esplanade des mosquées à Jérusalem qui aboutit à un affrontement entre Israëliens et Palestiniens. Ces enjeux territoriaux valent cependant pour les belligérants le sacrifice de bien des vies humaines. Leur valeur symbolique est si importante parce qu'elle est religieuse ou ethnique, ou nationale. On se bat avec plus de conviction si l'on croit le faire au nom d'un dieu ou d'une nation dont le destin, le territoire et les frontières sont considérés comme sacrés.

À l'unification économique et technique de la planète s'oppose la mosaïque culturelle du monde, qui elle-même produit le morcellement politique.

LA MOSAÏQUE CULTURELLE DU MONDE

Les habitants d'une grande ville ont aujourd'hui une perception directe de la variété culturelle du monde. Toutes les métropoles de l'Europe et de l'Amérique du Nord ont un quartier chinois et un quartier indien, où le paysage urbain reflète la société différente qui l'habite, différente par la morphologie des populations, par les traits de l'habillement par les devantures des boutiques, par la publicité dans une écriture composée de lettres inhabituelles ou d'idéogrammes. Nous percevons donc dans le paysage les traits visibles d'une culture différente. Une des tâches de la géographie culturelle est de repérer, de cartographier et d'expliquer dans un espace donné les témoignages de la variété des cultures.

Cette variété peut être le résultat récent de migrations de populations, libres comme celle des Européens vers les États-Unis et le Canada, ou contraintes comme celles des Africains au Brésil. Elle peut être aussi le résultat de conquêtes comme celles des Russes en Asie centrale, depuis deux siècles : les Russes y côtoient aujourd'hui des peuples anciennement installés là (Ouzbeks, Kazakhs etc.). La diversité culturelle peut encore provenir de la progression d'une religion, au détriment d'une autre, comme celle de l'Islam dans l'Union indienne.

Les grandes étapes des études sur la géographie politique

L'intérêt pour la géographie politique est resté pendant longtemps marginal en géographie. Rares étaient les géographes français qui considéraient que ces thèmes étaient du ressort de la géographie, parce que les conséquences visibles en étaient difficiles à percevoir. Par ailleurs, dans le cadre de l'Allemagne nazie, des géographes avaient promu la géopolitique et cette dernière s'était déconsidérée en perdant toute objectivité scientifique et en justifiant la politique expansionniste du pays. Aujourd'hui, les questions politiques soulèvent un intérêt accru parmi les géographes. Certains (Yves Lacoste) ont repris le terme de géopolitique, sous lequel se rangent des scientifiques d'origine diverse. Ils revendiquent pour la géographie une place dans l'explication des conflits qui déchirent le monde. Ils insistent sur la nécessité non seulement d'une analyse des faits géographiques, mais aussi des discours, porteurs de représentations contradictoires, des différents acteurs de la scène politique. On étudiera par exemple les programmes des divers partis politiques, dans leurs aspects territoriaux.

Cette préoccupation rassemble la géographie politique et la géographie culturelle, soucieuse elle aussi non seulement des traces concrètes que les sociétés laissent dans l'espace qu'elles organisent, mais aussi des représentations idéologiques qui les commandent.

Mais tous les traits de la variété culturelle ne sont pas facilement visibles. Ils ne s'inscrivent pas forcément dans les paysages. Ils peuvent aussi apparaître d'une manière indirecte, comme des facteurs qui interviennent au milieu d'un faisceau d'explications. Par exemple, dans l'ancienne Yougoslavie, qui regroupait au sein d'une république fédérale un grand nombre de nationalités différentes, on remarquait des différences considérables en matière de fécondité féminine. Or les populations à forte fécondité ne parlaient pas toutes la même langue : il y avait là des Bosniaques parlant le serbo-croate, des Albanais, des Torbèches parlant le macédonien. Ces populations, relevant de nationalités diverses, avaient pourtant une caractéristique culturelle commune : elles étaient toutes musulmanes : on peut donc raisonnablement dire que parmi d'autres caractères, qui sont d'ordre socioéconomique, la confession religieuse jouait un rôle important pour rendre compte des variations de la fécondité. Dans ce cas, le trait culturel n'est pas mis en valeur par le géographe à partir des traces qu'il laisse dans le paysage mais comme élément d'explication.

La culture, telle qu'elle est entendue ici est un ensemble de comportements, perceptions, représentations, valeurs qui figurent au nombre des caractéristiques d'une civilisation. Le géographe n'est pas toujours le mieux armé pour étudier ces traits culturels, qui sont plus familiers à l'anthropologue et au sociologue. Ils l'intéressent cependant dans la mesure où ils peuvent rendre compte d'une répartition spatiale particulière.

Pour le géographe Pierre Gourou, les éléments culturels d'une société (il dit d'une civilisation) font partie de ce qu'il appelle les techniques d'encadrement au moyen desquelles la société aménage le milieu qu'elle habite. Ces techniques d'encadrement viennent se placer aux côtés des techniques de production.

Les religions

La religion sur la carte

L'intérêt du géographe pour les religions peut apparaître surprenant. L'adhésion à une foi religieuse est sans doute une action individuelle. Mais le géographe s'intéresse à la religion en tant que lien social inscrit dans un territoire.

Construire une carte des aires religieuses est une entreprise utile mais hasardeuse. Il existe des pays où l'appartenance à une religion est une caractéristique relevée par les autorités, une mention qui apparaît dans les recueils statistiques officiels. En Grèce, la religion est même mentionnée sur la carte d'identité, tout comme au Liban. Inversement, les régimes politiques installés en Europe orientale à la fin de la Seconde Guerre mondiale se revendiquaient comme athées, ce qui au demeurant ne signifiait pas que la religion ait brusquement disparu. En France, pays laïc où la religion est exclusivement dans la sphère privée, et séparée de l'État, il est impossible de trouver des données officielles sur l'appartenance religieuse des Français.

La carte des religions dans le monde n'a donc qu'une valeur indicative (fig. 20). On peut cependant la dresser parce que si l'adhésion est théoriquement une affaire personnelle, les progrès des religions se sont historiquement faits de manière collective, liée à des événements politiques. L'expansion de l'Islam sur la rive sud

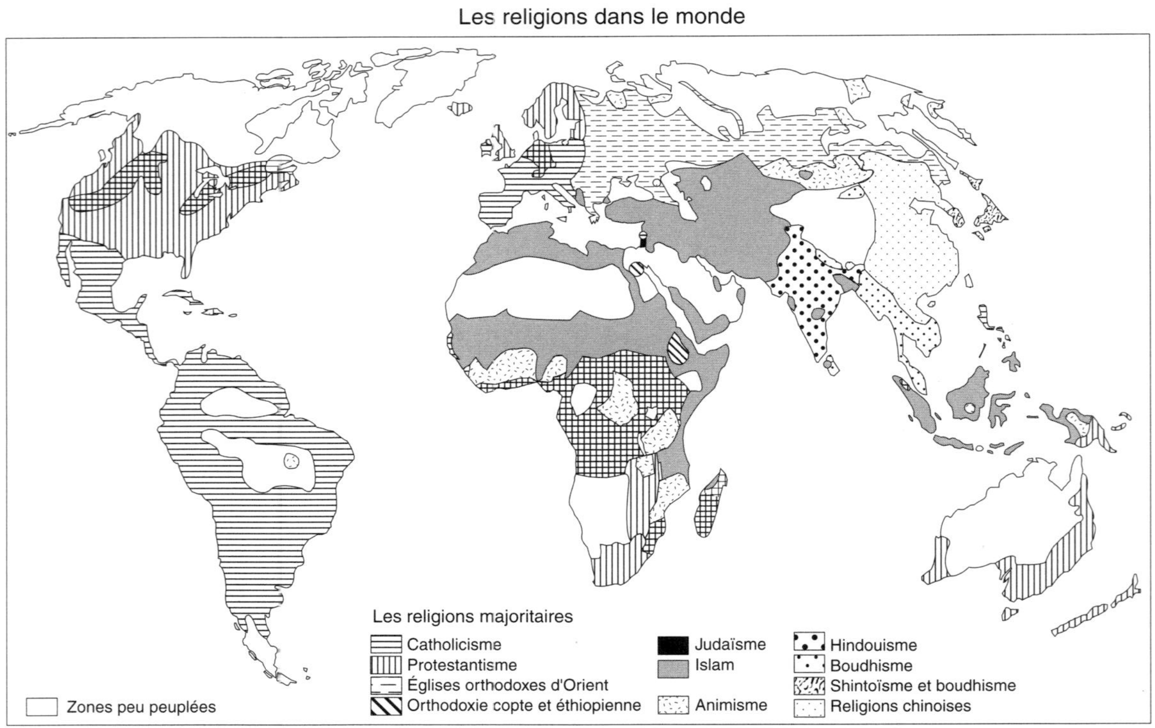

Figure 20 : **Les grandes aires religieuses dans le monde**

Une carte des religions dans le monde ne peut se piquer de précision : beaucoup d'États, dont la France, ne recensent pas les affiliations religieuses des citoyens.

Toutefois, la religion est aussi un phénomène social et les religions se répartissent par grandes masses dans l'espace. Les religions chrétiennes sont les plus dispersées, car leur expansion a suivi la colonisation européenne, et les migrations des Européens.

de la Méditerranée s'est faite en liaison avec la conquête arabe et la christianisation de l'Amérique est un produit de la colonisation européenne. Que de baptêmes collectifs de peuples au cours de l'histoire ! Lorsque Clovis, roi des Francs, se convertit au christianisme, son peuple le suivit dans sa conversion.

Ces modalités historiques expliquent que la répartition des religions se fasse par grandes masses et par grands ensembles géographiques.

La répartition actuelle des grandes confessions religieuses sur la surface de la terre met en évidence quatre grands groupes. Le premier est le groupe chrétien (de 1 400 à 1 700 millions d'hommes). Le second est le groupe de l'Islam (environ 1 milliard de fidèles) ; puis vient l'hindouisme (700 millions) et les diverses formes du bouddhisme (mode de pensée partagé par un milliard et demi d'hommes, et pratiqué sous une de ses trois formes principales par 300 millions de personnes). En dehors de ces grandes masses, les diverses formes d'animisme regrouperaient 200 millions de personnes et le judaïsme environ 17 millions de personnes.

Mais ces statistiques doivent être discutées. Une première question est posée par ceux qui ne se réclament d'aucune religion. En France, ils représenteraient 30 % de la population. Comment classer les Chinois, dont la civilisation appartient au bouddhisme, mais qui vivent dans un pays officiellement athée ? Après 70 ans de communisme qui professait l'athéisme, quelle proportion des Russes doit être considérée classée dans les chrétiens orthodoxes ? Il est impossible de répondre à une telle question. Aussi légitime que soient ces préoccupations, elles ne sont pas fondamentalement celles des géographes. Ces derniers cherchent à définir des aires culturelles à fondement religieux.

L'aire chrétienne comprend l'Europe, l'Amérique, l'Océanie, une partie de l'Afrique centrale et australe et les Philippines en Asie. Cette répartition est le fruit de la christianisation à partir du Bassin méditerranéen, puis de l'expansion européenne après les grandes découvertes. L'Islam, beaucoup plus regroupé, issu de la conquête arabe puis d'une expansion à partir de ce centre, couvre un espace qui s'étend depuis l'Atlantique en Afrique jusqu'en Inde avec un prolongement en Indonésie.

L'hindouisme est limité à la péninsule indienne, à l'exception d'un foyer en Indonésie, dans l'île de Bali. Le bouddhisme est pratiqué en Extrême-Orient et en dépit de la séduction qu'il peut exercer dans le monde occidental, moins de 1 % des bouddhistes n'appartiennent pas à l'Extrême-Orient par leurs origines.

La religion et l'État

Jusqu'au début du XIXe siècle, alors que les États avaient tous une dimension religieuse, la tolérance vis-à-vis des confessions minoritaires et la liberté de penser étaient tout à fait exceptionnelles et bien peu pensaient que, selon le mot de Voltaire, toutes les religions se valent, pourvu que ceux qui les pratiquent soient d'honnêtes gens. La règle était au contraire que le prince imposait la religion de ses sujets selon l'adage *cujus regio, ejus religio*, ce qui signifie qu'il appartient à celui qui détient le pouvoir politique de fixer la religion.

Dans l'Europe chrétienne, les Juifs furent longtemps astreints à résidence dans des quartiers réservés, dénommés ghettos du nom du premier du genre, à Venise.

Cette ségrégation était fondée sur l'idée qu'elle assurerait mieux l'ordre public : les autorités, en regroupent les Juifs dans des quartiers réservés, veillaient à ce qu'ils fussent en quelque sorte invisibles ou peu visibles aux yeux du plus grand nombre et que les édifices de leur culte fussent discrets dans le paysage urbain : des débordements étaient toujours à craindre à l'encontre des Juifs tenus par une tradition chrétienne pour responsables de la mort du Christ.

C'est pour éviter une cohabitation avec les chrétiens tenue pour scandaleuse, que les souverains espagnols, après la conquête du royaume musulman de Grenade, expulsèrent les Juifs et les Maures (Musulmans d'origine arabe).

En Europe, la cohabitation au sein d'un même État de confessions religieuses variées est le produit de modifications de frontières qui ont abouti à la réunion de provinces ou d'États antérieurement indépendants et religieusement homogènes, comme dans la Confédération helvétique ou en Allemagne (la Bavière était catholique et la Saxe protestante).

Dans la partie balkanique de l'Empire ottoman au contraire, le sultan assurait la protection des diverses confessions, les musulmans étant toutefois les seuls sujets à bénéficier de la totalité des droits. Par exemple, les chrétiens étaient exemptés de la conscription mais astreints à un impôt supplémentaire. Depuis la chute de Constantinople en 1453 jusqu'aux guerres balkaniques en 1912, tout ou partie de la péninsule balkanique a été sous domination d'un sultan reconnu comme le commandeur des croyants et pourtant la population balkanique est restée très majoritairement chrétienne.

Sur un même territoire et sur les marges de leur zone d'expansion des religions peuvent se mélanger, mais ces mélanges se situent dans des régions relativement restreintes par exemple les Balkans ou le Liban au contact entre christianisme et Islam.

Religions ethniques et religions universelles

Il existe des religions attachées à un seul peuple et des religions à ambition universelle.

Les premières sont les religions ethniques ou nationales. Au nombre de celles-ci, on peut mettre l'animisme, dans la mesure où sa pratique est fermement attachée à des lieux, en tant que territoire attaché à une communauté. L'animisme est toujours pratiqué par des communautés réduites en nombre. Il y a correspondance entre ce type de croyance et des structures politiques tribales de faible effectif.

À une autre échelle, les religions de l'Égypte ancienne et certains des cultes des cités antiques étaient également propres aux communautés qui les pratiquaient. Plus largement, on parle parfois de complexe ethnique religieux lorsqu'il s'agit de sociétés évoluées, avec des codes légaux et religieux écrits, une spécialisation du travail, la présence de villes. Le complexe ethnique religieux entretient des liens étroits avec un lieu et un peuple. C'est la religion d'un peuple culturellement homogène.

Le judaïsme, en dépit de sa dispersion, est un système ethnique, parce que dans les institutions la référence au pays d'origine est constante et parce que c'est la religion d'un peuple qui se considère lui-même comme élu de Dieu : les conversions ne sont pas souhaitées et sont pratiquement difficiles.

Le complexe religieux chinois intègre les valeurs du bouddhisme aux systèmes religieux installés plus tôt du confucianisme et du taoïsme. Dans la Chine traditionnelle, la religion peut être considérée comme une branche du gouvernement. Le cas japonais se rapproche du cas chinois : une vieille religion nationale, le shintoïsme, a été rejointe par le bouddhisme.

L'hindouisme constitue un cas particulier : s'il s'est répandu autrefois hors de l'Inde, dans la péninsule indochinoise et en Indonésie, où de remarquables monuments témoignent de son extension. Il y fut cependant presque partout submergé par le bouddhisme et l'Islam. Aujourd'hui, il est limité à l'Inde et au Népal, minoritaire à Ceylan, tandis qu'il subsiste à Bali. Il est fortement lié au système des castes et peut être considéré lui aussi comme un complexe religieux ethnique.

En dépit de quelques tentatives de prosélytisme, ces religions ethniques ne se diffusent pas hors de leur lieu d'origine, sauf par migration des populations intéressées.

Tout autre est la situation des religions à vocation universelle, le christianisme (sous ses diverses formes), l'Islam et dans une certaine mesure le bouddhisme. Elles ne sont pas attachées à une population particulière et ont vocation, pensent-elles, à devenir la religion de l'ensemble de l'humanité. Les deux premières sont beaucoup plus prosélytes que la dernière. Les chrétiens ont même un système missionnaire organisé chez les catholiques de manière remarquable à partir de Rome.

Toutefois, la distinction entre religions ethniques et religions universelles n'est pas aussi simple. Bien souvent, au cours de l'histoire, une religion dite à vocation universelle a servi de référence nationale.

C'est ainsi que les Polonais, tous catholiques, ont trouvé dans le catholicisme le principe d'identité le plus fort, fondement de la survie de la nation, lorsque, après les partages de la Pologne, l'État polonais a disparu, entre 1795 et 1918. Le catholicisme apparut alors comme la religion des Polonais, en face du protestantisme des Prussiens et de l'orthodoxie des Russes. Les Québécois ont, de la même façon, trouvé dans le catholicisme le fondement de leur identité en face des Anglais protestants, quand, en 1763, ils furent abandonnés par la France.

La diffusion spatiale des religions

Toutes les grandes religions (mais non pas l'animisme) se sont répandues à partir d'un centre qui joue le rôle de point de référence (les églises catholiques sont orientées vers Jérusalem, les mosquées vers La Mecque). Ce centre est un lieu de pèlerinage. Jérusalem joue ce rôle pour les Juifs et les chrétiens, Rome spécifiquement pour les catholiques, Bénarès et Allahabad pour les hindouistes, La Mecque pour les musulmans. À partir de ce centre initial, les religions se sont diffusées. Mais les modalités de cette diffusion sont variées.

Cette diffusion a pu se faire par conversion au contact de deux peuples. Dans le Bas Empire romain, les Barbares se sont convertis au christianisme, parce que ce dernier était la marque d'une civilisation plus évoluée, bénéficiant de l'écriture, d'une administration organisée, de voies de communication, d'un réseau urbain. Adhérer au christianisme, c'était en même temps se placer dans cette civilisation romaine qui les fascinait.

Dans tout l'Extrême-Orient, les civilisations les plus avancées ont converti les animistes à l'hindouisme et au bouddhisme. On retrouve le même phénomène en Afrique tropicale, au profit de l'Islam au nord et à l'est, du christianisme ailleurs : à l'adhésion sont liés prestige, avantages économiques, sécurité à l'intérieur d'un ordre politique stable. Sur les rives africaines de l'océan indien, la conversion à l'islam s'est faite par le biais de l'installation des marchands arabes et par leurs mariages avec des femmes du pays. Le mariage amène la conversion de la femme en pays d'islam, si cette dernière n'est pas musulmane, tandis que le mariage d'une femme musulmane avec un non musulman n'est pas admis.

Au XIXe siècle, la conversion au christianisme s'est souvent faite avant la colonisation par l'action de missionnaires remarquablement organisés et qui dans les faits ouvraient la voie à la colonisation politique : ce fut la source de la concurrence entre missionnaires britanniques (protestants) et français (catholiques) à Madagascar et dans divers archipels de l'océan Pacifique.

Enfin, le dessin actuel des aires religieuses est le fruit de migrations. D'abord parce que beaucoup de religions minoritaires ont suscité des migrations. Les pèlerins du *Mayflower* qui furent les premiers à émigrer aux États-Unis appartenaient à des minorités protestantes en butte à l'hostilité des autorités en Angleterre. La diaspora juive est largement la conséquence de migrations multiples, libres ou forcées, d'abord à l'intérieur de l'Empire romain, puis, progressivement, dans le monde entier.

Les modifications des aires religieuses sont aussi le résultat de mouvements de population à caractère économique : la présence de l'hindouisme à l'île Maurice, à La Réunion, aux îles Fidji ou en Malaisie est le résultat de la migration des Indiens comme main d'œuvre dans les plantations de sucre, ou les mines. L'importance de la religion catholique aux États-Unis est directement liée à l'immigration des Italiens, des Irlandais, des Polonais et de quelques autres populations catholiques européennes au XIXe siècle.

Le rôle des événements politiques est encore plus important dans la constitution et le développement des aires religieuses. Presque toujours, dans l'histoire, l'élément déclencheur de la fortune d'une religion a été un événement politique, l'appui d'un pouvoir qui fait passer une religion nouvelle d'un statut de minorité souvent opprimée à celui de religion officielle. C'est l'histoire du christianisme, persécuté par les empereurs romains jusqu'à ce que l'empereur Constantin luimême, adopte en 313 la religion nouvelle. C'est aussi pour une large part l'histoire de l'Islam, dont la diffusion initiale s'est appuyée sur la conquête arabe, puis sur la conversion à l'Islam de la Perse sassanide. L'histoire de l'hindouisme et du bouddhisme est plus complexe.

Le rôle des pouvoirs politiques est illustré de façon évidente dans la liaison entre l'expansion des religions chrétiennes et celle de la colonisation européenne. La découverte de l'Amérique par les Espagnols et l'organisation des empires coloniaux espagnols et portugais ont amené la christianisation complète de l'Amérique latine. La conversion des Indiens fut dès le début le but avoué de la colonisation et aujourd'hui, le Brésil et le Mexique sont les deux pays qui comptent le plus de catholiques. C'est à la précoce colonisation espagnole que les Philippines doivent d'être le seul pays majoritairement chrétien d'Asie.

En Europe, au moment de la réforme, les populations se sont définies pour le protestantisme ou pour le catholicisme beaucoup plus en fonction des choix faits par les princes que par leur opinion théologique. Toutefois les choix n'ont pas été le fruit d'un caprice princier et on a pu dire que le protestantisme fut adopté par une Europe du Nord-Ouest en plein essor économique, en réaction contre une Europe méridionale héritière de l'Empire romain et plus conservatrice (Braudel, 1987).

Mais, dans tous les cas, on a évité au besoin par la force l'hétérogénéité religieuse à l'intérieur des États, alors que dans le même temps on ne se souciait guère de l'hétérogénéité des langues, parce que cette dernière ne suscitait aucune difficulté politique particulière. Louis XIV a révoqué l'édit de Nantes, qui accordait des garanties aux protestants français, et provoqué leur émigration hors de France.

Les langues

Les aires linguistiques

Le géographe n'est pas un linguiste. Du moins constate-t-il que la pratique des langues s'inscrit par l'intermédiaire des locuteurs de cette langue dans un territoire habité par eux et que la langue n'a cessé, depuis la Révolution française, d'être considérée comme un des attributs principaux de la nation. C'est pourquoi le géographe utilise la notion d'aire linguistique, pour désigner la portion d'espace habitée par ceux qui parlent telle ou telle langue.

Cependant, les linguistes disent volontiers que très souvent on passe sur un territoire insensiblement d'une langue à une autre, surtout si ces deux langues appartiennent à la même famille linguistique et qu'il ne faut pas confondre la frontière d'un État avec celle d'une aire linguistique. Par exemple, la frontière orientale des Pays-Bas est fixée politiquement depuis longtemps mais les mêmes parlers frisons se retrouvent de part et d'autre en une sorte de continuum qui permet l'intercompréhension. Toutefois, de part et d'autre de la frontière, les langues officielles sont d'un côté le néerlandais et de l'autre côté l'allemand.

En outre, il existe bien des cas de mélange de langues, provenant de mélanges de populations. Par exemple, jusqu'au début de ce siècle, sur les rives de l'Adriatique orientale, les villes parlaient l'italien et les campagnes des langues slaves (slovène ou croate), d'une part parce que les villes avaient reçu par la mer des apports de populations italiennes et aussi parce que pendant longtemps, la langue italienne, plus tôt fixée, plus tôt enrichie par une production littéraire, était un signe d'une bonne condition sociale : un paysan de langue slave qui émigrait en ville se mettait à parler l'italien comme moyen et signe de sa promotion sociale, du moins jusqu'à l'émergence des nationalismes. Dans le même sens, dans les pays baltes, les villes parlaient l'allemand ou le russe, ou le polonais, et les campagnes l'estonien, le letton, le lituanien.

Comment, dans ces conditions tracer des limites des aires linguistiques ? Cette carte ne peut être dressée avec précision seulement si la langue maternelle est une catégorie reconnue et dénombrée dans les documents officiels.

Autrement dit, les aires linguistiques ne vont pas de soi et les appartenances linguistiques des populations étant un enjeu politique devenu central dans l'Europe du XIXe siècle, les aires linguistiques ont été l'objet de toutes les manipulations.

Le statut des langues

En principe, toutes les langues se valent et doivent permettre d'exprimer les nuances des émotions ou la rigueur du raisonnement scientifique.

La réalité est moins simple. Les langues portent la marque de la condition des locuteurs. Un poète peut se réjouir qu'en vietnamien il existe plusieurs verbes pour exprimer l'action de porter : un pour porter dans les bras, un autre pour porter sur les épaules, un troisième pour porter sur la tête, mais la multiplicité de ces verbes exprime aussi une société où le portage à dos d'homme fut pendant longtemps le plus répandu et assurait l'essentiel des transports. Très souvent le contact entre deux langues met en présence une langue forte de sa précision technique et de sa rigueur scientifique, par où passent les innovations et une autre qui reflète d'une société moins avancée. Ce fut un des résultats de la colonisation : la langue du colonisé, surtout si ce n'était pas une langue écrite, fut pénétrée de termes techniques venus de la langue du colonisateur. Dans un autre contexte, mais selon la même logique, les termes ferroviaires français, comme rail, wagon, tunnel, sont tous d'origine anglaise, parce que la technique du chemin de fer est en France venue d'Angleterre et que les premières voies ferrées y ont été construites par des ingénieurs anglais. De nos jours la pénétration des termes américains dans le domaine de l'informatique n'a pas d'autre origine. Autrement dit le rapport entre deux langues exprime un rapport de puissance, de compétence technique, mais dont les tenants et aboutissants sont politiques.

Au demeurant, tous les parlers ne sont pas considérés comme des langues. En France, où la langue officielle, le français, est depuis le XVIe siècle la langue de l'administration et de la justice, les autres parlers subsistent partiellement, qu'on appelait communément dialectes ou patois. Ces deux dénominations sont désormais vécues comme péjoratives et sont habituellement refusées par leurs défenseurs qui, tous, revendiquent le titre de langues. Il existe pourtant une grande différence entre une langue fixée, standardisée, écrite depuis longtemps et un dialecte, forme régionale d'une langue, relativement flottante, avec des variations importantes d'une région à l'autre et avec un patois, qui se réfère à une forme tout à fait locale, qui ordinairement n'est pas écrite. En France, par exemple les patois de langue d'oïl de la France du Nord, varient un peu dans leur prononciation et dans leur vocabulaire de village à village, ce qui rend l'intercompréhension plus difficile. Dans la France méridionale, l'occitan, qui se veut une langue, varie considérablement depuis le Limousin jusqu'à la Provence, parce qu'il n'a jamais été fixé.

Une langue se fixe lorsqu'elle devient langue écrite. En Europe, lors de la Réforme, beaucoup de dialectes ont acquis le statut de langue écrite lorsque les protestants ont traduit la Bible dans les langues vernaculaires : en finlandais par exemple, la Bible a été le premier texte écrit. L'Église catholique ne s'était pas souciée de traductions, puisque la langue du culte était le latin et celle du prêche souvent le patois local. En Europe centrale, au XIXe siècle, dans le mouvement des nationalités, la fixation de la langue et le recueil de textes folkloriques pour fonder une littérature écrite ont figuré parmi les premières actions des militants nationalistes. Dans l'ancienne URSS, la politique des nationalités avait abouti à doter systématiquement d'un alphabet toutes les langues, pour les ériger en langues écrites. La même politique a été suivie en Chine et au Vietnam. Cette politique a contribué à asseoir la volonté d'indépendance à l'intérieur des républiques fédérées ou des républiques autonomes, lors de l'éclatement de l'URSS.

Dispersion, unification, disparition, rénovation des langues

Dans certaines régions des langues différentes sont nombreuses sur de faibles superficies et dans d'autres une seule langue couvre de vastes étendues. Nul exemple de ce contraste n'est plus frappant que celui des îles du Pacifique. Dans la Polynésie en effet, en dépit des distances considérables, il existe une parenté évidente au sein du groupe des langues polynésiennes depuis les îles Hawaï jusqu'à la Nouvelle-Zélande des Maoris, en passant par Tahiti, témoignage d'un peuplement qui doit beaucoup aux migrations maritimes.

Dans le monde mélanésien et chez les Aborigènes d'Australie, en revanche, le morcellement extrême est la règle : on a dénombré 620 langues en Papouasie-Nouvelle Guinée pour 3 millions d'habitants, cependant que les 50 000 Canaques de Nouvelle-Calédonie parlent 30 langues différentes. Il est clair qu'un tel morcellement rend le maintien de ces langues difficile, lorsqu'elles entrent en contact avec les langues des colonisateurs. Il a imposé aussi la création de dialectes particuliers comme le pidgin, imaginé par les missionnaires allemands à partir des langues locales et de l'anglais en Nouvelle Guinée pour faciliter la communication et les conversions.

Devant cette dispersion, l'autorité politique agit en faveur de l'unification. Le français fut à l'origine un parler du nord de la France, devenu le parler de la cour. La généralisation de son emploi a amené d'abord une uniformisation de la langue, par le biais de l'école et des nécessités de la conduite de l'État. Durant la période d'expansion des nationalismes, leurs promoteurs créèrent des langues communes, comme le serbo-croate en Yougoslavie ou l'albanais dans les provinces turques peuplées d'Albanais qui parlaient des dialectes fort variés. À peine la Yougoslavie a-t-elle éclaté en 1991 que, à partir du serbo-croate, les Croates s'efforcent de promouvoir une langue croate, les Serbes une langue serbe, les Bosniaques une langue bosniaque en insistant sur les différences locales et en œuvrant pour que les peuples qui étaient enseignés dans la même langue se comprennent à terme de moins en moins bien.

En réalité et en dépit de quelques exceptions, la carte mondiale des langues se simplifie par suite de la disparition progressive des langues moins bien armées ou en contact avec une langue dominante. Les derniers locuteurs des parlers finno-ougriens Lives et Ingres sur les bords de la Baltique ont disparu au XIXe siècle devant l'arrivée du russe langue de l'empire.

Certains parlers disparaissent avec les peuples qui les parlaient : le dernier Tasmanien a disparu au XIXe siècle et avec lui la langue de son peuple.

Les langues mortes sont des langues qui survivent uniquement sous une forme écrite, comme le latin (qui demeure, grâce à l'église catholique une langue de communication internationale). Les langues mortes non écrites meurent sans laisser de traces.

Enfin, il existe des langues qui connaissent une véritable renaissance. Les dialectes locaux promus au rang de langue nationale donc conquérantes au sein d'un espace donné. Cette opération politique ne réussit pas toujours. Lorsque l'Irlande devint indépendante en 1921, les Irlandais érigèrent le gaélique, parlé par moins de 10 % de la population, en langue officielle, dans laquelle peuvent être écrits tous les textes officiels, concurremment avec l'anglais. Cette politique n'a cependant pas empêché le déclin progressif du gaélique. La politique de l'usage public obligatoire d'une langue en difficulté est suivie au Québec pour le français, en Catalogne espagnole pour le catalan. Un des obstacles rencontrés par une telle initiative tient dans le désir de promotion sociale des nouveaux arrivants qui spontanément veulent apprendre la langue qui leur ouvre le plus de portes : un immigrant chinois au Canada est porté à apprendre l'anglais plutôt que le français, même s'il habite dans un quartier francophone de Montréal.

La seule réussite éclatante en matière de renaissance linguistique est celle de l'hébreu moderne. Langue de l'État d'Israël, elle est d'un usage obligatoire, car les Israéliens viennent d'un grand nombre de pays variés et utilisaient ordinairement la langue du pays où ils habitaient (avec la réserve du yiddish proche de l'allemand en Europe centrale et orientale et du ladino, proche du castillan dans l'ancien Empire ottoman).

Langues et colonisation

Dans la fortune de quelques langues et dans la disparition d'autres, le rôle de la colonisation européenne a sans doute été déterminant dans les deux derniers siècles, mais l'arabe et le chinois ont joué autrefois le même rôle dans l'élimination des parlers antérieurs à leur expansion.

Les trois continents les plus fortement affectés par la colonisation européenne, l'Amérique, l'Afrique et l'Océanie sont aussi ceux où les langues des colonisateurs se sont imposées. En Amérique latine, dans les anciennes colonies de l'Espagne et du Portugal, l'espagnol et le portugais ont partout le statut de langue officielle, ce qui ne signifie pas que ces langues soient parlées par tous. Deux zones, l'une à cheval sur le Mexique et l'Amérique centrale et l'autre dans les pays andins ont gardé une forte prédominance des langues indiennes dans les campagnes. Dans certains cas, l'espagnol partage le statut de langue nationale avec une langue indienne. C'est le cas du guarani au Paraguay, du maya dans le Yucatan mexicain, du quechua au Pérou. Mais les langues indiennes se maintiennent d'autant plus difficilement qu'elles sont nombreuses, plusieurs par État, et morcelées.

La situation est comparable en Afrique tropicale. Bien que la durée de la colonisation ait été beaucoup moins longue qu'en Amérique — souvent moins d'un siècle — les langues de l'Afrique tropicale ont le handicap de n'être pas écrites, cependant que leurs aires linguistiques chevauchent les frontières des États issus de la colonisation.

Aussi bien ces derniers ont-ils gardé les langues des colonisateurs comme langues officielles, à quelques exceptions importantes près, comme l'amharique en Éthiopie, le somali en Somalie, le swahili en Tanzanie.

Progression et régression des langues

Toutes les langues sont, comme les autres caractéristiques sociales, en évolution permanente. Il y a régression, stagnation ou progression sur un territoire donné, même si le statut officiel d'une langue tend à lui donner un avantage : en France le nombre de locuteurs des différentes langues régionales ne cesse de reculer devant le français, de même que les langues d'origine des immigrants.

Une langue peut progresser sur un territoire donné grâce au flux des hommes, mais elle progresse davantage encore par acculturation. Le peuplement des États-Unis s'est fait initialement par des immigrants anglo-saxons, mais les autres immigrants se sont convertis à l'usage de l'anglais, sinon à la première génération, du moins à la seconde. Seul l'afflux récent de populations de langue espagnole dans les États méridionaux (Californie, Floride) peut, à terme, entamer le monopole de l'anglais : déjà, bien des inscriptions publiques sont écrites dans les deux langues. On admet que l'arabisation de l'Afrique du Nord n'est pas fondamentalement le résultat de migrations massives, mais d'une acculturation qui est allée de pair avec l'islamisation. La progression du latin en Gaule est moins le résultat de l'afflux des Romains vainqueurs que de l'adoption par les Gaulois de leur langue et de leurs coutumes.

Dans le cas de l'adoption progressive d'une nouvelle langue par une population donnée, le passage se fait généralement par les villes. Dans la France méridionale, et dans la France de l'ouest, l'adoption du français a été le fait de la bourgeoisie urbaine, bien avant les masses rurales. Dans les Pays baltes, indépendants depuis le début des années 1990, les villes abritent une part importante de population russe, parce que cet afflux était souhaité du temps des tsars comme du temps des Soviets comme procédé de russification. Dans la capitale de la Lettonie, Riga, les Russes sont majoritaires et la proportion de Lettons s'élève seulement à 34 %. Ordinairement cependant, l'afflux d'étrangers dans les villes intéresse les couches sociales les plus démunies, qui sont plus facilement disposées à adopter la langue et les habitudes du pays d'accueil.

Aires linguistiques et milieux naturels

Le contact entre une langue et une autre se fait souvent par une ligne nette. Telle est la ligne qui sépare en Belgique les parlers francophones des parlers néerlandophones. Mais il faut ajouter que dans ce cas, ces deux parlers n'appartiennent pas à la même famille. La zone francophone correspond aux plateaux fertiles et bien égouttés qui furent colonisés dès l'époque romaine, tandis que les terres sableuses et argileuses sur lesquelles sont installés les néerlandophones ont été colonisées beaucoup plus tard par des populations germaniques. Cette ligne de partage n'a pas beaucoup varié au cours des siècles, sauf en Flandre française où le flamand a reculé devant le français et à Bruxelles, ville à majorité francophone dans un environnement flamand, parce qu'elle était la ville de la cour et du gouvernement et que le français a eu longtemps l'avantage d'être la seule langue officielle.

Dans certains cas, les oppositions du milieu naturel peuvent influer sur le mode de mise en place des populations et donc indirectement sur le dessin des aires linguistiques. Un autre exemple en Europe est fourni par la limite entre les parlers italiens et les parlers slaves à l'est de la plaine du Pô. Le peuplement italien se calque exactement sur le bas pays, formé par les alluvions des fleuves côtiers. Dès qu'on s'élève sur les plateaux calcaires du karst, on se trouve en pays slovène. Les Italiens se sont installés les premiers sur les bonnes terres du bas et les Slaves, venus beaucoup plus tard, ont dû se satisfaire des plateaux calcaires et de leurs pâturages. Dans l'Asie orientale, le contraste est plus vif encore entre les populations de riziculteurs des plaines et les populations montagnardes, adeptes de la culture sur brûlis. En Chine les premiers sont des Han, cependant que les montagnards appartiennent à des ethnies minoritaires.

Cette dernière remarque nous introduit au rôle protecteur que fournit le milieu naturel pour expliquer la répartition de certains peuples et donc de certaines langues.

Le milieu naturel n'a aucun pouvoir pour limiter l'expansion d'une langue. Mais les aires linguistiques sont le témoignage de la présence d'une société donnée. Or, les sociétés abordent le milieu naturel dans lequel elles vont vivre avec un certain bagage technique qui leur permet d'affronter plus ou moins bien le défi de la nature. Aussi bien les aires linguistiques qui se calquent le mieux sur un milieu naturel sont-elles les sociétés techniquement les plus dépourvues, ou, ce qui revient souvent au même, celles qui se sont trouvées en position défensive. C'est ainsi que le milieu naturel joue son rôle dans le maintien d'isolats montagnards qui ont nourri la notion de montagne refuge. Le maintien des parlers berbères en Afrique du nord (Kabylie et Aurès en Algérie, Atlas et Rif au Maroc) est lié à l'isolement séculaire de ces régions accidentées. Les populations y ont échappé au processus général d'arabisation. On peut fournir des exemples assez nombreux de chaînes de montagne qui sont de véritables conservatoires d'archaïsmes linguistiques et qui jouent entre grandes familles de langues un rôle de barrière. C'est le cas de l'Himalaya qui dans le détail montre une étonnante variété de langues, tandis qu'il sert grossièrement de limite entre les parlers indiens issus du sanscrit et les parlers tibétains. Les populations de civilisation indienne ont remonté les vallées, mais au-dessus de 3 000 m, elles ont laissé le champ aux populations tibétaines, mieux adaptées au climat froid par leur système pastoral et leur régime alimentaire. On retrouve la même variété linguistique dans le Caucase.

En Europe, ce rôle des montagnes est plus exceptionnel. Dans les Alpes suisses, les parlers rhéto-romanches se sont maintenus dans les Grisons au milieu de populations de langue allemande. Les parlers romanches sont rigoureusement protégés par le système helvétique, mais sont tout de même en déclin. Il n'y a en tout cas aucun automatisme dans le rôle de refuge ou de barrière que jouent les montagnes : la frontière alpine n'était pas partout une frontière linguistique entre français et italien. Elle tend à le devenir à mesure que les populations adoptent les langues officielles des deux États. Le Val d'Aoste sur le versant italien était initialement totalement de langue française. Il est en voie d'italianisation, parce que le français est en Italie une langue minoritaire et par suite de l'afflux de travailleurs en provenance d'autres provinces de la péninsule.

DU CULTUREL AU POLITIQUE

Les divisions politiques du monde

Pouvoir et territoire

La géographie politique s'intéresse à la façon dont un pouvoir s'exerce sur un territoire et sur ceux qui l'habitent. Le pouvoir d'un maire s'exerce sur le territoire de sa commune, celui d'un préfet sur le territoire d'un département, celui d'un évêque sur son diocèse. Dans cette perspective, la géographie politique est amenée à examiner la façon dont un territoire est délimité et lui même divisé.

De nos jours, à l'échelle de la planète, la division politique la plus utilisée est la division en États. Un État est une construction politique qui suppose un gouvernement commun, une population et un territoire. L'Organisation des Nations unies reprend cette division dans toutes ses statistiques. L'ONU est elle-même une organisation d'États. Seul le continent antarctique échappe à la division en États et les mers elles mêmes sont partiellement dans la dépendance des États qui les bordent. Les eaux territoriales ont le même statut que les territoires des États à qui elles appartiennent.

Or, les frontières des États n'ont rien de naturel : elles ont été tracées par les hommes et supposent pour être admises l'accord des États limitrophes. Cette division est de surcroît un phénomène dont la généralisation est récente, qui fut longtemps limité à l'Europe, à l'Amérique et à une partie de l'Asie. L'Afrique était alors divisée en colonies, à l'exception d'un seul État indépendant, l'Éthiopie. L'Océanie était elle aussi tout entière incluse dans des empires coloniaux, de même que l'Asie méridionale (sous-continent indien, Indochine, Indonésie, Philippines).

Depuis la fin des empires coloniaux, dont le dernier, celui du Portugal, a disparu en 1974, les États se sont multipliés et les frontières des anciennes colonies sont le plus souvent devenues des frontières de nouveaux États. En outre presque tous les États qui englobaient au sein de leurs frontières plusieurs nations se sont divisés en État-nations, selon le principe : une nation, un État.

C'est ainsi qu'en Europe, la Tchécoslovaquie, la Yougoslavie, l'URSS se sont scindées en États nationaux. Le nombre des États reconnus par l'ONU s'est singulièrement accru et avoisine aujourd'hui 200.

En dessous et au-dessus des États

Tous les pouvoirs ne s'exercent pas dans le cadre territorial de l'État. Il existe des pouvoirs régionaux ou locaux (toutes les subdivisions administratives correspondent à un cadre territorial défini) par où l'autorité (celle des représentants de l'État ou celle des élus locaux) s'exerce à une échelle spatiale plus modeste. La

France est divisée en 36 000 communes, souvent de petite taille. les limites de ces communes, pas toujours adaptées aux progrès de l'urbanisation, sont le plus souvent très anciennes. Les communes sont les héritières des paroisses de l'Ancien Régime et leur territoire est resté à peu près le même.

Il existe à l'opposé des unités territoriales qui dépassent la dimension de l'État. L'Union européenne en est un bon exemple et ses compétences tendent à s'étendre par rapport à celles des États qui la composent.

Mais dans les deux cas, le pouvoir s'exerce en référence à celui de l'État. Dans le cas des subdivisions administratives, l'État délègue une partie de ses pouvoirs à une autorité qui lui est inférieure, mais ne lui est pas étrangère et ne peut guère se maintenir en opposition avec la sienne.

Dans le cas des relations internationales, les organisations reconnues (dont l'ONU est la plus marquante) sont le fruit d'ententes entre États. À l'assemblée générale de l'ONU, ce sont les États qui votent et le Conseil de sécurité est aussi composé des représentants des États.

Pourtant, il existe des pouvoirs qui s'exercent indépendamment des États.

Depuis longtemps les grandes sociétés industrielles ou financières sont dites transnationales. Leur logique, qui est celle du profit, n'a que faire des limites des États, qui ne constituent pour elles des barrières ni pour la localisation de leurs activités, ni pour la propriété de leurs actions.

Tout le processus de mondialisation en cours va dans le même sens : les monnaies qui servent de monnaies d'échange internationales, comme le dollar, ont un rôle à l'échelle de la planète tout entière et certains États ont une monnaie indexée sur le dollar, ou sur l'euro ce qui signifie qu'ils n'ont qu'un pouvoir très limité en matière monétaire. C'est ainsi que la monnaie croate, la kuna est indexée sur l'euro et que l'Équateur a même décidé en 2000 d'abandonner sa monnaie nationale, le sucre, pour le dollar américain.

L'abandon des monnaies nationales de la plupart des pays de l'Union européenne en 2001 pour l'euro entérine une perte de pouvoir des États dans le domaine économique et la confirmation d'un pouvoir européen.

En outre, certains traits culturels des sociétés, comme la langue ou la religion, créent entre des populations qui n'appartiennent pas aux mêmes États des solidarités fortes. Le fait que l'espagnol soit la langue officielle non seulement de l'Espagne, mais aussi de 17 États de l'Amérique latine crée une communauté en terme d'édition de livres, de fonctionnement des télévisions et des radios et aussi, plus profondément en termes de valeurs portées par les systèmes d'éducation ou la littérature. Cette remarque vaut aussi pour le portugais ou l'arabe ou le français, ou les autres langues, qui sont parlées dans une aire linguistique qui dépasse les limites d'un État.

D'une façon tout aussi évidente, la religion relie ceux qui pratiquent les mêmes cultes. Un grand nombre d'États inscrivent dans leur constitution une religion officielle et là encore les aires religieuses ne se limitent pas aux frontières des États.

Les langues comme les religions tendent à créer des solidarités qui dépassent les nations. Les États de langue arabe se sont réunis en une construction politique commune, la Ligue arabe, qui s'efforce de peser sur les relations internationales.

De même la francophonie rassemble, autour de projets culturels, des états francophones, ou partiellement francophones.

L'État-nation, un modèle européen

Aujourd'hui, tous les hommes sont citoyens d'un État. On pense aussi volontiers que tous les hommes appartiennent à une nation et que appartenir à une nation est aussi naturel qu'avoir un nez et des oreilles (Gellner, 1983).

Pourtant la nation n'est pas un concept naturel de l'humanité : c'est un concept qui s'est dégagé lentement, au cours des siècles.

Une nation est une communauté d'hommes, de taille relativement importante. Deux hommes sont de la même nation si et si seulement ils partagent la même culture, c'est-à-dire le même système d'idées, de signes, de modes de comportement et de communication. Dans la définition de cette culture, la langue et la religion sont au premier rang. Ils sont aussi de la même nation si et si seulement ils se reconnaissent comme appartenant à la même nation.

Or on observe depuis deux siècles un mouvement historique général qui vise à faire correspondre les États et les nations : à chaque nation son État. L'État-nation est devenu un modèle universel de construction politique.

Derrière le terme de nation, se dissimulent plusieurs conceptions partiellement antagonistes. La conception allemande, celle de Fichte (*Discours à la nation allemande*, 1806), où la nation correspond en quelque sorte naturellement avec la langue, marqueur le moins contestable de la nation, s'oppose à la conception française, où la nation est un contrat librement consenti, sans référence à une langue ou à une origine historique communes.

Pratiquement, cependant, les choses furent moins simples. La nation à la française, où tout procède d'un contrat, ou d'une adhésion volontaire à un projet commun, est liée à l'histoire d'un État ancien, agrandi petit à petit par des acquisitions de provinces périphériques, et à un sentiment d'appartenance progressivement développé, une adhésion fondée sur des épreuves vécues ensemble et le désir d'un destin commun, comme l'exprima plus tard Renan. La France ne pouvait trouver son compte dans une vision ethnique et linguistique de la nation parce que des provinces comme l'Alsace ou la Corse étaient au moment de leur annexion culturellement plus proches du monde germanique ou du monde italien que du monde francophone.

Inversement, la vision contractuelle de la nation ne pouvait convenir à des peuples qui ne disposaient pas d'un État et aspiraient à en ériger un. C'était la situation de l'Allemagne, où le sentiment d'une nation allemande existait, mais où les peuples qui le composaient étaient répartis entre diverses constructions politiques (royaumes, principautés, évêchés). Dans le cas allemand, la nation était une revendication et non pas une acceptation. On devait donc en définir les contours, en termes sociaux et en termes territoriaux. La langue, patrimoine commun et porteuse de valeurs communes, en apparaissait le critère le plus solide.

La définition allemande de la nation, qui se confondait avec un peuple et une langue, impliquait une sorte de sacralisation de la nation. Elle supposait en effet qu'elle fût née en même temps que la langue, ce qui repoussait son origine dans la nuit des temps, à un moment où la langue n'était pas encore écrite, et où on ne disposait pas de témoignages sûrs. Dès lors toutes les nations se constituèrent un passé mythique, orné de valeureux ancêtres, qu'on enseigna dans les écoles. Il fallait introduire l'idéologie nationaliste dans toutes les têtes, c'est-à-dire une doctrine selon laquelle l'appartenance à une nation prime toutes les autres. Tant que l'idée d'État-nation se cantonna à un débat intellectuel, les dégâts furent limités, mais tout changea quand les forces militaires des États furent mises au service de la réalisation de l'État-nation.

Du fait de la sacralisation de l'idée de nation en Europe, les guerres ont pris, au XXe siècle le caractère de guerres totales, où toute la population mobilisable est envoyée au front, et où aucun compromis n'est envisageable. Les deux guerres mondiales se terminèrent par l'effondrement d'un des deux camps et sa capitulation.

Dans un État-nation sacralisé, la défense des frontières devient elle-même le devoir le plus élevé. Les guerres européennes sont ainsi devenues des guerres sans merci, dont le but était de s'approprier, à l'abri d'une justification nationale, une partie du territoire de l'ennemi.

L'ambition de construire des États-nations ne pouvait se réaliser que par la modification des frontières. Or, il était bien rare que cette modification pût être obtenue sans violence : les Norvégiens y parvinrent en 1905, quand ils se séparèrent des Suédois ; puis les Slovaques firent de même en 1993 en se séparant des Tchèques. Dans l'un et l'autre cas, on avait pu, pour procéder à la séparation, s'appuyer sur une vieille frontière interne, dont le tracé ne prêtait pas à contestation sérieuse.

Mais ces cas demeurent exceptionnels et la plupart du temps au contraire, les modifications de frontière ne furent acquises qu'au terme de violentes crises internationales, marquées par des conflits sanglants, crises qui donnèrent à de nouvelles nations l'occasion de s'émanciper, par le biais de la création d'un État-nation.

La généralisation du modèle hors d'Europe

Le modèle de l'État-nation s'est généralisé à partir de ce foyer européen, mais selon des modalités différentes. L'État-nation à l'européenne où le territoire de la nation coïncide plus ou moins parfaitement avec une aire culturelle définie se retrouve dans l'Extrême-Orient en Chine, Japon, Corée, Mongolie, Vietnam, Cambodge, Indonésie, Philippines, et aussi en Iran et Turquie.

En revanche les États issus de l'européanisation du monde et de la colonisation de peuplement par des Européens relèvent d'un autre modèle. Leurs limites territoriales n'ont pas été fixées pour rechercher la coïncidence avec une nation préétablie, mais pour correspondre avec l'avancée du peuplement européen (cas des États-Unis) et par accord entre grandes puissances européennes.

À n'en pas douter, les États-Unis forment une nation. C'est cependant une nation fort différente des nations européennes, puisque formée de descendants d'immigrants, venus d'Europe pour la plupart, à l'exception des Noirs d'Afrique, et aujourd'hui des Latino-Américains et des Asiatiques. Nation creuset, *melting pot*, dans lequel les premiers occupants, les Amérindiens ont été marginalisés et où la langue anglaise est un élément majeur du ciment national. Sur ce type de nation se sont formées d'autres nations du Nouveau Monde, comme le Brésil, l'Argentine, le Canada, qui ont en commun une population européenne majoritaire, et une population indigène très minoritaire. L'Australie et la Nouvelle-Zélande peuvent être placées dans la même catégorie. En un sens, leur constitution en États relève de la définition de Renan : elle procède bien d'une adhésion à un vouloir vivre en commun.

Dans la plus grande partie des États hispaniques d'Amérique latine, cependant, la constitution d'États-nations fait coexister au sein du même État deux populations, dans des proportions très différentes de celles qu'on a évoqué à propos du Canada ou de l'Australie. Dans le Canada, les Indiens représentent maintenant 1 % de la population totale, cependant qu'au Guatemala, les Indiens sont plus de la moitié de la population totale et 90 % dans certains départements. À l'exception notable du Mexique où les cultures indiennes sont intégrées dans les mythes fondateurs de la nation, la part des Indiens n'est guère prise en compte et le qualificatif d'Indien est dépréciatif. On a l'impression que les Indiens campent dans une nation qui ne leur appartient pas, même s'ils en sont les plus anciens habitants. Les langues indiennes sont enseignées seulement dans quelques pays (sud du Mexique, Pérou, Paraguay). Cette situation, où la condition sociale inférieure va de pair avec l'appartenance aux communautés indiennes provoque ça et là quelques conflits, mais le métissage généralisé et l'ancienneté de l'enracinement de la culture hispanique explique probablement une situation où les affrontements sont plus sociaux que culturels.

Dans l'Afrique au sud du Sahara, il n'existait qu'un seul État constitué, l'Éthiopie, qui fut d'ailleurs le seul territoire africain indépendant, sauf pendant quatre années de domination italienne de 1936 à 1940. Tout le reste de cette partie du continent fut divisé en colonies. Après les indépendances acquises entre 1957 et 1974, les anciennes colonies furent toutes érigées en États indépendants, et le respect des frontières coloniales fut et reste théoriquement un dogme de l'Organisation de l'unité africaine. Or ces frontières ne tiennent pas compte des divisions ethniques ou linguistiques des populations africaines, qui les chevauchent souvent. Cependant les remettre en cause aurait été ouvrir la boîte de Pandore comme on l'a vu dans deux conflits, provenant de la remise en cause des frontières, celui du Sahara Occidental et celui qui a opposé l'Éthiopie à l'Érythrée.

Il résulte de cette acceptation du legs territorial de la colonisation que les nouveaux États ont cherché à se constituer en nations, alors même que leurs peuples n'ont l'habitude de vivre ensemble que depuis la colonisation. Inversement, des peuples qui parlent la même langue se trouvent répartis entre deux ou plusieurs États, de part et d'autre d'une frontière. Les Ewés, qui peuplent la région de Lomé au Cameroun, se retrouvent aussi au-delà de la frontière dans le Ghana tout proche. Voici donc des États nations très nouveaux, dont il n'est pas sûr qu'ils réussiront à éviter les remises en cause à fondement culturel. Dans un État comme la République démocratique du Congo (ex Zaïre) le pouvoir du gouvernement central est loin de s'exercer sur l'ensemble du territoire, tandis que le Rwanda a été déchiré par d'horribles massacres entre Hutus et Tutsis.

Une application difficile

Vivre ensemble ou se séparer : la purification ethnique.

La mise en place puis la généralisation des États-nations a longtemps été vue comme un progrès de la démocratie. Lénine décrivait l'empire tsariste comme une « prison des peuples ». Les puissances victorieuses de la Première Guerre mondiale se sont faites les championnes du « droit des peuples à disposer d'eux-mêmes » et c'est au titre de ce droit que sont nées la Pologne et la Tchécoslovaquie, que l'Empire d'Autriche-Hongrie a été rayé de la carte. Mais bien souvent, l'État-nation ne libère que la nation au profit de laquelle il se constitue, tandis que les autres, s'il en existe à l'intérieur de ses propres frontières, deviennent des minorités, dont les droits minimaux ne sont pas toujours reconnus ni respectés. L'Empire ottoman, à base religieuse, avait été plus tolérant que les États chrétiens de la même époque. Mais après la Révolution jeune turque de 1909, à tendance nationaliste, survinrent les massacres des Arméniens de 1915. Puis, après la création de la République turque, les Kurdes de Turquie, qui avaient eux-mêmes participé au massacre des Arméniens, ont commencé à revendiquer les droits de leur propre peuple.

Lorsque le degré de haine entre peuples est trop élevé, la seule solution est la séparation. Cette séparation peut être obtenue de plusieurs manières. Elle est malheureusement souvent obtenue par la fuite : d'où les millions de réfugiés, contraints d'abandonner leurs biens et leurs villages dans la crainte de perdre leur vie. Après la défaite de l'armée grecque en Anatolie en 1922, la Grèce et la Turquie ont organisé l'échange de leurs nationaux : 1 500 000 Grecs ont dû quitter la Turquie où le peuplement grec était vieux de plusieurs millénaires cependant que 500 000 Turcs quittaient la Grèce. C'est la première application à grande échelle de ce qu'on a appelé plus tard « purification ethnique ».

En 1945, plus de 8 millions d'Allemands de Pologne et de Tchécoslovaquie ont quitté leurs villes et villages pour l'Allemagne. En 1948, au moment de l'indépendance de l'Inde et du Pakistan, des effectifs beaucoup plus élevés encore ont quitté leur pays de naissance pour rejoindre le pays de leur choix : musulmans rejoignant le Pakistan et Hindouistes rejoignant l'Inde.

L'éclatement de la Yougoslavie

On voit à l'œuvre, dans le conflit yougoslave, utilisés comme arguments de la volonté de puissance, toutes les caractéristiques culturelles qui servent de fondements aux nations.

À leur grande surprise les Européens ont vu entre 1991 et 1999 s'affronter des peuples qui depuis 1918, fin de la Première Guerre mondiale, vivaient dans le même État.

Les trois guerres de Yougoslavie, celle qui opposa les Croates aux Serbes, celle qui opposa ces derniers à la fois aux Croates puis aux Musulmans bosniaques, puis celle qui opposa les Serbes aux Kosovars avec intervention des forces de l'OTAN trouvent leur origine dans la volonté d'accéder à l'indépendance de peuples qui ne souhaitaient plus rester au sein de la république fédérale de Yougoslavie (fig. 21).

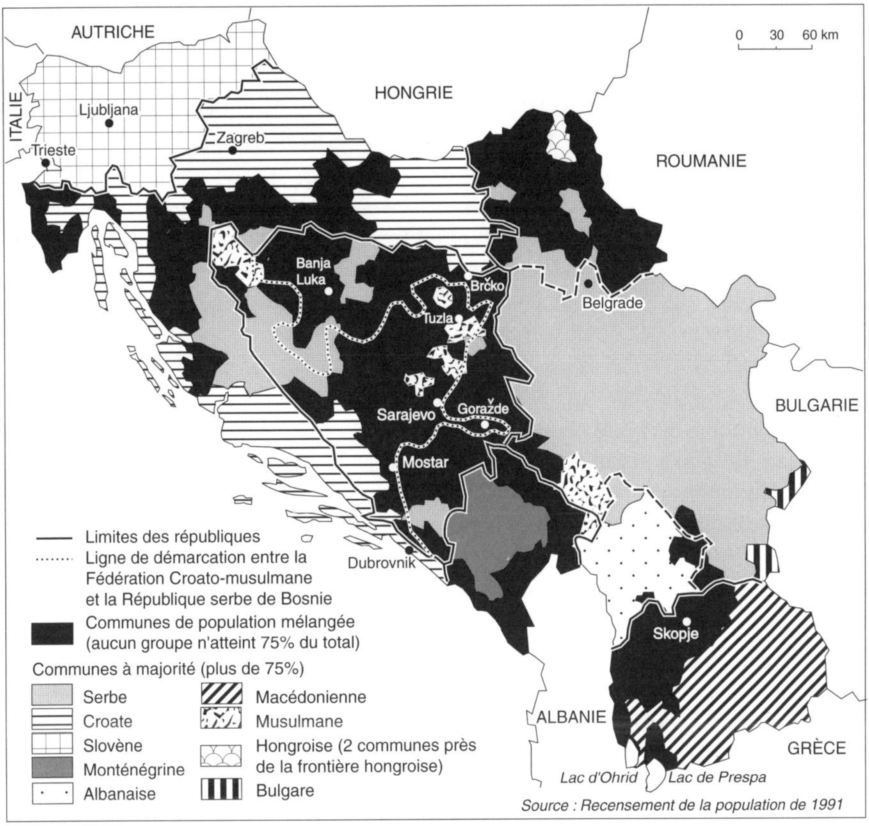

Figure 21 : **Les peuples et les nations de l'ex-Yougoslavie**
Dans l'ex-Yougoslavie, le recensement de 1991 donne la dernière image de ses peuples avant les guerres qui ont abouti à la division du pays en cinq républiques. Les zones à population mélangée, figurées en noir, sont aussi celles où les affrontements armés ont été les plus violents.

La Yougoslavie est de création récente, puisqu'elle date de 1918 et ne repose pas sur une expérience politique antérieure. Les peuples slaves qui la composent se trouvent répartis depuis la conquête des Balkans par les Turcs ottomans en deux ensembles : ceux qui ont en grande partie échappé à l'avance turque et ont été inclus dans l'empire des Habsbourg, c'est-à-dire les Slovènes et les Croates et ceux qui ont été inclus au moins jusqu'à 1830 dans l'Empire ottoman, Serbes, Monténégrins, Albanais, Macédoniens.

La création de la Yougoslavie en 1918 répondait à plusieurs nécessités. D'une part, l'Empire des Habsbourg, s'effondrait, incapable de se réformer pour répondre aux aspirations de ses peuples, et miné par une guerre qu'il n'aurait jamais dû entreprendre. Il fallait rapidement combler cet immense vide. D'autre part, la Serbie, alliée au Monténégro avait déjà en 1912 et 1913 récupéré une bonne part des territoires ottomans. Elle était l'alliée des vainqueurs de la Première Guerre mondiale. La question du sort de la Bosnie était à l'origine de la guerre par le biais de l'assassinat de l'archiduc François-Ferdinand à Sarajevo le 28 juin 1914. Enfin, depuis le XIXe siècle, il existait un mouvement politique favorable à l'union des Slaves du Sud à l'intérieur d'un même État : c'est ce qu'on a appelé le « yougoslavisme ». Cette idéologie était particulièrement bien reçue chez les Croates et c'est ce qui permit le rapprochement des deux langues : le serbo-croate étant écrit chez les Croates en alphabet latin et chez les Serbes en alphabet cyrillique.

Toutefois, de 1918 à 1940 le fonctionnement interne de la Yougoslavie fut rien moins que paisible, et cet État unifié fut en fait un État serbe où les Croates trouvaient de moins en moins leur compte. C'est pour réagir contre cet impérialisme serbe que Tito en 1945, conformément aux vues exprimées par son parti, transforma la Yougoslavie en fédération de six républiques, la république de Serbie contenant elle-même deux provinces autonomes.

Dans la Yougoslavie, les habitants étaient citoyens yougoslaves. Le pays avait un drapeau, un gouvernement fédéral, une armée, et ses sportifs participaient aux compétitions internationales en tant que yougoslaves. Mais ces citoyens yougoslaves déclaraient en même temps une nationalité : ils étaient aussi Serbes ou Croates ou Slovènes, ou Macédoniens, ou Monténégrins mais aussi Albanais, Hongrois, Bulgares, etc. Et la Yougoslavie de Tito se montra fort respectueuse des caractéristiques culturelles de ces peuples ; l'enseignement y était prodigué et l'administration assurée partiellement dans les langues des diverses nationalités. Toutes les questions provenant de l'affrontement des nationalismes avant et pendant la Seconde Guerre mondiale n'étaient pas réglées par cette politique, qui, au demeurant, ne laissait pas s'exprimer librement les opinions publiques. C'est ainsi que les musulmans serbophones de Bosnie obtinrent à partir de 1960 de ne plus se définir comme Serbes, mais comme Musulmans, le terme de Musulmans (d'où la majuscule) étant considéré comme une nationalité et non pas comme une religion. Le caractère officiel de l'appartenance de chacun à une nationalité contribuait également à l'entretenir. Toutefois quiconque ne se reconnaissait pas dans la liste des nationalités entre lesquelles il fallait choisir pouvait se déclarer de nationalité yougoslave. En 1991, à la faveur de l'effondrement des régimes communistes de l'Europe du Centre et de l'Est, la Slovénie et la Croatie exprimèrent des volontés démocratiques auxquelles s'opposa le gouvernement fédéral tout comme l'armée, dominés par les Serbes. Faute de pouvoir réaliser cette transition démocratique à l'intérieur de la Yougoslavie, les Slovènes, puis les Croates firent sécession. Dès lors était entamé un processus d'éclatement de la Yougoslavie. Il fallait donc définir les frontières internationales des futurs États. La solution apparemment la plus simple, et celle à laquelle se rallia l'Union européenne, était de s'en tenir aux frontières des diverses républiques telles que Tito les avait tracées en 1945. Or ce dernier s'était conformé dans ses grandes lignes au principe des nationalités, tout en s'appuyant le plus souvent sur des frontières historiques existantes. Il y avait donc en 1945 un petit nombre de frontières totalement nouvelles, comme celle séparant la Macédoine de la Serbie, mais la plupart des frontières des républiques reprenaient de très anciennes limites. La Bosnie-Herzégovine avait conservé ses frontières du XVIIIe siècle quand elle était province ottomane. La transformation des républiques de la Fédération en autant d'États indépendants posait problème.

Si en effet la totalité des Slovènes et la totalité des Macédoniens se trouvaient dans leur république respective, il n'en était pas de même pour les Croates et surtout pour les Serbes. Sur un total de 8,1 millions de Serbes en Yougoslavie, 6,1 millions se trouvaient en Serbie en 1981. Par ailleurs si cinq des six républiques avaient un certain contenu national, bien qu'y figurent des minorités, ce contenu national était plus discutable en Bosnie-Herzégovine, où les Musulmans représentaient 39,5 %, les Serbes 32 %, les Croates 18,3 % et ceux qui s'étaient déclarés Yougoslaves 7,9 %. Aussi bien les puissances extérieures admirent-elles l'indépendance de chacune des républiques en la fondant sur le droit des peuples à disposer d'eux-mêmes, mais en précisant que les frontières des républiques ne seraient pas modifiées et que pour la Bosnie-Herzégovine, le fondement de l'État serait la coexistence pacifique d'une nation pluriethnique. Quels que soient les bons sentiments qui menaient à promouvoir cette politique, elle se heurtait à un refus de l'immense majorité des Serbes et aussi des Croates. Or il n'existait pas d'institution démocratique où l'on pût débattre de ces questions. Les Serbes, qui contrôlaient l'armée fédérale, voulurent les régler par la force en incitant les minorités serbes, partout où elles se trouvaient, à se constituer en républiques autonomes. Là se trouve l'origine de cette guerre civile yougoslave.

Mais à partir du moment où l'idéal de chacune des communautés était de se retrouver dans un État homogène vidé de ses minorités, on pouvait y parvenir de deux manières : ou bien en conquérant par les armes de nouveaux territoires pour faire coïncider les limites de l'État avec celles de la nation, ou bien en pratiquant la « purification ethnique », c'est-à-dire en chassant et massacrant les populations appartenant à une minorité.

Tel fut le moteur des affrontements qui s'échelonnèrent depuis 1991 jusqu'à 1999. Or, les affrontements entre Croates, Serbes et Musulmans bosniaques ont opposé des populations qui parlaient la même langue et vivaient préalablement dans le même pays. De toute évidence, la langue n'est pas ici le marqueur principal de ces nations, mais la religion : Croates catholiques, Serbes orthodoxes et ceux qui se disent maintenant Bosniaques, musulmans. C'est bien pourquoi la purification ethnique a abouti non seulement à chasser des populations, mais aussi à effacer les traces qu'elles impriment sur le territoire qu'elles habitent : on abat clochers et minarets, on rase les édifices du culte (églises ou mosquées), on brûle la bibliothèque de Sarajevo, pour que disparaissent les témoignages visibles qui pourraient par la suite légitimer la revendication sur un territoire : la purification ethnique est aussi une purification du paysage et du territoire.

La conviction qu'on lutte non seulement pour son peuple mais aussi et surtout pour sa religion permet de massacrer avec plus de conviction. Les affrontements du Kossovo entre Serbes et Albanais sont eux aussi à fondement ethnique : les deux peuples ne parlent pas la même langue et ne pratiquent pas la même religion.

La nécessaire pacification ultérieure en est rendue bien plus difficile. À la fin du XXe siècle c'est la purification ethnique qui a gagné : une Bosnie-Herzégovine où les nations vivraient en bonne intelligence est à construire et on peut se demander si ce projet n'est pas une illusion.

L'affaire de Yougoslavie n'est pas un cas isolé. Elle est apparue insupportable aux Européens de l'Ouest parce qu'elle s'est déroulée au cœur de l'Europe, c'est-à-dire au sein de sociétés qui sont les plus laïcisées du monde, où la confession religieuse apparaît comme une affaire strictement personnelle et où on comprend mal des haines qui lui sont liées.

L'Asie centrale

L'Asie centrale présente un cas différent. Il convient de bien distinguer la situation de l'ex-Union Soviétique de celle de l'Afghanistan. Après l'effondrement du régime communiste en 1990, les 17 républiques qui constituaient l'Union se déclarèrent indépendantes. Parmi celles-ci figuraient les cinq qui constituaient l'Asie centrale soviétique : Turkménistan, Ouzbékistan, Kirghizistan, Kazakhstan, Tadjikistan. Les frontières de ces républiques avaient été dessinées du temps de Staline, selon un tracé qui correspondait à la répartition des différents peuples. En réalité sur le terrain, ces peuples étaient mélangés : par exemple les villes de Samarcande et Boukhara en Ouzbékistan étaient peuplées surtout de Tadjiks, alors que les villages environnants étaient ouzbeks. Il était impossible de choisir un tracé de frontière qui ne laissât pas des minorités de part et d'autre. On choisit parfois de délimiter des enclaves d'une république donnée au sein d'une autre république.

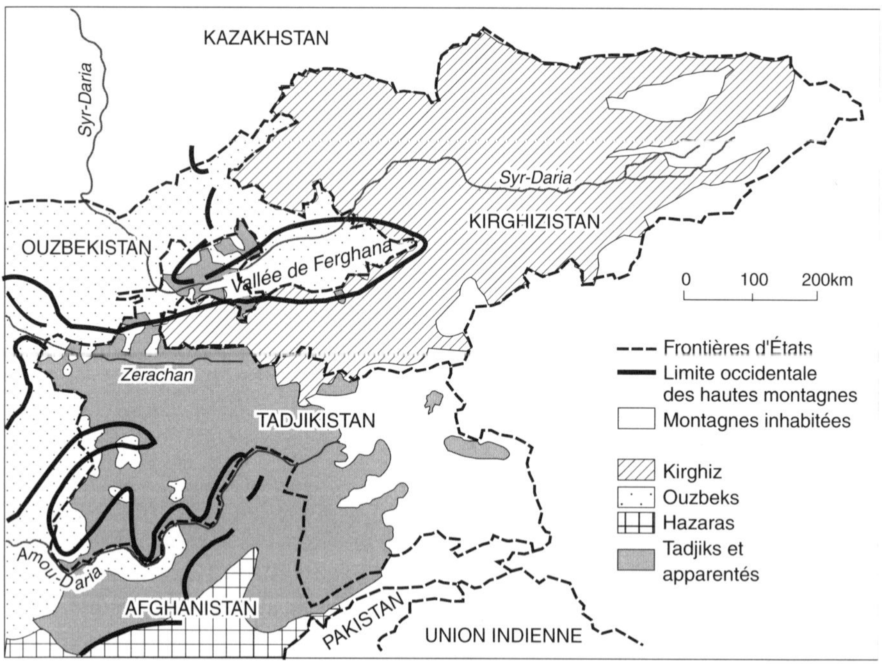

Figure 22 : **Frontières, peuples montagnes d'Asie centrale**
En Asie centrale, les républiques qui formaient l'Union soviétique sont désormais indépendantes. Mais le dessin très compliqué de leurs frontières, combiné à un relief souvent difficile, est loin de favoriser les échanges.

Ces limites politiques sont restées sans conséquence particulière jusqu'à la date des indépendances, en 1992. Jusqu'alors elles étaient virtuelles ; devenues des frontières d'États, elles sont difficiles, voire impossibles à franchir. Situation difficile à vivre pour les habitats des enclaves. Les déplacements saisonniers des troupeaux entre la plaine de Ferghana, en Ouzbékistan et les montagnes de Kirghizie sont désormais impossibles. Les Tadjiks se sont mis à cultiver du riz faute de pouvoir l'importer. Les Ouzbeks plantent des peupliers parce qu'ils ne peuvent plus se fournir en bois de Sibérie. Les frontières tranchent les réseaux routiers, les chemins de fer et les canaux d'irrigation, et sont un obstacle à l'aménagement rationnel des territoires.

L'Afghanistan se trouve dans une situation très différente de l'Asie centrale ex-soviétique. L'Afghanistan est né comme un État tampon entre les zones d'influence anglaise en Inde et russe en Asie centrale. Ses limites ne correspondent pas comme en Asie centrale aux limites des nations : le nord de l'Afghanistan est peuplé de Turkmènes, d'Ouzbeks, de Tadjiks, dans le prolongement des États voisins. La frontière méridionale de l'Afghanistan fut fixée par les Anglais. Cette frontière tranche dans le peuplement pachtoune qui déborde dans le Pakistan. Le Pachtounes, qui sont les plus nombreux des Afghans, ont toujours dominé le pays. Le gouvernement des talibans, de 1996 à 2001 était à dominante pachtoune. Au demeurant, en dépit de la variété des peuples, il existe un fort sentiment national afghan.

L'État, la nation, la guerre, la paix

Les divisions culturelles (religieuses, linguistiques, nationales) ont joué un rôle fondamental dans les conflits survenus depuis la Seconde Guerre mondiale. Elles n'expliquent pas tout, mais elles expliquent beaucoup.

En 1948, le Pakistan s'est séparé de l'Inde, au moment du retrait des Britanniques parce que les musulmans n'admettaient pas l'idée de vivre dans un État dominé par des hindouistes. Des millions de personnes émigrèrent donc pour rejoindre le pays de leur choix. Ces migrations dramatiques ne suffirent d'ailleurs pas à éliminer toute présence musulmane en Inde, où vivent environ 100 millions de musulmans, soit 10 % de la population totale.

Depuis cette séparation entre l'Inde et la Pakistan, d'autres conflits à coloration religieuse ou ethnique sont survenus. La guerre civile du Liban a opposé surtout chrétiens et musulmans et aux Philippines le soulèvement dans Mindanao et les îles voisines oppose les musulmans qui souhaitent un État séparé aux catholiques majoritaires.

Les Kurdes constituent une vieille nation, avec sa langue indo-européenne et la culture qui lui est liée. Ils sont musulmans, comme les peuples qui les entourent : Perses, Arabes, Turcs et n'ont donc pas avec eux de différend religieux. Mais les Kurdes, qui peuplent un territoire compact sont répartis entre quatre pays principaux : Turquie, Iran, Irak et Syrie. Les Kurdes mènent en Turquie et en Iran une lutte longue et à ce jour infructueuse pour que leur nation accède à la dignité d'État.

Dans tous ces cas, la nature culturelle des conflits ne fait pas de doute. Il convient de rappeler que pour durer, les États doivent refléter un consensus de leur population, le fameux plébiscite quotidien dont parle Renan et que ce dernier suppose de partager des valeurs communes et pas seulement des intérêts communs.

Références bibliographiques des auteurs cités

Gourou P. (1973), *Pour une géographie humaine,* Flammarion.

Braudel F. (1987), *Grammaire des civilisations,* Arthaud.

Gellner E. (1989), *Nations et nationalismes,* Payot.

Chapitre 5

Richesse et pauvreté : esquisse d'une géographie sociale du monde

La planète offre le spectacle du développement inégal, celui de disparités criantes en matière de répartition des richesses de tous ordres. Cette situation a des implications multiples, que ce soit sur la santé des hommes, sur leur espérance de vie et sur leur bien-être, sur leur alimentation comme sur leur éducation. Repérables par les outils classiques de la géographie (les cartes en particulier) à l'échelle du monde, les inégalités sociospatiales s'observent aussi à l'intérieur de chaque territoire national, d'un lieu à l'autre. Ajoutons que l'inégalité sociale de l'accès aux services publics, aux soins, à l'école, frappe peu ou prou toutes les contrées du monde.

Le désir d'échapper à la pauvreté constitue, à des degrés divers, une aspiration universelle. Certes, la richesse revêt, selon les civilisations, des contenus différents. La richesse qui fait le prestige des « grands hommes », chez les Baruya de Nouvelle-Guinée, consiste à posséder des plumes de casoar : un oiseau quasi mythique de ces forêts des montagnes équatoriales de Papouasie. Chez les éleveurs nomades du Sahel africain, Peuls de l'Ouest ou Nuers de l'Est, l'aisance d'un individu se mesure avant tout au nombre de têtes de bétail qu'il détient. Rien de commun, dans ces deux cas, avec l'état de richesse que conçoit le cadre d'une grande entreprise américaine ou européenne : *stock options*, revenus salariaux élevés et possibilités de consommer une grande variété de biens et de services. Ainsi, d'une société à l'autre, si les formes de la richesse changent, son principe reste immuable. La richesse est d'abord l'accès à des choses rares et collectivement convoitées. Elle fournit à ceux qui la possèdent le moyen d'assouvir leurs désirs, d'acquérir du prestige et du pouvoir, de creuser de la distance sociale et de forger de la distinction. Valeurs sociales centrales, la richesse comme la pauvreté façonnent l'individu dans sa personne, dans son corps, dans ses rapports sociaux, dans ses représentations et dans son espace. Richesse et pauvreté qualifient aussi les espaces géographiques.

La pauvreté éloigne l'individu de la consommation, du prestige et très souvent du pouvoir. Il est vrai qu'elle peut être considérée comme une vertu dans certaines sociétés. Cependant, même les civilisations qui se méfient de la richesse entretiennent presque toujours des rapports ambigus avec elle.

Après avoir défini les concepts indispensables à la conduite d'une approche géographique des phénomènes de richesse et de pauvreté, nous considérerons successivement deux échelles majeures de leur expression : celle des petits espaces de la localité, celle des grandes ou moyennes aires géographiques. Ainsi passerons-nous d'une géographie sociale à une géographie du développement. Nous fournirons alors quelques explications générales de ces phénomènes.

RICHESSE ET PAUVRETÉ : L'ÉMERGENCE DE NOUVELLES RÉALITÉS

Parler en géographe de la richesse et de la pauvreté, c'est d'abord concevoir ces deux situations sociales à plusieurs échelles géographiques : de la localité au monde. C'est ensuite se demander si elles construisent des univers géographiques imbriqués ou séparés, puis nous interroger sur la signification de ceux-ci : que nous apprennent ces formes spatiales de la richesse et de la pauvreté sur les sociétés qui les produisent ?

« Abondance ou manque de biens, d'argent, de valeurs de toute espèce », ainsi se définissent respectivement, selon le dictionnaire Littré, la richesse et la pauvreté. Mais J.-J. Rousseau notait déjà dans ses *Considérations sur le Gouvernement de Pologne* que la « richesse pécuniaire n'est que relative ; et, selon des rapports qui peuvent changer par mille causes, on peut se trouver successivement riche et pauvre avec la même somme ». Ainsi attirait-il notre attention sur deux acceptions, relative et absolue, de la richesse et de la pauvreté.

Pauvreté relative, pauvreté absolue

À la fin du XIXe siècle, le courant de pensée du vitalisme a développé les notions de pauvreté absolue et de minimum vital. Ce dernier, assimilé aux besoins nutritionnels indispensables à la vie humaine, fut d'abord exprimé en nombre de calories journalières, puis en revenu monétaire par famille ou par habitant.

Idée réductrice, la notion de pauvreté absolue recouvre surtout « l'état d'indigence que la collectivité reconnaît comme tel et en faveur duquel elle est disposée à consentir un effort financier » (Milano, 1988). En France, il n'existe pas de définition

Les grandes étapes des études géographiques sur la richesse et la pauvreté

Les géographes se sont intéressés au sous-développement dès les années 1960 (*Géographie du sous-développement,* 1965, de Yves Lacoste en France, travaux de Milton Santos au Brésil, etc.). Ce n'est qu'une bonne décennie plus tard que des chercheurs anglo-saxons ont analysé les phénomènes de pauvreté dans les pays riches (Richard Peet, David Harvey notamment). Les auteurs français n'ont abordé ce problème que dans les années 1980-1990 (travaux de Raymonde Séchet et de Jacques Brun, puis ceux de quelques jeunes géographes de l'Ouest et du Sud-Ouest de la France). Dans ces conditions et malgré ces efforts, faute d'une théorisation géographique suffisante, la plupart des concepts que nous utilisons ici sont empruntés à la sociologie et aux sciences économiques.

officielle d'une telle pauvreté absolue, mais le revenu minimum d'insertion (RMI) ne désigne-t-il pas, implicitement, un seuil de pauvreté propre à la société française ? Pour l'Union européenne, en revanche, le seuil de pauvreté s'établit à 50 % du revenu moyen disponible par habitant, dans chacun des pays qui la composent.

Les seuils de pauvreté introduisent une vision dichotomique et strictement monétaire des statuts sociaux. Or, en réalité, la pauvreté n'est pas pure inscription dans une case statistique close. C'est un phénomène multidimensionnel qui inclut, outre la faiblesse des revenus, des handicaps culturels et de formation, des conditions de vie et de logement difficiles, éventuellement le chômage, souvent des problèmes de santé, etc. Depuis les années 50 et 60, la plupart des travaux sociologiques consacrés à la pauvreté ont mis l'accent sur les modes de vie qu'elle induit. Dans ces conditions, peut-on affirmer que la pauvreté engendre une culture et des valeurs spécifiques ? Ce point de vue se discute. En effet, même si les conditions de l'existence objective du pauvre structurent forcément l'univers de ses représentations, celles-ci appartiennent aussi à la sphère idéologique plus vaste de la société globale. Ainsi, loin de se fondre dans un univers culturel qui lui serait spécifique et l'assignerait à sa condition, le pauvre s'inscrit dans le mouvement concret des rapports sociaux et spatiaux. Il y trouve d'innombrables occasions d'échapper à un destin qui ne refléterait que sa stricte appartenance de classe (aujourd'hui bien difficile à cerner !).

Culture du pauvre, marginalité et stigmatisation

À supposer qu'une « culture du pauvre » existât, elle favoriserait son intégration sociale dans un groupe. Dès lors, le pauvre ne serait pas (ou plus) un exclu, encore moins un marginal : terme qu'il convient de réserver au degré ultime de l'exclusion sociale, soit à une forme de quasi désocialisation. Manuel Castells (1996) considère d'ailleurs la marginalité comme un ensemble de formes de sociabilité lacunaires, marquées à la fois par des manques (de considération, de sécurité, de biens assurés et de liens stables…) et par le recours à des expédients pour survivre. Notons que cette marginalité sociale ne se traduit pas forcément par une marginalité géographique.

Réalités matérielles, la pauvreté et la richesse sont aussi, bien sûr, des constructions sociales. La pauvreté apparaît, à certains égards, comme le produit de diverses logiques institutionnelles de contrôle, de normalisation et d'assistance des populations en détresse. Ne résulte-t-elle pas, aussi, d'un effet de désignation ou de stigmatisation, en dépit de tous les critères (soi-disant) objectifs qui la définissent ?

Pauvreté, désaffiliation, exclusion

La plupart des chercheurs n'assimilent plus la pauvreté à un strict déficit de ressources économiques. Selon S. Paugam (1993), la pauvreté actuelle, que d'aucuns assimilent à une désaffiliation ou, terme voisin, à une situation d'exclusion, résulte d'un double processus de disqualification sociale. Liée à la crise structurelle de l'économie contemporaine et au recul de l'insertion par le travail, l'exclusion économique s'accompagne désormais d'un déficit de relations et d'apprentissages sociaux. Isolés, regroupés au mieux en communautés étroites, les désaffiliés ou les exclus ne forment pas une classe comme les ouvriers d'hier. Il n'existe guère de solidarité entre eux. Dans les pays européens, les familles d'immigrés remplacent les ouvriers d'antan au bas de l'échelle sociale. Elles ne parviennent pas à constituer des communautés homogènes, susceptibles de relayer la classe ouvrière. Elles y réussissent d'autant moins que d'importantes fractions des populations nationales les rejettent, accréditant la thèse de la formation d'une fracture sociale dont la dimension économique ne serait que l'un des aspects.

Espace social populaire, affecté par la pauvreté au sens d'une rareté relative de ressources disponibles, la « banlieue rouge » (ouvrière) des villes industrielles d'hier reposait sur « un système social articulant fortement trois logiques d'action : une logique communautaire construite autour d'une culture populaire, une logique de conscience de classe et, enfin, une logique de participation sociale constituée autour des partis, des syndicats et des associations » (Dubet et Lapeyronnie, 1992). Dans *La Galère* (1987), F. Dubet décrit les difficultés des jeunes des banlieues des grandes villes, touchés simultanément par le chômage et par l'absence de toute solidarité en dehors des bandes de quartier. Cet univers de *La Galère* forme « une des pointes avancées de la désaffiliation [...] donnant à voir (pour chacun) sa limite, une manière d'être et de savoir qu'on est inutile au monde ».

De l'exclusion à la ségrégation : le spectre du ghetto

Développant la célèbre thèse du « cycle de l'intégration urbaine », l'École de Chicago a donné, dès les années 20 et 30, une interprétation du ghetto. Les sociologues de Chicago ont voulu y voir l'effet agrégatif spatialisé de regroupements volontaires et solidaires, opérés en fonction de la religion, de l'ethnie ou du pays d'origine des communautés. L'analyse du phénomène restait résolument optimiste. En effet, le ghetto ne préparait-il pas ses membres à une ascension sociale matérialisée par leur dispersion ultérieure, dans la ville et dans tout le pays, en fonction de l'adéquation de leurs ressources (en compétences et en argent) aux exigences des marchés de l'emploi et du foncier-immobilier ?

Avec les années 70, le ghetto, l'exclusion et la ségrégation (au sens de l'action de mettre à part, de séparer délibérément d'un tout) sont désormais perçus « comme un trait de pathologie urbaine qui aggrave les disparités d'accès au travail, aux équipements, à la culture » (Bonvalet et Brun, 1998). Dans le contexte de la montée de la précarité et du développement des processus d'exclusion qui caractérise les pays riches, la notion de ségrégation est associée aux phénomènes de relégation, de fracture, d'assignation. Ainsi, la ségrégation caractérise « les populations qui non seulement connaissent une forte concentration spatiale, mais qui de surcroît se trouvent plus ou moins assignées à cette concentration, sous l'effet de pratiques et de logiques d'exclusion ou de relégation dont elles sont en quelque sorte l'objet » (Grafmeyer, 1994). Le terme de « ségrégation », qui désigne une pratique volontaire, ne devrait être réservé qu'aux cas où des groupes dominants imposent (par la loi et par la force) une discrimination, sociale et/ou spatiale, à ceux qu'ils dominent. J. Brun note à ce propos que le terme « ségrégation » se prête un peu trop à des glissements de sens et qu'il vaudrait mieux lui préférer, la plupart du temps, des formulations telles que : « division, différenciation, spécialisation sociale de l'espace... ». Soit des mots qui ne suggèrent pas forcément une entreprise délibérée de concentration de certains groupes sociaux dans des zones d'habitat et de vie spécifiques. Quant à la ségrégation, il faudrait la réserver aux sociétés nord-américaines, à l'apartheid ou à la production des anciens ghettos juifs d'Europe.

Quoi qu'il en soit, les effets cumulés d'une exclusion à la fois économique, sociale et géographique inscrivent aujourd'hui nombre d'espaces métropolitains dans une logique ségrégative. À ce compte, l'espace social expliquerait en partie la ségrégation, tout en la renforçant. W. J. Wilson estime que l'écologie économique et sociale du quartier-ghetto de l'*inner city* américaine (quartiers centraux et péricentraux) agit à la manière d'un prisme qui intensifie la précarité et accélère la production des « pathologies sociales ». Manifestation d'un effet d'échelle (?), la ségrégation ne parvient jamais, dans les petites et moyennes agglomérations des pays riches, au niveau qu'elle atteint dans leurs plus grandes aires métropolitaines.

Quart-monde, SDF et précarité sociale dans les pays riches

Durant le dernier quart de siècle, la France, dans son ensemble, s'est considérablement enrichie, son PIB augmentant de plus de 50 %. Malgré ce résultat, le nombre des pauvres n'a cessé de croître. De 1970 à 1995, le contingent des bénéficiaires de l'aide sociale (minima sociaux) a même grimpé de plus de 40 %. La population couverte par ces dispositifs regroupait plus de six millions de personnes à la fin des années 90. Voisin, en France, des chiffres britanniques ou canadiens, ce pourcentage de pauvres (officiels) est encore plus élevé dans bon nombre de pays riches : 12 % de la population australienne, 13 % de la population italienne, 17 % aux États-Unis malgré l'exceptionnelle prospérité de ces dernières années.

Les pays riches qui connaissent tous cette situation se trouvent donc confrontés à une sérieuse contradiction : celle de l'accroissement concomitant de leur richesse globale et du nombre, voire du pourcentage de leurs pauvres et de leurs exclus. Les principales raisons de cette situation tiennent en partie à la crise du mode de production fordiste, voire dans les pays de l'Est européen à celle du communisme. Dans les deux cas, les solutions libérales adoptées pour passer à une économie plus novatrice et plus flexible ont été facteurs de chômage et de précarité. Des pans entiers des secteurs économiques d'antan se sont effondrés, plongeant les travailleurs peu qualifiés, désormais au chômage, dans un profond désarroi. La remise en cause de bon nombre de valeurs et de structures sociales, à l'Est comme à l'Ouest, celles de la famille en particulier, a souvent fait le reste. Particulièrement exigeantes en formation et en compétences professionnelles, les recompositions du marché du travail aggravent les distorsions entre catégories sociales et sociospatiales. Elles opposent les « régions qui gagnent » parce que pourvues de facteurs de production performants (matière grise et hautes technologies, capitaux, main-d'œuvre bien formée et dynamique, cadre de vie agréable, etc.) et celles, moins bien dotées de ces avantages, « qui perdent ».

L'apparition des SDF (personnes sans domicile fixe), aussi bien dans le vocabulaire que dans le paysage des villes d'Occident et de Russie que du Japon, exprime la brutalité de ces mutations socioéconomiques. Ils reproduisent dans ces vieilles cités un mode de vie précaire que l'on croyait jusqu'alors réservé aux quartiers des villes du Sud. En France, on les évalue à plus d'un demi-million. En fait, plus une ville est peuplée, plus la proportion des SDF y est élevée. Ce sont donc les grandes métropoles telles que New York, Londres ou Paris qui en dénombrent le plus. À Bordeaux, on trouve dans leurs rangs une population très variée, du coup difficilement classable, de routards et de clochards, mais aussi de tsiganes, de travailleurs saisonniers, de personnes fraîchement libérées de prison ou souffrant de maladies mentales et de handicaps divers (Zeneidi, 2000). Jeunes, voire très jeunes dans l'ensemble, ils forment des groupes surtout masculins au sein desquels la condition des femmes (très minoritaires) frappe par sa sévérité. Si une bonne part des SDF circulent de ville en ville, certains ne bougent guère des lieux généralement bien circonscrits qu'ils fréquentent. Leur vie se déroule entre la gare, telle place ou tel renfoncement d'immeuble, le « restau du cœur », le centre d'hébergement... Un bon nombre d'entre eux, les plus ancrés dans cette vie, ne se rendent d'ailleurs qu'avec réticence dans les lieux d'accueil, sous la contrainte des intempéries, quand ils ne disposent pas d'un squat.

Paradoxalement, dans les pays en développement, au cours des années 90, il semble que des progrès aient été accomplis dans la lutte contre la pauvreté humaine. À la fin de la décennie, le taux de pauvreté monétaire (moins d'un dollar par jour) ne concernerait plus qu'un peu moins du quart des populations du Tiers-monde, contre près de 30 % au début des années 90. La part des nouveau-nés risquant de décéder avant l'âge de quarante ans est passée, pour l'ensemble de ces nations, de 20 à 14 %. Celle des foyers privés d'eau potable a chu de 32 à 28 %, tandis que la part de population analphabète y tombait de 35 à 28 %. Des pays comme la Malaisie ou la Chine, à un moindre degré l'Inde, ont connu sur ces différents plans des avancées spectaculaires. Il n'empêche que 1,2 milliard de personnes vivent encore en deçà de ce seuil de pauvreté. Au demeurant, s'il y a recul de la pauvreté extrême, celui-ci affecte beaucoup plus l'Extrême-Orient et le Sud asiatiques qu'une Afrique où la propagation spectaculaire du Sida aggrave la misère humaine.

Comme dans les pays riches, les inégalités de revenus sont cependant en progression dans les pays défavorisés : tant entre classes sociales qu'entre régions géographiques. Pour ces dernières, l'exemple du Brésil ne manque pas d'éloquence. Alors que dans l'État de São Paulo moins de 20 % des effectifs humains vivent sous le seuil de pauvreté, 80 % s'y enfoncent au Maranhão, dans le Nordeste.

LES RAPPORTS RICHESSE-PAUVRETÉ À L'ÉCHELLE LOCALE OU MICRO-RÉGIONALE

Plus encore que la campagne, la ville se prête à des effets de représentations sociales qui distinguent des lieux, mais aussi des territoires urbains sur la base de la richesse ou de la pauvreté de leurs résidants et de leurs patrimoines.

Il existe parfois de véritables phénomènes de ségrégation décelables à l'échelle micro-géographique. Dans les cités HLM des banlieues françaises, des formes de partage des lieux, fondées soit sur des différentiels de ressources, soit sur des bases ethniques s'observent d'un bâtiment à l'autre, voire d'une cage d'escalier à l'autre dans un même immeuble. Les organismes qui gèrent ces habitations recherchent, dans le premier cas, une meilleure rentabilisation de leurs locaux. Dans le second, ils s'efforcent de faire régner la paix sociale en évitant de mélanger des groupes trop antagonistes. D'une rue à l'autre, il arrive également que des différences flagrantes de niveaux socioéconomiques des résidences surgissent brutalement. On les rencontre par exemple à San-Francisco, entre le centre administratif et le centre d'affaires, le long de Market Street.

À un niveau géographique supérieur, celui du quartier urbain, la distinction sociale jouant sur le différentiel richesse-pauvreté est parfois très sensible. Elle s'appuie sur des bases objectives tenant à la nature socioéconomique de la population. D'un point de vue plus subjectif, elle repose également sur les représentations sociales des habitants. À Buenos-Aires, le quartier forme un échelon essentiel de l'intégration et de l'identification citadines. Être de Belgrano ou de Palermo, au Nord privilégié de l'agglomération, revêt une toute autre signification, en tant que réalité et que représentation sociales, que d'être de La Boca, le grand quartier populaire du Sud. Différence encore plus marquée que celle qui oppose le Parisien de Passy et celui de Clichy ou de Belleville.

Dans la ville comme dans l'espace social en général, c'est la présence des riches qui donne le ton, qui trace le filigrane de l'organisation sociospatiale. Les territoires de la richesse sont toujours des territoires choisis. Ceux des pauvres sont imposés par les classes dominantes, par assignation (politiques publiques du logement) ou par défaut (espaces laissés libres car dévalorisés du fait de la proximité de nuisances diverses, etc.). Les raisons de ces choix des riches varient d'un lieu à l'autre. Les conditions physiques (climatiques en particulier) et environnementales jouent fréquemment un rôle. À La Paz, en Bolivie, le centre de la ville, occupé par les plus riches et par les fonctions de prestige, se situe dans une vallée, à plus de 3 500 mètres d'altitude. Les quartiers pauvres et récents de El Alto s'élèvent nettement plus haut, à 4 000 mètres. Leur climat y est plus froid, plus dur à supporter. À Santiago du Chili, au contraire, les classes aisées cherchent la fraîcheur estivale sur les contreforts aérés de la Cordillère.

Le plus souvent, cependant, le milieu dit naturel n'a pas grand chose à voir avec les divisions sociales de la ville. Les auteurs de l'École de Chicago avaient fort bien étudié ce phénomène. C'est souvent à partir des quartiers qu'elles occupaient dans le centre et dans le péricentre, beaux ensembles agrémentés de lieux distinctifs (parcs urbains, monuments et édifices publics remarquables, etc.), que les classes aisées ont toujours développé vers la périphérie leurs nouveaux territoires résidentiels. Ils épousent la forme de secteurs de cercle centrés sur le cœur des cités et se développant autour des grands axes de transports. Ils s'épanouissent vers la périphérie urbaine, comme s'ils progressaient par une sorte de capillarité socioéconomique. Paris et Londres sont à ce titre exemplaires. À Paris, c'est au-delà des nouveaux quartiers prestigieux et monumentaux de la fin du XVIIIe siècle, autour de la Concorde, que s'est ultérieurement édifié l'Ouest très distingué de la capitale et de toute son agglomération.

Richesse et pauvreté structurent donc les espaces urbains. Les lois du marché foncier président fréquemment à cette différenciation socioéconomique des espaces. Parfois, des règles plus sévères aggravent ce libre jeu économique : celles de la recherche d'une distinction sociale forcenée, ou celles qu'inspire le racisme, le refus de la différence près de soi. Dès lors, la simple division sociale de l'espace fait place à l'exclusion et à la ségrégation. Nous distinguerons à ce

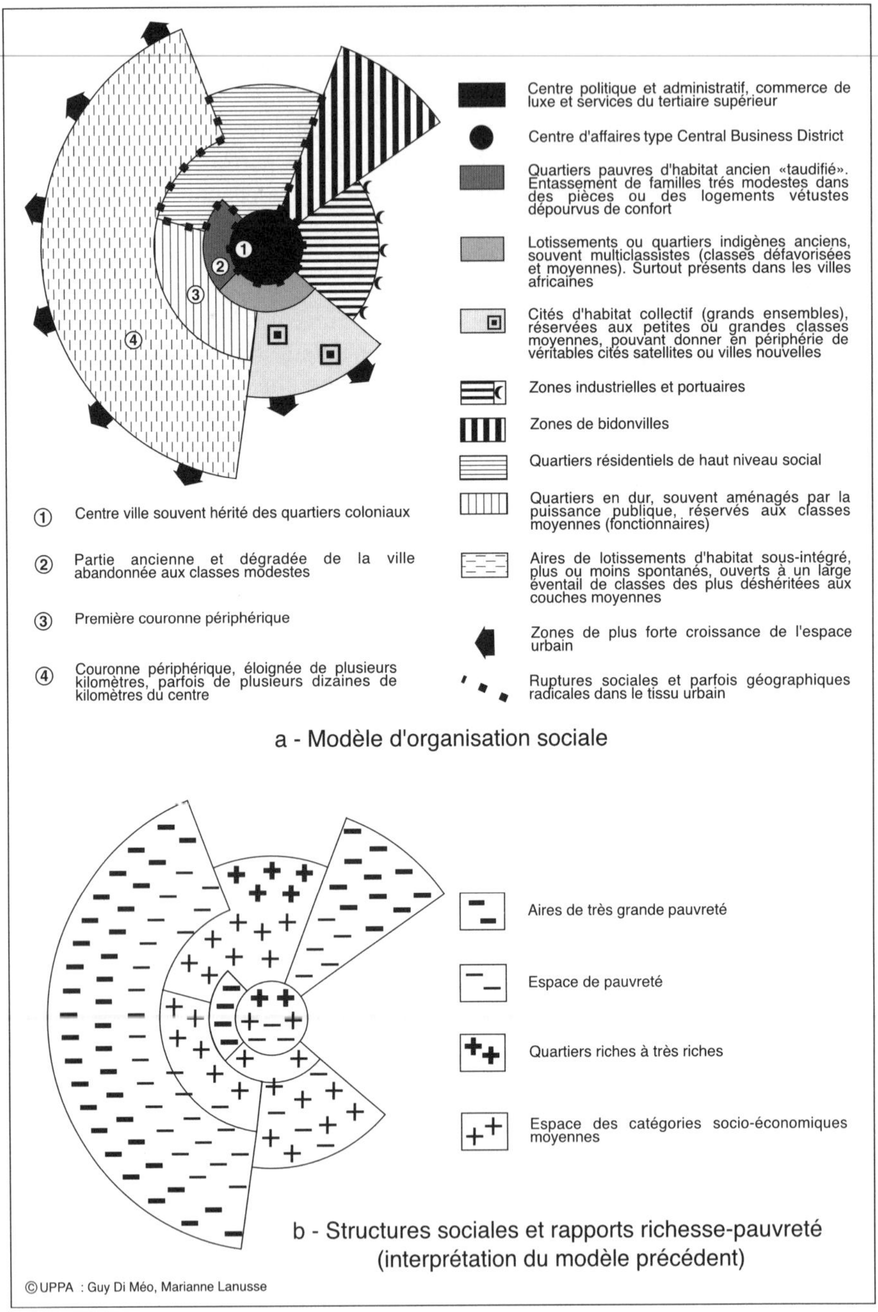

Figure 23 : **Organisation de l'espace et structures sociales des grandes villes du Sud**

titre trois grands ensembles territoriaux. L'Europe, le Japon et l'ancien monde socialo-communiste présentent sans doute les formes ségrégatives les moins violentes, à la différence des villes d'Amérique du Nord et de celles d'un grand nombre de pays neufs. Reste le cas des cités du Sud, souvent écrasées par la pauvreté, qui offrent aussi le spectacle de puissants contrastes sociospatiaux.

Villes du Sud et omniprésence d'un espace social de pauvreté

Plus que les anciens centres coloniaux devenus, comme en Afrique, centres politiques, administratifs et d'affaires, les riches occupent surtout les aires péricentrales des villes du Sud (fig. 23). On les retrouve aussi dans quelques noyaux périphériques de taille restreinte. Dans certaines villes d'Amérique latine où sévit la ségrégation, ceux-ci forment de véritables enclaves : les *Condominios Cerrados* qui évoquent les *Gated Communities* de Los Angeles. À Mexico, l'ensemble de ces beaux quartiers dessine une sorte de triangle partant du centre d'affaires (Reforma), englobant le secteur Sud-Ouest du district fédéral et quelques municipes de l'Ouest. En progression appréciable dans de nombreuses villes du Sud, les classes moyennes s'infiltrent un peu partout. Elles peuplent souvent d'anciens espaces de pauvreté, soit parce que les plus modestes en ont été chassés, soit parce qu'elles ont connu sur place une promotion sociale ; comme à Nezahualcoyotl, cette ancienne *ciudad perdida* (banlieue de croissance spontanée) géante (près d'un million d'habitants) de Mexico.

Les pauvres, surtout dans les villes d'Afrique, d'Asie méridionale et du monde arabe, à un moindre degré d'Amérique latine, submergent littéralement l'espace urbain. Ils s'entassent dans les vieux centres coloniaux (*vecindades* de Mexico, *conventillos* d'Argentine et de Bolivie, *cortiços* du Brésil, *cours* d'Abidjan ou *slums* de Calcutta) qui n'ont pas été réinvestis par le pouvoir d'État ou par les grands acteurs économiques. Leurs bidonvilles se glissent jusqu'au cœur des agglomérations (*favellas* des villes brésiliennes) quand ils ne forment pas plusieurs ceintures successives autour d'elles.

Peuplés de familles chassées des centres (*déguerpis* de la ville africaine) ou de ruraux et de citadins venus d'autres villes plus petites, de vastes étendues périphériques d'habitat précaire regroupent aujourd'hui la plus grosse proportion de ces populations urbaines. À Dakar, Pikine constitue le prototype de ces extensions. Territoires puissamment vécus et appropriés, souvent illégaux, ils résultent d'une intense autoconstruction. En Amérique latine où ils forment d'interminables périphéries urbaines, on leur donne des noms très variés : *colonias proletarias* ou *ciudades perdidas* des villes mexicaines, *barrios clandestinos* de Bogota, *barriadas* de Lima et *ranchos* de Caracas, etc. À La Paz, ils portent le nom de *villas*. Celle de El Alto, la plus vaste, compte 700 000 habitants (plus que La Paz) dont trois quarts de pauvres. L'identité locale et le sentiment de territorialité y sont particulièrement développés.

L'espace social aux contrastes plus nuancés des villes du Nord

Dans les cités du Nord (fig. 24), sauf peut-être aux États-Unis, la mixité sociale est infiniment plus poussée que dans les agglomérations du Sud. Par ailleurs, l'importance numérique des couches moyennes, à peu près partout majoritaires,

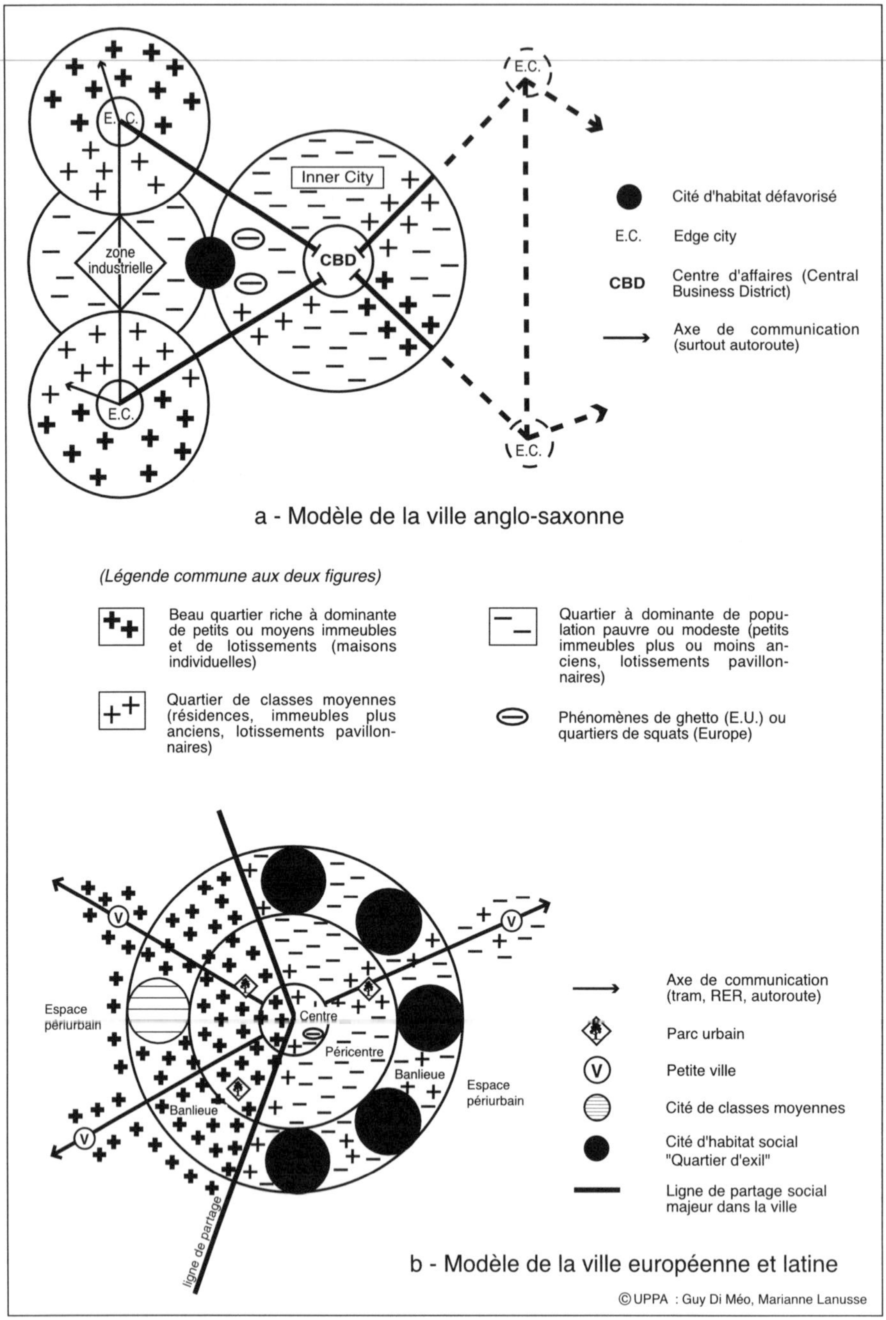

Figure 24 : **Contrastes sociaux (richesse-pauvreté) et grands types de villes des pays développés**

tend à gommer quelques-unes des formes les plus caricaturales de la ségrégation. Il n'empêche que la répartition des pauvres et des riches indique en général un double contraste géographique : opposition sectorielle entre deux hémisphères (approximatifs) de l'agglomération ; opposition entre son centre et sa périphérie.

La superposition de ces deux modes de partition provoque assez souvent un fractionnement de l'espace en cellules juxtaposées, socialement et économiquement très différentes. C'est au bout du compte l'image de la fragmentation urbaine qui s'impose. L'agglomération métropolitaine de Los Angeles en fournit aujourd'hui le modèle le plus accompli et le plus flagrant.

Paris et Londres ne détiennent pas l'exclusivité d'une partition hémisphérique des espaces sociaux entre un Ouest (*West end*) riche et un Est (*East end*) plus modeste, ou franchement pauvre. Pourtant si dissemblables, Los Angeles, Moscou et Tokyo campent ces mêmes contrastes de paysages sociaux. De nombreuses agglomérations de taille plus réduite, Bordeaux mais aussi Sarrebruck en Allemagne affichent la même dualité. Parfois, comme à Montréal (bourgeoisie anglophone à l'ouest, prolétariat ou catégories plus modestes, francophones et étrangères à l'est) ou à Berlin, la séparation hémisphérique des riches et des pauvres recule devant une certaine homogénéisation (Berlin) ou d'autres clivages : centre pauvre-périphérie riche à Montréal.

Plus encore que ces découpages d'hémisphères géographiques dans le tissu urbain, la séparation relative des pauvres et des riches provoque une distinction souvent radicale entre les sociétés du centre et celles de la périphérie des agglomérations. À ce titre, deux modèles extrêmes, très généraux, peuvent être distingués. Il s'agit des modèles anglo-saxon et latin (Boyer, 2000). Entre eux, une infinité de situations nuancées s'observent.

Le modèle anglo-saxon à forts contrastes sociaux centre-périphérie

Le modèle anglo-saxon, particulièrement accompli aux États-Unis et en Grande-Bretagne, se retrouve en partie sur le continent européen, en Allemagne ou aux Pays-Bas. Il se caractérise par un large transfert de résidences principales, surtout aisées, du centre vers la périphérie urbaine. Du coup, autour des *Central Business Districts* (CBD), ou centres des affaires, les ceintures très dégradées de quartiers périphériques (*inner cities*) abritent de fortes proportions de minorités ethniques pauvres. Aux États-Unis, les classes urbaines moyennes et aisées ont amorcé très tôt, dès la fin du XIXe siècle, un mouvement centrifuge de suburbanisation. L'installation progressive de minorités (noires en particulier) prenant leur place n'a fait qu'accélérer ce mouvement de repli. En effet, les blancs jugent inhabitables un quartier, une rue où le seuil de 10 % environ de ménages de couleur est franchi. Les familles blanches, moyennes et aisées, partent vers la périphérie à la fois pour bénéficier de vastes espaces verts (« naturalisés ») et pour se protéger de minorités jugées dangereuses. De grands ghettos, ou « Bantoustans urbains », ont fait leur apparition dans les *inner cities*. Ce sont des espaces de non-droit, abandonnés par la puissance publique, dépourvus de services, où règne violence, délinquance, économie informelle et activités illicites.

Sur le territoire de Norris, dans les quartiers péricentraux (*inner city*) de Philadelphie (*Lower North Philadelphia*), friches résidentielles (le quartier a perdu en vingt ans 43 % de ses habitants), terrains vagues et taudis se succèdent. Norris accueille désormais une population quasi exclusive de foyers paupérisés, de marginaux et de sans-abri ; afro-américains à 98 %. Les trois quarts des ménages ont à Norris une structure monoparentale et une femme à leur tête ; 37 % restent en dessous du seuil de pauvreté. Fruit d'un savant filtrage socioéconomique de la population citadine, le quartier a subi les effets désastreux du désinvestissement public des années 1970-1980. Il n'est plus raccordé aux réseaux de transport en commun depuis 1984 (Giband, 1998). Comme le signale David Giband : « les habitants apparaissent comme des captifs du quartier. Pauvres et peu mobiles, ils ont tendance à se replier sur leur territoire, tout en lui conférant le statut de quartier prison ». Cette situation ne détruit en rien le sentiment identitaire qui s'exprime, notamment, par une production artistique originale : peintures murales (*murals*), graffitis, etc. La formation de tels ghettos résulte d'une politique délibérée d'abandon de toute intervention publique, positive et significative, depuis les années soixante-dix. L. Wacquant écrit que « les services publics y ont été reconvertis en instruments de surveillance d'une population qu'il s'agit désormais de contenir dans les enclaves qui lui sont assignées ». Il ajoute que, de la sorte, « la force publique se transforme en machine de guerre contre les pauvres » (Wacquant, 1993).

À vrai dire, le modèle anglo-saxon ne s'arrête pas aux frontières des États-Unis. Aux Pays-Bas, par exemple, les quartiers pauvres, peuplés de Turcs, de Marocains ou de Surinamiens, gagnent du terrain autour du centre historique d'Amsterdam (Boyer, 2000). À Montréal, la formation d'une *underclass* (sous-prolétariat) post-industrielle se traduit par une forte paupérisation du centre de l'aire urbaine, ce « trou de beigne » où plus du tiers de la population vit en dessous du seuil de pauvreté.

En Europe du Nord, en revanche, un effort énorme de construction d'habitat social a été accompli. Il ne s'est pas seulement traduit par la réalisation de villes nouvelles autour de Stockholm ou d'Helsinki. La rénovation des centres en a également profité, au bénéfice de populations à faibles revenus. Pour autant, le modèle anglo-saxon de distribution sociale dans la ville ne diffuse pas uniquement les classes riches et moyennes dans ces *suburbs* (banlieues) de plus en plus lointains que structureraient des *edge-cities* (centres périurbains d'activités et de services reliés par des réseaux d'autoroutes). Il existe, des docks du East end de Londres à Harlem (New York), maints exemples de reconquête des quartiers centraux anciens par les nouvelles générations de célibataires et de jeunes ménages aisés, soucieux de se rapprocher de leur lieu de travail. C'est la gentrification. Inversement, les périphéries urbaines de type anglo-saxon ne sont pas exemptes de grands lotissements réservés aux populations peu fortunées. De Long Beach à Annaheim, au sud de Los Angeles, entre de grandes installations de raffinage pétrolier, les classes modestes, blanches, noires et mexicaines, occupent d'immenses lotissements de pavillons résidentiels.

Le modèle inversé et moins ségrégué de la ville latine et française

Dans les villes françaises, au cœur des agglomérations (centre et péricentre), les populations pauvres, fréquemment étrangères et âgées, sont devenues minoritaires. Elles n'occupent plus guère que de vieux logements sans confort, souvent en attente de réhabilitation (parc social « de fait »). Les immeubles anciens de bonne qualité, les réalisations plus récentes de la rénovation et de la réhabilitation abritent des catégories solvables, capables de payer des loyers élevés ou d'acquérir des appartements chers.

Au-delà des quartiers péricentraux, les proches banlieues regroupent l'essentiel des cités d'habitat social. Leur édification, entreprise à la fin des années 50, visait la clientèle d'une population variée de jeunes ménages d'employés, d'ouvriers, mais aussi de cadres. Le goût pour la maison individuelle des familles connaissant une ascension sociale, l'arrivée massive d'immigrés dans les villes françaises en ont décidé autrement. En conséquence, nombre de cités de qualité médiocre, construites à la hâte dans les années 60, accueillent un surnombre de populations défavorisées. Elles se dressent souvent dans des zones de faible valeur foncière, rendues peu attractives par diverses nuisances (proximité de zones industrielles par exemple), mal reliées au reste du tissu urbain. Leurs populations s'intègrent difficilement à la société (dite) d'accueil. Elles sont d'origine étrangère, fréquemment sans travail, en butte à une stigmatisation aussi bien ethnique et religieuse (beaucoup de musulmans) que territoriale. Cependant, quoi qu'on en dise, à la différence de ce que l'on a pu constater dans le cas du modèle anglo-saxon, l'État et les collectivités locales ne baissent pas les bras. La « politique de la ville », depuis deux décennies, multiplie les formes d'interventions auprès des populations défavorisées des cités. On ne peut en aucun cas les qualifier de ghettos. Selon les villes et les communes, leur taille et leurs qualités variables dépendent de la nature des politiques locales. Celles-ci ne sont pas indépendantes de la composition sociale des communes et des rapports de forces politiques qui s'établissent au sein des municipalités.

Au-delà de la proche banlieue, de son mélange de lotissements (socialement très contrastés) et de cités, la grande banlieue se déploie, puis les aires périurbaines s'amorcent. Il s'agit surtout d'espaces occupés par des classes moyennes et aisées d'accédants à la propriété.

Ce modèle de la ville latine et française n'a qu'une validité approximative. Pour ne prendre qu'un exemple : les quartiers populaires subsistent toujours, même s'ils sont en recul, au centre des villes espagnoles et italiennes, de Madrid à Naples.

Au total, la localité urbaine offre un champ privilégié pour la pratique d'une géographie sociale guidée par les notions délicates de richesse et de pauvreté. Le recours aux petites échelles de la région, de la nation ou du grand espace nous invite à étudier la question sous un autre angle, celui de la géographie du développement.

PAUVRETÉ ET RICHESSE DES NATIONS ; PAUVRETÉ ET RICHESSE DES RÉGIONS

Nous avons vu que les notions de richesse et de pauvreté définissent des conditions de vie objectives, c'est-à-dire mesurables par un niveau de ressources ou d'allocation de biens matériels. On pourrait parler aussi, à ce propos, de niveau de vie. Il s'agit de l'indicateur d'une qualité de la vie matérielle qui constitue désormais une condition nécessaire mais non suffisante du bien-être. Le niveau de vie renvoie aux possibilités matérielles offertes par un milieu (en termes d'emploi, d'habitat, de culture, de loisirs et de soins, etc.), en fonction de la position socioéconomique que chacun y occupe et de sa capacité, tant matérielle qu'intellectuelle, à profiter des aménités disponibles. Ces conditions de vie valent surtout par les représentations que les individus concernés s'en font. Ce sont elles qui témoignent de la réalisation profonde des aspirations humaines. On qualifiera de bien-être cet aspect qualitatif de la richesse (Bailly, 1981). On lui opposera le sentiment de mal-être, que l'on peut aussi appeler la misère (Bourdieu, 1993).

Depuis 1990, la publication du premier *Rapport mondial sur le développement humain* par le Programme des Nations unies pour le Développement a contribué à ramener cette dimension vécue du bien-être au centre de la question du développement. Le bien-être n'indique-t-il pas, en quelque sorte, le but ultime du développement ? En tout cas, l'indicateur du développement humain (IDH) esquisse, d'un pays à l'autre, les profils assez convaincants d'une nouvelle pauvreté et d'une nouvelle richesse des nations.

Les disparités géographiques du développement humain

Sur la planète, les pays riches et industrialisés de la triade (Amérique du Nord, Japon, Europe) ainsi que quelques rares « paradis fiscaux » enregistrent seuls un IDH supérieur à 0,9 (fig. 25). C'est en gros le club des pays à développement humain élevé : une soixantaine sur un total de 174 États pris en compte dans ce calcul.

L'Indicateur du développement humain (IDH)

Cet indicateur pointe, pour chaque pays, la distance restant à parcourir pour atteindre trois objectifs précis, assez expressifs du bien-être : une durée de vie moyenne de 85 ans, l'éducation pour tous et un niveau de revenu décent (soit le PIB mondial moyen annuel par habitant : un peu plus de 5 000 dollars). Cet IDH varie de 0 à 1. Bien entendu, on peut gloser sur l'universalité de telles valeurs. Ne reflètent-elles pas les obsessions d'un Occident hanté par le spectre de la mort, assoiffé de bien-être matériel, attaché à l'éducation de ses jeunes parce qu'elle est un gage d'ascension sociale ? Si le doute subsiste, on ne peut occulter que l'instinct de survie habite tous les êtres humains. Pas plus qu'on ne saurait ignorer que ceux-ci partagent des cultures et des valeurs qu'ils souhaitent transmettre. Quant aux populations refusant le bien-être matériel lorsqu'elles ont l'opportunité d'en profiter, admettons qu'elles sont rares.

L'ensemble des pays d'Amérique latine et du Moyen-Orient, quelques « dragons asiatiques », les républiques de l'ex-Union soviétique, les anciens États socialistes d'Europe et de rares États africains, essentiellement du Nord (Algérie, Tunisie) ou du Sud (Botswana, Afrique du Sud), affichent un IHD compris entre 0,7 et 0,9. Entre 0,5 et 0,6, un groupe fort composite de nations rassemble quelques pays plus déshérités d'Amérique centrale (Nicaragua, Guatemala, Honduras, Salvador…) et

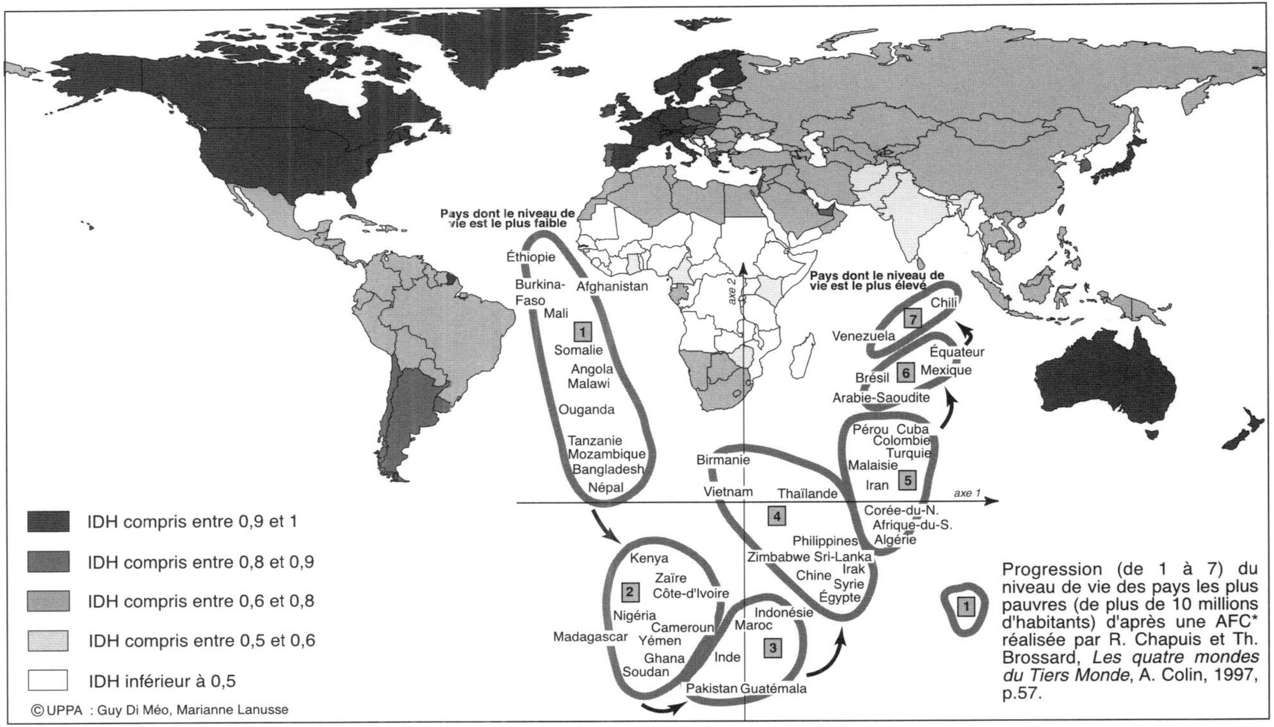

** Dans l'analyse factorielle des niveaux de vie, les auteurs retiennent comme variables de l'indicateur du développement humain, le PIB réel par habitant, le pourcentage des jeunes dans l'enseignement primaire, secondaire et supérieur, le pourcentage d'adultes alphabétisés, la consommation de calories par habitant, le nombre d'habitants pour un médecin et pour une voiture, le pourcentage de citadins.*

Figure 25 : **Variations géographiques de l'indicateur du développement humain et des niveaux de vie dans le monde**

méridionale (Bolivie, Guyana), ou d'Asie (Chine et Viêt-Nam). Il inclut aussi l'Afrique des moins pauvres : Namibie, Gabon, Maroc, Zimbabwe et Congo, Swaziland et Cameroun. Ainsi se dessinent les contours du groupe des pays au développement humain moyen, soit encore une bonne soixantaine de nations.

Quant à l'immense majorité des pays d'Afrique subsaharienne, mais aussi le Pakistan et l'Inde, l'Afghanistan, le Cambodge et Haïti, leur IDH ne parvient pas à 0,5. Ils forment la catégorie des pays (moins d'une cinquantaine) à développement humain faible.

En réalité, ces résultats ne bouleversent pas fondamentalement la dichotomie mondiale que décrit la carte de la répartition plus traditionnelle du produit intérieur brut par habitant (PIB) et par pays. Les plus favorisés et les plus pauvres restent les mêmes (Di Méo, 1991), même si dans le détail le classement connaît de sérieuses perturbations. En fait, deux différences majeures s'observent entre la répartition du PIB *per capita* et la variation internationale de l'IDH. En premier lieu, la richesse apparente des habitants des grands pays producteurs de pétrole du Moyen-Orient s'estompe singulièrement dans la hiérarchie de l'IDH. En second lieu, surtout si l'on ne tient pas compte de la Chine, l'Asie orientale réputée pauvre se hisse au niveau plancher du développement humain des pays industrialisés. La notion de développement humain fournit donc une mesure plus juste et moins misérabiliste, moins caricaturale du sous-développement. Elle montre aussi que certains pays (le Costa Rica par exemple) savent utiliser leur croissance économique pour améliorer les conditions de vie de leurs habitants, alors que d'autres, à l'image des pays pétroliers du Proche-Orient ou de l'Egypte, n'ont que timidement engagé le processus d'une répartition sociale plus équitable de leur prospérité.

L'un des intérêts majeurs de l'IDH est de montrer qu'il n'existe pas de lien systématique entre la croissance économique et les progrès du développement humain. Ce dernier résulte surtout d'une volonté politique interne et de choix démocratiques. Ouvrir le pays aux échanges internationaux et aux financements extérieurs figurent aussi parmi les meilleures recettes de progression de l'IDH. Assurer la paix, l'éducation, la justice sociale, garantir la sécurité des personnes, celle de leur circulation sur le territoire national, donner le moyen à chacun d'accéder à la propriété, de vivre dans un environnement de qualité, protégé, constituent sans doute les armes politiques les plus efficaces de lutte contre la pauvreté et la misère. Un autre enjeu réside dans la mise en place d'institutions susceptibles de conférer une durabilité à ces mesures et à ces avantages.

Quel que soit l'intérêt du concept de développement humain, rend-il vraiment compte de la pauvreté humaine la plus sévère ? Afin d'approcher de plus près cette réalité, le PNUD a récemment mis au point un indicateur de la pauvreté humaine (IPH) pour les pays en développement.

Champions des pays en développement engagés dans la réduction de la pauvreté humaine, un groupe d'États parvient à abaisser en dessous de 10 % de ses effectifs nationaux la part de sa population en grande difficulté. Il s'agit, dans l'ordre des performances, de Trinité-et-Tobago, de Cuba, du Chili, de Singapour et du Costa Rica. Cet agrégat hétéroclite renvoie dos à dos tous les idéologues du développement : des plus marxistes aux plus libéraux. À l'autre bout de l'échelle, au rang des plus démunis, on trouve sans surprise les huit pays (surtout africains)

> **L'indicateur de la pauvreté humaine (IPH)**
>
> Cet indicateur met l'accent sur des critères déjà plus ou moins privilégiés par l'IDH : la longévité, l'instruction, les conditions de vie au travers de l'accès aux services de santé, à l'eau potable. L'indicateur retient en plus le pourcentage d'enfants de moins de cinq ans victimes de malnutrition. Sa signification étant jugée trop variable d'une société à l'autre, le revenu individuel ne figure pas dans l'IPH. Appliqué aux 78 pays en développement pour lesquels on dispose de données statistiques exploitables, l'IPH indique, pour chacun d'eux, la proportion de population souffrant des formes de pauvreté et de misère qu'il signale.

dont l'IPH parvient à 50 % ou dépasse ce taux. Dans l'ordre décroissant de ces piètres performances se succèdent ainsi la Guinée, le Mozambique, le Cambodge, le Mali, l'Éthiopie, le Burkina, la Sierra Leone et le Niger.

La comparaison entre l'IPH et la mesure de la pauvreté monétaire fournit quelques enseignements utiles. Certains pays parviennent plus facilement à réduire la pauvreté monétaire que la pauvreté humaine. C'est le cas, entre autres, de la Côte d'Ivoire ou de l'Égypte : moins de 20 % des ressortissants y souffrent de la première, alors que 35 % y connaissent la seconde. Le Maroc, le Pakistan, le Guatemala, la Namibie et le Cambodge se classent également plus haut sur l'échelle des ressources monétaires moyennes que sur celle de l'IPH. Ils portent de toute évidence une attention insuffisante au développement humain des franges les plus déshéritées de leurs populations. D'autres nations (la Chine, Cuba, le Viêt-Nam, le Costa Rica, le Kenya, le Pérou, les Philippines et le Zimbabwe) partagent une situation inverse. Leur politique sociale plus affirmée, les investissements publics consentis à l'équipement de leur territoire et au développement de leurs populations expliquent ces différences. Dans ces pays, les progrès du développement humain jouent plutôt (en théorie !) en faveur des plus pauvres.

Variations régionales et sociales du bien-être : quelques cas extrêmes

Ces variations s'observent aussi bien dans les pays du Nord que dans ceux du Sud où elles atteignent aujourd'hui leur niveau record.

Les disparités régionales constatées au Nigeria figurent en effet parmi les plus spectaculaires du monde. Si l'on considère l'IDH de chacun des 19 États qui forment cette fédération, le plus favorisé d'entre eux, le Bendel pétrolier, se classe parmi les zones relativement privilégiées de l'Afrique, avant le Botswana ou la Tunisie. En revanche, l'IDH de l'État d'économie traditionnelle du Borno sahélien ne parvient pas au niveau du Niger, le pays actuellement le plus défavorisé de la planète.

Même si l'écart a diminué de moitié entre le Sud et le Nord-Est du Brésil, de 1970 à 1995, l'IDH d'un Nordeste aux structures socioéconomiques toujours archaïques ne représente que les deux tiers de celui d'un Sud qui s'inscrit dans l'économie capitaliste moderne. Ce dernier parvient au même niveau de développement que le Luxembourg européen, alors que le Nordeste ne se place, à ce titre, qu'entre la Bolivie et le Gabon.

En Chine, la pauvreté humaine touche beaucoup plus les provinces reculées de l'intérieur du pays, où 44 % de la population en souffrirait, que les provinces littorales de l'Est où l'économie moderne a pris place. Là, elle ne concernerait que 18 % des habitants. En Inde, du fait d'une véritable régionalisation des politiques économiques et sociales, de gros contrastes existent. Alors que le Kerala, au sud-ouest, est parvenu à faire chuter son niveau de pauvreté humaine à 15 %, le Rajasthan (Nord-Ouest) et le Bihâr (Nord-Est) comptent toujours plus de 50 % de pauvres sur la base de cet indicateur.

À vrai dire, les disparités du binôme richesse-pauvreté ou du développement humain ne concernent pas uniquement les régions. Elles affectent aussi certaines catégories de populations. Dans le cas de l'Afrique du Sud, la population blanche se classe parmi les plus performantes du monde pour les différents indicateurs de l'IDH. À l'opposé, la population noire, à peine sortie de l'apartheid, rejoint le rang des nations d'Afrique noire à IDH moyen, du type du Cameroun. Toutes proportions gardées, les États-Unis offrent aussi, d'un groupe ethnique de population à l'autre, de sérieux contrastes. Alors que l'IDH de la population blanche, d'origine européenne pour l'essentiel, y bat tous les records, les Noirs ne parviennent qu'à l'équivalent du 27e rang mondial, celui du Luxembourg. Quant aux Hispaniques (ou Latinos), ils ne bénéficient pas aux États-Unis de conditions de vie et de développement supérieures à celles que connaissent les habitants de l'Uruguay (32e position mondiale).

Régions riches et pauvres des pays du Nord

Dans les pays riches et industrialisés, il fut une période (de la fin de la Seconde Guerre mondiale aux années 70) où géographes et spécialistes d'économie spatiale s'attachaient à définir des disparités régionales de revenus. Ces travaux furent même souvent à l'origine des premières politiques d'aménagement du territoire et de développement régional.

Dès la fin des années 70, Paul Villeneuve avait tracé, à propos du Québec, les limites théoriques d'une notion de disparité régionale reposant uniquement sur l'évaluation des revenus individuels. Observant, de 1966 à 1974, une diminution assez sensible des écarts régionaux de revenus, P. Villeneuve estimait qu'elle n'entraînait aucune amélioration de la justice sociale. D'une part, l'augmentation du revenu moyen peut ne bénéficier qu'à un groupe restreint d'individus. D'autre part, la notion de revenu monétaire masque de plus en plus les conditions régionales (environnementales et culturelles par exemple) susceptibles de favoriser ou non le bien-être vécu des habitants.

Campagnes pauvres, villes plus favorisées ?

L'une des formes géographiques les plus flagrantes des disparités de ressources s'observe dans le décalage croissant entre des campagnes qui s'appauvrissent et des villes plus favorisées.

Paris et le désert français

Dès 1947, Jean-François Gravier avait ouvert la voie, en France, à ce type de spéculations. Dans *Paris et le désert français*, en retenant, notamment, l'indicateur du montant des déclarations de revenus par foyer fiscal, il décrivait la superposition de deux contrastes territoriaux majeurs. L'un opposait, de part et d'autre d'une célèbre diagonale courant du Havre à Marseille, une France riche du Nord et de l'Est à une France plus pauvre du Sud et de l'Ouest. L'autre confrontait la prospérité parisienne au retard des revenus en province. Un tel clivage reprenait en gros celui d'une France urbanisée et industrialisée, décalée de l'autre France, rurale et agricole. Née de ce constat, la politique de décentralisation (ou desserrement) des activités manufacturières et tertiaires porta incontestablement ses fruits. La violence de l'opposition des deux France s'estompa au fil des années. Il est vrai qu'à partir de 1973, la crise vint remettre en cause les valeurs établies aux temps de la révolution industrielle, puis de la haute croissance. Les régions les moins industrialisées résistèrent mieux que les autres au séisme économique de la fin du fordisme.
De plus, quand on élargit les concepts de richesse et de pauvreté à d'autres facteurs que les seuls revenus monétaires, quand on les étend par exemple au domaine fondamental de la santé, la situation jadis dépeinte par J.-F. Gravier a plutôt tendance à s'inverser. La France industrielle, ouvrière et réputée prospère d'hier, celle du Nord et de l'Est, affiche de nos jours la misère d'une surmortalité sensible. Celle-ci résulte des disparités qui pénalisent une population d'ouvriers et d'employés frappée par le chômage, plus nombreuse qu'ailleurs dans ces vieilles régions industrielles. Or, de fait, entre cadres supérieurs/professions libérales d'un côté et ouvriers/employés de l'autre, l'écart de mortalité atteint des niveaux records, notamment pour tout ce qui a trait aux conséquences de l'alcoolisme, du tabagisme, etc. Les inégalités sociales se retrouvent aussi lorsqu'il est question du dépistage et du traitement précoce de certaines maladies. Ainsi, les cancers du sein ou de l'utérus sévissent beaucoup plus qu'ailleurs dans les milieux très populaires d'ouvriers/employés du Nord, de l'Île-de-France, de l'Est et de l'espace Rhône-Alpes-PACA. À la lumière de cette géographie de la santé (Salem, Rican, Jougla, 1999), il faut sérieusement réviser les visions classiques, désormais dépassées, des territoires français de la richesse et de la pauvreté.

Dans les pays du Sud, les activités agricoles occupent encore l'écrasante majorité des ruraux. En Amérique latine et en Asie, les inégalités foncières et la privation de terre, du fait de sa confiscation et de son accaparement par une minorité de propriétaires, figurent toujours parmi les principales causes de la pauvreté. En Afrique, le sentiment de misère répandu dans les campagnes tient plutôt au pouvoir des anciens et aux traditions devenus intolérables pour les jeunes, ainsi qu'à la faible circulation monétaire et à la rareté des biens de consommation accessibles qui en résulte. Il vient aussi de la quasi impossibilité de s'éduquer et de se soigner dans les villages de brousse.

Les réformes agraires constituent le moyen théorique de gommer ces inégalités foncières. Leurs résultats ne sont malheureusement pas toujours très convaincants. La plus ancienne de toutes, puisqu'elle remonte à 1917, fut celle qui transforma les campagnes mexicaines. Elle créa des communautés d'exploitants (*ejidos*) bénéficiant de l'attribution d'une terre inaliénable. La réforme fournit

Pauvreté et richesse rurales au Brésil

Au Brésil, plus de la moitié des agriculteurs du pays ne disposent que d'exploitations inférieures à 10 hectares. Elles couvrent moins de 3 % de l'espace agricole. En revanche, les exploitations supérieures à 1 000 hectares (jusqu'à plusieurs centaines de milliers) occupent plus de 40 % de la surface agricole. Elles ne sont détenues que par moins du centième des agriculteurs, d'ailleurs le plus souvent absentéistes[1]. À la brutalité de ces chiffres s'ajoute l'injustice du sort des paysans sans terre : employés mal payés habitant et travaillant sur les domaines, ou journaliers misérables embauchés selon les besoins de l'activité agricole. Cette situation engendre d'importants troubles sociaux et des invasions de terres. Au Brésil, surtout dans le Nordeste et en Amazonie, plus d'un million d'exploitants sont des *posseiros*, occupant sans droit des terrains appartenant à d'immenses *fazendas*. En réponse à ces occupations illicites, ils subissent la violence des grands propriétaires. Ajoutons que les inégalités foncières, outre qu'elles génèrent la pauvreté des non-nantis, multiplient les phénomènes et les situations de dépendance qui les affectent : domination des grands propriétaires fonciers qui les emploient, des usuriers qui leur prêtent de l'argent à des taux prohibitifs, des commerçants qui achètent à bas prix leur production et leur fournissent des marchandises en leur consentant des avances au prix fort, etc.

aussi aux *ejidatarios* (membres des *ejidos*) un encadrement financier et technique, il est vrai très modeste. Cependant, dans ces villages de la réforme agraire, la confrontation des riches et des pauvres n'a nullement disparu.

Menées à partir du milieu du XXe siècle, les réformes agraires du Moyen-Orient et d'Amérique latine ont donné des résultats plus ou moins satisfaisants. Si, dans l'ensemble, la grande propriété a été démantelée au profit d'une nouvelle classe de petits et de moyens propriétaires, de criantes inégalités persistent. Ainsi, en Égypte, malgré la réforme entreprise en 1952, 3, 3 millions de petits microfundiaires ne disposent chacun que de quelques ares. Tous réunis, ils ne contrôlent pas plus de terre que les 164 000 propriétaires les mieux dotés. Quant aux très nombreux sous-salariés agricoles, 60 % d'entre eux ne possèdent pas la moindre parcelle. Dans un tel contexte, les contrastes entre grande pauvreté et aisance, voire richesse, émaillent les campagnes de la vallée du Nil.

La réforme agraire de l'Union indienne a permis l'émergence d'une nouvelle catégorie de paysans moyens (de 2 à 4 hectares par famille). Cependant, le nombre des cultivateurs très pauvres, travaillant sur d'infimes parcelles (trois quarts des paysans), tenanciers de domaines ou propriétaires exploitants, ne cesse de croître ; au même titre que celui des paysans sans terre (75 millions au moins). Dans le cas de l'Inde comme dans ceux de la plupart des autres pays du Sud, l'explication du rapport richesse-pauvreté ne se borne pas aux inégalités de la répartition foncière. Des différences supplémentaires apparaissent entre les familles agricoles, en fonction de leur composition (effet démographique), de leurs ressources d'appoint, de leur appartenance de caste, des stratégies individuelles, etc.

1 Propriétaire ne résidant pas sur son domaine et en confiant l'exploitation à un régisseur.

Bien entendu, les pays riches du Nord ne sont pas à l'abri de la pauvreté rurale. Dans certains cas, elle résulte, comme pour le Sud, d'une confrontation (certes résiduelle) entre *latifundium* et *microfundium*. Celle-ci reste vive dans quelques secteurs de l'Europe du Sud : Mezzogiorno italien, Péninsule ibérique.

Plus fréquemment, pourtant, la pauvreté rurale des pays riches provient de deux situations contradictoires, bien observées dans l'Ouest laitier de la France. D'une part, l'appauvrissement affecte des fermes traditionnelles, aujourd'hui de plus en plus rares, où le volume de la production comme la productivité du travail stagnent, alors que les prix agricoles se détériorent et que les charges augmentent. D'autre part, il touche des exploitations de taille moyenne modernisées au prix d'un gros endettement. Dans celles-ci, le coût du remboursement des emprunts devient insupportable si les résultats ne suivent pas. Or, les raisons de telles difficultés ne manquent pas : chute des prix, erreurs d'investissement, changements de politique agricole, problèmes climatiques, épizooties, maladie de l'agriculteur, etc.

Si le monde rural n'est pas exempt de contrastes sociaux, la mixité locale des formes de richesse et de pauvreté y domine. La distance sociale paraît y régner sans véritable rapport avec la distance spatiale. Dans les campagnes toscanes, les belles demeures de maîtres des grands domaines aujourd'hui fréquemment démantelés occupent le sommet des collines. Les bâtiments des métairies (*poderi*), regroupés ou non en villages et en hameaux, se glissent entre elles, au creux des vallons ou au flanc des coteaux. Les unes et les autres constituent un même tissu géographique, un même paysage dont les alignements de cyprès soulignent les traits majeurs. Au pire, en Sicile, dans l'Alentejo ou en Andalousie, les gros villages peuplés de travailleurs sans terres s'étalent-ils nettement à l'écart des lourdes bâtisses appartenant aux grands domaines : *cortijos* des *latifundios* andalous par exemple.

Il n'empêche que dans l'espace agricole les distinctions entre richesse et pauvreté s'établissent souvent à une échelle supérieure, celle des régions ou des pays. Les campagnes du Sud de l'Aquitaine (Béarn, Chalosse, Gascogne en général) forment des ensembles régionaux de propriété et d'exploitation moyennes où les agriculteurs ne disposent que de revenus modestes ou moyens. En revanche, les terroirs du Bassin parisien, ceux de la Brie, de la Beauce ou de la Picardie et de la Champagne garantissent à leurs exploitants-managers des revenus élevés, une incontestable richesse. Pourtant, là-aussi, la condition des ouvriers agricoles introduit des contrastes sociaux puissants, une confrontation parfois sévère de la richesse et de la pauvreté.

Au-delà du secteur agricole, différentes formes de pauvreté se localisent, de nos jours, dans les campagnes du monde riche. Avec le phénomène de la périurbanisation, elles accueillent des chômeurs de longue durée, des femmes seules avec des enfants (ménages monoparentaux), des marginaux aussi. Tous cherchent un refuge loin des villes qui ont engendré leur situation, dans un espace qu'ils imaginent plus convivial et plus solidaire.

POURQUOI DES RICHES ET DES PAUVRES ?

Finalement, pour quelles raisons un groupe de nations, essentiellement européennes au départ, est-il parvenu à édifier, surtout à partir du XVIIe siècle, un modèle original d'organisation économique, politique et sociale ? Modèle dont on sait qu'il leur conféra un niveau exceptionnel de richesses et de développement technique et scientifique. Inversement, comment expliquer la persistance de la pauvreté dans un groupe de nations, souvent plus jeunes, qui concentrent une large majorité de l'humanité ?

Fondements de la richesse des nations

Cette suprématie ne s'est pas forgée du jour au lendemain. C'est sur plusieurs siècles que se déroula la longue marche vers le capitalisme. Au XVIe siècle, les régions peuplées de la planète étaient encore assez proches les unes des autres sur le plan économique, « comme à égalité ou peu s'en faut » écrit Fernand Braudel. Celui-ci pense qu'un léger écart de développement a sans doute suffi, à l'aurore des temps modernes, pour qu'émergent et se confirment des avantages qui ont hissé l'Europe au-dessus du reste du monde. L'origine de ce « léger écart » c'est, pour Pierre Chaunu, l'exploitation des nouveaux mondes à l'époque des grandes découvertes, puis la création des grands empires d'outre-mer.

Néanmoins, rien ne paraît encore joué à l'orée du XIXe siècle, les Européens ne jouissant que d'une très faible supériorité de richesse sur les peuples des autres continents. Ils se dotent alors de nouveaux moyens sociaux, financiers, politiques et techniques qui vont se révéler rapidement performants. La constitution d'une classe sociale efficace (la bourgeoisie) et l'accumulation du capital entre ses mains constitua la première pierre de cet édifice. Son inscription dans une idéologie, celle du protestantisme attaché à la réussite sociale de ses fidèles, lui conféra une solide culture orientée vers le progrès et l'innovation. Celle-ci engendra une formidable révolution scientifique et technique. Le génie du capitalisme tira aussi un énorme bénéfice de la démocratie libérale et sociale qu'il contribua à fonder.

Aucune logique implacable ne semble pourtant avoir présidé à cette longue incubation. À partir du foyer britannique, cette construction s'opéra au rythme chaotique des succès et des crises. Les transpositions tantôt libérales (Amérique du Nord, Australie et Nouvelle-Zélande, Afrique du Sud blanche), tantôt plus autoritaires (Japon, Taiwan et Corée) du modèle ont élargi le groupe des pays riches durant tout le XXe siècle. Les pays neufs, peuplés par des Européens à dominante d'Anglo-saxons protestants, ont remarquablement assimilé le modèle. Il en fut de même pour les sociétés orientales, à la fois très hiérarchisées et très soudées, attachées au travail plus qu'aux richesses, instruites et persuadées de leur supériorité, éprises d'indépendance et tôt urbanisées (cas du Japon). Elles surent adopter de bonne heure les solutions très efficaces de l'Occident, tout simplement parce qu'elles y étaient préparées (Landes, 2000).

Ailleurs, les réussites furent plus modestes. Les anciens pays communistes d'Eurasie firent un temps illusion. Leur échec tant économique que politique, le retour massif de la pauvreté qui les affecte, témoigne de l'incapacité de ces régimes à susciter de manière durable un développement autonome et original. Certaines nations pauvres, surtout asiatiques, plus rarement latino-américaines, sont parvenues, en transposant pour partie les recettes occidentales, à faire décoller leur économie et à entrer dans le club des pays en voie de développement avancé. En revanche, nombre de nations fraîchement décolonisées, surtout africaines ou asiatiques, n'ont pas réussi à échapper à la pauvreté, tout en demeurant parfois sous le contrôle des plus riches. Ni leurs systèmes sociaux et politiques, ni leurs cultures et leurs conceptions de l'économie, ni leurs systèmes spatiaux ne les préparaient à l'aventure du développement « à l'occidentale ».

Facteurs endogènes de la pauvreté des nations

Dès lors, comment expliquer cette persistance de la pauvreté des nations ? La plupart des auteurs qui s'expriment aujourd'hui sur ce thème s'accordent à définir des facteurs endogènes et exogènes de cette situation. Dans la première catégorie, les thèses déterministes ne rencontrent plus guère de faveur. L'idée que le sous-développement puisse résulter de la difficile adaptation des êtres humains au climat et aux milieux tropicaux ne fait plus recette. Quant au déterminisme social, culturel ou démographique il n'a pas plus de partisans. C'est le cas de la théorie de la pauvreté de masse, exposée il y a une vingtaine d'années par J.K. Galbraith. Celui-ci prétendait que dans les pays pauvres, tout accroissement de revenu venant d'une intervention extérieure est immédiatement réduit à néant par l'inertie des forces sociales. Si cette théorie paraît à plus d'un égard excessive, elle revêt tout de même le mérite de mettre l'accent sur les responsabilités internes des pays pauvres.

De fait, nombre d'explications de la pauvreté des nations par des facteurs strictement exogènes oublient de signaler que les remèdes les plus sûrs contre la pauvreté ne peuvent venir que des intéressés eux-mêmes. Cependant, l'un des préceptes majeurs de l'économie néo-libérale (École de Chicago, Milton Friedman), selon lequel toute lutte contre la pauvreté passe par la disparition préalable des entraves que rencontre la circulation internationale des biens, des hommes et des capitaux, mérite aussi d'être médité. Il va dans le sens de l'idée simple que le développement ne saurait échapper aux lois de l'échange. Il porte en revanche le risque de livrer les plus défavorisés aux appétits des grandes puissances.

En réalité, il n'existe aucune fatalité de la pauvreté et du sous-développement. T.W. Schultz observe que ce ne sont pas les données naturelles qui constituent le facteur déterminant de la pauvreté, mais les données humaines. Il estime que les investissements consacrés à l'éducation et à l'amélioration du bien-être des populations ont toujours des effets économiques positifs. Il montre en particulier de quelle façon l'accroissement de l'offre d'éducation ou de soins constitue la solution du problème démographique, parce qu'elle incite les familles à réduire le nombre de leurs enfants. Pour T. W. Schultz, les pauvres s'avèrent tout aussi « rationnels » que les riches. Seules les défaillances de leurs systèmes économiques et sociaux empêchent les pays pauvres de sortir de l'ornière. Si l'aide internationale ne modifie pas fondamentalement leur situation, c'est qu'elle n'insiste pas assez sur le développement de leur capital humain.

Quelle que soit la part des responsabilités endogènes de la pauvreté, nombre d'auteurs ont depuis longtemps remarqué, à l'instar du géographe Jean Dresch, que les pays sous-développés ont été et sont encore plus ou moins soumis aux pays développés. Le sous-développement est donc inséparable de ces relations dans l'inégalité. D'où le succès des thèses dites dépendantistes du sous-développement et de la pauvreté des nations.

Thèses dépendantistes du sous-développement : les facteurs exogènes

Certaines de ces thèses dépendantistes restent de caractère modéré dans la mesure où elles n'envisagent que des solutions techniques aux défauts et aux injustices qu'elles dénoncent. Principal défenseur de ce point de vue, R. Prebish constatait que les pays pauvres, producteurs-exportateurs de matières premières et de sources d'énergie (ce qui reste encore partiellement vrai), enregistrent une dégradation permanente des termes de l'échange qu'ils pratiquent avec la clientèle des pays riches. L'agriculture et les industries de matières premières du Sud créent plus de travail dans les pays importateurs qui transforment et utilisent leurs productions que sur leurs propres territoires. Les pays en développement exportent ainsi, vers les nations les plus riches, un potentiel de travail. Ce mécanisme simple perpétuerait la pauvreté des nations en aggravant les différences structurelles des partenaires du grand commerce international (Prebish, 1963). Pour lutter contre ces effets pervers, Prebish préconisait trois choses : créer des industries de substitution aux importations dans les pays en développement, réorganiser les marchés mondiaux de matières premières afin de réduire la fluctuation comme la détérioration des cours, négocier une réciprocité des transferts de ressources entre pays du centre et pays de la périphérie. Trois mesures dont l'application a donné d'incontestables résultats.

Autres théoriciens modérés, C. Furtado et O. Sunkel estimaient que la situation de dépendance des pays pauvres aggrave leurs déséquilibres internes, tant sociaux que régionaux. Pour ces dépendantistes modérés, les entreprises multinationales portent une lourde responsabilité dans l'appauvrissement des pays du Sud. Elles relaient d'une certaine manière les formes coloniales de la domination politique et de l'exploitation économique. Selon ces analyses, les puissances du centre utiliseraient, pour dominer les pauvres, les armes apparentes du développement : l'aide publique au développement, divers investissements, les négociations sur le négoce mondial. Afin de sortir de cette impasse, Celso Furtado proposait pour les pays du Sud une organisation socioéconomique de type néo-capitaliste, mais régulée par une forte intervention publique, celle d'un État providence fort.

Souvent proches du marxisme, les radicalistes des années 70 à 80 (S. Amin, A. Gunder-Frank), partageaient une vision dichotomique du monde. Selon leurs thèses, les grandes puissances (centres) dominent les nations pauvres et dépendantes (périphéries), tout en exploitant leurs hommes et leurs ressources. Dans ce nouveau système mondial, la pauvreté des nations de la périphérie constitue la contrepartie obligée de l'enrichissement des puissances industrielles. La dépossession de la périphérie s'effectue au profit d'une suraccumulation de biens et de capitaux dans les pays riches du centre. De plus, cette hégémonie du modèle des riches contribue à la destruction des rapports traditionnels de solidarité dans les régions pauvres. Or, l'économie importée se révèle incapable de satisfaire les nouveaux besoins de consommation créés par la mondialisation des échanges. Le secteur informel (économies souterraines ou non officielles) ne parvient qu'à réduire à la marge ces déséquilibres.

Les thèses radicalistes n'épuisent pas l'explication de la persistance d'une pauvreté tenace des nations : pourquoi l'enrichissement des uns entraînerait-il l'appauvrissement des autres ? L'économie contemporaine montre, au contraire, que la prospérité comme la récession sont, d'une certaine façon, contagieuses, même dans l'inégalité. De nos jours, les théories régulationnistes rejettent l'idée de lois économiques abstraites et intemporelles qui endosseraient une portée universelle. Leurs partisans recherchent partout l'ajustement le plus réaliste possible des diverses composantes nationales des systèmes économiques, politiques et sociaux. Ils partent de l'idée que tout système territorialisé peut engendrer de l'activité utile et de la valeur, à la condition qu'un certain nombre de règles élémentaires soient respectées : liberté et sécurité des hommes, valorisation des solidarités et des cultures, souci d'ouverture et d'innovation permanente, etc.

À première vue, les facteurs géographiques semblent porter leur part de responsabilités dans la formation des inégalités spatiales de richesse ou de pauvreté. La présence ou l'absence de ressources économiques stratégiques explique parfois de telles disparités régionales (*cf.* la répartition des réserves pétrolières au Nigeria). Dans d'autres cas, le relief et l'hydrographie, la distance et le climat (sécheresse et désertification, etc.) paraissent engendrer des situations d'enclavement ou de délaissement pour nombre de villes ou de régions. Cependant, il ne faut pas s'y tromper, la disparition ou la réduction de ces isolats comme celle des inégalités spatiales dépend d'abord d'une solide volonté politique d'aménager les territoires concernés. Elle relève ensuite de la capacité des sociétés à mobiliser suffisamment de moyens humains, financiers et techniques pour y parvenir. Par conséquent, en ce début de XXIe siècle, il ne convient plus de lire ces facteurs géographiques soi-disant pénalisants comme l'expression d'une fatalité naturelle. Ils témoignent au contraire de deux situations sociales et politiques possibles. D'une part, il peut s'agir de la persistance d'une civilisation (traditionnelle ?) qui ne les identifie pas comme des obstacles, mais au contraire comme des valeurs culturelles. D'autre part, on peut avoir affaire à l'émergence d'une civilisation qui souhaite les dépasser mais ne parvient pas encore à s'en donner les moyens, en raison d'une domination-exploitation excessive par des puissances extérieures ou par des élites intérieures qui l'asservissent (souvent les deux à la fois).

En règle générale, le progrès économique et social tire toujours profit de la « fluidité » de l'espace et des communications commodes qu'elle autorise. Le souci d'assurer la prospérité et le bien-être des populations qu'ils gouvernent devrait inciter tous les pouvoirs politiques du monde à abattre les obstacles qui s'opposent à la circulation aisée des biens et des personnes sur les territoires qu'ils contrôlent. Seuls les plus tyranniques et les plus « archaïques » trouvent en fait un intérêt à maintenir une certaine « opacité » spatiale. Celle-ci leur permet, en les isolant du reste du monde, de mieux dominer les populations. Ce sont là, nous semble-t-il, quelques-unes des leçons magistrales que vient de nous donner le XXe siècle finissant. L'argument selon lequel le progrès apporté par la modernité occidentale (certes à réviser par les nouvelles perspectives du « développement durable ») serait le fossoyeur des cultures vernaculaires ne tient pas. La recherche géographique actuelle nous apprend en effet que la mondialisation-globalisation déchaîne une réaction territoriale et un développement culturel sans précédent, épousant et revisitant les infinis particularismes des sociétés locales.

Notons cependant que, même en régime démocratique, la rationalité économique et la justice sociale ne constituent pas les références exclusives et incontournables des groupes humains. Toutes deux se heurtent à d'autres valeurs concurrentes qui en atténuent sans cesse la portée. Parmi les plus négatives et les plus courantes de ces valeurs, l'égoïsme individuel et le souci universel de distinction sociale manifestés par la plupart des êtres humains figurent en bonne place. L'égoïsme s'exprime avec d'autant plus de cynisme que les ressources à partager sont rares. Ainsi, dans bon nombre de pays pauvres, une élite nationale, ni meilleure ni pire qu'ailleurs, accapare fréquemment une part écrasante du produit national. Elle y parvient la plupart du temps avec l'appui de puissances étrangères dont elle sert les intérêts. Elle institue à cette fin un système de corruption et de clientélisme qui ruine vite le sens du service public, de l'État et de tout intérêt collectif. Entendons-nous bien, ce type d'attitude existe dans toutes les sociétés du monde. Il revêt simplement un tour plus caricatural dans certaines des plus pauvres, où il y a peu à partager (Afrique par exemple), voire dans celles, moins démunies, dont l'architecture est très hiérarchique et très inégalitaire (Moyen-Orient pétrolier par exemple).

Plus répandue encore, la soif de distinction sociale anime, à des degrés divers, la plupart des individus. Elle conduit les moins exigeants à convoiter de petits avantages personnels au détriment d'objectifs collectifs. À cela s'ajoute le principe de *mimésis* qui pousse les êtres humains à rechercher la compagnie de leurs semblables (ou présumés tels) et à instaurer partout des différenciations sociales et spatiales : ethniques, religieuses, de revenus, aujourd'hui de pratiques sexuelles, etc. En termes géographiques, cette loi se traduit par des effets d'agrégation (qui se ressemble s'assemble) et de ségrégation-exclusion spatiales exploitant le moindre clivage des sociétés très diversifiées, car très mobiles, de notre temps. Les institutions et les règles juridiques, la violence politique et les lois du marché permettent à ces clivages de renforcer partout leur expression géographique.

Richesse et pauvreté contribuent à forger de fortes identités sociospatiales ; des territoires donc, surtout à l'échelle locale. En tant qu'espaces sociaux appropriés, collectivement intériorisés et signifiés, de tels territoires jouent, selon les circonstances, le rôle d'aire de repli, de refuge, de défense, de distinction, de revendication pour les groupes sociaux qui les produisent et se les représentent. Dans les situations les plus critiques, quand le territoire concrétise le mal-être et la domination, il devient creuset d'anomie sociale, de non-droit et de violence.

Richesse et pauvreté ménagent aussi une sélection des lieux géographiques. Leur confrontation spatiale crée des lignes de fracture. Celles-ci confèrent un sens social, des polarités à l'espace. Elles matérialisent, en les amplifiant, les postures et les hiérarchies sociales, les conflits de classes.

Les thèmes de la richesse et de la pauvreté n'épuisent nullement le propos de la géographie sociale, même s'ils en constituent sans doute les repères les plus forts. En les privilégiant, comme nous l'avons fait dans ce chapitre, nous ne pouvions éviter un effet déformant de polarisation des rapports sociaux et des territoires qu'ils construisent. Dans la réalité géographique et sociale, le poids des situations intermédiaires, celui des classes moyennes et de leurs espaces, atténue, surtout dans les pays développés, la violence des rapports sociaux et spatiaux que nous avons volontairement mis en relief dans ces pages. Si nous avons procédé de la sorte, c'est aussi parce que ces rapports extrêmes existent bel et bien. Ils constituent l'un des problèmes majeurs de notre temps.

Références bibliographiques des auteurs cités

BAILLY A. (1981), *La géographie du bien-être*, PUF.

BONVALET C., Brun J. (1998), « Logement et division sociale de l'espace », *Logement et habitat : l'état des savoirs*, La Découverte.

BOURDIEU, P. (1993), *La misère du monde*, Le Seuil.

BOYER J.-C. (2000), *Les banlieues en France, Territoires et sociétés*, A. Colin.

BRUN J., Rhein C., éds., (1994), *La ségrégation dans la ville*, L'Harmattan.

CASTELLS M. (1996), « Les marginaux dans l'histoire », *L'exclusion : l'état des savoirs*, La Découverte.

DI MÉO G. (1991), *Les pays du Tiers-monde*, Sirey, 3e éd.

DUBET F. (1987), *La Galère : jeunes en survie*, Fayard.

DUBET F. Lapeyronnie D., (1992), *Les quartiers d'exil*, Le Seuil.

GIBAND D. (2000), *Philadelphie ou la construction d'une cité postindustrielle (1972-1997)*, thèse, université de Saint-Étienne.

GRAFMEYER Y. (1994), « Regards sociologiques sur la ségrégation », *La ségrégation dans la ville*, L'Harmattan.

LANDES D.S. (2000), *Richesse et pauvreté des nations*, Albin Michel.

MILANO S. (1988), *La pauvreté absolue*, Hachette.

PAUGAM S. (1993), *La société française et ses pauvres. L'expérience du revenu minimum d'insertion*, PUF.

PNUD (2000), *Rapport mondial sur le développement humain*, De Boeck Université.

PREBISCH R., (1963), *Towards a dynamic Development Policy for Latin America*, ONU.

SALEM G., RICAN S., JOUGLA E., (2000), *Atlas de la santé en France, vol.1 - Les causes de décès*, John Libbey Eurotext.

SÉCHET R. (1996), *Espaces et pauvretés, la géographie interrogée*, L'Harmattan.

WACQUANT L. (1993), « De l'Amérique comme utopie à l'envers » *La misère du monde*. Le Seuil.

ZENEIDI D. (2000), *Les SDF et la ville. Le cas de Bordeaux*, thèse, université de Bordeaux-III.

Chapitre 6

Les villes : entre réseaux et territoires

Familier s'il en est, profondément enraciné au cœur de nos expériences individuelles et collectives, le mot ville ne se laisse pourtant pas facilement enfermer dans une définition. On ne dispose pas aujourd'hui d'une théorie générale des villes qui pourrait en caler le sens. Le terme se ressent de ses origines. Le mot français vient étymologiquement du latin *villa*, établissement rural autarcique qui a souvent constitué le noyau des villes médiévales en Occident et auquel sont venues s'agglomérer des maisons. Il renvoie alors à l'idée d'agglomération et au binôme ville-campagne. Avec le territoire de l'agglomération, la ville est dans la filiation de l'*urbs* des Romains, ce territoire physique que l'on dira urbain par opposition à rural. Avec la société qui l'habite, la ville évoque aussi la civitas, communauté des citoyens, empreints de civilité et d'urbanité, toutes caractéristiques collectives qui seraient représentatives du vivre ensemble, du vivre en ville. La ville apparaît ainsi à la fois comme une forme spatiale et un objet social.

LA VILLE ET L'URBAIN

La ville

Porteur de cette dualité, le concept de ville renvoie à un *lieu* identifiable en tant que tel, et dont chacun peut avoir l'expérience intime, par exemple dans ce moment de reconnaissance de l'entrée dans une ville que l'on ne connaît pas encore, ou bien dans ces moments d'émotion forte où on sent avec soi la ville qui s'éveille, la rue qui s'anime et qui s'apprête à s'offrir à chacun. Ce lieu « ville » se distingue traditionnellement de l'espace environnant, de l'extérieur, par une concentration de population, d'activités, d'habitats, une agglomération que caractérise en premier lieu une occupation du sol dense et continue. Il s'en démarque aussi par la présence d'activités qui ne pas relèvent pas directement de l'exploitation du sol et surtout, par la grande diversité et par l'interdépendance de ces activités. La ville s'est d'emblée constituée sur la base d'une large division

Les grandes étapes des études géographiques sur les villes

Dès le début du XXe siècle l'approche géographique de la ville en tant qu'agglomération dominant la campagne avoisinante, « ville régionale » comme la qualifiait Vidal de la Blache (1910), se différencie de celle des Britanniques qui, au même moment, s'interrogent sur les « conurbations », véritables villes-régions, nées de la force de la première révolution industrielle en Grande-Bretagne. R. Blanchard livre en 1911 *Grenoble, étude de géographie urbaine* et J. Lelainville publie en 1913 *Rouen, étude d'une agglomération urbaine*, puis en 1923 *La fonction urbaine de Caen*.

Dans l'entre deux guerres, les études empiriques sur les aires d'influence des villes se multiplient en Europe. Elles prennent une tournure plus appliquée aux États-Unis, cependant qu'en 1933, Christaller, géographe allemand, propose la théorie des lieux centraux. Il faut attendre les années 60 pour que la géographie française conçoive de grandes études systématiques sur les réseaux urbains régionaux (M. Rochefort, 1960, sur le réseau alsacien ; R. Dugrand, 1963, sur le réseau languedocien, Y. Babonaux, 1966, sur le réseau de la Loire moyenne, etc.). Fortement sollicités par la commande publique, des travaux de grande ampleur ont été réalisés sur l'armature urbaine nationale (J. Hautreux et M. Rochefort 1963, sur *Le niveau supérieur de l'armature urbaine de la France*, A. Piatier (1965) *Les zones d'attraction générale des villes par exemple.*

Quelques précurseurs (B. Berry 1964 et A. Pred 1973) annoncent un tournant en proposant de saisir le fait urbain suivant deux niveaux interdépendants d'organisation géographique, avec la ville constituée d'éléments en interaction, et le système des villes interdépendantes. Les études des réseaux urbains des pays industriels tendent à se détacher des relations entre les villes et leur espace environnant pour aborder les relations des villes entre elles dans une perspective systémique. Plusieurs travaux portant sur le système des villes françaises sont représentatifs de ces recherches (Pumain Saint-Julien, 1978, Pumain, 1982, Saint-Julien, 1982, Guérin Pace, 1993), qui ont pu déboucher sur des approches modélisées des systèmes de villes (D. Pumain, L. Sanders, Th. Saint-Julien 1989, L. Sanders 1994), ou sur des tentatives de formulation théorique des évolutions des systèmes de villes (D. Pumain 1998).

Dans la géographie française, les études intra-urbaines sont longtemps restées fragmentaires et compartimentées. Il a fallu attendre 1950, pour que paraisse le premier essai méthodique de P. George, sur Paris et sa banlieue, et 1951 pour voir rassemblés dans un cours de géographie urbaine de J. Tricart des méthodes d'analyse des structures intra-urbaines et une présentation des modèles de l'École de Chicago. Dans les années 60 les problématiques de la croissance, de l'étalement urbain, et des différenciations sociales dans la ville entrent de plein pied dans les études de géographie urbaine. Durant le dernier tiers du XXe siècle, les problématiques géographiques sur la ville à propos de ses formes et de son sens ont eu tendance à se démultiplier, si bien que le renvoi à l'une ou l'autre d'entre elles dans le cadre de ces quelques lignes serait entreprise très périlleuse. Peu de travaux sur ces questions ont cependant autant compté que ceux de M. Roncayolo lesquels montrent des chemins novateurs, dont *Les grammaires d'une ville* (1996) constituent une remarquable synthèse.

des tâches. À cette image, la société urbaine se construit sur les mêmes principes de diversité et d'interdépendance, ce qui se traduit par des modes de sociabilité et des modes de vie citadins, par un art d'habiter ensemble la ville que symbolise, à sa manière, la dualité entre espaces privés à accessibilité réduite et espaces publics, diversifiés accessibles et ouverts à tous, tels rues, places, parcs, et bâtiments publics. À la force de ces interdépendances sociales très multiformes a traditionnellement correspondu une forte structuration spatiale de l'agglomération autour d'un centre. La *centralité* est apparue comme principe directeur majeur de l'organisation du bâti, de la répartition des populations et des activités, du tracé des voies de circulation, des directions des flux, qui animent l'espace de la cité et qui restituent les pratiques multiscalaires des lieux dans la ville.

La conception et le développement des territoires des villes, leur maintenance urbanistique, leur gestion politique, administrative ou sanitaire et, plus généralement, les besoins de leur connaissance, ont conduit à peu près tous les pays à se doter d'une définition et partant, d'une délimitation des villes. Les règles adoptées empruntent aux différents registres : masse de population concentrée, densités, continuité du bâti et aussi, dans un certain nombre de pays, indicateur du poids relatif des activités non agricoles. Dans le détail, les recouvrements des différentes définitions ne sont que partielles, d'où les difficultés rencontrées par les comparaisons.

Considérer la ville comme un isolat n'a pas de sens. La ville existe par et pour l'extérieur. Elle est en premier lieu élément d'une couverture spatiale, d'une armature du territoire. Pendant longtemps la couverture des places fortes a protégé le plat pays et, dans toutes les constructions territoriales, on retrouve aisément la trace d'une armature des marchés. Chacun de ces centres a desservi ou, dans les sociétés rurales traditionnelles, dessert encore un certain ressort, une certaine région agricole laquelle, en retour, assure son approvisionnement. De son côté, l'armature des chefs lieux administratifs rappelle que la ville a pu être conçue comme un relais local du pouvoir politique avec mission d'encadrer le territoire environnant. De tout temps, durant les périodes d'expansion religieuse, de semblables exigences de couverture spatiale président à l'établissement des lieux cultuels. Au total, la ville relève souvent, d'une armature polyvalente. Aux interdépendances des différentes fonctions « centrales » correspond une convergence des formes spatiales de l'encadrement, ce qui contribue à conforter la vigueur de la couverture du territoire par les villes. Qui du prince, du prêtre, du marchand ou du militaire a le premier fondé la ville ? La réponse à cette question des origines demeure controversée et on ne dispose aujourd'hui pour y répondre que d'hypothèses très partiellement articulées les unes aux autres. Pourtant, historiens, archéologues et géographes, s'accordent sur un point. Au-delà des origines, la réussite d'une ville passe par une position reconnue dans la couverture du territoire. Or cette position a toujours été mieux assurée quand les arrivées des marchands, des prêtres et des princes, se sont succédées de peu, et quand la ville a pu bénéficier, sur la longue durée, de la présence et des interdépendances de ces fonctions multiples.

Le rôle de la ville vis-à-vis de l'extérieur est tout aussi aisément repérable par sa fonction de nœud dans un réseau d'échanges. Ville étape, ville relais, ville port, ville carrefour, autant d'expressions qui, chacune, renvoient très concrètement au rôle de médiation de la ville dans un réseau d'échange. Ce rôle se manifeste par les fonctions spécialisées qu'une ville concentre et dont les dynamiques dépendent de celles des autres centres complémentaires ou concurrents, de l'existence d'un marché extérieur. Tout à la fois, élément d'une couverture territoriale, nœud dans un réseau d'échange, pôle spécialisé, la ville est le lieu à partir duquel se structurent les différents champs des activités sociales et, par-delà, l'ensemble du complexe territorial. En ce sens, la ville naît et perdure du fait des relations qu'elle entretient avec l'extérieur, avec le proche et le lointain, avec les autres villes et avec l'espace rural.

L'urbain, une invention récente

Dans son acception la plus usuelle, l'adjectif urbain renvoie à ce qui a trait à la ville, qui s'y rattache directement, par opposition à rural. On parlera par exemple de population urbaine pour désigner la population rassemblée dans les villes, de croissance urbaine à propos de la croissance démographique de cette population. On qualifiera aussi de « révolution urbaine » le formidable mouvement de création et de croissance des villes qui a frappé l'Europe du XIe au XIVe siècle. On nommera, urbanisme l'art et/ou les techniques concourant à la création ou à l'aménagement des villes. L'apparition du substantif « urbain » dans le courant de la deuxième moitié du XXe siècle a pourtant signalé un glissement de sens ou pour le moins une incertitude sur l'identité de la ville.

Dès le début du XXe siècle, P. Geddes introduit la notion de conurbation pour désigner des entités urbaines de vaste taille, nées de la première révolution industrielle et particulièrement nombreuses en Grande Bretagne, faites de plusieurs centres très intensément reliés les uns aux autres, l'ensemble ainsi constitué rompant avec le modèle traditionnel des liens entre villes et campagnes. Mais c'est surtout dans la seconde moitié du XXe siècle que le terme urbain s'est imposé. La généralisation des transports motorisés, la très grande mobilité des populations, l'étalement en continu d'abord puis de plus en plus diffus des villes, en général à partir des anciens noyaux, ont engendré de nouvelles entités qu'il a fallu nommer, parfois avec difficulté comme en témoignent les appellations flottantes d'aire urbaine, de région urbaine, de région métropolitaine. À ces ensembles correspond un peuplement plus ou moins dense et plus ou moins diffus, qui s'est développé autour d'un ou de plusieurs centres. Souvent, ces avancées diffuses ont pu se faire principalement à partir d'un centre dominant, qui a progressivement fait passer sous son emprise directe des centres secondaires condamnés à devenir de simples satellites. Du fait de la force du processus d'étalement, des centres en expansion suffisamment proches finissent par se rejoindre pour constituer progressivement une même structure urbaine plus ou moins polycentrique. Dans la lignée des conurbations de ses débuts, le XXe siècle a vu se multiplier, sous toutes les latitudes des entités de ce type, fortement interconnectées et pouvant se déployer sur quelques milliers de km^2.

Le concept morphologique d'agglomération ne suffisant plus à cerner ces nouvelles et parfois très vastes entités on a cherché dans beaucoup de pays d'autres concepts et d'autres critères de définition. Ces derniers devaient en premier lieu tenir compte du rôle des navettes lieu de résidence lieu de travail c'est-à-dire de la mobilité quotidienne des populations. Ils devaient donc intégrer les dissociations, désormais acquises, entre une extrême diffusion des fonctions résidentielles et une bien moindre décentralisation des autres fonctions, la centralité, même sous la forme d'un plus grand polycentrisme demeurant un principe directeur fort des nouveaux espaces urbanisés. Les nouvelles entités ainsi définies ont été souvent proches du concept de bassin d'emploi quand on a procédé en délimitant les zones périphériques fortement polarisées par un centre, à la fois pour l'emploi quotidien et pour la croissance, le centre étant souvent conçu comme l'ensemble constitué par la municipalité centrale et sa banlieue immédiate. Souvent, ces pôles centraux ont été choisis en tenant compte, non seulement d'un seuil de population, mais aussi d'un seuil d'emploi. Dans des zones où la structure centrale était proche du modèle de la conurbation, les entités identifiées sont multipolaires. Des définitions des Standard Metropolitan Areas aux États-Unis en 1960, aux Aires urbaines délimitées en France en 1996, c'est un peu la même logique qui a prévalu.

Les nouvelles formes urbaines, que ces délimitations tentent de cerner, accentuent l'incertitude des appartenances et des limites, entre centre et périphérie et entre rural et urbain. Ainsi par exemple, pour tenter de pallier ces incertitudes les délimitations des aires urbaines ont, en France, abouti à la différenciation de quatre types d'espaces : pôles urbains, couronnes périurbaines, communes multipolarisées, rural sous influence urbaine. D'autres caractéristiques de ces nouvelles entités urbaines contribuent au moins autant à les distancier du modèle traditionnel de la ville. Généralisée sur la base de normes techniques et idéologiques plus ou moins contraignantes, une spécialisation des espaces et des circulations selon les usages s'y est progressivement imposée, donnant libre cours au zonage urbain. De ce fait, les imbrications spatiales des différentes fonctions, la nature des voisinages, les représentations de la ville, de ses parties et de sa totalité, les repères construits se sont modifiés en profondeur.

Aux incertitudes des limites et des repères internes, sont venus s'ajouter des changements dans la nature et dans la portée des relations que la ville entretient avec l'extérieur. Incertitudes sur une distinction du proche et du lointain, interférences d'échelles dans la définition des relations à distance ont pesé d'un grand poids dans cette omniprésence de « l'urbain », qui perd de sa substance dès lorsqu'il prétend tout englober. Un des enjeux de ce chapitre est de voir ce qui de la ville a résisté à l'urbain, et en quoi l'urbain est générateur d'une réinvention de la ville.

LA DIFFUSION DE L'URBANISATION ET LA BANALISATION DE LA VILLE

On évaluait en 1990 à 2,7 milliards le nombre des habitants du monde qui résidaient dans une agglomération d'au moins 10 000 habitants (Moriconi, 1993). Ceux-ci étaient répartis pour quelques 45 % en Asie dont plus de 12 % en Chine et à peu près 9 % Inde, 23 % en Europe, 23 % en Amérique, avec à peu près 13 % en Amérique Latine et un peu moins de 9 % en Amérique du Nord. L'Afrique concentrait 9 % des citadins de la planète. Une telle répartition rend compte en premier lieu de la localisation des grandes concentrations humaines, d'où le poids relatif de l'Asie dans ce total. Mais elle traduit aussi une inégale pénétration du phénomène urbain dans les différentes aires géographiques.

De grands contrastes du peuplement urbain à l'échelon de la planète

Le taux d'urbanisation, simple rapport entre la population concentrée dans les villes et le total de la population recensée dans un ensemble géographique donné, permet de saisir de manière synthétique ces disparités de diffusion du phénomène urbain. Calculé à l'échelon des États du monde, ce taux atteint un niveau moyen de l'ordre de 45 %. En réalité les disparités des situations nationales sont très grandes. Les taux avoisinent les 20 % dans les pays les moins urbanisés et ils vont jusqu'à 80 % dans ceux qui le sont le plus. Ces disparités géographiques des taux d'urbanisation semblent liées à celles des niveaux moyens de richesse. En effet dans l'ensemble, les pays les plus riches de l'hémisphère nord et de l'hémisphère sud ont tendance à être aussi parmi les plus urbanisés (coefficient de corrélation r = + 0,8). On trouve dans le peloton de tête les États d'Europe, ceux d'Amérique du Nord et du Sud, l'Australie, la Nouvelle-Zélande, la Corée du Sud et le Japon. De ces pays se rapproche une guirlande d'États au nord du Sahara qui ont des taux supérieurs à 50 %. Si on définit quatre classes d'États selon le niveau moyen de richesse atteint à la fin du XXe siècle, le taux d'urbanisation atteint 78 % pour la classe des États à revenu élevé, 74 % pour celles des États à revenu intermédiaire supérieur, 42 % pour la classe des États à revenu intermédiaire faible et enfin 28 % pour la classe des États à revenu très faible.

Cependant la force de cette relation est moins nette à l'intérieur de chacun des sous-ensembles. Ainsi par exemple, à niveau de richesse à peu près équivalant, les taux d'urbanisation sont systématiquement un peu plus faibles en Europe qu'ils ne le sont en Amérique du Nord. De plus, indépendamment de la variabilité des niveaux de richesse par habitant, une variabilité des taux d'urbanisation se retrouve entre pays d'un même sous ensemble. En dépit de sa position dominante en Europe pour la richesse par habitant, la Suisse, par exemple, n'appartient pas au peloton des pays européens les plus urbanisés.

Enfin, toutes choses égales quant à la richesse par habitant, on note que les disparités des niveaux d'urbanisation entre les différents États du Monde dépendent de multiples facteurs. Parmi ceux-ci, on doit citer l'ancienneté du peuplement. Quel que soit l'échelon géographique que l'on considère, cette ancienneté se reflète dans les niveaux des taux d'urbanisation dans la mesure où, un peuplement récent a toutes chances de s'être mis directement en place suivant des normes en rapport avec les exigences d'une économie industrielle et tertiaire, dans laquelle les concentrations urbaines sont le modèle dominant. Ainsi s'explique sans doute que les pays neufs aient en général atteint aujourd'hui les taux d'urbanisation les plus élevés. D'autres facteurs interviennent pour expliquer, au plus juste, les disparités géographiques des taux d'urbanisation à l'échelon des États, telles les densités de population ou encore, des caractéristiques du milieu physique particulièrement discriminantes dans l'implantation des populations. Ce faisant, l'explication a été un peu déplacée en direction d'une compréhension plus générale de la répartition de la population.

La diffusion de la transition urbaine

Les disparités des taux d'urbanisation prennent tout leur sens sur la longue durée. Elles s'inscrivent dans un processus de « transition urbaine » qui correspond au passage des sociétés d'une économie agraire, exploitant principalement des ressources locales, à une économie industrielle et tertiaire s'appuyant sur des échanges à longue portée. Sur la longue durée, dans tous les pays du Monde, l'évolution des taux d'urbanisation correspond de manière très caractéristique et très universelle à une courbe en S (fig. 26). Cette courbe, que décrit bien une fonction logistique, est très caractéristique des processus de diffusion avec saturation (Pumain, Saint-Julien, 2001). Dans un premier temps, les taux stagnent, le système socioéconomique et le système de peuplement sont à l'équilibre. Quand le passage d'une économie agraire à une économie industrielle et tertiaire s'enclenche, le système de peuplement se modifie. Les taux se mettent à croître, lentement d'abord, puis de plus en plus rapidement. Il y a accélération du processus jusqu'au moment où le pays atteint le taux de 50 %. Au delà, la croissance demeure très vive pendant un certain temps, puis elle a tendance à ralentir plus vite pour devenir progressivement nulle, avec l'achèvement de la diffusion du nouveau modèle économique. Le taux d'urbanisation stagne à nouveau, l'ajustement entre système socioéconomique et système de peuplement est provisoirement réalisé.

Ni les moments des décollages, ni les vitesses auxquelles se sont produites ces transformations et donc, ni les durées des périodes durant lesquelles a pu s'effectuer le passage d'un système de peuplement à un autre, n'ont été les mêmes partout. Ces décalages spatio-temporels, sensibles à différents échelons géographiques se lisent aisément sur la figure 26, qui compare les courbes établies à l'échelon des différentes zones géographiques et, sur quelques exemples, à l'échelon des États. On note l'antériorité du décollage de l'Europe sur celui de l'Amérique du Nord, précédant tous deux celui de l'Amérique latine. L'Asie puis l'Afrique n'entrent que beaucoup plus tard dans la transition. Des décalages se manifestent aussi à l'intérieur de ces sous ensembles, comme l'illustrent les courbes de la France et du Royaume-Uni pour l'Europe, et celles du Japon et de l'Inde pour l'Asie. Les pentes des courbes sont un révélateur des vitesses de la propagation de ce changement, plus rapide par exemple en Amérique du Nord qu'il ne l'a été en Europe. Enfin, sans sous estimer les effets sur les mesures de ces taux des disparités entre définitions de la ville et de l'urbain, des écarts entre les niveaux auxquels les taux d'urbanisation se stabilisent (autour de 75 % en France, mais à peine supérieur à 60 % en Suède), sont révélateurs du modèle d'urbanisation adopté par un pays donné. Ce modèle dépend certes des conditions technico-économiques dominant la période de la transition, mais il est aussi, toutes choses égales quant à la période, une expression des rapports qu'une société entretient avec son espace, des modes d'habiter qu'elle privilégie, des pratiques territoriales qu'elle conserve ou le plus souvent qu'elle est mise en demeure de réinventer dans le changement. Un classement des pays en fonction de leur position sur la trajectoire de la transition urbaine renseigne sur le degré de pénétration d'un mode de peuplement urbain et, à certains égards, d'un mode de vie plus ou moins urbain. Pourtant, des trajectoires comparables ont pu être sous-

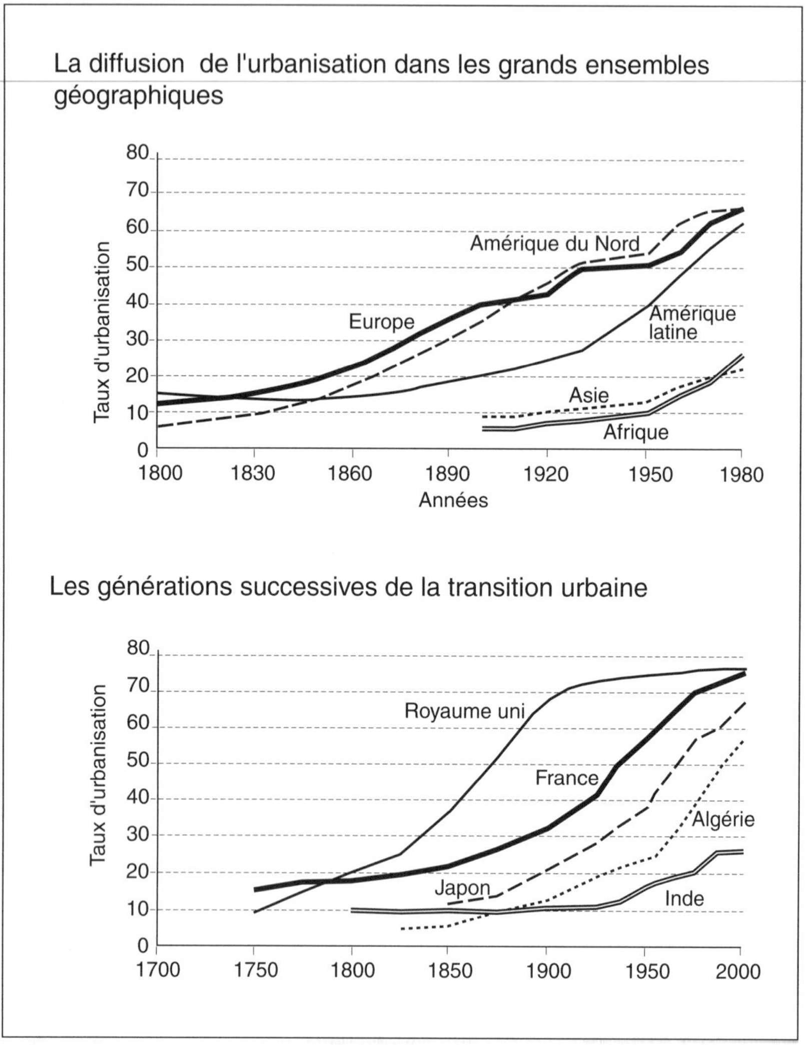

Figure 26 : **La diffusion de l'urbanisation depuis le XIXe siècle**
Source : Bairoch P., Cote M., 1996, *L'Algérie*, Masson, 1985 ; Durand-Dastès F., *Monde indien. Géographie universelle*. Belin, 1995.

tendues par des dynamiques différentes dans l'espace et dans le temps. Une forme commune ne doit pas faire illusion.

La pluralité des processus d'urbanisation

La transition urbaine est une affaire du monde contemporain. Certes la ville n'est pas une invention des deux derniers siècles. Le Bassin méditerranéen dès l'Antiquité, puis l'Europe médiévale ont été les foyers d'épanouissement de grandes civilisations urbaines, et l'Extrême-Orient, en particulier, l'Inde et la Chine ont su très tôt inventer les très grandes villes. L'ouvrage de P. Bairoch au titre évocateur : *De Jéricho à Mexico, villes et économie dans l'histoire* (1985), propose une fresque de cette longévité et de cette diversité des villes et des civilisations urbaines jusqu'à l'époque moderne. Pourtant, à partir de la première moitié du XIXe siècle, et pour la première fois dans l'histoire du monde, la croissance de la population urbaine a dépassé celle de la population totale, la population des villes a cru beaucoup plus vite que celle des campagnes, la première s'alimentant largement des ponctions effectuées sur la seconde. La transition urbaine était ainsi engagée.

Du fait de l'assez belle continuité de la diffusion spatiale de cette transition, on pourrait hâtivement conclure à l'unicité du processus contemporain d'urbanisation. Or même en simplifiant beaucoup, on doit distinguer au moins deux processus qui se sont alimentés de forces différentes. Apparus décalés dans l'espace et dans le temps, ils ont contribué, chacun de leur côté et successivement, à une banalisation du fait urbain dans le monde.

L'urbanisation et la révolution industrielle au Nord

L'histoire de l'urbanisation de l'Europe et par la suite de l'Amérique du nord, et celle de leur industrialisation sont étroitement imbriquées. Parti de la Grande-Bretagne, le processus de développement économique qui caractérise la première révolution industrielle s'est propagé avec vigueur en Europe à partir du milieu du XIXe siècle. Il a gagné rapidement la Belgique, la France, l'Allemagne, et le Nord de l'Italie. Il s'est diffusé plus lentement, et beaucoup plus sélectivement, en direction de l'est et du sud. À partir de l'Europe, la révolution industrielle a gagné l'Amérique du nord. L'urbanisation de la population a accompagné ce mouvement. Au rythme de cette diffusion, la croissance urbaine, étroitement liée à l'offre d'emploi et à l'élévation moyenne de la richesse, a atteint des niveaux jamais égalés jusque-là. Cette croissance a été soutenue par un puissant flux d'exode rural, les réserves démographiques des campagnes tenant à la fois aux gains de productivité réalisés dans l'agriculture et à une transition démographique qui les avantageait : les taux de natalité y étaient, en moyenne, supérieurs à ce qu'ils étaient dans les villes alors que, les taux de mortalité y étaient très inférieurs. Dans un premier temps la croissance urbaine a surtout favorisé les régions détentrices de gisements miniers et les très grandes villes. Cependant, avec le développement de transport plus rapides et spatialement plus flexibles (généralisation des transports ferroviaires) et plus tard, avec l'apparition de nouvelles sources d'énergie, l'étau de la proximité s'est progressivement un peu desserré, les villes anciennes ont aussi bénéficié de cette croissance. Les développements ultérieurs, industriels puis tertiaires, qui ont accompagné la croissance économique des pays développés durant la seconde moitié du XXe siècle, ont été un peu moins tributaires d'une forte croissance urbaine. Jusqu'au milieu des années 1970, une immigration massive en provenance des pays pauvres a certes pu prendre dans les villes le relais d'un exode rural en voie de tarissement. Mais par la suite, le développement a davantage misé sur des gains de productivité et sur certains transferts sélectifs de production de biens puis de services en direction des pays pauvres.

L'urbanisation et la transition démographique au Sud

Le décollage de l'urbanisation a été beaucoup plus tardif dans les autres régions du monde. Il n'a pas reproduit, à un siècle d'intervalle, un mouvement du même type. Dans le temps où se diffusait la première révolution industrielle, un grand nombre de ces régions étaient soumis à une domination coloniale. Or les relations entre colonisation et industrialisation ne sont jamais allées de soi. La colonisation a promu, au moins dans un premier temps, une désindustrialisation des villes traditionnelles quand l'activité de ces dernières était, comme dans le cas de l'Inde, de nature à concurrencer l'industrie de la métropole. Elle a parallèlement soutenu la croissance de quelques grandes villes, minières ou portuaires, le plus souvent appelées à jouer le rôle de nœuds privilégiés de relation entre la colonie et la métropole. Elle a aussi, avec la diffusion de nouvelles normes sanitaires, contribué à engager ces régions sur la voie de la transition démographique. Plus généralement, elle a accéléré la propagation des normes occidentales de consommation.

La grande vague d'urbanisation y débute dans les années 1920-1930. D'une ampleur sans précédent à l'échelle de l'histoire de l'humanité, elle se déploie dans des conditions en rupture complète avec le modèle du XIXe siècle. L'augmentation très rapide du nombre et de la proportion des citadins s'effectue sur fond de croissance démographique accélérée, en relation avec l'entrée de ces pays dans la transition démographique. Elle se réalise dans un premier temps sans développement économique, sans industrialisation et sans gain de productivité agricole. Les jeunes ruraux sont attirés par les villes, mais ils sont plus encore rejetés par les campagnes. Dans la quasi totalité de ces pays, durant toute la seconde moitié du XXe siècle, les rythmes de croissance de la population urbaine ont été globalement très supérieurs à ceux de la croissance économique. De plus, avec la propagation de la transition démographique, la croissance de la population urbaine n'a que lentement, parfois, dépassé le rythme de la croissance de la population totale. D'où, en dépit de concentrations massives de population dans les villes en général, mais surtout dans les très grandes villes, des positions dans la transition urbaine qui restent relativement contrastées d'un pays à l'autre. Les villes construites plus ou moins hâtivement sur de telles bases ont tout ou presque tout à réinventer.

LES TRAMES DES VILLES, UNE CONSTRUCTION SUR LA TRÈS LONGUE DURÉE

Les taux d'urbanisation sont des moyennes qui renseignent peu sur la manière dont l'espace est occupé par les villes, tramé par celles-ci. Les trames de villes, ou semis de villes, font partie de ces grandes traces spatiales qui sur le temps long, sont parmi les mémoires les plus actives des sociétés. Dans les réinterprétations des lieux et de l'espace auxquelles elles se livrent, ces dernières se sont souvent montrées au moins aussi soucieuses du réinvestissement des villes anciennes que de la création de nouvelles. On propose dans un premier temps de décrire les formes de cette occupation en considérant à la fois les disparités de taille des villes et leur densité (fig. 27). Ces deux familles d'indicateurs donnent une

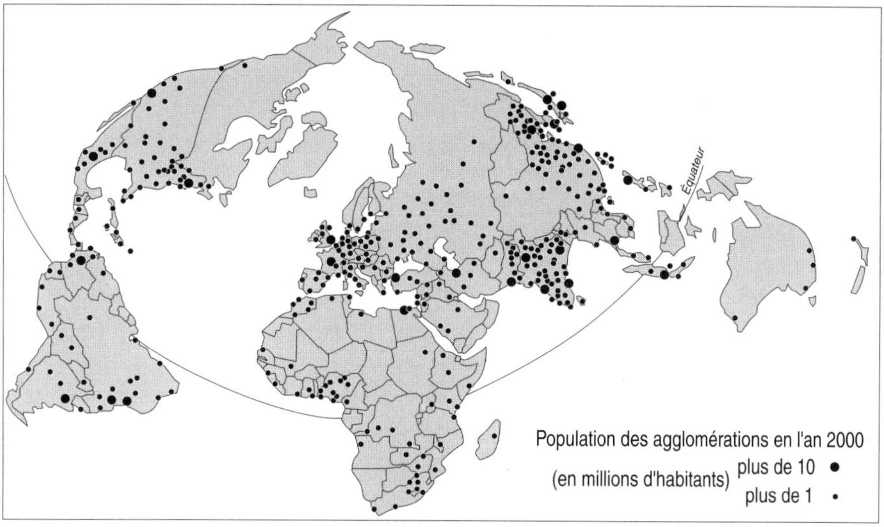

Figure 27 : **Le semis des grandes villes dans le monde**
Source : Dollfus Olivier, *Le système monde. In Mondes Nouveaux Géographie Universelle*, tome 1. Hachette Reclus, 1991, p. 250.

première idée des différents modèles suivant lesquels les sociétés ajustent villes et espace sur le temps long de la construction de leur territoire.

Les hiérarchies des tailles de villes

La taille démographique d'une ville est liée à une certaine concentration d'entreprises, un certain type de structure sociale ou de structure d'activité, un certain mode de vie, une certaine ambiance urbaine, qu'il s'agisse du paysage, d'atmosphère culturelle, de milieu. Dire la taille d'une ville c'est déjà savoir beaucoup de choses sur elle et sur ceux qui l'habitent. S'intéresser aux disparités de taille d'un ensemble de villes c'est se donner une première idée de la manière dont, à moyenne et à petite échelle, une société investit son espace, le structure, le gère, privilégiant un mode d'habiter et de transformer le monde et ce faisant, elle-même. Dans cette organisation de l'espace par la ville, qui favorise plutôt soit les grandes concentrations, soit les regroupements de moyenne et de petite taille, les sociétés se réfèrent à des modèles en partie différents. Enfin, s'attacher à caractériser les disparités de taille des villes d'un territoire, c'est déjà poser la question de leur interdépendance. Car, la taille atteinte par une ville en un lieu dépend de ce que sont les tailles des villes dans un voisinage immédiat ou plus ou moins lointain, les villes n'évoluant pas isolément les unes des autres.

Quelle que soit la région du monde ou bien l'époque considérée, l'importance des inégalités de taille des centres de peuplement a frappé tous les observateurs. Les tailles des villes d'un ensemble géographique s'inscrivent dans un continuum qui va des noyaux les plus élémentaires du peuplement rural aux plus grandes villes du Monde : regroupements de quelques dizaines d'habitants pour des hameaux ruraux, de quelques centaines à quelques milliers dans des régions agricoles à peuplement très dense et très aggloméré pour les villages et enfin, entre plusieurs milliers et plusieurs millions dans les plus grandes mégapoles pour les villes. Une seconde caractéristique de ces distributions des tailles de villes est que le nombre des centres diminue très rapidement quand augmente leur taille, et que cette diminution a tendance à suivre une règle bien repérée par les observations empiriques. Si, à l'échelon d'un État par exemple, on range les villes suivant des classes de taille telles que, au passage d'une classe à l'autre, l'étendue de la classe soit multiplié par 2, alors le nombre des villes de la classe a tendance à être lui divisé par deux, ce qui rapproche la distribution de ces nombres de villes d'une progression géométrique inverse (loi rang taille).

La distribution de la taille des villes : la loi rang taille

Une *fonction de Pareto,* qui décrit le logarithme du nombre des villes comme une fonction linéaire négative du logarithme de leur taille, rend bien compte de cette régularité. Zipf a popularisé cette représentation de la hiérarchie des tailles de villes en la formulant un peu différemment, appelant loi « rang taille » la fonction qui exprime la taille d'une ville en fonction de son rang. Cette fonction est un descripteur très synthétique de la forme d'une hiérarchie des tailles de villes qui est, avec la représentation graphique souvent associée, un outil pratique de comparaison. Pour un ensemble donné, les villes ont tendance à se rapprocher d'une droite dont la pente est proche de –1 et dont l'ordonnée à l'origine est proche de la taille de la ville la plus grande.

Comparer la distribution rang taille des villes d'Europe occidentale et d'Amérique du Nord

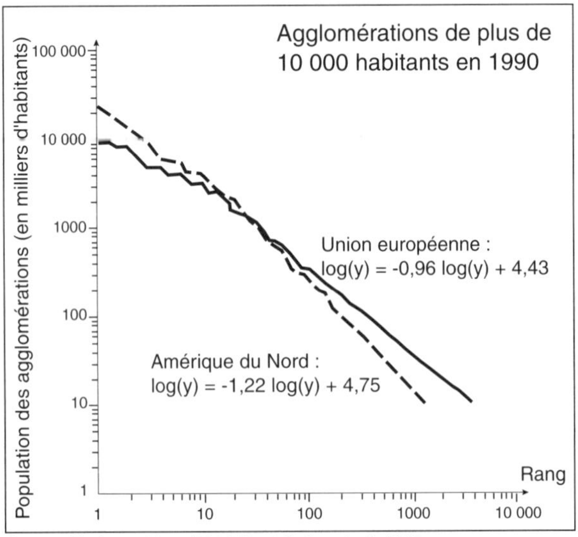

Source : Moricono-Ebrard F. 1993, et Cattan et *ali, 1999, Le système des villes européennes*

La pente de la courbe de distribution des villes de l'Europe occidentale rend compte de l'ancienneté du peuplement et du semis des villes. Elle est plus faible que celle de la courbe d'Amérique du Nord

Comparer dans le temps les distributions rang taille des villes de l'Europe occidentale

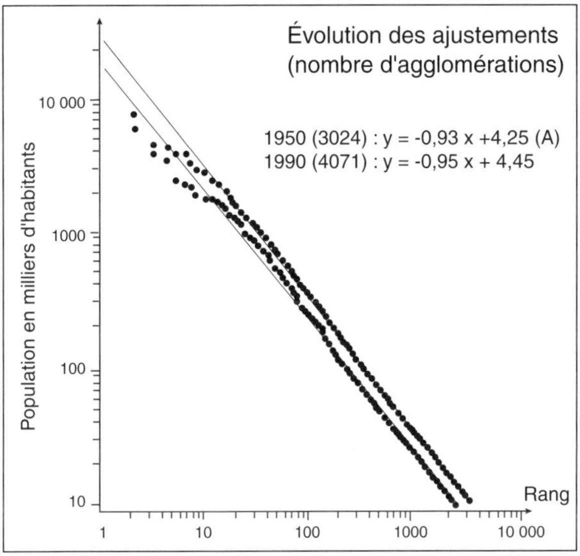

Source : Moricono-Ebrard F. 1993, *L'urbanisation du monde*

Entre 1950 et 1990 la hiérarchie des tailles de villes demeure à peu près stable en Europe occidentale, en dépit d'un léger creusement des écarts entre les plus grandes villes

Par rapport au modèle de la stricte progression de la population des villes selon leur rang, l'accentuation ou, à l'inverse, l'atténuation des contrastes de hiérarchie que révèlent ces valeurs ont de multiples causes. Les contrastes de hiérarchie ont tendance à être d'autant plus grands que le peuplement est peu dense et plus récent. Les grandes lignes de ce dernier se sont en général mises en place en bénéficiant d'un faisceau d'innovations venues modifier les rapports de la taille et de l'espacement. D'une part, la constitution de très grandes agglomérations urbaines a été rendue possible par différentes innovations techniques touchant à la construction et à la mise en place de nouveaux réseaux d'infrastructures pour la desserte des grandes concentrations (réseaux d'adduction d'eau, de gaz, d'égout et surtout de transport intra-urbain). La mise en place du peuplement avec concentration de la population dans les grandes villes est, d'autre part, allé de pair avec la généralisation des transports motorisés. Cette dernière a eu pour effet d'accroître l'espacement entre centres relais, et donc de diminuer leur nombre.

Cependant, certains contrastes hiérarchiques peuvent aussi traduire les effets territoriaux du fonctionnement sur la longue durée d'un système politique très centralisé. Ces effets sont d'autant plus spectaculaires qu'à la centralisation politique s'adjoint une centralisation économique. Ils se manifestent de manière bien spécifique par une déformation du haut de la hiérarchie due à un décrochement vers le haut de la taille de la ville primatiale, quand la concentration de la population a été suffisamment inégalitaire pour que se creusent les écarts entre la population de la capitale et celle des villes suivantes. On peut évoquer des cas extrêmes tels que ceux par exemple de l'Argentine, du Pérou et de l'Uruguay en Amérique latine, où le rapport de population entre la première ville et la suivante est supérieur à 9. Avec un écart de 1 à 7 entre Paris et Lyon, 2e agglomération française par la taille, la France est un cas bien connu de situation de primatie. Il n'est pas isolé en Europe : l'Irlande, le Danemark et la Grèce présentent des situations voisines. À l'inverse, de grands pays européens à structure politique traditionnellement beaucoup plus décentralisée, comme l'Espagne, l'Allemagne ou l'Italie, ont une première ville dont la population s'écarte peu de celle de la deuxième, le rapport étant dans tous les cas inférieur à 2. Il peut se faire cependant qu'une distorsion forte entre la première ville et les suivantes soit moins liée à une centralisation exceptionnelle du système politique actuel, qu'au fait que la concentration métropolitaine au bénéfice de la capitale se soit construite dans un cadre territorial plus vaste, aujourd'hui amputé. Ainsi en va-t-il par exemple, de la taille de Séoul comparée aux seules villes de la Corée du Sud, de Budapest dont la taille ne s'explique aujourd'hui que par le passé de cette ville capitale du Royaume de Hongrie, au territoire beaucoup plus vaste que celui de l'actuelle République. On peut aussi évoquer Vienne dont la taille ne saurait se comprendre à l'aune du territoire actuel alors que celle-ci ne s'explique que par son ancien statut de capitale de l'Empire austro-hongrois. Les grandes villes de niveau immédiatement inférieur, qui avaient grandi dans le cadre des anciens territoires, se trouvent aujourd'hui rejetées à l'extérieur. L'intégration en cours du territoire européen fait se poser la question à l'inverse : en relation directe avec cet élargissement, quels réaménagements du sommet de la hiérarchie européenne des tailles de villes sont désormais engagés ?

Enfin, des contrastes hiérarchiques relativement faibles sont une situation plus fréquente dans les pays peu développés. Ils sont souvent associés à de faibles niveaux d'urbanisation, à une moindre intégration des territoires nationaux, laquelle se traduit, entre autres, par une relative faiblesse des relations entre l'ensemble des villes.

Densités et espacements des villes

À petite échelle, les disparités des densités des villes renvoient aux disparités de densités de population. À moyenne et à plus grande échelle l'existence de cette relation est loin d'être systématique. Les inégales densités des villes ne rendent pas davantage compte de la plus ou moins grande pénétration du fait urbain, tels que les taux d'urbanisation permettent de la mesurer. Elles sont en revanche assez étroitement liées au degré d'ancienneté du semis des villes. Les espacements entre centres, qui sont d'autant plus grands en moyenne que les villes sont grandes, ne se comprennent aujourd'hui qu'en introduisant la mesure des rapports qui s'établissaient entre temps et distance, et entre distance et taille, au moment de la création urbaine et durant la période de sa consolidation.

L'Europe a le semis de villes le plus dense. Si on considère la trame des agglomérations de plus de 10 000 habitants, 16 km seulement séparent en moyenne une ville de sa voisine, et cette distance moyenne peut même atteindre moins de 12 km dans les pays de la dorsale des fortes densités qui prend l'Europe en écharpe de la Grande Bretagne à l'Italie. Après l'Europe vient l'Asie qui, avec une densité de population proche de celle de l'Europe (autour de 100 h au km^2), a un espacement moyen entre ses villes de l'ordre de 29 km, cette distance pouvant toutefois être beaucoup plus faible dans des pays pourtant de tailles très différentes comme par exemple, au Japon, en Corée ou bien encore en Inde. À l'opposé, les pays neufs ont globalement les semis les moins denses. Ainsi par exemple, 44 km séparent en moyenne les agglomérations de plus de 10 000 habitants aux États-Unis, 54 km en Argentine, et plus de 100 km en Australie et au Canada. Bien que ne relevant pas à proprement parler de la catégorie des pays neufs, le continent africain enregistre des espacements assez grands, supérieurs à 50 km, mais avec il est vrai de forts contrastes internes. C'est ici moins le peuplement qui est récent que l'intrusion de la ville, comme outil d'appropriation et de gestion de l'espace. Si on excepte quelques franges discontinues du nord et du nord-est du continent, en contact dès l'antiquité avec des civilisations urbaines, le semis des villes se ressent en Afrique d'une importation récente sur un espace dont le peuplement traditionnel était très peu dense et organisé selon des normes étrangères à celle qu'impose le fait urbain.

Densité du semis et poids relatif des villes petites et moyennes sont liés. Si par exemple on considère d'une part, l'Europe et le sous-continent indien et d'autre part, les États-Unis, on note que vers 1990, pour le premier sous ensemble, les agglomérations de plus de 200 000 habitants, ne représentent respectivement 55 % et 57 % de la population des agglomérations de plus de 10 000 habitants, alors que ce taux est de 78 % aux États-Unis. Le semis des villes indiennes est ancien. Selon P. Bairoch, le taux d'urbanisation aurait été en Inde, au début du XIIIe siècle, légèrement supérieur à ce qu'il était en Europe à la même époque. De son côté, le semis des villes européennes nous vient en majeure partie de l'Antiquité et du Moyen Âge, quand l'espacement des centres était réglé par les possibilités des déplacements à pied et à cheval. Certes, les révolutions des transports qui se sont succédées à partir du XIXe siècle ont imposé une simplification de la trame antérieure, par obsolescence des centres trop proches et trop petits, et par court-circuitage de centres intermédiaires qui ne constituaient plus une étape obligée. Pourtant, l'inertie du système a joué dans le sens du maintien de villes petites et moyennes en nombre relativement beaucoup plus grand et dotées d'un potentiel démographique encore réel. Dans le cas de l'Inde, il faudrait probablement ajouter à ces raisons le fait que la densité de ces centres est aussi à la hauteur des densités de population rurale à desservir, cette dernière représente encore dans ce pays plus de 70 % de la population totale. Beaucoup plus récent aux États-Unis, le semis des villes a pu, dès sa mise en place, se calibrer sur des étapes plus longues, adaptées aux transports motorisés, se déployer en « économisant » le nombre des villes petites et moyennes.

Ces observations très générales, qui rappellent le temps long de la formation des semis de villes, renvoient de fait aux échelons et aux dynamiques de leur mise en réseau.

LES VILLES DANS LA MISE EN RÉSEAU DES LIEUX

On a pu, à petite échelle, rapprocher les formes des semis de villes d'une part, et les inégalités des densités de population et de l'ancienneté du peuplement d'autre part. Ces liens renvoient à la fois, à ce qui est l'essence même de la ville, et aux fondements de sa dynamique. Ils s'alimentent de la mise en relation des lieux que tisse la multiplicité des échanges entre acteurs sociaux localisés. Cette mise en relation et sa valorisation durable rendent les villes interdépendantes justifiant que, à moyenne et à petite échelle, on puisse interpréter la ville comme un élément dans un système de villes. On appelle système de villes un ensemble de villes, dans lequel chacune entretient plus de relations avec une autre ville de l'ensemble qu'elle n'en entretient avec une ville située à l'extérieur. Pourquoi les villes apparaissent-elles sur la durée interdépendantes et donc concurrentes ? Pourquoi les systèmes de villes représentent-ils une dimension majeure des structures spatiales et de la formation des territoires ?

Pour répondre à ces questions on doit évoquer la notion de fonction. On appelle *fonction* d'une ville, le rôle économique que joue cette ville dans un ensemble de villes et, par là même, dans l'ensemble territorial auquel ces villes appartiennent. On dira que dans l'ensemble des villes françaises et donc du territoire national, la fonction de Toulouse tient à la fois à son rôle de capitale régionale et à celui de grand centre des industries aéronautiques et spatiales. La fonction de Toulouse se définit en outre à d'autres échelons géographiques. À l'échelon régional on mettra l'accent sur les fonctions de capitale régionale. À l'échelon européen, on invoquera plutôt, sa fonction de pôle majeur des industries aéronautiques et spatiales pour la distinguer des autres grandes villes qui, par ailleurs, assument toutes, en général, une fonction de capitale régionale, ce qui n'est donc plus à cet échelon une spécificité. La fonction d'une ville est ce qui individualise son activité par rapport à l'extérieur, ce qui fait que la ville contribue à la structuration des espaces et à la construction de territoires. Cette individualisation se répercute à la fois sur les relations que la ville entretient avec l'extérieur, et sur les caractéristiques de son identité socioculturelle.

La centralité, ou la dimension banale de la fonction des villes : des centres pour des périphéries

On a observé une apparente liaison entre la taille et l'espacement des villes. Quelle que soit la région du monde où encore, l'échelon géographique que l'on considère, ces deux indicateurs révèlent à la fois une dimension majeure de la fonction des villes et un principe fondamental d'articulation entre une ville et son espace environnant. On entend par centralité le degré de complexité fonctionnelle acquis par un centre et qui lui confère une puissance d'attraction sur une région, sur une périphérie. L'attraction d'une ville se manifeste dans un environnement de centres concurrents pour cette maîtrise du territoire et donc, de centres interdépendants. Par les personnes et les entreprises que les centres rassemblent, la centralité est une expression des capacités de ces derniers à attirer, à accumuler, à valoriser, à redistribuer. Les manifestations de la centralité sont repérables dans de multiples registres, économique certes mais aussi, politique et administratif, culturel et symbolique. Elles impriment leur marque sur le territoire que ces centres desservent et, de manière plus générale, encadrent. On appelle réseau de villes ou réseau urbain l'ensemble des villes qui assurent cet encadrement.

Un semis de villes concurrentes

Le jeu des concurrences que se livrent les villes entre elles pour l'encadrement d'un territoire explique la relative régularité de leur taille et de leur espacement. Cette régularité se reconnaît d'autant mieux sur un territoire que ce dernier correspond à celui par rapport auquel le réseau urbain observé s'est constitué sur le temps long. On la retrouve par exemple à l'échelon de vastes ensembles tels que la Chine, les États-Unis ou le Canada, ou de moins vastes tels en Europe, la France, l'Espagne, l'Allemagne du sud, ou la Grande Bretagne. Conformément au principe de centralité, l'offre et la demande de biens et de services, à la population en particulier, ont eu tendance à se rencontrer en des lieux, privilégiés pour leur accessibilité, appelés « lieux centraux » (fig. 28). Ces lieux se différencient selon les niveaux de leur complexité fonctionnelle. Les biens et les services auxquels on a recours le plus fréquemment sont disponibles dans un grand nombre de petits centres, peu espacés les uns des autres. En moyenne, l'usager, ou le client, souhaite satisfaire sa demande de biens et de services banaux au moindre coût. Il recherche donc ces biens et ces services dans son voisinage et, si possible, dans le même lieu. On appelle portée limite d'un bien ou d'un service la distance maximale que celui-ci acceptera de parcourir pour leur acquisition. Au-delà de cette distance, il s'adressera à un autre centre plus proche. En revanche, biens et services « rares » sont concentrés dans un petit nombre de grands centres qui drainent la clientèle de vastes zones d'attraction. En effet, pour accéder à des biens et à des services auxquels ils ont recours rarement, clients ou usagers consentent des coûts de déplacements plus élevés (que ces coûts soient estimés en distance physique ou en temps ou en argent). La portée limite d'un bien ou d'un service augmente donc avec sa rareté. De leur côté, les entreprises de commerce et les prestataires de services cherchent à compenser la rareté de la demande par des aires marchés ou, s'il s'agit de services publics, des aires de desserte plus larges. Dans un centre urbain de niveau supérieur, on aura donc toutes chances de trouver, à la fois, les biens et les services disponibles dans les centres de plus petite taille et la diversité de ceux offerts par les villes de niveau équivalent. La double hiérarchie, qui ordonne à la fois la taille des centres, associée au niveau et à la diversité des fonctions centrales rassemblées par chacun, et l'emboîtement des zones d'attraction, représente une des dimensions les plus régulières et les plus pérennes de l'organisation des ensembles de villes en un réseau hiérarchisé. Elle est une des structures les plus stables qui soit de la couverture des territoires par les villes.

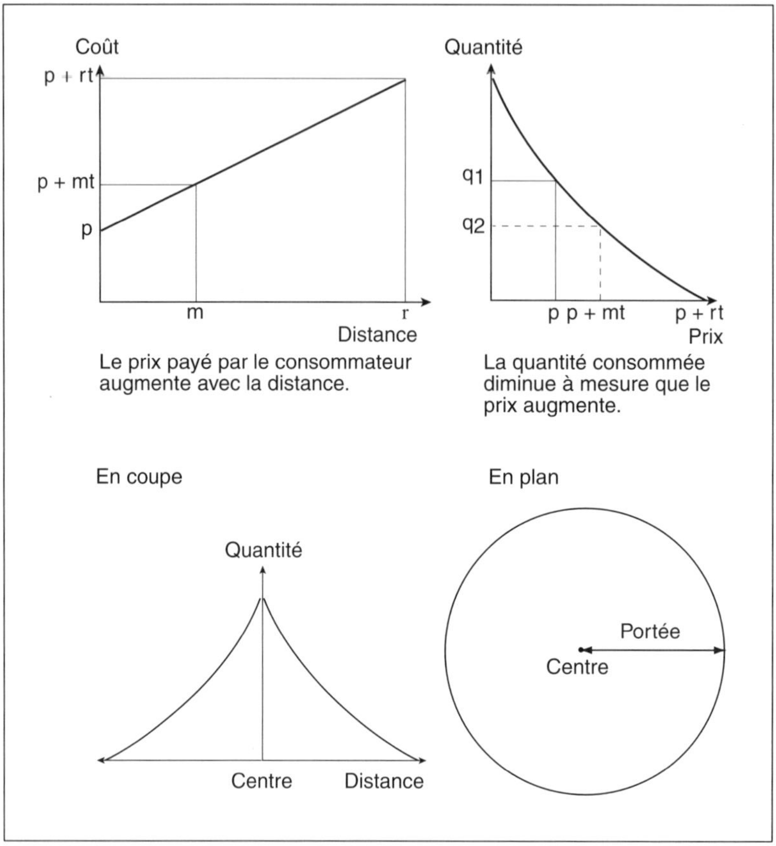

Figure 28 : **La portée spatiale d'un centre**
Source : Denise Pumain, Thérèse Saint-Julien, *Les interactions spatiales*, Armand Colin, coll. « Cursus » 2001

Quel que soit l'échelon géographique que l'on considère, local, régional ou national, cette organisation « hiérarchique » est omniprésente. L'ouvrage de B.J.L. Berry (1971) a popularisé les images de cet ordonnancement hiérarchisé des centres de service. La cartographie de la centralité à l'échelon du réseau des villes françaises permet de repérer tant la hiérarchie des centres que, dans un voisinage régional donné, les formes de la dépendance interurbaine créées par les localisations de fonctions centrales hiérarchisées (fig. 29).

Les régularités de la taille et de l'espacement interprétées par la « théorie des lieux centraux »

Par la théorie des lieux centraux, le géographe allemand W. Christaller a cherché d'une part, à expliquer le nombre, la taille, et les espacements des villes en définissant ces dernières comme des centres dispensateurs de biens et de services. Il a d'autre part, tenté de déterminer les expressions territoriales de ces régularités

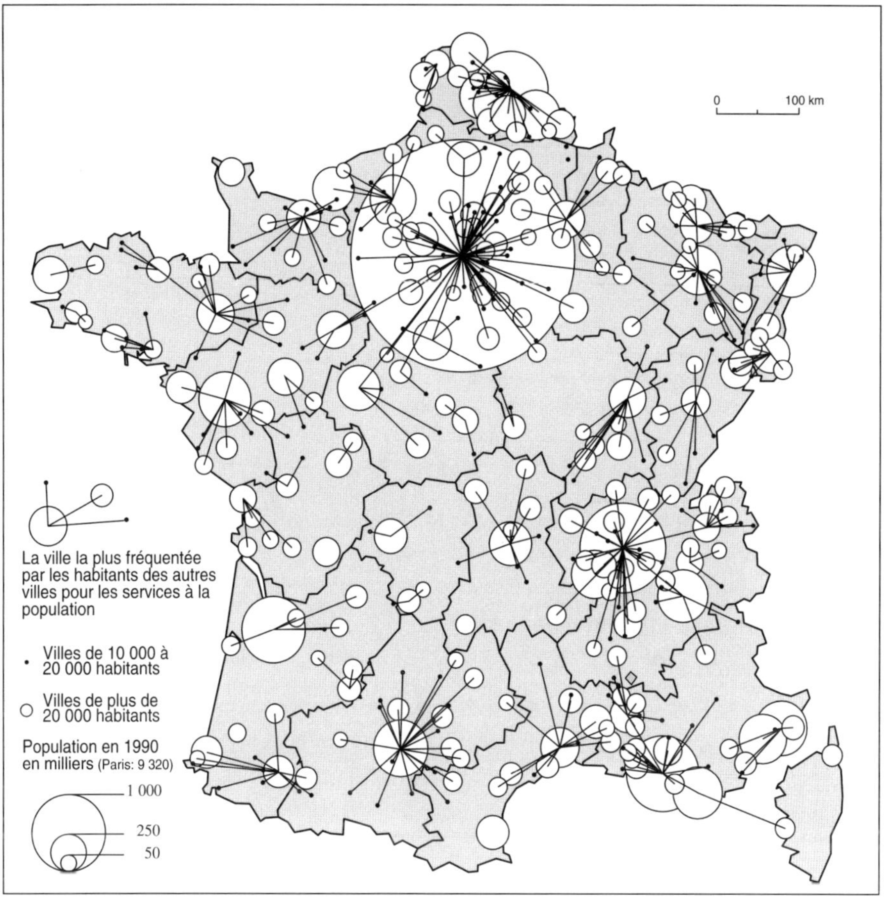

Figure 29 : **La centralité dans le système des villes françaises**
Source : Pumain D., Saint-Julien Th., *L'espace des villes.* La Documentation française, 1995, p 44.

en proposant une géométrie des espacements. Deux postulats sont formulés. Le premier considère que les biens qui ont des portées comparables ont tendance à se regrouper dans les mêmes centres. Le second précise que les centres de niveau supérieur offrent, en plus des biens et des services propres à leur niveau, tous les biens et tous les services spécifiques des niveaux inférieurs. Le jeu de ces principes permet d'aboutir à une disposition prévisible des centres, à la condition que la population, disposant d'un même pouvoir d'achat, soit répartie de manière uniforme, que les conditions de transport soient partout identiques et enfin, que l'accès au marché soit libre. Pour la présentation de cette théorie on se reportera au manuel *Les interactions spatiales* (Pumain, Saint-Julien, 2001). Dans sa modélisation d'une géométrie des lieux centraux, Christaller met en œuvre successivement, un principe de marché qui est un principe d'équité spatiale, un principe de transport qui tend à réduire la longueur des infrastructures et enfin un principe d'administration qui respecte l'emboîtement strict des mailles administratives (voir encadré).

Les modèles spatiaux d'une hiérarchie des lieux centraux d'après Christaller

Principe de marché : k = 3

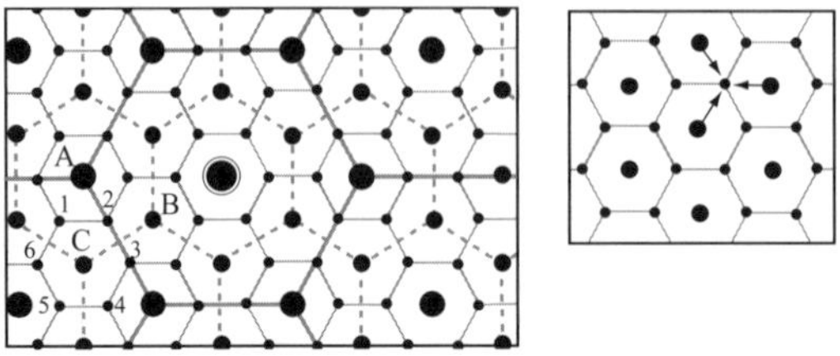

Chacun des centres aux sommets d'un hexagone relève de 3 centres de rang supérieur.

Grande ville • Petite ville • Village • Bourg

Prrincipe d'équité spatiale. Avec ce principe, les conditions d'accès aux centres sont les moins inégalitaires possibles, quand ces derniers sont placés aux sommets de triangles équilatéraux. La clientèle de chaque centre de niveau inférieur se partage entre trois centres de niveau supérieur.

Principe de transport : k = 4

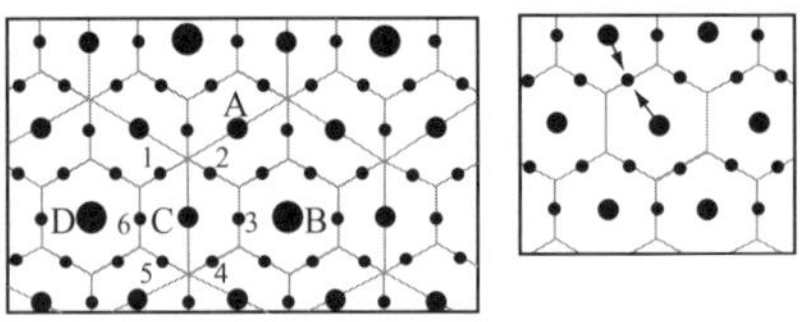

Chacun des 6 centres relève de 2 centres de rang supérieur.

Ville • Village • Bourg

Ce principe tend à réduire la longueur des infrastructures d'accès, que le principe de marché tend à maximiser Les centres sont placés, non plus au sommet mais au milieu des côtés de l'hexagone.

Principe d'administration : k = 7

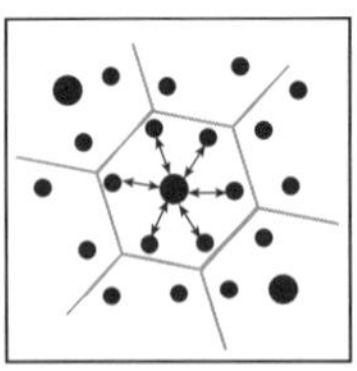

Les 6 centres sont à l'intérieur de l'hexagone.

Le principe tient compte de la règle de l'administration exclusive : les administrés résidant dans un même centre ne peuvent relever de centres de niveau supérieurs différents et concurrents. Les hexagones de niveau inférieur sont intégralement inclus dans un hexagone de niveau supérieur.

Source : d'après Pumain D., Saint-Julien Th., *Les interactions spatiales*, Paris, Colin, Cursus, 2001.

Quels liens entre théorie et pratique ?

Dans la pratique, les trois principes se combinent avec un moindre nombre des petits centres que ne le laisse prévoir la théorie, et une influence plus grande du principe de transport dans les pays neufs, où la mise en place des réseaux urbains est allée de pair avec la création des infrastructures de transport.

La force et l'universalité du principe de centralité comme dimension de l'organisation des territoires n'ont échappé ni aux marchands, ni aux aménageurs, ni aux politiques, tous soucieux d'efficacité de la couverture territoriale. Le modèle des lieux centraux a été considéré moins comme une norme, que pour ce qu'il est, à savoir une représentation pouvant servir de référence dans des opérations d'aménagement du territoire qui, en dépit de présupposés très variés, considèrent que la régularisation des réseaux urbains est un passage souhaitable, sinon obligé. Cette référence a été explicite dans des politiques relativement récentes comme par exemple, celles relatives aux réseaux urbains des pays d'Europe centre-orientale durant la période socialiste, celles dites de « rééquilibrage » du réseau urbain français visant à freiner la croissance de Paris au bénéfice de quelques métropoles régionales ou encore, celles qui aux Pays-Bas ont eu à créer des centres de services dans les zones des nouveaux polders.

Les critiques à l'égard de cette théorie ont à juste titre porté sur l'hypothèse d'uniformité de la répartition des populations difficilement tenable à certaines échelles et en particulier en zone urbaine. Elles ont aussi dénoncé la sous-estimation des effets de la mobilité croissante des populations qui sont beaucoup moins astreintes que par le passé à fréquenter successivement des centres de niveaux différents, le principe des voyages à but multiples tendant à se généraliser. La fréquentation d'un certain nombre de petits centres, ou de centres intermédiaires trop peu éloignés de plus grands a eu tendance à chuter aboutissant au mieux à simplifier la hiérarchie des centres et parfois, à en altérer l'image. Enfin, la théorie des lieux centraux ne peut prétendre rendre compte de manière globale de la hiérarchie des tailles des villes. D'autres fonctions urbaines, qui ne passent pas par un calibrage hiérarchisé de l'espace, la sous-tendent.

Renouvellement permanent des spécialisations des villes et réticularité croissante des réseaux urbains

En définissant les villes comme des lieux centraux on a, un peu arbitrairement, isolé parmi les activités que celles-ci rassemblent, les activités que l'on trouve dans toutes les villes et qui sont directement en rapport avec la desserte de la population résidente ou avec la demande banale des entreprises. Dans un ensemble géographique et pour un même niveau de fonctions de desserte, les activités « centrales » différencient peu les villes entre elles, en dépit d'ajustements inévitables aux caractéristiques et, en différents endroits, aux attentes particulières des populations desservies. Les autres activités présentes dans les villes contribuent à définir la fonction spécifique de chacune, son rôle dans l'ensemble des villes, en un mot sa spécialisation. D'une ville à l'autre, cette fonction s'appuie sur des activités différentes. La spécialisation d'une ville est en général repérée en considérant l'existence d'un écart significatif entre le profil économique d'une ville, souvent décrit par son portefeuille d'activités, et celui de l'ensemble de villes du territoire considéré. Les spécialisations engendrent entre les villes des liens de complémentarités, des liens de concurrence et aussi, de coopération. Elles confortent, en les diversifiant et en les intensifiant, les relations entre les villes.

Spécialisation et dynamiques urbaines

Les spécialisations de l'activité des villes renseignent, en premier lieu, sur les relations entre centres urbains. Ces relations peuvent être de complémentarité entre villes exerçant des fonctions différentes. Elles renvoient aussi à l'existence de réseaux de coopération. Ainsi par exemple, l'étude des échanges entre les villes européennes fait nettement ressortir les spécificités des relations entre Toulouse, Hambourg et Madrid qui constituent les nœuds forts d'un réseau de coopération des industries aéronautiques et spatiales en Europe. Les spécialisations urbaines tirent aussi avec elles tout un ensemble de relations interurbaines qui s'inscrivent dans des systèmes de concurrence entre villes se partageant le même marché. On peut à titre d'exemple évoquer les spécificités des réseaux d'échanges de Francfort ou de Londres du fait de leur position des grandes places financières, ou bien encore celles des réseaux de Rotterdam, Anvers ou Le Havre que la fonction et le voisinage rendent étroitement concurrentes.

La spécialisation est aussi un indicateur relativement synthétique des caractéristiques socioculturelles des populations que l'unité urbaine rassemble et attire chaque jour. Les spécialisations fonctionnelles modèlent les populations locales. Selon la spécialisation fonctionnelle des villes, les profils sociaux et professionnels des populations, les itinéraires de formation, les trajectoires professionnelles, les initiatives entrepreneuriales, et donc les références identitaires ne seront pas les mêmes. Les spécialisations actuelles ou passées des fonctions urbaines sont donc à la base d'une assez grande variété de modèles socioanthropologiques de la ville. Villes des pays noirs, villes de l'industrie automobile, ville du commerce, villes du tourisme, villes universitaires, etc, se laissent reconnaître dès qu'on y pénètre, bien au-delà des seules traces matérielles.

La spécialisation d'une ville est enfin porteuse de dynamiques spécifiques. En période de développement d'un secteur d'activité, une spécialisation étroite assure à la ville une dynamique rapide des emplois et des ressources fiscales. Elle imprime fortement sa marque sur la société urbaine qu'elle investit et qu'elle modèle. Attractive pour la population, elle peut être redoutée par ses concurrentes. Cependant, une trop grande étroitesse de cette base économique fragilise la ville spécialisée. Elle devient très vulnérable quand s'annonce la stagnation, ou le déclin. Dans un contexte socioéconomique trop homogène et devenu peu innovant, les substitutions d'activité ne se produisent que lentement. Il faut en général attendre une impulsion externe, qui parfois ne vient pas. Les histoires des reconversions urbaines difficiles sont légions dans tous les anciens pays industriels. Les spécialisations tertiaires n'échappent pas à ces risques, comme cela est le cas par exemple, avec les activités portuaires soumises à un inexorable processus de concentration géographique ou bien encore, avec les activités touristiques fortement exposées aux fluctuations de la conjoncture mondiale. Les identités urbaines ainsi construites sur la longue durée interviennent à leur tour dans le renouvellement des spécialisations imposées par les évolutions techniques et économiques. Certaines villes du fait de leur potentiel économique et socioculturel se montrent plus aptes que d'autres à innover ou à accueillir, à un moment donné, l'innovation qui sera la clef de leur futur.

Le modèle industriel de la ville spécialisée

L'apparition des spécialisations urbaines dépend largement des facteurs de localisation de l'activité ou des activités qui en sous-tendent la formation. Les spécialisations fonctionnelles des villes ne sont pas une création de la période contemporaine. Villes portuaires, places militaires, villes marchandes, villes religieuses ont depuis très longtemps plus ou moins perturbé l'ordonnancement relativement régulier des lieux centraux. Cependant, c'est avec la première révolution industrielle que le modèle de la ville spécialisée s'est généralisé et surtout, qu'il a trouvé des formes extrêmes.

Ces spécialisations urbaines extrêmes sont souvent apparues sur ou à proximité des bassins miniers et des sources d'énergie (en particulier, industries extractives, industries sidérurgiques et métallurgiques, et industries textiles) ou dans les ports. Par la suite, dans les anciens pays industriels, les industries chimiques, certaines industries métallurgiques (en particulier la construction de matériel de transport) ou encore, les activités portuaires, ont maintenu des spécialisations de l'activité urbaine relativement marquées, cependant qu'au prix de reconversions difficiles les anciennes spécialisations s'effaçaient lentement. Durant la seconde moitié du XXe siècle, le modèle de la ville industrielle s'est diffusé dans les nouveaux pays industriels. De fortes spécialisations urbaines sont apparues par exemple au Brésil, en particulier dans la région du Sudeste véritable cœur industriel du pays. Il s'est aussi largement propagé en Asie hors des anciens foyers industriels des grandes métropoles portuaires de la période coloniale. Ainsi en va t-il par exemple de l'industrialisation de la côte sud-est de la Corée du Sud où, en très peu de temps, se sont érigés de véritables pôles industriels avec Pusan certes, mais aussi, Ulsan et Masan. La diffusion de la ville spécialisée dans l'industrie a aussi accompagné l'expansion du système communiste. À partir du modèle soviétique, sur l'ensemble de son espace de domination, le système a imposé à marche forcée et ce, durant près d'un demi-siècle, une étroite association entre projet industriel et projet de ville socialiste.

Érosion des spécialisations extrêmes et diversification des modèles urbains

Cependant durant la seconde moitié du XXe siècle, dans les pays développés en particulier, la croissance d'un certain nombre d'activités industrielles, telles que la construction automobile, la construction électrique et électronique, la parachimie, ou encore les industries agroalimentaires, et aussi celle de plusieurs activités tertiaires, se sont appuyées à la fois sur une standardisation de la production devenue production de masse, et sur une diffusion des implantations hors des centres industriels traditionnels. Plusieurs facteurs ont joué dans ce sens. La dispersion des réserves de main d'œuvre abondante, peu qualifiée et rapidement mobilisables pour des tâches standardisées d'une part, et celle d'une demande généralisée de services d'autre part, ont favorisé une large diffusion interurbaine de ces activités. Durant cette période, la formation de pôles urbains très spécialisés dans un secteur d'activité donné a été le plus souvent évitée. Les spécialisations urbaines apparues dans ce contexte ont atteint des niveaux d'intensité beaucoup plus faibles que les anciennes et surtout, elles ont davantage concerné des villes moyennes et petites.

Enfin, depuis une vingtaine d'années, les localisations d'un nombre croissant d'activités ont été beaucoup plus sensibles à la qualité des connexions à distance. Pour des pans d'autant plus vastes de l'activité des villes que leurs économies sont désenclavées, les concurrences qui pèsent sur les implantations se manifestent à des échelons géographiques de plus en plus larges. Celles-ci soumettent les localisations à de permanentes réévaluations. Elles engendrent une instabilité croissante des implantations et donc des spécialisations qui, par leur vulnérabilité, menacent les personnes, les entreprises et les collectivités territoriales qui en dépendent.

Dans ce nouveau contexte fortement concurrentiel, certaines villes des pays les plus industrialisés qui ne sont pas toujours les plus grandes mais qui n'en sont jamais très éloignées géographiquement, ont bénéficié de développements de type « technopolitain ». Dotées d'infrastructures de recherche de qualité ces villes technopôles ont grandement tiré parti d'un élargissement et d'une intensification des liens de proximité entre recherche, recherche-développement, et innovation technique. Elles ont confirmé et plus souvent développé leur aptitude à capter les activités les plus innovantes. M. Castells et P. Hall (1994) se livrent à une analyse critique de la diversité des expériences de développement technopolitain qui dans le monde, sous forme de « villes scientifiques », de « parc technologiques » ont fleuri en Amérique du Nord (exemples de la Silicon Valley ou de la route 128), en Europe (exemples de Cambridge en Angleterre, des parcs technologiques de la région de Munich, de la Cité scientifique du sud-est de l'Ile de France, ou de Sophia Antipolis près de Nice et de Meylan près de Grenoble), et au Brésil (exemple de San José dos Campos dans la région de Sao Paulo). Les développements de ce type sont de plus en plus nombreux en Asie. On les retrouve au Japon certes mais aussi par exemple à Singapour ou en Corée du Sud.

Plus large, le processus de métropolisation table sur la qualité de l'accessibilité des grandes et très grandes villes, sur la diversité et la dimension de leur milieu économique et humain. Le modèle métropolitain, inclut en général une forte composante technopolitaine mais ne s'y réduit pas. La spécificité de ce modèle tient en premier lieu à une position privilégiée de nœud dans les réseaux de la mondialisation. C'est à propos des plus grandes métropoles que le terme de « ville globale » a été suggéré par S. Sassen (1996), qui voit se dessiner une nouvelle forme de centralité reposant sur une hiérarchie mondiale avec au sommet Tokyo, New York, Londres certes mais aussi Paris, Sao Paulo, Hong Kong, Francfort, Singapour, Toronto, etc. La concentration des investissements directs étrangers dans les grandes métropoles est de ce point de vue symptomatique. Ainsi, comme le souligne par exemple, à propos de la Péninsule ibérique

J.-P. Carrière (1998), les plus grandes villes, Madrid et Barcelone d'une part et Lisbonne d'autre part, concentrent respectivement 40 et 30 % des investissements directs réalisés en Espagne et 75 % de ceux entrés au Portugal. Les économies d'agglomération jouent à plein pour ces villes nœuds de réseaux mondiaux. Les activités fortement intégratrices d'innovation et dont le rôle est d'accompagner une adaptation permanente des territoires au processus de mondialisation, ou d'en amortir les effets les plus brutaux, ont tendance à se localiser dans ces très grands centres. Ceux-ci deviennent aussi très attractifs pour des activités que ce nouveau contexte a rendues vulnérables et qui cherchent dans la démultiplication des proximités intra-métropolitaines un moyen de gérer les tensions nouvelles. Le modèle métropolitain correspond donc à celui d'un petit nombre de grandes villes qui, occupant par ailleurs une position élevée dans le réseau des lieux centraux, captent à la fois les activités liées aux fonctions primordiales dans l'organisation des entreprises, des activités nouvelles pour lesquelles le marché métropolitain est un terrain privilégié d'expérimentation et enfin des activités qui trouvent avantageuse la proximité immédiate d'un vaste marché d'entreprises. Le schéma de la figure 30 situe les positions originales des plus grandes métropoles dans l'architecture générale du réseau des plus grandes villes européennes. Il met en évidence la forte réticularité du réseau aux niveaux supérieurs de la hiérarchie des centres, ce que d'aucuns ont rapproché de l'image de l'archipel, au sens où chaque élément de l'ensemble ne prend sens que par les relations qui structurent le tout.

Au total, depuis une quarantaine d'années, la diminution de l'intensité des spécialisations est allée de pair avec une augmentation de la variété des modèles urbains. Une logique de branche d'activité, ou de secteur, sous-tend encore la spécialisation de l'activité d'un grand nombre de villes petites et moyennes et de quelques grandes. Une logique de transfert de connaissance et de développement préside aux destinées de spécialisations technopolitaines. Une logique liée à la puissance des avantages d'agglomération, et de ceux d'une mise en réseau à grande et à très grande distance, domine le modèle métropolitain. Chacun de ces modèles engendre une forme particulière d'inscription dans les territoires.

Ces évolutions des spécialisations urbaines et en particulier, la clarification des contours des modèles technopolitain et métropolitain, ont incité certains à opposer la ville et l'espace, et la ville et le territoire. Oublieux des enracinements géographiques, ce point de vue souvent développé a mis l'accent sur la primauté des réseaux, sur ces territoires d'archipel métropolitains dans lesquels la déconnexion entre les grandes villes et leur espace environnant serait inéluctable. Cette vision ampute la ville d'une des dimensions majeures de sa fonction, celle de son rôle très actif à différents échelons géographiques dans la couverture des territoires. Elle ignore aussi les liens qui, enracinés dans les territoires, modèlent les espaces métropolitains et interfèrent dans leur dynamique. Ignorer cette dimension reviendrait par exemple à nier que les disparités de richesse des sous ensembles régionaux ou nationaux jouent quelque rôle. Ce serait aussi considérer que les systèmes d'appartenance territoriale n'interviennent plus dans le façonnement des réseaux sociaux et donc spatiaux, ce que toutes les observations empiriques contestent quelle que soit l'échelle d'observation géographique que l'on adopte.

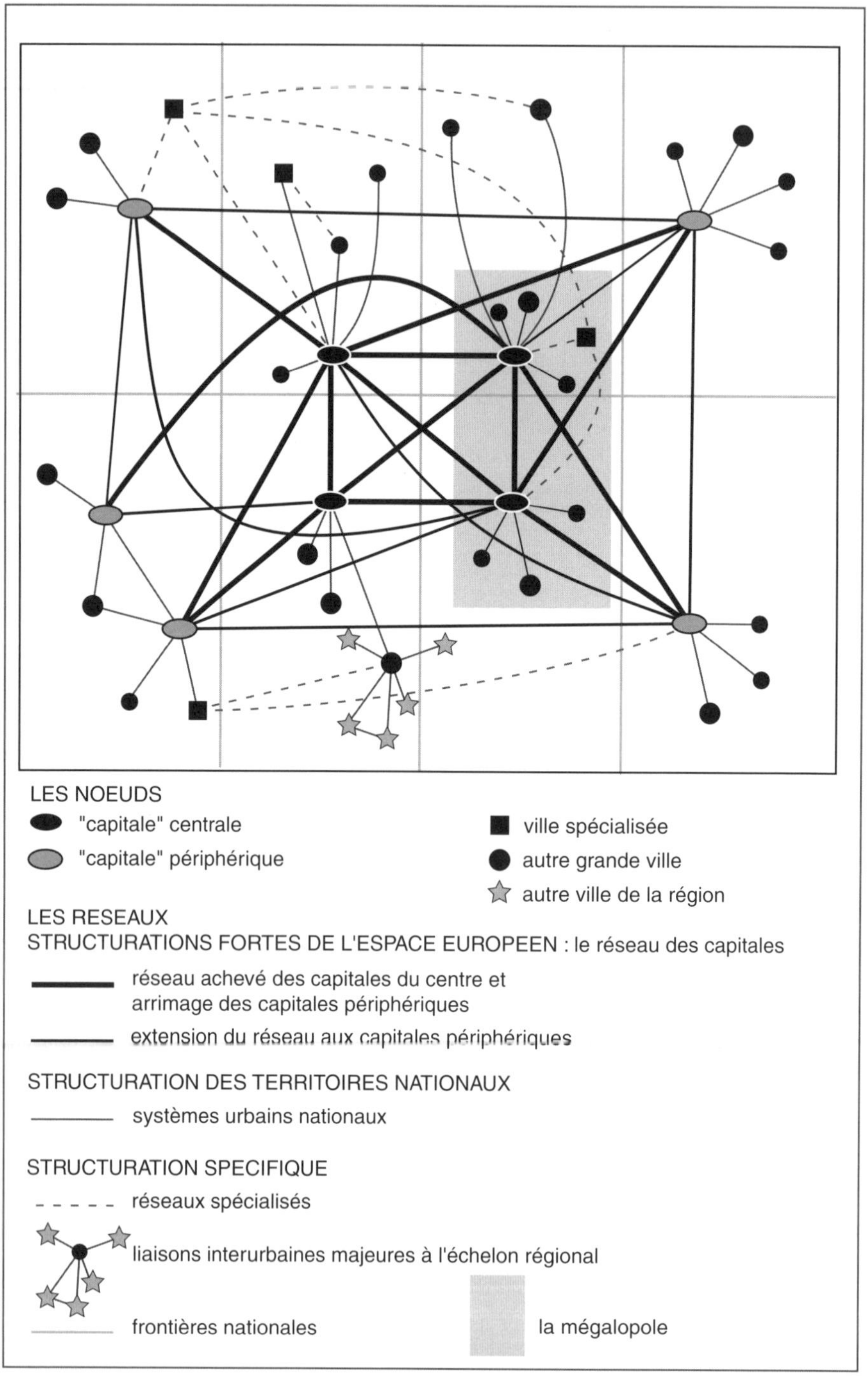

Figure 30 : **Schéma des positions des métropoles dans le réseau des villes européennes.**
Source : Nadine Cattan, Thérèse Saint-Julien, *L'Espace Géographique*, 1998.

Ce serait enfin admettre qu'à l'échelle de la planète, les frontières même ont perdu leur pouvoir de barrière. Privilégiant le « tout réseau », retrouvant ainsi le mythe de l'espace homogène, ou celui du marché parfait et, ignorant les potentiels de l'enracinement des villes dans leur contexte géographique, le raisonnement conduirait à s'interdire en définitive de comprendre une part non négligeable du développement des villes, même des plus grandes. À l'image des espaces de vie, l'espace-temps des villes est un espace multiscalaire. Les dynamiques des systèmes de villes sont solidaires d'une pluralité de modes d'interaction spatiale relevant d'espace-temps différents et appelés à coexister durablement.

HABITER LA VILLE

Pour plus de la moitié de l'humanité quel sens peut avoir aujourd'hui le fait de vivre dans les villes ? Anciennes ou récentes, grandes ou petites, dotées de telle fonction ou de telle autre, développées dans un contexte géographique ou dans un autre, tout semble devoir différencier les formes des villes, la mise en cohérence de leurs parties, les cadres et les modes de vie urbains. Ces différences bien réelles et qu'il ne sera pas possible d'aborder dans le cadre étroit de ce chapitre, n'occultent cependant pas certaines régularités d'ensemble qui donnent à la ville à la fois sa cohérence et son universalité.

L'ordre apparent des formes urbaines

Sous toutes les latitudes et quel que soit le territoire d'appartenance, la centralité modèle l'organisation interne des villes et des aires urbanisées. Dans toutes les villes, les lieux les plus accessibles sont les plus recherchés par les habitants et plus encore par les entreprises en tout genre dont l'activité nécessite le contact avec le client ou l'usager. Les nécessités de cette rencontre, les avantages tirés de la concentration, de l'offre tendent à organiser la ville à partir d'un centre et les aires urbanisées à partir d'un réseau de centres.

Centre et périphérie

Le centre des villes est recherché à la fois pour son accessibilité et pour la maximisation des proximités qu'il favorise. Porteur d'une charge symbolique forte et assez communément partagée, surtout dans les pays les plus anciennement urbanisés, le centre est aussi le lieu traditionnel des concurrences les plus vives. Il est de ce fait le lieu où les niveaux de la rente foncière sont les plus élevés. Partout il tend à être le fief des « activités centrales » les plus prestigieuses, celles dont la portée géographique est la plus grande et qui sont capables de supporter des coûts fonciers les plus élevés. On comprend que les institutions religieuses aient occupé une si grande place dans le centre des villes médiévales ou encore que, dans les grandes villes nord-américaines ou dans celles qui ont été construites sur ce modèle, le Central Business District (CBD) soit pratiquement assimilé au centre ville. Il en résulte que, dans toutes les villes, un gradient centre-périphérie structure l'espace, les densités de population, d'établissements, de déplacements et de transaction, ainsi que les prix du sol, diminuent au fur et à mesure qu'on s'éloigne du centre (fig. 31). Enfin, bien que difficile à apprécier avec précision, la force d'attraction exercée par le centre s'étend dans toutes les villes, dans celles du Tiers-monde en particulier, à de larges pans du secteur informel. Plus que d'autres, ce secteur est sensible à la diversité et à la densité des espaces de circulation et de transaction du centre, à l'efficacité des réseaux qui l'irriguent, aux économies d'agglomération qu'il procure, dont ceux liés à l'anonymat des grands nombres. Compte tenu des convoitises et des tensions qui accompagnent sa dynamique, le centre a d'autant plus tendance à s'étendre et à se diversifier que la ville est grande, que la qualité de son accessibilité demeure bonne, que la tradition centrale y est ancienne, et qu'elle est fortement inscrite tant dans le tissu urbain que dans les représentations que s'en font les citadins.

Étalement et polycentrisme

Cependant, avec l'étalement urbain, l'émergence où le renforcement en périphérie de centres secondaires s'est généralisé, ces derniers pouvant dans certains cas correspondre à l'incorporation dans la zone de bâti périurbain d'anciens noyaux urbains, jadis tout au plus simples satellites du centre. La montée en puissance de structures polycentriques a été plus précoce, et plus rapide dans les pays neufs, où la construction des villes a pratiquement été contemporaine du développement des transports motorisés, de l'automobile en particulier. Déjà en 1945, E.L. Ullman identifiait ce polycentrisme aux États-Unis, et en proposait une formalisation graphique (voir encadré). Aujourd'hui, de telles structures émergent dans les périphéries de toutes les grandes villes. Leur localisation a en général tenu compte des qualités d'accessibilité des lieux tant à l'échelon intra urbain qu'à celui des relations de la ville avec l'extérieur (on consultera à ce sujet G. Dupuy, 1994). L'évolution vers des formes de villes plus polycentriques a pu être freinée dans certaines régions du monde, comme en Europe par exemple. Sur ce continent en effet, les développements polycentriques ont eu plus qu'ailleurs à compter avec une tradition de ville dense, construite sur le temps long autour d'un centre fortement pluri-fonctionnel, durablement réinvesti et ayant à la fin du XXe siècle très souvent fait l'objet de vastes opérations de réhabilitation et de reconquête, qui ne se sont pas réduites à des opérations de « patrimonialisation ». Les activités dont le développement est peu ou moins tributaire des propriétés de centre, mais qui ont en revanche des exigences en matière de surface disponible, de cadre de verdure, ou de proximité des populations résidentes, sont celles qui se sont le plus spontanément reportées hors du centre. Ce report n'en demeure pas moins très en retrait de ce qu'il est pour la population, y compris dans les villes nord-américaines.

Les méthodes de zonage de l'urbanisme contemporain ont autant accompagné que précédé ce mouvement vers un plus grand polycentrisme. Mêmes besoins et même lecture des accessibilités relatives dans la ville, tels l'accès au centre, aux grandes infrastructures, de transport en particulier, aux services les plus vitaux au quotidien ou encore, aux réseaux d'information, ont eu tendance à rapprocher les entreprises semblables ou très étroitement liées. Une tendance à la spécialisation

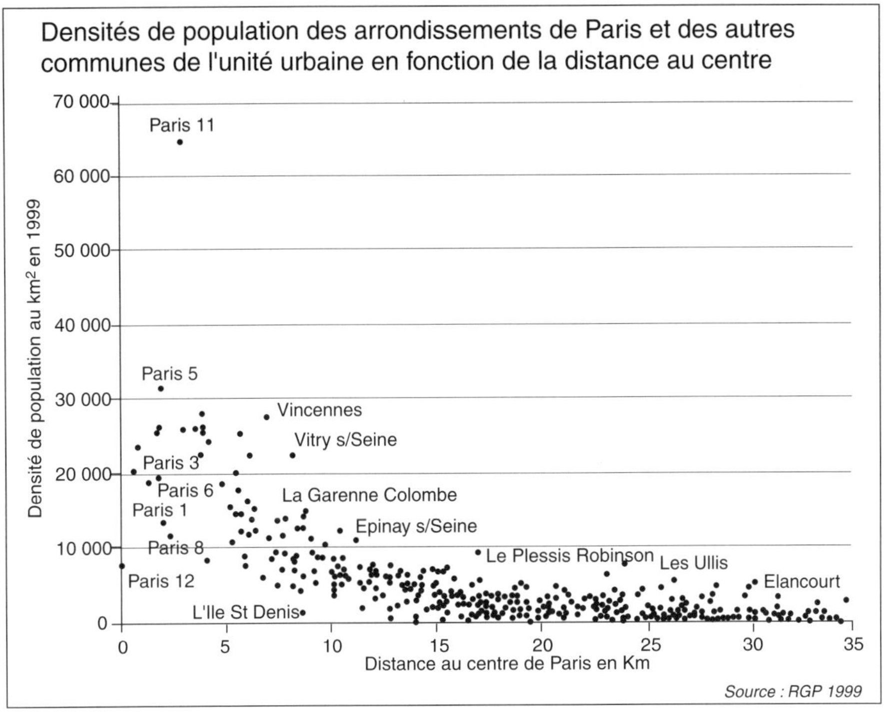

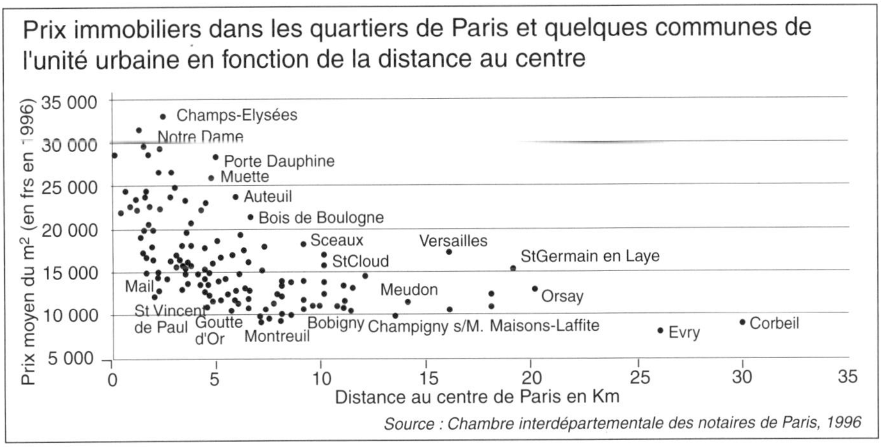

Figure 31 : **Les gradients centre-périphérie des densités de population et des prix immobiliers dans l'agglomération parisienne**

des pôles périphériques est manifeste. Les grandes opérations d'urbanisme, la mise à disposition en certains lieux de grands équipements communs ont canalisé le mouvement, tout en accentuant sa tendance. Les discriminations spatiales liées aux inégalités des coûts fonciers ont joué dans la même direction. En outre, la

Les grands modèles de la spécialisation résidentielle des villes nord-américaines

Chicago de l'entre deux guerres, considérée comme le prototype de la ville américaine en construction, est utilisée comme référence pour produire une modélisation de la structuration sociale des espaces urbains. Ces modèles tiennent compte du contexte des très fortes concurrences spatiales, et de la grande différenciation des coûts fonciers dans la ville, et du puissant mouvement de mobilité sociale et résidentielle. La mosaïque sociale de la ville résulte des comportements des groupes sociaux dans la migration, qui, par les jeux de l'invasion et de l'expulsion, cherchent l'appropriation.

Le modèle concentrique

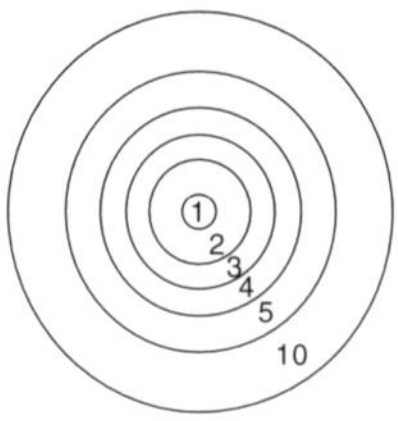

La distance à la zone centrale détermine le mode d'utilisation du sol et le type de population.

Source : d'après Burgess, 1925

Le modèle sectoriel

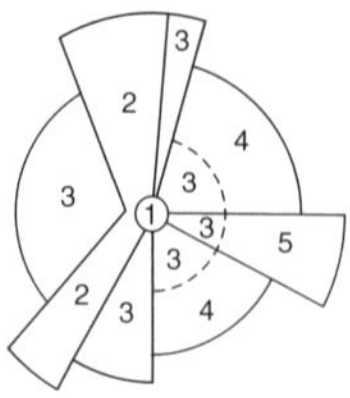

L'effet du gradient centre-périphérie se combine à celui de la distance aux axes de transport.

Source : d'après Hoyt, 1939

Le modèle polynucléaire

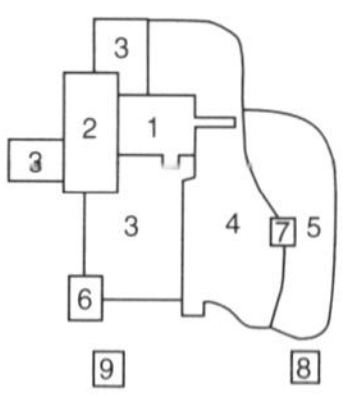

L'éclatement de l'organisme urbain en une structure multi-nucléaire articulée par les axes de transport donne ce schéma.

Source : d'après Ullmann, 1945

TYPES D'UTILISATION DU SOL

1 - Centre d'activités (CBD)	6 - Industrie lourde
2 - Commerce de gros, industrie légère	7 - Grande surface commerciale
3 - Résidentiel à loyers modérés	8 - Ville nouvelle
4 - Résidentiel à loyers moyens	9 - Parc industriel
5 - Résidentiel à loyers élevés	10 - Frange urbaine / rurale

Source : Denise PUMAIN, Thérèse SAINT-JULIEN, *Les interactions spatiales*, Armand Colin, coll. « Cursus », 2001

spécialisation des pôles d'activité en périphérie n'a pas été sans effet sur la structuration de l'espace résidentiel. Prolongeant une tendance déjà inscrite dans les développements urbains associés à la première révolution industrielle, cette spécialisation a contribué à redéfinir des avantages d'agglomération dans des aires urbaines élargies, à redessiner, de « bons » et « mauvais » voisinages, et dans ces proximités, des zones plus ou moins attractives.

Partout, l'étalement urbain et la généralisation d'une ville plus polycentrique posent de nouvelles questions, car la gestion d'un organisme plus vaste et plus complexe se laisse, désormais, mal enfermer dans les mailles traditionnelles associées à l'exercice des pouvoirs locaux. En France par exemple, la loi sur les communautés d'agglomération de 1999 est une tentative de réponse à ces problèmes. De plus, la cohésion d'ensemble se paie d'un prix élevé, difficilement accessible aux villes des pays pauvres qui n'en sont que plus inventives dans le « bricolage » qui assure leur survie. Il est intéressant de rappeler que, en dépit de contextes géo-économiques variés, tous les grands projets urbains, dont les métropoles des pays riches cherchent à se doter, sont en général articulés sur une opération architecturale emblématique à grande signature, et pensés comme autant de tentatives pour recréer de la centralité, comme par exemple les aménagements des anciens bassins du port de Baltimore, ceux des Docklands de Londres, celui du parc des Nations de Lisbonne ou encore, ceux d'Euralille à Lille ou d'Antigone à Montpellier, ces deux derniers exemples ayant été bien analysés dans l'ouvrage de M. Rosemberg (2000). On pourrait démultiplier les exemples.

Parmi les très nombreuses interrogations que pose le fonctionnement de la ville contemporaine, celle des rapports entre sa division sociale et sa division fonctionnelle figure en bonne place. Depuis que la ville existe, l'aménagement interne de son territoire vise à la fois à gérer la différence en permettant que coexistent des groupes sociaux, des fonctions, des usages du sol différents, et à assurer la production de lien, en vertu de l'objet même de la ville qui est de réunir, de faire converger, de mettre en relation. Que l'un ou l'autre de ces objectifs ne soit pas atteint ou encore, que les inévitables contradictions issues de cette double nécessité de préserver la différence tout en assurant le lien soient mal gérées, peut condamner la ville à une crise durable. C'est par rapport à ces exigences et à ces risques, et parce qu'elle en est un marqueur direct, que l'inscription spatiale des différences sociales et culturelles dans la ville retient l'attention.

Différences sociales et division spatiale

On a noté que, du fait de l'inégale accessibilité des lieux, les concurrences qui s'exercent pour l'occupation du sol dans la ville se traduisent par d'importants différentiels de coûts fonciers. Dans toutes les villes du monde, les gradients de rente de situation, qui sont fonction de la qualité de l'accessibilité dans la ville et vis-à-vis de l'extérieur, introduisent une première discrimination sociale pour la localisation du logement. À « 10 minutes de la Défense », aux « Portes de Paris », au « cœur de la cité », etc., disent les annonces immobilières. Ces gradients sont eux-mêmes modulés par les valorisations foncières liées aux caractéristiques du site. À un moment et dans un environnement géographique donnés, la rente de site varie d'un endroit à un autre dans la ville en fonction de l'appréciation qui est faite des qualités du cadre de vie, ou de l'idée que l'on s'en fait, ce que les publicités immobilières ne manquent jamais de rappeler et, plus souvent encore, de surévaluer. Relief, exposition, qualité du paysage bâti ou non bâti, qualité atmosphérique, qualité de l'environnement sonore ou, plus généralement encore, ambiance du lieu, sont autant d'arguments pour une différenciation des valeurs du sol. Ainsi par exemple, le plateau de Bastos au nord de Yaoundé très accessible et bien aéré et empreint des traits d'un certain cosmopolitisme ou encore, les zones accidentées de l'ouest de Mexico très accessibles et peu polluées, attirent dans chacun des cas les populations les plus aisées de la métropole. Dans la mesure où les populations à la recherche d'un logement sont appelées à ajuster le choix de leur localisation résidentielle sur celle de leur revenu, l'ensemble des variations des prix fonciers, qu'ils soit liés à la situation ou au site, ont un effet immédiat à la fois sur les concurrences entre la fonction résidentielle et les autres fonctions de la ville, et sur une segmentation de l'espace résidentiel lui même.

À ces contraintes générales, s'ajoutent d'autres facteurs qui canalisent les choix, ou les non choix individuels. On doit évoquer le rôle des orientations données aux politiques foncières et aux politiques immobilières dans les différents pays. Ainsi par exemple, le soutien donné aux États-Unis, pour l'accès à la maison individuelle et à l'automobile a très tôt favorisé l'extension sans fin de l'habitat pavillonnaire périurbain à destination des classes moyennes, constitué de zones juxtaposées et socialement homogènes. En Grande-Bretagne, les politiques du logement social orientées majoritairement vers l'accès à la maison individuelle a donné à la ville, puis aux banlieues, une forme très différente de ce qu'a provoqué en France le choix politique d'un habitat social collectif en location et souvent localisé à distance relativement faible du centre ancien. La formation de poches de forte concentration des plus pauvres a été à terme l'effet le plus marquant de l'expérience française. Plus largement et sur la très longue durée, les politiques orientant les usages du sol dans les villes jouent un rôle décisif dans la formation de la marqueterie sociale des espaces urbanisés, qu'il s'agisse de politiques de zonage, de programmation immobilière, de localisation de grands équipements ou de pôles d'emploi, de définition des infrastructures de circulation. À l'inverse, les déficits de politiques d'appropriation et de gestion du sol urbain ont des effets tout aussi déterminants, mais différents. Ainsi dans la plupart des pays du Tiers-monde, l'occupation sauvage du sol et la construction illégale sur des terrains non viabilisés, dans tous les interstices et dans tous les angles morts de la ville ou bien en périphérie lointaine, sont des pratiques courantes, dont le développement des quartiers de bidonvilles est devenu l'image emblématique.

Reste à compter avec les particularités des conduites territoriales des individus et des groupes. Elles expriment, avec des marges de liberté très variables, le statut et les attentes de chacun. En effet, la structuration sociale du territoire de la ville dépend aussi de la plus ou moins grande sensibilité ou attachement des groupes à la proximité physique. Cette structuration reflète en outre l'inégale propension de chacun à cultiver l'entre soi, à rechercher des cadres de vie propices aux développements de modes de vie de type « communautaire » ou, à l'inverse, susceptibles de valoriser une diversité des voisinages. Elle traduit enfin les hiérarchies des positions sociales, celles des aptitudes à choisir ses lieux en imposant ses choix aux autres, celles à anticiper sur l'évolution de ceux-ci, pour préserver la valeur du capital immobilier investi.

Une marqueterie sociale géographiquement très structurée

Les capacités structurantes de ces différents facteurs engendrent dans l'espace intra urbain un agencement résidentiel relativement clair et relativement stable des différents groupes sociaux. Ces régularités, qui composent toujours avec les singularités du site et de l'histoire de la ville, se manifestent avec d'autant plus de vigueur que les villes sont grandes.

On doit aux travaux de l'École de Chicago sur l'écologie urbaine et par la suite, à ceux de B.J.L. Berry (1968), d'avoir attiré l'attention sur l'assez grande universalité de cette organisation spatiale (encadré). Parmi les différentes logiques qui interviennent dans la différenciation sociale des espaces intra-urbains, on rappelle ici celles que l'on retrouve assez systématiquement dans la plupart des villes. Un premier principe de différenciation correspond à une organisation concentrique de l'espace résidentiel qui souligne les liens entre la mobilité dans la ville et le cycle de vie. La figure 32a, souligne pour la ville de Yaoundé à l'échelon des chefferies la force du modèle concentrique (Bopda, 1997). Dans la plupart des villes, des plus grandes en particulier, du centre vers la périphérie, le nombre des familles avec jeunes enfants augmente cependant que diminue le nombre des personnes seules, âgées ou jeunes adultes et, fait plus récent, celui des familles monoparentales. Un deuxième principe de différenciation conduit à une structuration sectorielle de la ville en fonction du statut socioéconomique des populations résidentes. Les populations les plus aisées ont tendance à s'approprier les espaces les mieux desservis, à se localiser à proximité des axes empruntant les directions les plus prestigieuses et sur les sites offrant les cadres de vie les plus agréables (comme par exemple, les bords du lac à Chicago, l'axe de la vallée de la Seine à l'aval de Paris dans l'agglomération parisienne, etc.). Les catégories sociales plus défavorisées sont, de ce fait, contraintes à se localiser dans les espaces les moins convoités. La part relative des villas modernes dans l'ensemble des logements des différentes chefferies de Yaoundé donne une assez bonne image de cette structuration sectorielle (fig 32b). Souvent un troisième principe de différenciation, qui peut être d'ordre ethnique ou religieux, est repérable. Il révèle une autre dimension du fractionnement de l'espace social intra-urbain sous forme de noyaux isolés. Ces derniers peuvent correspondre au reliquat d'un mode de peuplement plus ancien, dans le cas par exemple de l'absorption par la croissance d'anciens noyaux villageois. Ils peuvent aussi représenter un regroupement affinitaire, parfois, de type communautaire, dont le modèle est bien connu des villes américaines mais que l'on tend à retrouver sous différentes latitudes. Dans bien des cas, les noyaux sont aussi des regroupements par défaut, quand les autres espaces ne sont pas accessibles au groupe et que se forment ainsi des îlots de relégation. De telles formations se sont construites au grand jour, et parfois en toute légalité, dans les villes tenues par des sociétés pratiquant de fait l'apartheid, comme dans le cas des villes d'Afrique du Sud. Cependant, sans aller jusqu'à ces situations extrêmes,

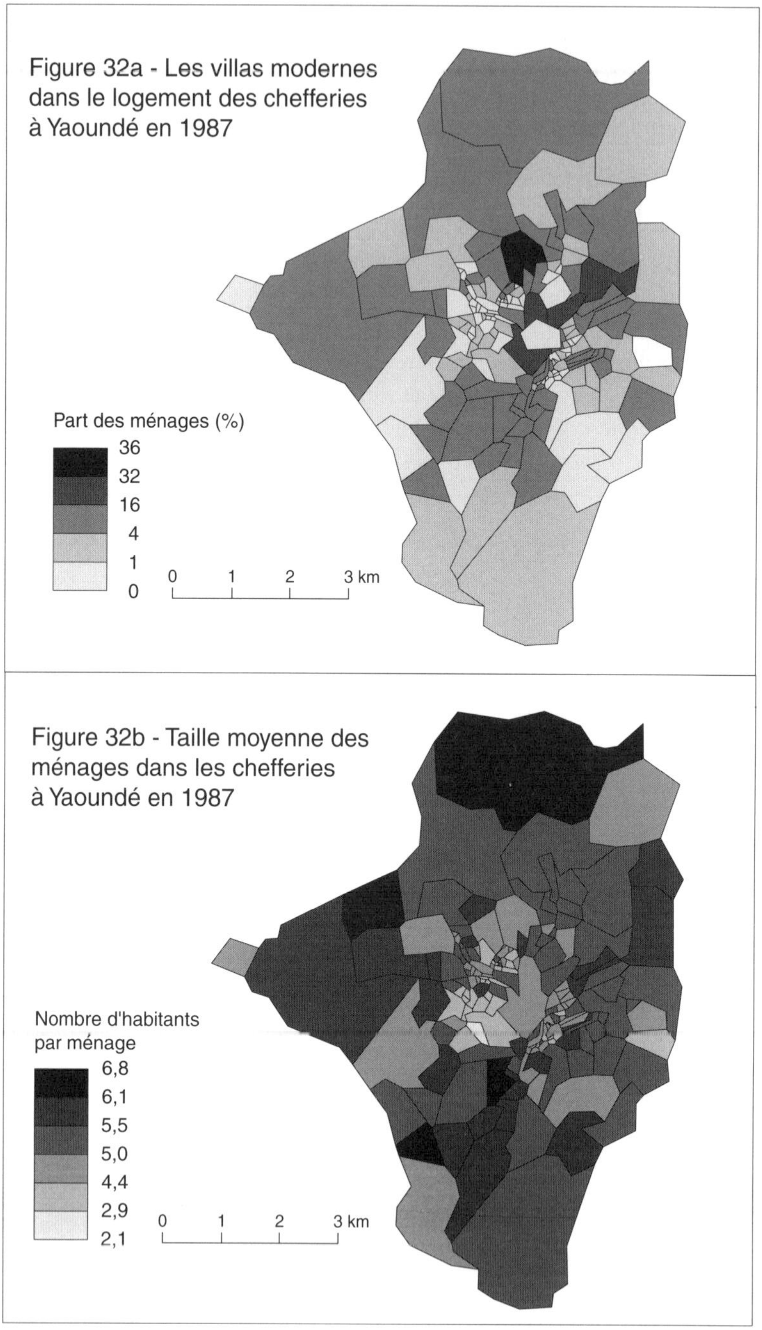

Figure 32 : **Des dimensions de la différenciation socioéconomique de l'espace de Yaoundé**

Source : Athanase Bopda, *Yaoundé dans la construction nationale au Cameroun*, 1997

on peut repérer par exemple dans les villes européennes l'apparition de tels noyaux, formés soit dans certains angles morts de l'espace urbanisé, soit dans des zones d'habitat progressivement abandonnées par des populations plus favorisées. Ces zones ont tendance à concentrer les populations les plus démunies, qui se trouvent ainsi reléguées dans « leurs » banlieues.

La mosaïque sociospatiale qui caractérise les aires urbaines peut être lue comme la combinaison de ces différentes dimensions, ce que restitue la structuration radio-concentrique de Yaoundé (fig. 33). Les auréoles qui se déploient du centre ville jusqu'aux villages de la zone suburbaine et qui correspondent à des phases de plus en plus récentes de l'extension de la ville se subdivisent en secteurs bien individualisés. Le centre ville (type A1) est à la fois le noyau historique, le principal pôle d'activité, l'espace où se concentrent les formes les plus modernes de l'habitat sous forme de villas en particulier, et le plus grand nombre des résidents étrangers. Au-delà, on individualise une couronne péri centrale que caractérisent fortes densités de population et faible fécondité, et qui se subdivise en secteurs : (type A2) surreprésentation à la fois, des populations autochtones, de celles natives des provinces du littoral, et part très élevée du logement en l'habitat collectif ; (type A3) place relativement plus grande qu'ailleurs tenue par les jeunes de moins de 19 ans, les travailleurs indépendants et les natifs de l'Ouest et du Nord, et poids relatif élevé du logement en maisons individuelles et en concessions ; (type A4) surreprésentations des étudiants, des anglophones et des natifs des provinces du littoral, s'ajoutent aux caractéristiques du type précédent.

L'auréole suivante (type B1) correspond à l'extension récente de l'agglomération : parts relative des jeunes enfants et des maisons individuelles très supérieures à la moyenne. Au-delà, l'extrême périphérie (type B2), correspond au front actuel d'urbanisation, où coexistent les pionniers de la péri-urbanisation et ce qui reste des anciennes structures villageoises : combinaison d'une place relative très grande des vieillards, des travailleurs indépendants, des autochtones, et des maisons individuelles.

Pour d'autres exemples de l'ordonnancement spatial de la marqueterie sociale des territoires urbains, on pourra se reporter dans cet ouvrage aux cas étudiés des villes européennes et américaines (voir chapitre 5). La spécialisation sociale des espaces dans la ville est de plus en plus souvent appelée ségrégation sociale. Le terme de ségrégation désigne alors très généralement les oppositions géographiques entre répartitions de groupes sociaux ou de groupes ethniques différents. Pourtant, du constat d'une simple spécialisation sociale des quartiers la tendance est à passer à l'idée de séparation volontaire. Selon la position sociale et donc en fonction du pouvoir de choisir de chaque groupe, on trouve aux deux extrêmes du côté des plus démunis, les quartiers qui s'apparentent au modèle du « ghetto » et du côté des plus nantis, des quartiers plus proches du modèle du « club ». De telles évolutions ont conforté des barrières traditionnelles, et en ont promu de nouvelles, devenues économiquement et culturellement parfois difficiles à franchir. L'ampleur prise par le phénomène de ségrégation est spectaculaire dans les plus grandes villes, plus discret mais présent dans les autres. On en vient à y stigmatiser des quartiers particuliers et au-delà, les populations qui y résident. L'affaiblissement du lien social qui résulte de ces mises à l'écart a tendance à aller de pair avec un affaiblissement du lien entre les lieux dans la ville. Une grande part des politiques urbaines mises en œuvre tâtonne, à la recherche d'une remise ensemble de tous ces morceaux de société, de tous ces morceaux de villes.

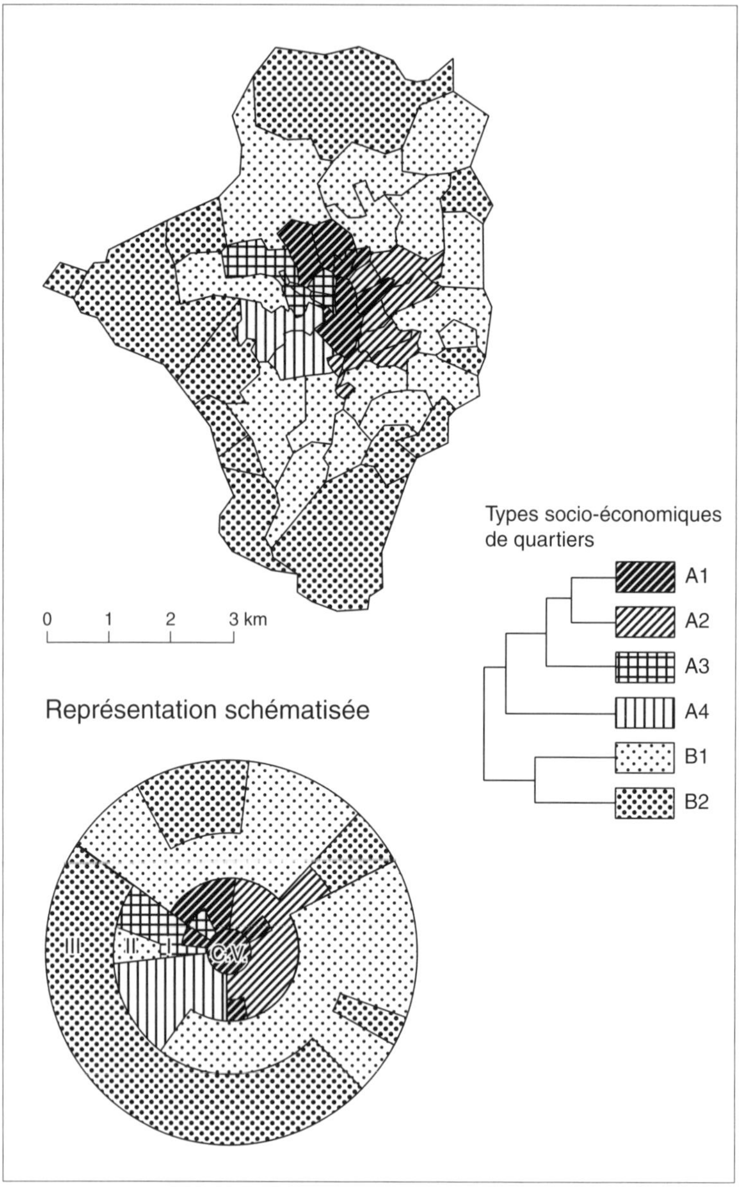

Figure 33 : **La marqueterie sociale de l'espace résidentiel à Yaoundé**
Source : Athanase Bopda, *Yaoundé dans la construction nationale au Cameroun*, 1997

La ville à la carte, une autre lecture de la cohérence

Habiter la ville, y travailler, y entreprendre, aurait changé de contenu et peut être de sens. Lire l'éclatement dans l'étalement, la dissolution dans le polycentrisme, la séparation dans les mosaïques sociospatiales, la menace dans la discontinuité ou la marge, les signes de crise dans l'informel et le spontané, sont devenues pratiques courantes. Les évolutions contemporaines de la ville iraient-elles en direction d'aires urbanisées offrant une ville à la carte ?

« Banlieues rouges » et « beaux quartiers » renvoient à des images d'une ville du passé où le quartier était pour l'habitant un identifiant majeur. Le zonage n'était pas encore tout à fait à la mode. Les limites du quartier étaient largement les limites des espace de vie, les axes de circulation faisant corps avec celui-ci tout en étant communs à tous les habitants, usagers, ou visiteurs de la ville. Le quartier était ouvert sur la ville, l'activité faisait corps avec lui, la résidence n'avait que très exceptionnellement des allures de camp retranché. Les lieux publics, rues et places se glissaient jusqu'au pas des portes. La ville avait aussi ses envers et ses zones d'ombre, voire comme à Paris ses ceintures noires, mais tous ses habitants y empruntaient les mêmes chemins, y étaient passants des mêmes voies.

Désormais, le lieu d'activité est systématiquement découplé de la résidence, et le quartier de résidence est moins que par le passé un lieu de repérage identitaire. Les espaces de vie se dessinent au mieux à l'échelon de l'ensemble de l'agglomération et « le lieu de résidence n'est plus qu'un camp de base dans une pelote de périples » (Bordreuil, 2001, p. 178). Dissociant flux de proximité et flux de longue portée, offrant à chacun une pluralité de chemins, des systèmes spécialisés de circulation contournent, enjambent, évitent même les zones d'habitat devenues cités, lotissements, résidences, où la cellule d'habitat est de plus en plus coupée du contact direct avec l'espace public. Le polycentrisme et la spécialisation des pôles segmentent les attractions et les dépendances. À chacun ses chemins, ses centres, ses espaces de vie et peut-être donc sa ville dans la ville. Les tensions de cette construction nouvelle, mal connue et mal maîtrisée par la plupart, s'alimentent des bricolages hâtifs imposés par ce dernier demi siècle d'exceptionnelle croissance urbaine, qui a imposé dans l'urgence, une gestion des grandes masses. Elles s'accompagnent aussi de beaucoup d'initiatives inventives et de l'apparition de nombreuses innovations sociales.

Avec l'extrême densification des réseaux de circulation et de communication, la généralisation de modes de vie intégrant une mobilité beaucoup plus grande pour tous, même si elle reste socialement différenciée, le XXe siècle a fabriqué une ville géographiquement et sociologiquement plus fluide, plus mouvante et riche d'une plus grande diversité. Avec les outils culturels de chacun, et dans une apparente confusion, sous toutes les latitudes, c'est sur elle que s'appuie aujourd'hui l'expérimentation de nouveaux modes d'habiter la ville, de la gérer, d'en tirer parti, de la penser pour la réinvestir. Le déchiffrage des évolutions en cours n'est pas simple tant sont disparates, contradictoires et parfois dérangeantes les recherches en cours sur le terrain. L'innovation collective qu'appelle cette nécessaire reformulation des valeurs de la cité est sans doute au prix de cette grande liberté des recherches et des expériences collectives dont l'espace de la ville, dans son mouvement, se fait le témoin.

Références bibliographiques des auteurs cités

BAIROCH P., (1985), *De Jéricho à Mexico* : Villes et économie dans l'histoire, Gallimard.

BERRY J.L.B. (1968), « Concepts of social space : toward and urban social geography », *In* BERRY B.J.L., HORTON, F.E., *Geographic perspective on urban systems*, Prentice Hall.

BERRY J.L.B. (1971), *Géographie des marchés et du commerce de détail*, Armand Colin (Trad. française de *Geography of Market Centers and Retail Distribution*, 1967)

BOPDA A. (1997), *Yaoundé dans la construction nationale au Cameroun*. Thèse de géographie, université Paris-I.

BORDREUIL J.S. (2001), *La ville desserrée.* in Th. Paquot et al. *La ville et l'urbain, l'état des savoirs*, La Découverte.

CARRIÈRE J.-P. (1998), « L'internationalisation de l'économie et ses impacts territoriaux », *Revue d'économie régionale et urbaine*, n° 2, p. 213-249

CASTELLS M., HALL P. (1994), *Technopoles of the World, The Making of 21st Century Industrial Complexe*, Routledge.

DUPUY G. (1994), *La ville et les territoires de l'automobile*, Anthropos.

MORICONI, F. (1993), *L'urbanisation du monde depuis 1950*, Anthropos.

PUMAIN D., SAINT-JULIEN Th., (2001), *Les interactions spatiales*, Armand Colin coll. « Cursus ».

ROSEMBERG M. (2000), *Le marketing urbain en question, production d'espace et de discours dans quatre projets de villes*, Anthropos.

SASSEN S. (1996), *La ville globale, New York, Londres, Tokyo*, Descartes et Cie.

Chapitre 7

Agricultures et espaces ruraux : des dynamiques contrastées

Le métier d'agriculteur demeure le plus pratiqué sur notre planète : 46 % de la population active mondiale se trouvaient encore employés dans l'agriculture en 1999/2000. Quant aux espaces ruraux, ils couvrent, malgré l'ampleur des développements urbains des dernières décennies, la majeure partie de l'écoumène et ils continuent à servir de cadre de vie à près de la moitié de la population mondiale.

Si les modalités du développement de la production agricole ont jusqu'à une date récente surtout concerné les agriculteurs eux-mêmes, les débats concernant les évolutions de l'agriculture et des espaces ruraux retiennent aujourd'hui l'attention de l'ensemble de la société : préservation de l'environnement rural, développement de nouvelles activités dans les espaces ruraux et sécurité alimentaire font désormais partie des interrogations de nos contemporains.

En quoi le regard porté par les géographes sur ces espaces est-il original ou spécifique par rapport à ceux des agronomes, des économistes ou des sociologues ? L'originalité des approches privilégiées par les géographes tient principalement à leur aptitude à aborder l'examen des relations entre sociétés et environnement de façon globale et éventuellement diachronique et/ou à envisager les problèmes à différentes échelles en soulignant les relations et emboîtements qui existent entre ces différentes échelles.

Les analyses peuvent en effet changer du tout au tout selon les échelles auxquelles on se place. Ainsi, si l'on peut légitimement penser aujourd'hui qu'il convient de freiner la progression de la production agricole à l'échelle de telle région agricole française, de la France entière ou même à celle de l'Union européenne, la même analyse peut difficilement être développée au niveau mondial. À ce niveau, la question majeure est bien celle du nécessaire développement de la production agricole : il s'agit en effet de savoir à partir de quelles ressources et de quelles contraintes, avec quels risques pour l'environnement, dans le cadre de quelles structures d'exploitation, avec quelles techniques et grâce à quels encadrements la progression de la production agricole peut se poursuivre. L'approche globale que permet la géographie se révèle particulièrement adaptée pour apporter des éléments de réponse à de telles interrogations.

Par ailleurs, la notion de sécurité alimentaire a évolué récemment de façon significative. Jusque dans les années 70, on attendait principalement de l'agriculture et des agriculteurs un approvisionnement suffisant en nourriture. Sécurité alimentaire pouvait alors se traduire en anglais par *food security* et une telle traduction demeure encore parfaitement valable dans bien des pays pauvres de la planète.

Depuis les années 80 et encore davantage depuis les années 90, la notion de sécurité alimentaire a cependant acquis une tout autre dimension : elle fait désormais référence à la qualité, et souvent à la qualité sanitaire des produits agricoles. Elle se traduit dans ce cas en anglais par *food safety*. Enfin, en plus de la fourniture d'une alimentation abondante, variée et saine, les sociétés des pays riches attendent désormais des campagnes des services toujours plus variés qu'il s'agisse de possibilités de résidence temporaire ou permanente, de l'accueil à la ferme dans le cadre d'un tourisme « vert » ou de l'entretien de paysages auxquels est conférée, dans certains cas, une valeur patrimoniale.

Les grandes étapes des études géographiques sur les espaces ruraux

Les études que les géographes ont consacrées à l'agriculture et aux espaces ruraux ont été marquées par les évolutions des réalités observées et par celles des principales questions posées. Après avoir porté pendant longtemps sur la présentation très fine de paysages et de structures agraires hérités de périodes historiques plus ou moins anciennes (Lebeau, 1969, 2000) et/ou sur les adaptations de sociétés paysannes différentes à des milieux plus ou moins contraignants, leurs travaux de recherche se sont très largement investis, à partir des années 1960, dans l'analyse des transformations et de la modernisation de l'agriculture en relation, entre autres, avec les changements d'échelle des marchés agricoles. Ainsi, l'agriculteur français qui produisait jusque-là pour un marché local ou régional et au mieux pour le marché national s'était mis à produire pour le marché européen et même pour le marché mondial.

Plus récemment, l'accent est passé de l'agricole au rural : il a été mis sur le développement de nouvelles fonctions dans les espaces ruraux, du moins dans ceux des pays riches où les agriculteurs ne représentent plus qu'une minorité dans l'ensemble de la population rurale (Chapuis, 1995 ; Diry, 1999). La géographie rurale s'est ainsi affirmée comme une géographie globale des espaces ruraux abordant aussi bien des problèmes d'aménagement, d'environnement que d'organisation de l'espace. Parallèlement, d'autres questions d'actualité ont retenu l'attention des géographes ruralistes telles celles posées par les processus de décollectivisation dans les campagnes d'Europe centrale et orientale — processus qui constituent une forme de réforme agraire — ou celles liées à la pénétration de l'économie de marché et de la révolution verte dans les campagnes des pays pauvres. Les évolutions des agricultures périurbaines sont également devenues un thème important d'études. Sur tous ces thèmes, les mises en perspective géographiques effectuées à différentes échelles ont apporté d'utiles éclairages, complémentaires à ceux des autres sciences sociales, en s'appuyant en particulier sur la territorialisation des phénomènes.

LE NÉCESSAIRE ACCROISSEMENT DE LA PRODUCTON AGRICOLE À L'ÉCHELLE MONDIALE

Les opinions publiques des pays riches, traumatisées par une succession de crises sanitaires fortement médiatisées, accordent aujourd'hui l'essentiel de leur attention aux aspects qualitatifs de la production agricole. En revanche, à l'échelle mondiale et dans les pays pauvres, l'évolution des quantités de denrées alimentaires produites ainsi que leur répartition géographique et sociale n'en continuent pas moins à constituer le sujet majeur de préoccupation, même si les questions environnementales peuvent de moins en moins être éludées.

Contrastes des niveaux de consommation, persistance d'une importante demande potentielle

Les évolutions contrastées des disponibilités alimentaires

Examinées à l'échelle de la planète entière, les disponibilités alimentaires par tête ont sensiblement progressé depuis les années 60. Pour le terrien moyen, elles sont passées, selon les statistiques de la FAO, de 2 430 calories par jour à la fin des années 1960 à 2 780 calories par jour à la fin des années 90 alors que les nutritionnistes estiment suffisante une ration alimentaire moyenne journalière de 2 500 calories.

Ces données se référant à l'abstraction statistique que constitue le terrien moyen masquent cependant des situations très contrastées à différentes échelles. Les disponibilités alimentaires sont beaucoup plus élevées dans les pays riches, avec une moyenne de 3 240 calories par personne et par jour que dans les pays pauvres où la moyenne s'établissait à 2 650 calories par personne et par jour à la fin des années 1990. À l'intérieur même du groupe des pays pauvres les situations demeurent très inégales : si la sous-alimentation chronique continue d'y affecter environ 20 % de l'ensemble des populations, elle touche 12 % des populations de l'Afrique du nord et du Proche-Orient, 15 % des populations d'Amérique latine, près de 20 % des populations asiatiques et plus de 40 % des populations de l'Afrique subsaharienne (Brunel, 1999). En outre, la malnutrition et la faim affectent plus particulièrement les enfants, les personnes âgées, les minorités et les ruraux pauvres. Une demande potentielle très importante, non satisfaite, continue donc à exister en différents points de la planète même s'il est impossible de la chiffrer avec précision.

L'impact de la « transition alimentaire »

L'amélioration des niveaux de vie apparaît, lorsqu'elle se généralise et se consolide, génératrice d'une véritable « transition alimentaire » qui se manifeste en particulier par un accroissement de la consommation indirecte de céréales (Charvet, 1995). Lorsque le niveau de vie d'une population se situe à des niveaux très bas, toute amélioration de celui-ci se traduit dans un premier temps par une progression de la consommation directe de denrées végétales. Il s'agit le plus souvent de céréales : riz, maïs ou blé selon l'aire de civilisation dans laquelle on se trouve. Puis, si cet enrichissement se poursuit, on assiste, selon des modalités spécifiques aux différentes aires culturelles, à un développement de la consommation de protéines d'origine animale et en particulier de produits carnés. Dans une majorité de cas, il s'agit de viandes de volailles ou de viande de porc, c'est-à-dire de viandes de « granivores ». Comme il faut au minimum 2 kilogrammes de grains et souvent bien davantage pour produire un kilogramme de viande de volaille et au moins de 3,5 à 4 kilogrammes de grains pour obtenir un kilogramme de viande de porc, l'accroissement de la consommation de viande engendre, en fonction de ces coefficients, une augmentation particulièrement importante des besoins en grains (céréales et graines oléagineuses). De nos jours la consommation indirecte de céréales par l'intermédiaire des animaux est devenue le principal facteur de l'accroissement de la demande céréalière. Or d'importants contrastes existent pour la consommation de protéines d'origine animale : celle-ci s'établit en moyenne par personne et par jour à plus de 850 calories dans les pays riches et à moins de 325 calories dans les pays pauvres, avec 560 calories en Amérique latine et 145 calories en Afrique (figure 34).

Le Chinois moyen, qui consommait environ 5 kg de viande par année dans les années 60, consomme en 2000 près de 10 kg de viande de volailles et près de 30 kg de viande porcine par an. À Taïwan, où le niveau de vie est plus élevé, la seule consommation de viande porcine dépasse nettement les 40 kg, et nécessite d'importantes importations de grains largement destinées aux élevages porcins. Au Japon, l'enrichissement de la population s'est accompagné depuis les années 1960 à la fois d'une nette augmentation de la consommation de protéines d'origine animale et d'une forte croissance des importations de céréales (26 millions de tonnes en 1999).

Tableau 1 : **Évolution du régime alimentaire japonais depuis les années 60 (en kg/personne/an)**

Années	1960	1998	Évolution 1960/1998
Céréales (cons. directe)	150	99	– 34 %
dont riz	115	65	– 45 %
Haricots	10	9	– 10 %
Légumes	100	99	– 1 %
Pommes de terre et patates douces	37	38	+ 3 %
Poissons et coquillages	28	34	+ 21 %
Sucre	15	20	+ 33 %
Fruits	22	38	+ 73 %
Œufs	6	17	+ 183 %
Huiles et matières grasses	4	15	+ 275 %
Lait et produits laitiers	22	92	+ 318 %
Viandes (bœuf, porc, poulet)	5	28(1)	+ 460 %
(1) soit une consommation indirecte de plus d'une centaine de kilogrammes de grains.			

D'après Shinichi SHOGENJI, *Food Self Sufficiency and the Deregulation of Agricultural Markets*, 2001 (chiffres arrondis).

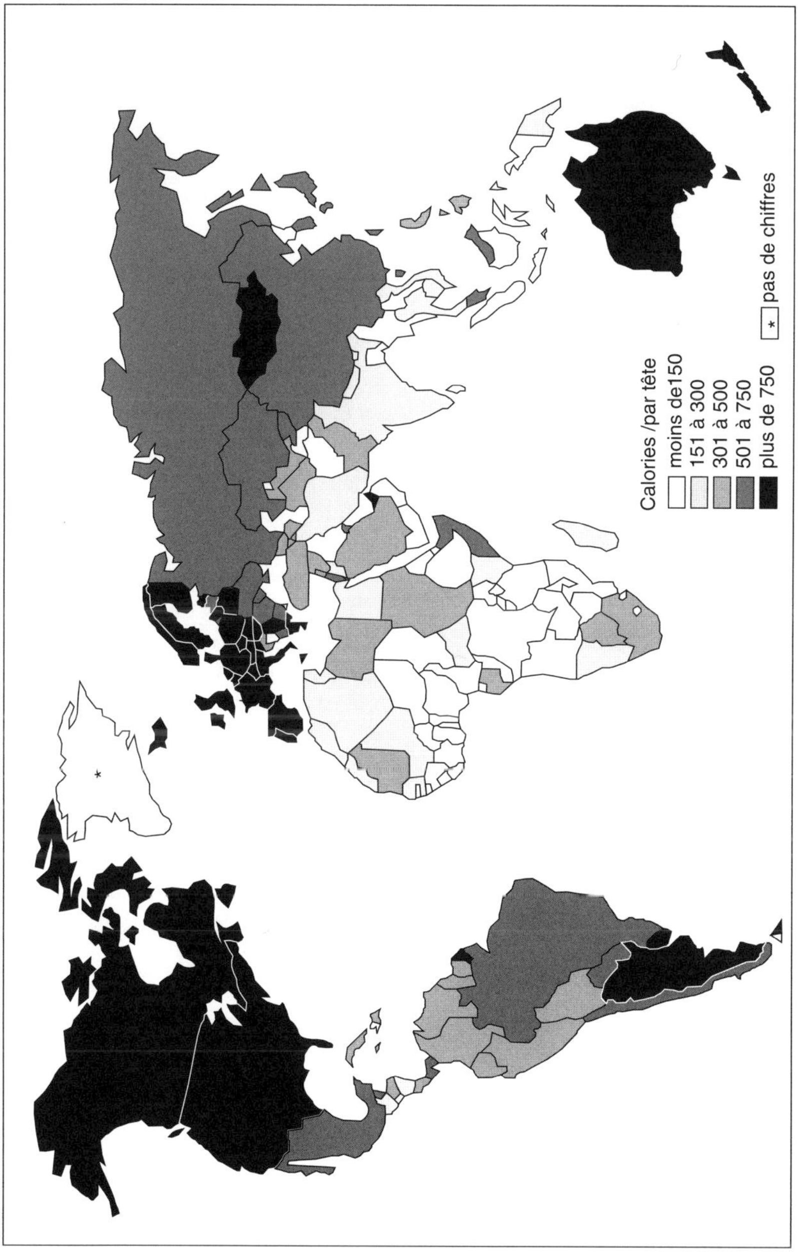

Figure 34 : **Consommation journalière par personne de calories d'origine animale dans le monde en 1997**
Source : WR, 2000/2001

Les impacts de l'urbanisation et de l'accroissement démographique.

L'urbanisation croissante des populations constitue un autre facteur de progression et de transformation de la demande alimentaire. Ce facteur concerne aujourd'hui essentiellement les pays pauvres et se manifeste par l'intermédiaire des niveaux de vie : aussi bien en Inde qu'en Chine les citadins disposent en moyenne de revenus au moins trois fois supérieurs à ceux des ruraux. La sous-alimentation et la malnutrition n'ont pas disparu des quartiers urbains les plus déshérités des pays pauvres, mais de larges fractions des populations urbaines de ces pays disposent de régimes alimentaires à la fois plus fournis et mieux équilibrés que ceux des ruraux. Or l'urbanisation a beaucoup progressé au cours des dernières décennies dans les pays en développement : alors que seulement 17 % de la population de ces pays était citadine, ce taux est passé à 37 % en 1990, puis à 45 % en 2000.

Parallèlement, pour les pays en développement, le rôle de l'accroissement démographique apparaît décisif. Si ce facteur ne joue plus qu'un rôle mineur pour rendre compte de l'évolution de la demande alimentaire dans les pays riches, il explique encore à lui seul entre les 2/3 et les 3/4 de la progression de la demande de denrées alimentaires dans les pays pauvres. Les rythmes d'accroissement démographique ont, dans bien des cas, enregistré une décélération sensible au cours de la ou des dernières décennies. Il n'en demeure pas moins que la population mondiale est appelée à passer de 6 à 7 milliards de personnes entre 2000 et 2013. Cela signifie, compte tenu d'une consommation moyenne actuelle calculée de 330 kg de céréales par habitant et par an (2 milliards de tonnes de céréales divisées par 6 milliards de personnes), qu'il conviendra, seulement pour maintenir les niveaux actuels d'alimentation qui sont pourtant loin d'être satisfaisants pour tous, de produire 330 millions de tonnes de céréales de plus à l'horizon 2012/2013. Une progression de cet ordre de grandeur, qui correspond à l'ensemble de la production actuelle de céréales des États-Unis, a été réalisée entre 1986/87 et 2000, mais bien souvent en malmenant l'environnement.

Les modalités de l'accroissement de la production agricole

La très faible progression des superficies cultivées

Environ un tiers des terres émergées portent des agrosystèmes, donc servent de support à des activités de production agricole qu'il s'agisse de cultures ou d'élevages. Dans l'ensemble de ces terres agricoles la place relative des terres cultivées (*croplands*) est globalement d'un peu plus de 30 %, mais celle-ci apparaît très différente selon les continents : 11 % en Australie, 17 à 19 % en Amérique du Sud et dans l'Afrique subsaharienne, 45 % en Amérique du Nord, plus de 62 % en Europe, 84 % en Asie du Sud-Est et 92 % en Asie méridionale (94 % en Inde).

La progression au cours des dernières décennies de l'ensemble des terres agricoles (terres cultivées ou *croplands* + pâturages et terrains de parcours ou *pasturelands*) a été particulièrement lente, d'autant plus qu'aux défrichements effectués dans les pays pauvres ont répondu des mouvements de déprise et de recul dans les pays riches. Pour l'ensemble de la planète, les espaces couverts par des agrosystèmes sont passés de 4 550 millions d'hectares en 1966 à 4 920 millions d'hectares en 1996 (FAO, 2000). Notons que cet accroissement de 370 millions d'hectares correspond à une progression de 8 % sur 30 ans alors que dans le même temps la population mondiale est passée de 3,3 à 5,7 milliards d'habitants, soit une progression de 2,4 milliards de personnes donc de 73 %.

Si l'on considère sur une période plus récente les seules terres cultivées, on constate qu'elles sont passées, toujours selon la FAO, de 1 489 millions d'hectares en 1987 à 1 510 millions d'hectares en 1997, soit un gain de 21 millions d'hectares et de 1,4 % en une décennie. Ne perdons pas de vue que pendant la même période la population mondiale a augmenté de 850 millions de personnes, donc de 17 %. Ce gain d'environ 2 millions d'hectares par an sur la période 1987-1997 est en fait la somme algébrique d'un excédent annuel de 4 millions d'hectares dans le monde tropical et de pertes annuelles de 2 millions d'hectares sous les latitudes tempérées.

Au niveau mondial, environ 15 millions d'hectares sont défrichés chaque année, essentiellement dans la zone intertropicale où des fronts pionniers continuent à progresser selon des modalités d'ailleurs très différentes au Brésil (dans la région des Campos Cerrados), en Indonésie (dans le cadre de la Transmigration) et dans différents secteurs de l'Afrique subsaharienne… au détriment de forêts ou de savanes tropicales. Mais, parallèlement, au moins 13 millions d'hectares de terres cultivées, et peut-être un peu plus selon certaines estimations, sont perdus chaque année soit parce qu'elles changent d'affectation, soit parce qu'elles sont touchées par différents processus de dégradation. Les espaces cultivés sont en recul aux plus hautes latitudes au Québec, en Sibérie ou en Scandinavie, mais surtout on estime que 8 millions d'hectares de terres cultivées se trouvent consommés chaque année dans le monde par la progression de l'urbanisation et la mise en place de nouvelles infrastructures de communication (routes, autoroutes, aéroports…). Dans bien des cas, les terres ainsi perdues pour la production agricole sont situées en périphérie des grandes métropoles et sont de bonne voire de très bonne qualité alors que celles qui sont aujourd'hui gagnées par défrichement sont en majorité de qualité médiocre et éloignées des grands pôles de peuplement.

Parallèlement, l'érosion des sols par les eaux de ruissellement et/ou par le vent a été et demeure à l'origine d'importants reculs des terres cultivées, en particulier dans les milieux écologiquement fragiles que sont les espaces marqués par la semi-aridité tels ceux des Grandes Plaines du piémont des Rocheuses en Amérique du Nord, du secteur des « Terres Vierges » de l'ex-URSS en Asie centrale ou de différentes zones de steppe de l'Afrique du Nord et du Proche-Orient. Une autre cause de dégradation des terres cultivées réside dans les phénomènes de salinisation et d'alcalisation qui menacent de nombreux périmètres irrigués, en particulier au Proche-Orient, dans les républiques musulmanes de l'ex-URSS, en Asie méridionale et orientale et même en Amérique du Nord : en Inde, en Chine et aux États-Unis 20 % des superficies irriguées se trouvent

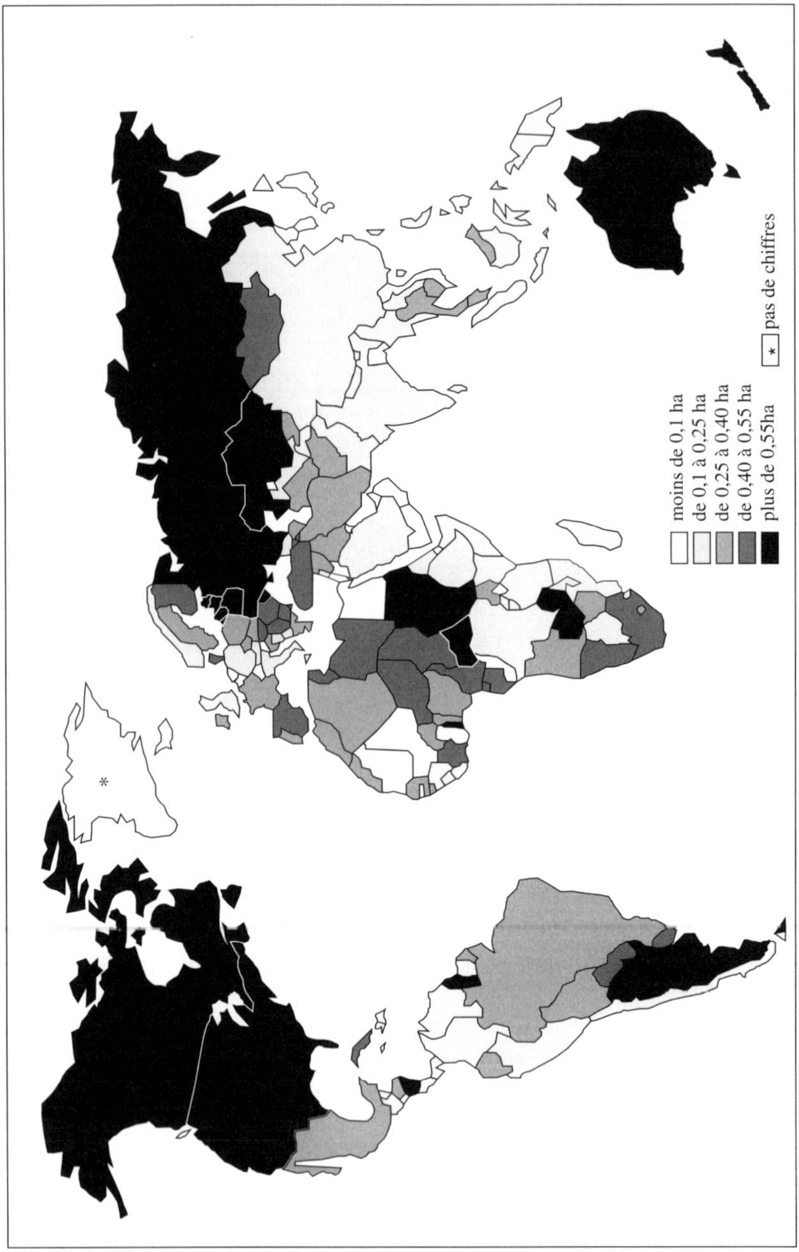

Figure 35 : **Superficie moyenne de terre cultivée par tête d'habitant dans le monde en 1997**
Source : WR, 2000/2001

affectées par la salinisation. Il convient enfin de prendre en compte les processus d'acidification qui affectent certains sols, les baisses importantes de taux de matière organique et l'appauvrissement marqué en éléments nutritifs qu'enregistrent d'autres sols, les phénomènes de compactage liés à l'utilisation de matériels de culture de plus en plus lourds et les accumulations locales de produits polluants (WR, 2000/2001).

Au total, ces dégradations qui ne sont pas toutes définitives et qui touchent plutôt les pays pauvres que les pays riches font qu'au niveau planétaire la progression des terres cultivées ne s'effectue plus aujourd'hui qu'à un rythme particulièrement ralenti proche de la stagnation. Alors que pendant longtemps et façon très significative à l'époque de la mise en valeur agricole des « pays neufs » d'Amérique et d'Océanie dans la seconde moitié du XIXe siècle et au début du XXe siècle l'augmentation de la production agricole a très fortement reposé sur l'accroissement des superficies cultivées, ce n'est plus le cas aujourd'hui. La superficie moyenne de terre cultivée par tête d'habitant a d'ailleurs reculé de façon sensible au cours des dernières décennies passant, à l'échelle mondiale, de 0,297 ha en 1987 à 0,259 ha en 1997 (WR, 2000/2001) alors que les contrastes entre pays se sont renforcés.

Le rôle décisif de l'accroissement des rendements

Dans ce contexte où la progression des superficies cultivées est devenue très limitée, l'accroissement de la production agricole repose principalement sur la progression des rendements. Ceux-ci ont été multipliés par deux ou trois depuis les années 1960 pour nombre de plantes cultivées. Le développement de l'irrigation qui porte aujourd'hui dans le monde sur 275 millions d'hectares (soit 18 % des terres cultivées) a joué un rôle important dans ce processus de très forte progression des rendements en permettant à la révolution verte de s'exprimer pleinement.

L'essor de l'emploi des engrais et des produits de traitement a également largement contribué à cette progression, en relation avec le recours à des semences de plus en plus performantes, contenant de plus en plus de « matière grise ». Actuellement, la nécessaire augmentation de la production agricole ne peut principalement provenir que d'une poursuite de l'augmentation des rendements par hectare alors que cette augmentation, première caractéristique de l'agriculture dite « productiviste », est de plus en plus souvent considérée, non sans raisons, comme dangereuse pour l'environnement. Une des solutions possibles pourrait être le recours à certaines plantes OGM (plantes génétiquement modifiées) à la fois plus productives et respectant mieux l'environnement, mais leur culture continue à soulever bien des interrogations et à susciter bien des réticences, en particulier dans les pays de l'Union européenne. Dans l'immédiat, la culture de plantes OGM demeure essentiellement une affaire américaine.

Tableau 2 : **Les superficies de cultures transgéniques (OGM) dans le monde en 1999 et en 2000 (en millions d'hectares)** [1]

Pays	1999	2000
États-Unis	28,7	30,3 [1]
Argentine	6,7	10,0
Canada	4,0	3,0
Chine	0,3	0,5
Australie	0,1	0,2
Afrique du Sud	0,1	0,2
TOTAL	39,9	44,2 [2]

(1) Seuls les pays ayant consacré plus de 100 000 hectares aux cultures transgéniques en 1999 et 2000 sont pris en compte.
(2) En 2000, aux États-Unis, 25 % des maïs étaient OGM, 55 % du soja et plus de 60 % du coton.
(3) Contre 1,7 million d'hectares en 1996.

Source : C. James, ISAAA, 2000.

La rapide progression des superficies irriguées dans le monde

Les superficies irriguées sont passées dans le monde de 55 millions d'hectares en 1900 à 275 millions d'hectares en 1999 (figure 35). Elles se trouvent désormais à l'origine de 40 % de la production agricole mondiale tout en présentent l'avantage appréciable de réduire les fluctuations interannuelles des niveaux de production. L'irrigation permet en outre, lorsque les conditions de température s'y prêtent, de pratiquer la « double culture » (*double cropping*) et donc d'obtenir deux récoltes par an sur la même parcelle, accroissant ainsi les superficies agricoles. En Inde ou en Chine, pays où la culture du blé est pratiquée à contre-saison (en hiver) par rapport à la mousson d'été, les possibilités d'irrigation jouent un rôle décisif.

De toutes les activités humaines l'agriculture est celle qui a le plus d'impact sur le cycle de l'eau : 70 % des prélèvements d'eau effectués par les hommes dans la nature sont destinés à l'irrigation. Dans bien des régions du monde l'irrigation représente la cause première des fortes baisses des débits des cours d'eau et des niveaux des nappes aquifères. Cas limite, en Asie centrale ex-soviétique, l'irrigation des champs de coton et de riz à partir des eaux de l'Amou Daria et du Syr Daria a entraîné une réduction de moitié de la superficie de la mer d'Aral et une baisse de 15 mètres du niveau de celle-ci.

L'Inde, la Chine, le Pakistan et l'Asie centrale ex-soviétique rassemblent plus de 45 % des superficies irriguées de la planète. Plus du tiers des terres sont irriguées en Inde, 38 % en Chine, 60 % et plus en Corée du Sud et au Japon. Les cultures irriguées sont également largement représentées sur le pourtour du Bassin méditerranéen ainsi que dans le sud-ouest des États-Unis, en particulier en Californie. Bien des gaspillages liés aux pertes en réseau et aux modes d'irri-

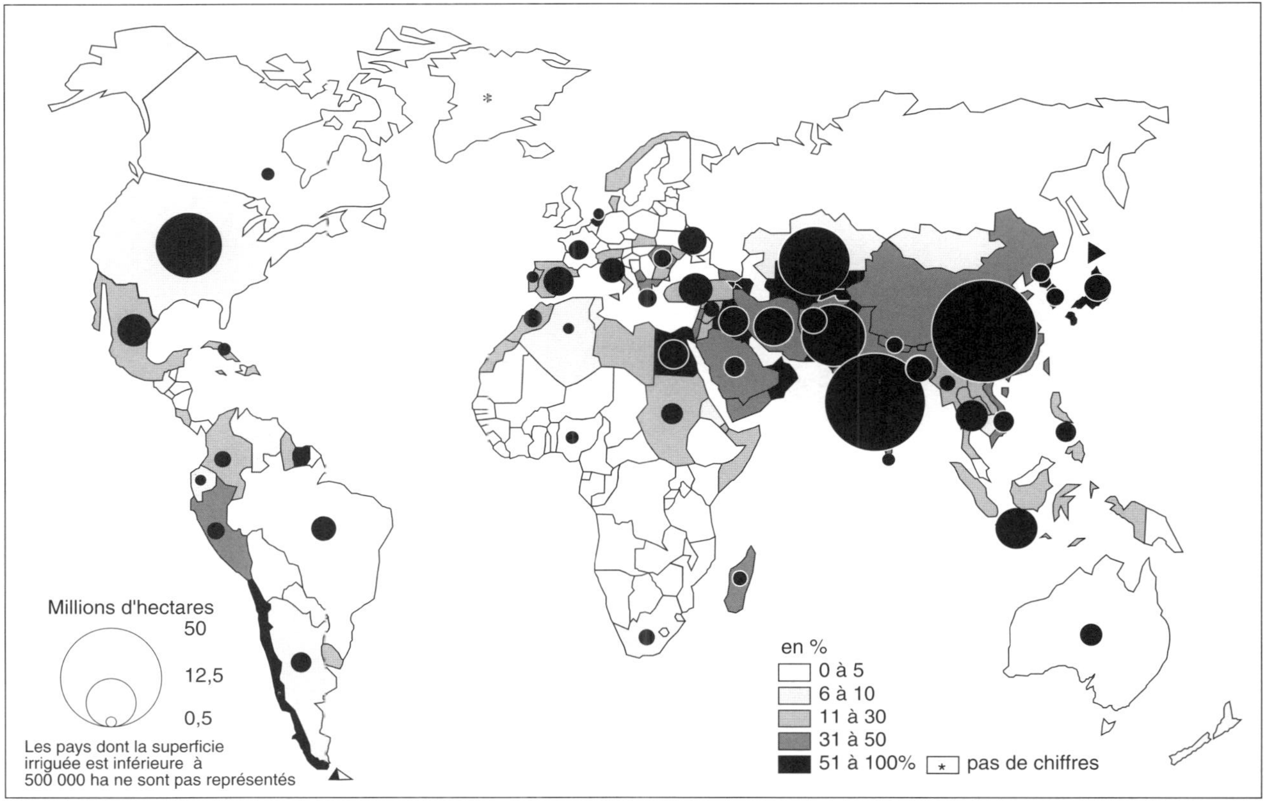

Figure 36 : **Les superficies irriguées dans le monde : importance relative des terres irriguées dans les terres agricoles en 1997**
Source : FAO, WR, 2000/2001

gation retenus (85 % des superficies irriguées dans le monde le sont par submersion) pourraient être réduits, mais les perspectives d'avenir n'en demeurent pas moins très préoccupantes (Mutin, 2000).

Si l'inégalité de la répartition des ressources en eau par tête d'habitant exprime pour une part celle des conditions pluviométriques, il convient de prendre en compte également l'inégale répartition des densités de population. Les spécialistes estiment que le niveau des ressources en eau est suffisant lorsqu'il est supérieur à 2 000 m^3/hb/an. Entre 2000 m^3/hb/an et 1 000 m^3/hb/an, on entre dans la zone des « arbitrages » : certaines tensions peuvent se manifester pour la répartition des ressources en eau entre l'agriculture et les autres activités. En dessous de 1000 m^3/hb/an, on arrive dans la zone des pénuries dans laquelle le développement de l'agriculture et des autres activités économiques se trouve contrarié. Dès à présent, l'Afrique septentrionale et la péninsule arabique se trouvent dans une situation difficile avec 4 % de la population mondiale et seulement 0,7 % des ressources en eau de la planète (Mutin, 2000). Mais si l'on se place à l'horizon 2025 en prenant donc en compte l'accroissement démographique des décennies à venir (2 milliards de personnes en plus par rapport à l'an 2000), on constate que le nombre des pays et des régions se trouvant en dessous du seuil des 2000 m^3/hb/an est appelé à s'accroître fortement : plus de la moitié de la population mondiale se trouvera alors dans cette situation. À l'Afrique septentrionale, au Proche-Orient et à l'Afrique Orientale viendront s'ajouter des pays comme l'Inde ou la Chine où se trouvent rassemblées à la fois les paysanneries les plus nombreuses de la planète et plus de 35 % des terres irriguées dans le monde. La gestion des ressources en eau est devenue aujourd'hui encore plus décisive que celle des ressources en sols cultivables.

L'accentuation des contrastes de productivité

Ces contrastes sont l'expression de la juxtaposition à l'échelle de la planète de types d'agriculture profondément différents. En outre, les contrastes de productivité par homme apparaissent à la fois beaucoup plus marqués et plus lourds de conséquence que ceux de productivité par hectare.

Alors que la progression de la production agricole mondiale repose désormais presque exclusivement sur celle des rendements, les écarts de productivité par unité de superficie, c'est-à-dire de rendement par hectare, sont devenus de plus en plus importants. Le rendement céréalier mondial moyen est passé — toutes céréales confondues — de 11 q/ha en 1951 à 31 q/ha en 1999, soit une progression de 20 q/ha et de 182 % sur les 50 dernières années. Cette progression qui fait contraste avec une stagnation autour de 9 à 10 q/ha qui a perduré pendant toute la première moitié du XIXe siècle s'est donc effectuée à un rythme moyen légèrement supérieur à 0,4 q/ha/an. Dans certains pays comme la France ce rythme a été et demeure nettement plus élevé, supérieur à un quintal par hectare et par an. Depuis le début des années 1980 l'augmentation des rendements constitue clairement le seul moteur de la croissance de la production céréalière mondiale, d'autant plus clairement que les surfaces consacrées aux céréales dans le monde sont en recul depuis cette date.

Ce mouvement général de progression des rendements est lié à l'utilisation de semences plus performantes, à l'emploi en quantités croissantes d'engrais et de produits de traitement (herbicides, pesticides, fongicides…) et, pour un certain nombre d'espaces, au recours à l'irrigation. On reconnaît là les principaux éléments qui constituent le « paquet technique » de la révolution verte, révolution qui a permis à des pays comme l'Inde ou la Chine de se mettre à l'abri des famines. Un paquet technique très comparable a été mis en œuvre dans les pays industrialisés avec, en plus, une mécanisation et une motorisation de plus en plus lourdes.

Les progressions très inégales de rendement par hectare

L'essor des rendements par hectare a été très inégal selon les régions et les pays en fonction de différents facteurs. Les conditions agronomiques ne doivent pas être perdues de vue : le fait que le rendement moyen en blé soit, aux États-Unis, de l'ordre de 25 à 30 q/ha alors qu'il se situe en France entre 65 et 70 q/ha s'explique principalement par la localisation de l'essentiel de la production américaine de blé dans les espaces marqués par la semi-aridité des Grandes Plaines du piémont des Rocheuses. Pour le maïs, principalement cultivé aux États-Unis dans la zone nettement plus humide de la Corn Belt, les rendements se situent à des niveaux très comparables de deux côtés de l'Atlantique.

Interviennent également des facteurs d'ordre culturel : alors que l'agriculture irriguée, porteuse de rendements élevés et support majeur de la révolution verte, peut s'appuyer sur des savoir-faire et des traditions millénaires en Asie méridionale et orientale, il n'en est pas de même dans l'Afrique du sud du Sahara où l'agriculture était et demeure essentiellement une agriculture sous pluie.

Le rôle des « encadrements » — qu'on les analyse en terme de « structures » comme l'a fait Pierre Gourou ou en terme de « systèmes » comme on a plutôt tendance à le faire aujourd'hui — joue enfin souvent un rôle décisif. Pour se développer et se diffuser largement, la révolution verte doit pouvoir s'appuyer en amont sur des circuits d'approvisionnement en intrants fiables et en aval sur des filières de commercialisation efficaces et en tout cas apportant un maximum de garanties aux agriculteurs, tout ceci dans un contexte global de stabilité politique et administrative. Sont donc en cause non seulement les encadrements techniques, commerciaux et financiers, mais aussi les encadrements politico-administratifs. Dans tous ces domaines les campagnes asiatiques, qu'il s'agisse de celles de l'Inde ou de la Chine, présentent, malgré bien des lacunes et des imperfections, des contextes nettement plus favorables que ceux de la plupart des campagnes africaines (Gourou, 1991).

Au total les rendements céréaliers effectivement obtenus par les agriculteurs dans leurs champs peuvent varier de quelques quintaux à plus de 150 quintaux par hectare même si les rendements moyens calculés par pays apparaissent nettement moins contrastés.

Tableau 3 : **Exemples de rendements céréaliers dans le monde en 1998/1999 (en quintaux/hectare)**

Pays	Blé	Maïs
États-Unis	29	84
Canada	22	70
Argentine	22	50
Chine (RP)	37	51
Égypte	57	?
Ex URSS	13	23
Europe centrale et orientale	36	?
Union européenne	61	81
France	75	83
Monde	26	43

Source : Toepfer International, 2000

En éliminant les situations extrêmes, on retiendra que la très grande majorité des rendements effectivement obtenus par les agriculteurs se répartissent dans le monde à l'intérieur d'une fourchette allant de 5 à 125 quintaux par hectare, soit un rapport de 1 à 25.

Des écarts bien plus considérables pour les rendements par homme

Lorsque l'on considère la productivité par homme, donc les quantités produites par unité de main d'œuvre, ce rapport se trouve multiplié par 100, passant de 1 à 2 500. Dans le cadre d'une agriculture manuelle menée avec peu de moyens et donc à faibles rendements par hectare, la production d'une unité de main d'œuvre peut ne pas dépasser 5 ou 6 quintaux. C'est souvent le cas dans le Sahel africain. En revanche dans le cadre d'une agriculture très puissamment motorisée et mécanisée employant, en outre, d'importantes quantités d'intrants d'origine industrielle, la production par unité de main d'œuvre peut aisément atteindre 12 500 quintaux et même dépasser les 18 000 quintaux. Dans le centre du Bassin parisien, un homme seul peut suffire pour cultiver 200 hectares tout en obtenant un rendement moyen de l'ordre de 90 q/ha, ce qui donne 18 000 quintaux. On trouve également des exemples comparables dans le Bassin de Londres ou dans la Corn Belt des États-Unis. Avec une telle production par unité de main d'œuvre, et compte tenu du fait que l'on peut nourrir une personne avec une moyenne de 3 quintaux de céréales par an, un seul de ces agriculteurs est à même de nourrir 6 000 personnes.

Si les écarts de productivité par homme demeurent relativement limités à l'intérieur de paysanneries comme celles de la Chine ou même de l'Inde très largement caractérisées par la présence des masses considérables d'exploitations couvrant au plus quelques hectares et assez souvent moins d'un hectare, une répartition des terres très inégalitaire ne peut que les accroître. C'est le cas au Brésil où moins de 1 % des exploitants disposent de plus de 40 % des terres et où se pose d'ailleurs

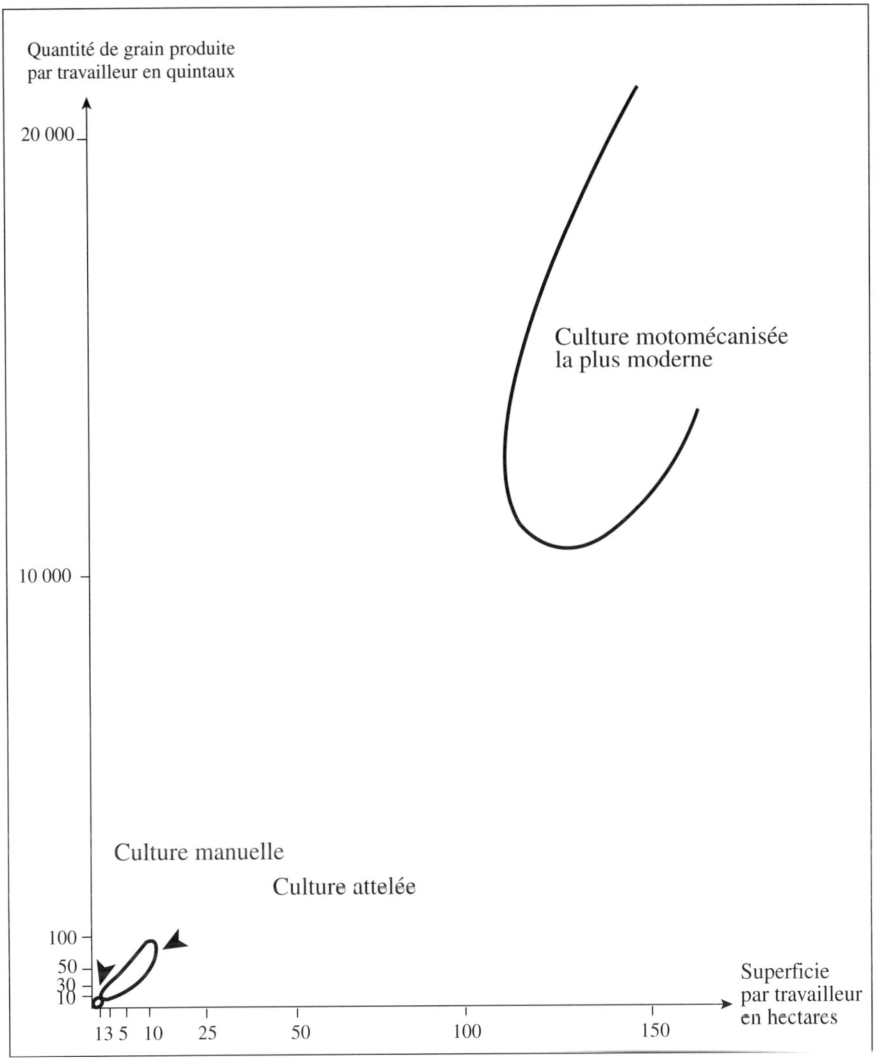

Figure 37 : **Les contrastes de productivité agricole par homme dans le monde**[1]
D'après M. Mazoyer et L. Roudart, *Histoire des agricultures du monde,* Le Seuil, 1997

depuis des décennies la question d'une réforme agraire (chapitre 5). Or plus une agriculture se trouve intégrée dans des marchés élargis, plus la productivité par homme devient une donnée importante. Installer des agriculteurs sur des superficies trop réduites peut alors devenir un handicap au développement des exploitations.

1 Cette figure a été schématisée par rapport à l'original. Elle ne traduit pas toute une série de situations intermédiaires. Il ne faut donc y voir que des ordres de grandeur très généraux. En revanche, l'ampleur des oppositions qu'elle souligne, est bien réelle.

La mise en concurrence des espaces agricoles

Le développement de moyens de transport de plus en plus performants et l'abaissement des barrières douanières ont profondément transformé les conditions de la production agricole.

Une proportion importante d'agriculteurs vit et produit encore aujourd'hui en échangeant peu voire très peu avec l'extérieur. L'agriculture vivrière ou de subsistance dans le cadre de laquelle l'essentiel de la production de l'exploitation est consommé par l'agriculteur lui-même et les membres de sa famille se trouve toujours largement représentée dans les pays pauvres, les espaces éloignés des infrastructures modernes de communication et les États peu ouverts aux échanges internationaux. Toutefois, ailleurs, l'agriculture est de plus en plus souvent dépendante des marchés.

L'élargissement des marchés lié à la mise en place des réseaux ferrés

Si la mise en relation d'agriculteurs avec des villes-marchés constitue un phénomène ancien dans différentes parties de la planète, ces relations ont pris des dimensions tout à fait nouvelles dans la seconde moitié du XIXe siècle avec la mise en place des réseaux de voies ferrées.

Tant que les transports se sont heurtés à de fortes contraintes et sont demeurés très coûteux, la disposition des espaces agricoles autour des villes-marchés avait tendance à s'organiser selon des schémas plus ou moins proches du schéma théorique proposé par Von Thünen dans la première moitié du XIXe siècle, avec en particulier des zones de production maraîchère et laitière en périphérie immédiate des pôles urbains (chapitre 8). En rendant les transports à la fois moins coûteux et plus rapides, l'installation des voies ferrées a engendré un premier changement d'échelle des marchés. De l'échelle locale, on est passé à des échelles régionales et/ou nationales. Dans le prolongement des voies ferrées, la navigation à vapeur a même permis, dans la seconde moitié du XIXe siècle, de mettre en concurrence des productions agricoles provenant de différents continents. Toutefois, compte tenu de l'existence ou du renforcement des barrières douanières de cette époque, on a alors surtout assisté — à l'exception partielle notable du Royaume-Uni — à la constitution de marchés nationaux. Une première vague de spécialisation agricole régionale s'est très souvent effectuée dans ce cadre.

La constitution de réseaux planétaires

La constitution d'ensembles géopolitiques plus étendus, telle la CEE devenue Union européenne, ainsi que les progrès des transports par route et autoroute ont contribué à accentuer encore davantage les spécialisations régionales dans des cadres nettement plus élargis. Enfin, le recours aux transports aériens pour l'acheminement de produits agricoles à haute valeur ajoutée et les progrès opérés dans le conditionnement des denrées alimentaires transportées par les navires de haute mer ont permis la mise en place de filières d'approvisionnement à l'échelle planétaire jouant sur les oppositions de saison existant entre les deux hémisphères et/ou sur les écarts de coûts de main d'œuvre existant entre pays riches et pays pauvres. Des régions telles que les plaines du Comtat, proches d'Avignon, qui s'étaient spécialisées dans les productions maraîchères et fruitières dans un cadre national au cours de la seconde moitié du XIXe siècle se trouvent aujourd'hui confrontées à la concurrence de produits venant de régions et de pays de plus en plus lointains (Durbiano, 1997). Les négociations commerciales internationales visant à l'abaissement des barrières douanières menées dans le cadre du GATT, puis de l'OMC, ne portent sur les produits agricoles que depuis le cycle de négociations de l'Uruguay Round (1986-1993), mais leurs effets commencent à se faire sentir.

Le développement de formes d'agriculture intégrée

Une forme particulière, de plus en plus fréquente, de dépendance des agriculteurs vis-à-vis d'agents économiques extérieurs est constituée par les différentes formes d'agriculture intégrée. Dans ce contexte, les agriculteurs sont liés par contrat avec des entreprises, privées ou coopératives, qui se trouvent à la fois en amont de la production (en fournissant par exemple de jeunes animaux à élever ainsi qu'une partie plus ou moins importante des aliments nécessaires) et en aval de celle-ci (en achetant et en écoulant la production réalisée après un conditionnement et une transformation plus ou moins importante). L'agriculteur peut ainsi être transformé en travailleur à façon, en particulier dans le cas où on retrouve la même firme à la fois en amont et en aval. Une telle situation qui correspond à une réelle perte d'autonomie ne présente pas que des aspects négatifs. Elle autorise une meilleure traçabilité et elle peut être recherchée par les agriculteurs lorsqu'ils sont à même d'obtenir des contrats équilibrés. Sur le plan géographique, elle est éminemment favorable à l'émergence de bassins de production agricole spécialisés. De façon assez comparable, les relations contractuelles avec les très gros acheteurs que sont aujourd'hui les firmes de la grande distribution présentent à la fois des contraintes et des avantages. On le voit bien en France, pays qui possède le système de distribution alimentaire le plus concentré du monde, 70 % des achats alimentaires des ménages français étant effectués dans des supermarchés ou des hypermarchés. Ces firmes géantes pèsent à la baisse sur les prix offerts aux agriculteurs, mais le développement rapide de leurs réseaux à l'étranger offre chaque année de nouveaux débouchés aux produits agricoles français.

Marchés et politiques agricoles

Certains produits agricoles présentent des qualités particulières qui sont mises en relation avec des territoires particuliers, ce qui leur permet de bénéficier de prix plus favorables. Mais dans leur majorité les produits agricoles relèvent du domaine des « commodités », c'est-à-dire que pour eux la concurrence ne porte que sur le prix et que celui-ci dépend plus ou moins directement d'un cours « mondial » qui se forme sur les grands marchés à terme de Chicago, de New-York ou de Londres. En relation avec un phénomène que les économistes désignent sous le nom d'« effet de King » et qui tient aux caractéristiques spécifiques de l'offre et de la demande de produits agricoles (Charvet, 1988) les prix des denrées agricoles se trouvent, sur la longue durée, orientés à la baisse pour le plus grand bénéfice des agents économiques qui se trouvent plus en aval. Ainsi, en France, de 1970 à 2000 et dans un contexte global d'enrichissement de la population française, les prix agricoles à la production ont été divisés par deux en valeur réelle (en valeur de pouvoir d'achat) pendant que les prix alimentaires à la consommation demeuraient au même niveau.

Cette situation que l'on retrouve dans les autres pays industrialisés constitue une des grandes justifications des soutiens dont les agriculteurs bénéficient de la part des États, au nom de la parité de revenus souhaitée entre agriculteurs et autres catégories socioprofessionnelles. Un clivage fondamental existe toutefois dans ce domaine entre pays pauvres et pays riches. Les premiers ne peuvent soutenir que très modestement, voire pas du tout, leurs agriculteurs : lorsqu'ils en ont les moyens, ils le font le plus souvent au travers de subventions aux intrants et/ou de la fixation de prix de soutien pour les céréales qui peuvent être nettement plus élevés (en Algérie, en Tunisie…) ou sensiblement en dessous (Chine, Inde, Pakistan…) du cours moyen mondial. En revanche les pays riches disposent de moyens considérables pour aider et encadrer leurs agriculteurs. La Politique agricole commune absorbe la moitié du budget de l'Union européenne. Aux États-Unis, compte tenu de la nette dégradation des prix agricoles qui a marqué la seconde moitié des années 1990, les aides directes aux agriculteurs — aides qui sont constituées pour une grande part, comme dans l'Union européenne, par des aides à l'hectare — sont passées de moins de 5 milliards de dollars en 1995 à près de 18 milliards de dollars en 2000.

Les soutiens passent également par les modalités de l'articulation des agricultures nationales aux marchés mondiaux. Alors que dans de nombreux pays pauvres les exportations de produits agricoles se trouvent le plus souvent taxées directement — par les États eux-mêmes — ou indirectement — par des organismes du type Marketing Board ou Caisse de stabilisation — les pays riches soutiennent efficacement leurs exportations de produits agricoles grâce à des subventions directes ou indirectes. Les Offices du blé du Canada et de l'Australie qui bénéficient du monopole des exportations de blé dans leurs pays respectifs ne manquent pas d'accorder des conditions de crédit très attractives à leurs clients. Les exportations de grains des États-Unis — ce pays se trouve à l'origine de la moitié des exportations mondiales de céréales, un hectare sur trois y portant des cultures destinées à l'exportation — sont également soutenues par différents mécanismes. Des conditions de crédit très favorables pour les acheteurs sont financées par les programmes GSM 102 et GSM 103. Surtout, depuis 1986 pour le riz et le coton, depuis 1991 pour les graines oléagineuses et depuis 1993 pour les céréales, les États-Unis utilisent largement le système des *marketing loans* pour soutenir leurs exportations. Ce système qui a le mérite de limiter les stocks détenus par l'État fédéral a pour conséquence de permettre d'écouler sur les marchés mondiaux — au cours « mondial » — d'importantes quantités de grains à des prix bien inférieurs à ceux qui sont garantis aux *farmers* américains par les prix d'intervention ou *loan rates* qui existent aux États-Unis depuis l'époque du New Deal (1933).

L'Union européenne a dépensé pendant des décennies une part importante de son budget agricole en « restitutions », c'est-à-dire en aides aux exportations. Actuellement, à la suite des réformes de 1992 et de 1999 de la PAC, le prix d'intervention ou prix minimum garanti pour les céréales a diminué de près de 50 % et l'Union européenne est aujourd'hui en mesure d'exporter des grains au cours « mondial » ou avec des aides de niveau très modeste. Désormais seulement 10 % des exportations agricoles françaises s'effectuent avec l'aide de restitutions. Mais, dans le même temps, les aides compensatoires versées par hectare ou par tête d'animal ont pris une importance considérable : leur total s'élevait en 1999 pour la France à 43,5 milliards de Francs et représentait environ 60 % de l'ensemble des soutiens publics à l'agriculture.

Le phénomène de spécialisation agricole régionale

Il s'exprime par la constitution et le renforcement de bassins de production agricole spécialisés — bassins laitiers, bassins céréaliers, bassins horticoles… — où sont obtenus, aux prix les plus bas possible, d'importantes quantités de denrées agricoles de base.

Dans ce domaine, le rôle des « encadrements » de l'agriculture et des marchés apparaît de plus en plus décisif, bien que d'autres facteurs interviennent en combinaison avec eux. Si le modèle de Von Thünen fondé sur les distances aux marchés apparaît aujourd'hui largement dépassé dans les pays industrialisés compte tenu de la faible incidence des coûts de transport dans le prix final des denrées agricoles, les facilités d'accès aux ports d'exportation ou aux marchés urbains par route ou par voie ferrée peuvent encore constituer une donnée importante dans les pays pauvres. En revanche, dans les pays riches, la qualité et la densité des encadrements techniques ou commerciaux assurés par les coopératives ou les firmes privées tiennent aujourd'hui une place bien plus décisive que les distances par rapport aux grands foyers de consommation comme on peut par exemple le constater à partir du cas de la Bretagne. Les phénomènes d'intégration des agriculteurs par rapport aux firmes jouent ici un rôle essentiel, en particulier les relations tissées avec les industries agroalimentaires.

Si les milieux physiques peuvent être profondément modifiés par les sociétés humaines par chaulage, par l'apport d'engrais divers, par l'utilisation d'outillages très puissants, par drainage et/ou par irrigation, par la construction d'abris pour les cultures…, toutes ces modifications ont des coûts.

Tant que la production agricole se déroule dans le cadre d'économies peu ouvertes, la notion de coût de production a peu de signification : l'important est d'assurer la nourriture d'un groupe de population quels que soient les efforts déployés pour y parvenir. Mais quand on passe à des formes d'agriculture commerciale, la nécessité d'abaisser le plus possible les coûts de production s'impose et un des bons moyens d'y parvenir consiste en une spécialisation dans les productions agricoles qui sont les mieux adaptées aux conditions climatiques et agronomiques locales. Pour la France de la première moitié du XIXe siècle, l'étude de l'utilisation du sol agricole effectuée à partir de certaines données d'utilisation du sol agricole fournies par les premiers cadastres a mis en évidence une polyproduction généralisée malgré quelques débuts encore bien timides de spécialisation régionale. Par la suite, l'amélioration des transports, grâce aux voies ferrées, aux routes améliorées et plus tard aux autoroutes, a conduit à des spécialisations régionales de plus en plus marquées opérées en fonction, non pas des distances aux marchés, mais des conditions agronomiques, des structures d'exploitation et des encadrements. Les grands traits de la géographie physique de la France ne sont jamais apparus de façon aussi nette qu'aujourd'hui sur les cartes d'utilisation du sol agricole. Il ne faut pas voir là les effets d'un quelconque déterminisme physique puisqu'au cours de l'histoire se sont succédées des utilisations du sol agricole très différentes sur les mêmes espaces, mais le résultat de l'actuelle mise en compétition de territoires dont les aptitudes agronomiques différentes s'expriment au travers de coûts de production différenciés, plus ou moins élevés.

Il convient de tenir compte également des structures d'exploitation. Aux régions où dominent les exploitations de grande dimension — celle-ci étant mesurée en hectares — correspondent le plus souvent des formes d'agriculture plutôt extensives : céréaliculture en sec, élevages extensifs… Ceci ne se vérifie pas que dans les pays industrialisés : lorsque le paysan africain dispose de suffisamment d'espace agricole il opte pour des techniques de production plus extensives qui rémunèrent mieux le travail effectué (Pélissier, 1996). Dans les pays industrialisés, l'accroissement de la productivité par unité de main d'œuvre repose souvent sur une motorisation et une mécanisation puissantes qui demandent, pour être rentables, d'être utilisées sur de vastes superficies. En revanche, lorsque la dimension — toujours mesurée en hectares — de l'exploitation agricole est limitée, les agriculteurs, à moins de disposer d'autres sources de revenus, sont contraints d'intensifier la production, fût-ce au prix de très nombreuses heures de travail. Ainsi se mettent en place des spécialisations laitières, fruitières, maraîchères, viticoles… ou des formes d'agriculture hors sol (élevages hors sol, cultures sous serres). En Asie orientale, les rizicultures irriguées permettant d'obtenir deux récoltes par an constituent de remarquables exemples d'agriculture intensive liée à de très petites structures d'exploitation.

Au total, la sécurité alimentaire — au sens quantitatif — apparaît de plus en plus fondée sur des filières de production spécialisées et territorialisées. Ce type de spécialisation permet de produire à bas prix des quantités importantes de denrées agricoles, mais il présente une réelle fragilité vis-à-vis des aléas des marchés et il peut engendrer de redoutables conséquences sur l'environnement. À l'échelle mondiale, alors que la nécessité de produire toujours davantage demeure, s'y ajoute désormais celle de produire mieux.

Le rôle des structures d'exploitation dans la spécialisation régionale à l'intérieur de la Corn Belt

En Amérique du Nord, la région agricole de la Corn Belt apparaît, vue de loin, comme relativement homogène avec une spécialisation principale dans les productions de maïs et de soja. On y relève toutefois bien des nuances lorsque l'on change d'échelle d'observation. Là où les exploitations sont de très grande taille, comme en Illinois central et oriental ou dans le centre-nord de l'Iowa, en raison des conditions historiques de peuplement et de défrichement d'espaces à l'origine plus difficiles à maîtriser, règne le *cash grain farming*, c'est-à-dire la production de grains pour la vente en l'état. En revanche lorsque les exploitations sont seulement de taille moyenne (pour la Corn Belt), des élevages de bovins pour la viande, organisés dans le cadre de *feed lots* de taille petite ou moyenne, viennent s'ajouter à la production de grains comme dans l'Iowa occidental et le Nebraska oriental. Enfin, lorsque les exploitations sont encore de taille plus petite, comme dans l'Iowa oriental ou le nord-est de l'Illinois, les agriculteurs doivent intensifier encore davantage leur production par hectare : ils le font en développant des élevages porcins (Charvet, 1985).

LES RÉPONSES APPORTÉES AUX NOUVELLES ATTENTES DES CONSOMMATEURS

L'essor de la demande de qualité dans les pays riches

Dans les pays riches où il y a abondance et même surabondance de produits alimentaires, les préoccupations concernant la « qualité » des productions agricoles occupent désormais le devant de la scène. Elles le font d'autant plus que le terme même de « qualité » est susceptible de prendre des significations bien différentes (RGPSO, déc. 1999). Il peut renvoyer à la qualité sanitaire des produits agricoles, donc à la notion de *food safety*, à laquelle se rattache le concept de « traçabilité » qui implique que le consommateur puisse suivre un produit agricole donné depuis les modalités de son obtention dans une exploitation agricole donnée et bien localisée jusqu'au distributeur final. Mais il peut également faire référence à la qualité nutritionnelle des produits agricoles (par exemple, pour les huiles, à des teneurs en acides gras conformes sur les plans quantitatifs et qualitatifs aux normes déterminées par les nutritionnistes), à leurs qualités organoleptiques (saveurs et/ou odeurs agréables) et même à leurs qualités technologiques (variétés cultivées se prêtant bien à un type de conditionnement ou un type de transformation par les industries agroalimentaires). La notion de qualité peut enfin renvoyer — cette approche de la question étant fréquente au Royaume-Uni et dans les pays de l'Europe du Nord — à des produits agricoles obtenus grâce à des processus de production qui ménagent le plus possible l'environnement. On retrouve là une des données fondamentales de l'agriculture « biologique ». Il ne faut pas perdre de vue que l'agriculture biologique n'a pas d'obligation de résultat, mais seulement une obligation de moyens, celle du strict respect de cahiers des charges visant à la protection de l'environnement. Cette forme d'agriculture qui est amenée à se développer à l'avenir en relation avec une demande en expansion rapide ne porte toutefois dans l'immédiat que sur 2 % de la SAU européenne et à peine plus de 1 % de la SAU française. Même si en 2005 4 à 5 % de la SAU de l'Union européenne pourraient porter des productions relevant de l'agriculture biologique, resteraient encore plus de 95 % de la SAU en agriculture « conventionnelle »… C'est donc plus particulièrement sur cette dernière que devraient logiquement porter les efforts de meilleure gestion de l'environnement.

Certaines exigences de qualité peuvent devenir dans certains cas contradictoires comme par exemple la qualité sanitaire et l'absence de recours à des traitements agro-chimiques pourtant bien adaptés pour lutter contre différents parasites ou différentes mycotoxines. Il est malgré tout certain que la « qualité » est devenue une préoccupation majeure de l'ensemble des différents maillons qui composent les filières agroalimentaires et une caractéristique fondamentale de la demande de denrées alimentaires. Cette exigence concerne aujourd'hui l'ensemble des producteurs agricoles et pas seulement un nombre limité de petits producteurs artisanaux. Sur le plan géographique ceci se traduit par une réaffirmation, à des échelles plus ou moins grandes, de terroirs caractérisés par des aptitudes agronomiques particulières. La question est alors de voir comment des relations peuvent être établies entre des productions agricoles particulières et des terroirs ou territoires particuliers. En d'autres termes : quelles sont les modalités de la territorialisation de la qualité ou comment celle-ci passe-t-elle du territoire à un produit agricole donné qui peut ensuite devenir emblématique du dit territoire ?

Émergence et renaissance de terroirs

Les productions de masse réalisées dans les grands bassins de production spécialisés offrent aujourd'hui, sauf accident, une qualité sanitaire bien supérieure à celle des productions des agricultures des lendemains de la seconde guerre mondiale. La contractualisation d'une part croissante de la production céréalière du Bassin parisien, contractualisation portant sur les variétés cultivées, sur la traçabilité de la production au niveau des intrants utilisés ainsi que sur le respect de normes ISO 9002 pour le transport et le stockage des grains permet d'obtenir des lots homogènes présentant de réelles garanties de qualité pas seulement sur le plan sanitaire. Toutefois, cette offre de produits standardisés ne couvre qu'en partie les besoins et demandes de consommateurs qui disposent aujourd'hui de pouvoirs d'achat élevés et qui recherchent des produits aux qualités très spécifiques ou originales, celles-ci provenant de terroirs particuliers ou/et de savoir-faire originaux. En particulier en France et dans l'Europe méditerranéenne, la qualité gustative se trouve volontiers mise en relation avec des modes de production « traditionnels » et/ou avec des espaces agricoles présentant des aptitudes agronomiques reconnues comme particulières, donc avec des terroirs.

Existent depuis 1992 dans l'Union européenne des AOP ou Appellations d'origine protégée et des IGP ou Indications géographiques protégées. Ces dénominations ont très largement repris la politique française des AOC ou Appellations d'origine contrôlée appliquée depuis de nombreuses années à des vignobles de plus en plus nombreux, puis à différents fromages. Dans le cas de l'IGP, le lien avec un territoire particulier n'est impératif qu'à un seul stade de la filière : la production, la transformation ou l'élaboration. En revanche, l'AOP impose — tout comme les AOC françaises — que les trois stades mentionnés ci-dessus de la filière soient tous situés à l'intérieur d'une zone précisément délimitée. Ceci explique que le jambon de Bayonne ait obtenu une IGP alors que le fromage de Beaufort bénéficie d'une AOC, le lait utilisé pour sa fabrication provenant d'une aire strictement délimitée du département de la Savoie. Existent parallèlement des STG ou Spécialités Traditionnelles Garanties qui reconnaissent et protègent une recette ou un savoir-faire « traditionnel » et des labels établis en fonction de cahiers des charges plus ou moins élaborés.

Difficultés et problèmes liés à la territorialisation des productions agricoles

L'exploitation de plus en plus fréquente du créneau de la territorialité pose au moins deux problèmes : celui de l'authenticité des terroirs et celui du pilotage de leur « marketing ». La territorialisation de la qualité d'une production peut s'effectuer au travers de modalités variées et il est difficile d'être assuré que les liens qui sont établis entre un produit agricole et un territoire donné le soient toujours sur des bases entièrement scientifiques. J-C Hinnewinkel (RGPSO,

1999) a montré, à la suite de Philippe Roudié (1988), comment dans le Bordelais les vins produits et les espaces délimités par des appellations coïncident rarement avec des unités physiques homogènes : les aires d'appellation bordelaises correspondent en fait pour l'essentiel à une géographie sociale et à des prises de décision juridiques (figure 38). Pour bien des fromages et la plupart des autres produits agricoles bénéficiant d'une AOP, le lien entre qualité d'un produit donné et spécificité d'un terroir particulier relève encore plus de la géographie sociale que de données physiques (RGPSO, 1999).

Il convient toutefois d'opposer ce type de situation à celui de la Bourgogne où l'on peut descendre dans certains cas jusqu'au niveau de la parcelle pour délimiter des espaces homogènes aux caractéristiques physiques particulières auxquelles correspondent de toutes petites unités de production.

Un autre point important qui a retenu toute l'attention de la DATAR puisqu'elle a largement élaboré à partir de lui ses différentes hypothèses d'évolution des espaces ruraux français jusqu'à l'horizon 2015 (Chambres d'agriculture, 2000) consiste à voir comment se trouve partagée, à l'intérieur d'une filière, la plus value provenant de la territorialisation d'une production agricole donnée. La part la plus importante peut aller selon les cas à un groupement de producteurs qui a su s'organiser de façon efficace, à une firme agroalimentaire ou, et c'est de plus en plus le cas, à la grande distribution. Cette dernière est d'ailleurs en faveur, en particulier pour ce qui concerne l'agriculture biologique, d'un allégement des contraintes de production susceptible de lui permettre de faire face plus aisément à une demande devenue particulièrement dynamique.

Globalement, que ce soit sous la forme de bassins de production agricole spécialisés où sont produites des « commodités » à des coûts particulièrement bas ou sous celle de terroirs que l'on s'efforce de valoriser au mieux, la spécialisation agricole régionale l'emporte désormais sur la polyproduction dans les pays riches. La diversification des activités peut toutefois s'y manifester à un niveau non plus étroitement agricole, mais plus global et rural en relation avec le développement d'activités non agricoles dans les campagnes.

ANCIENNES ET NOUVELLES CAMPAGNES

Bien des campagnes des pays pauvres continuent à se caractériser par une nette prédominance des agriculteurs dans leur population totale et continuent à enregistrer encore aujourd'hui une croissance démographique plus ou moins marquée malgré l'ampleur prise depuis les années 1960 par le mouvement d'urbanisation. Alors que 2,7 milliards de personnes vivaient dans les campagnes des pays du Tiers Monde en 1990, ce nombre est passé à près de 3 milliards en l'an 2000.

Dans les pays industrialisés où les agriculteurs ne représentent plus qu'une minorité dans les campagnes, les populations rurales augmentent légèrement depuis le milieu des années 1970 après une longue période de déclin démographique. Mais c'est essentiellement au profit des campagnes périurbaines que s'effectue ce renouveau démographique.

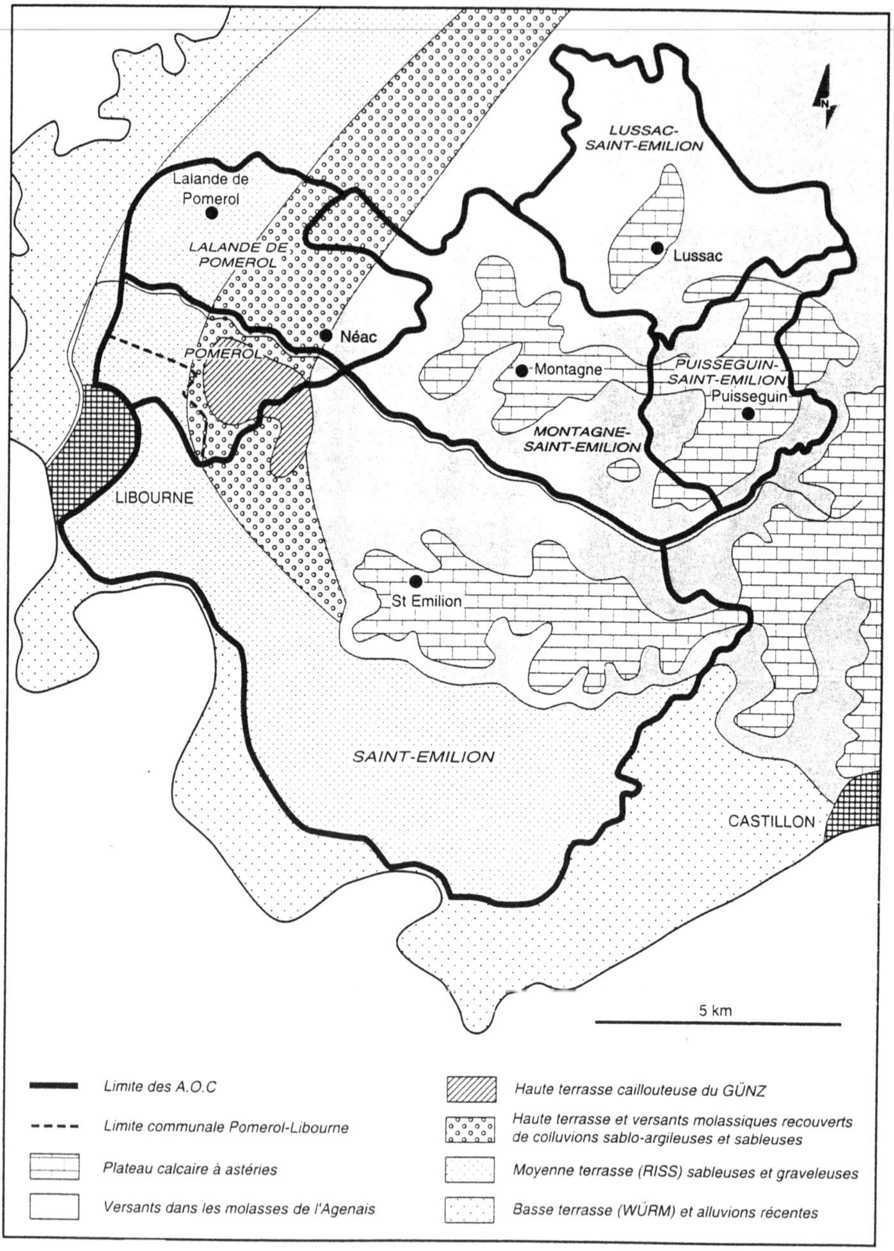

Figure 38 : **Appellations et unités naturelles en Libournais**
Source : Hinnewinkel J.-C., RGPSO, 1999.

Les campagnes des pays pauvres

Dans la majorité de ces campagnes la production agricole demeure l'activité dominante et l'accroissement de la production agricole le principal objectif. Compte tenu de la modestie de la productivité par homme — même dans les campagnes asiatiques où la productivité par hectare est plus élevée qu'ailleurs — chaque agriculteur ne peut nourrir qu'un nombre limité de personnes. Les situations de plus grande pauvreté sont celles des paysans sans terre qui ne trouvent à s'employer qu'un nombre limité de jours dans l'année et qui sont relativement nombreux dans différentes campagnes de l'Inde (Landy, 1994). Dans les campagnes les plus pauvres, largement représentées en Afrique, les quelques activités commerciales ou artisanales demeurent souvent assurées par les agriculteurs eux-mêmes et la population rurale non agricole représente moins de 10 % de la population totale. Même lorsque les niveaux de vie urbains sont très modestes, ceux des campagnes demeurent encore nettement inférieurs, le rapport moyen étant de l'ordre de un à trois en Chine comme en Inde, ce qui contribue à expliquer l'ampleur des migrations temporaires ou définitives des campagnes vers les villes qui existent dans ces pays. Dans ces campagnes l'accès aux soins médicaux et à l'éducation demeurent souvent très aléatoires.

La situation apparaît meilleure dans les campagnes — surtout asiatiques — qui ont été touchées par la révolution verte. On y voit se développer des emplois dans le commerce, l'artisanat et les transports ainsi que dans les différentes activités qui contribuent à l'encadrement des populations et des activités productives. L'adoption de la révolution verte et l'ouverture sur l'extérieur qui en est une des conditions se traduisent dans l'ensemble par une nette progression des niveaux de vie même si cette progression profite bien davantage à ceux qui sont les mieux placés pour en tirer bénéfice qu'aux plus pauvres. Les enquêtes montrent toutefois que les plus pauvres des régions touchées par la révolution verte sont moins pauvres que ceux des régions où elle n'est pas encore arrivée (CEPII, 1992).

Un autre processus de transformation de certaines campagnes du Tiers Monde, processus qui peut accompagner celui de la révolution verte, est l'industrialisation. Ce phénomène ne concerne encore que des espaces assez peu étendus, bénéficiant de localisations privilégiées, mais ces espaces ruraux touchés par une diffusion d'activités de production industrielle grosses consommatrices de main d'œuvre ont tendance à s'étendre dans certains pays comme la Chine. On peut citer en exemple l'arrière-pays de Hong-Kong et du delta de la rivière des Perles ou les campagnes du Jiangsu à proximité de Shanghaï. Les emplois ruraux non agricoles ont été multipliés par quatre dans les campagnes chinoises depuis les réformes entreprises par Deng Xiaoping en 1978. Entre cette date et 1996, le nombre d'entreprises rurales — dont environ 1/3 sont de véritables entreprises industrielles — est passé en Chine de 1,5 million à plus de 23 millions (Doulet et Gervais-Lambony, ed, 2000).

Les campagnes des pays riches

Après une longue période d'exode rural qui a débuté pour certaines dès la première moitié du XIXe siècle et pour d'autres nettement plus tard, les campagnes des pays riches enregistrent globalement depuis le milieu des années 70 un renouveau démographique. Celui-ci est toutefois très inégal selon les lieux, certaines campagnes continuant à se vider de leurs populations. Ceci justifie des analyses opposées décrivant les unes une « renaissance rurale » (Kayser, 1990) et des « campagnes vivantes » (Croix, ed., 2000) et les autres une « crise rurale » (Béteille, 1994) ou des campagnes « en déclin », « déprimées », « fragiles » voire « marginalisées ».

Les conséquences des nouvelles mobilités résidentielles.

Trois grands types de mobilités ont été mis en évidence :

– Un premier type de mobilité concerne les retraités. Cette mobilité résidentielle des retraités peut s'effectuer sur de grandes distances, par exemple à partir de la Région parisienne en direction de l'arrière-pays de la Côte d'Azur ou, aux États-Unis depuis les grandes métropoles du Nord-Est en direction de différents cantons ruraux de la Sun-Belt qui se classent aujourd'hui parmi les plus cantons ruraux les plus dynamiques sur le plan démographique (Charvet, 1996). Dans leurs aires d'arrivée ces nouveaux ruraux ne s'implantent toutefois jamais très loin, en France comme en Amérique du Nord, de centres de services de dimension petite ou moyenne dont ils contribuent à soutenir, voire à développer, les activités de services.

– Un second type correspond à des migrations résidentielles de populations actives s'accompagnant d'un changement de lieu de travail. Ces migrations s'effectuent bien davantage de la campagne vers la ville où l'on trouve plus aisément à la fois emploi et logement qu'en sens inverse. Elles correspondent donc pour l'essentiel à une poursuite du phénomène d'exode rural. Une des principales faiblesses de la plupart des campagnes — une fois mis à part les cas des véritables districts industriels ruraux ainsi que ceux des espaces ruraux fortement marqués par les activités touristiques — provient de l'existence d'un marché de l'emploi beaucoup plus étroit et limité que dans les villes.

– Un dernier type de mobilité résidentielle correspond aux migrations résidentielles de populations actives qui ne s'accompagnent pas d'un changement d'emploi ni d'un changement de lieu de travail. L'emploi demeurant en ville, on assiste alors à un essor de mouvements pendulaires du travail, mouvements à la fois de plus en plus nombreux et portant sur des distances de plus en plus longues. Ceci se traduit dans les étalements de périurbanisation et les phénomènes de rurbanisation qui marquent depuis les années 60 les périphéries des grandes agglomérations urbaines, mais aussi de villes moyennes, dans les pays industrialisés. Au cours des dernières décennies, ce sont les aires périurbaines qui ont enregistré les taux de croissance démographique les plus forts en Europe de l'Ouest comme en Amérique du Nord. En France, sur la période 1975 à 1999, pendant que la population des pôles urbains a augmenté de 7 % et celle des espaces à dominante rurale de 3 %, les populations périurbaines ont progressé de près de 50 %. La généralisation de l'emploi de l'automobile et l'amélioration des réseaux routiers et autoroutiers ont très largement favorisé ce mouvement. En une heure de trajet — durée généralement considérée aujourd'hui comme acceptable entre lieu de résidence et lieu de travail — on peut aller désormais nettement plus loin. Les personnes qui tout en conservant un emploi urbain choisissent d'habiter à la campagne y recherchent des conditions de logement à la fois moins onéreuses et plus agréables. Le souhait de quitter des quartiers urbains ou périurbains où l'on ne se sent plus, à tort ou à raison, en sécurité joue également. Cet étalement urbain s'accompagne assez souvent d'un véritable « tri social », l'éloignement par rapport à la ville étant en moyenne plus important en France pour les ménages des classes moyennes et moindre pour ceux qui bénéficient de revenus élevés. Malgré tout, l'essentiel des accroissements de populations rurales s'effectue aujourd'hui à « l'ombre des villes ». Rares sont les espaces ruraux éloignés de toute agglomération urbaine qui gagnent de nos jours de la population dans les pays industrialisés.

Décomposition et recomposition sociale dans les campagnes des pays industrialisés

Les agriculteurs sont de moins en moins nombreux dans les campagnes des pays industrialisés. En France, ils ne représentent plus que 10 % des ménages ruraux et 4 % de la population active de l'ensemble du pays. Aux États-Unis, ils constituent à peine 3 % de la population active et au Royaume-Uni 2 %. Il est de plus en plus erroné de confondre l'agricole et le rural. Si le nombre des exploitations agricoles apparaît à peu près stabilisé aux États-Unis depuis plus d'une décennie, il continue à baisser dans la plupart des pays industrialisés, dont la France. Alors qu'il y avait encore 1 300 000 exploitations agricoles en France en 1979 et 1 000 000 en 1988, il n'en restait plus que 660 000 en 2000, dont seulement 400 000 entrants dans la catégorie des exploitations « professionnelles ». Le point d'inflexion des évolutions se situe désormais à 75 hectares.

La population agricole connaît aujourd'hui dans l'ensemble de l'Union européenne une véritable crise de reproduction sociale, les départs en retraite étant en France trois fois plus nombreux que les installations. Les retraités de l'agriculture

Tableau 4 : **Les exploitations agricoles françaises classées selon leurs superficies en 1988 et en 2000 (en nombre d'exploitations)**

Superficie	**1988**	**2000**
Moins de 5 ha	278 252	193 358
De 5 à moins de 20 ha	278 473	131 753
De 20 à moins de 35 ha	178 249	75 644
De 35 à moins de 50 ha	109 806	62 162
De 50 à moins de 75 ha	89 625	75 463
De 75 à moins de 100 ha	38 636	46 680
De 100 à moins de 125 ha	18 676	29 161
De 125 à moins de 150 ha	9 658	17 229
De 150 à moins de 200 ha	8 744	17 908
200 à moins de 300 ha	4 865	10 827
300 ha et plus	1 771	3 622
TOTAL	1 016 755	663 807

Source : *Agreste, RGA 2000,* nov.2001.

sont devenus plus nombreux que les agriculteurs dans les campagnes françaises. En relation avec la forte diminution du nombre des agriculteurs, le groupe des artisans et commerçants apparaît également en net recul.

Si la place relative des ouvriers de l'industrie est depuis longtemps importante dans les espaces ruraux français, celle-ci s'est assez bien maintenue, autour de 30 % des ruraux, au cours des dernières décennies. Deux grands types au moins de campagnes « ouvrières » doivent être distinguées. Certaines comportent peu d'usines tout en étant largement peuplées d'ouvriers comme c'est le cas pour les campagnes de Saint-Nazaire, de Sochaux ou de Montbéliard. D'autres, en revanche, constituent d'authentiques districts industriels à l'image de ceux que l'on trouve en Italie centrale et en Italie du Nord (chapitre 8) ou au Portugal dans le *concelho* d'Agueda. En France, on peut citer comme exemples la vallée de l'Arve en Haute Savoie, le Jura méridional et, surtout, le Choletais. Parmi ces industries installées en milieu rural, un bon nombre sont les héritières de traditions artisanales anciennes, mais d'autres peuvent provenir de la déconcentration d'industries urbaines. Quant aux industries agroalimentaires, elles se trouvent de moins en moins en ville et de plus en plus à la campagne : 85 % des emplois bretons de l'agroalimentaire sont localisés en zone rurale (Diry, 2000).

Les catégories sociales qui ont vu progresser le plus leur place relative dans les campagnes françaises au cours des dernières décennies sont celles des employés et des cadres moyens ou supérieurs qui représentent aujourd'hui plus de 20 % des habitants permanents et celle des retraités (plus de 27 % des habitants permanents). Leur présence est l'expression de l'essor de la fonction résidentielle autour des principales agglomérations urbaines ainsi que dans les principales régions touristiques littorales ou de montagne.

L'agro-tourisme qui constitue une autre forme de projection de la ville sur les campagnes est aujourd'hui en expansion. Il se traduit par la multiplication des résidences secondaires qui sont aujourd'hui nettement plus nombreuses que les sièges d'exploitation agricole dans les campagnes françaises ainsi que par la mise en place de campings à la ferme, de chambres d'hôtes, de gîtes ruraux et de fermes auberges. Ce tourisme « vert » qui est principalement un tourisme diffus contribue au maintien de services et d'emplois ruraux, mais il ne peut guère en créer. Il demeure en outre beaucoup moins important dans les campagnes françaises — il concerne à peine 2 à 3 % des exploitations — que dans les campagnes suédoises ou autrichiennes. La mise en place de Parcs naturels régionaux qui couvrent aujourd'hui 7 % du territoire national français constitue une expression complémentaire du nouveau regard que les citadins des pays riches portent aujourd'hui sur leurs campagnes (Renard, 1996, figure 39).

Des situations de plus en plus contrastées

Les situations apparaissent de plus en plus contrastées en Europe de l'Ouest entre différents types de campagnes. Certaines, qui correspondent souvent à des zones de moyenne montagne et qui sont parfois qualifiées de campagnes « fragiles » enregistrent, parallèlement au recul de l'agriculture, un déclin démographique et économique accompagné de celui des commerces et des services. Des spirales du déclin peuvent ainsi se mettre en place. D'autres campagnes en revanche, beaucoup

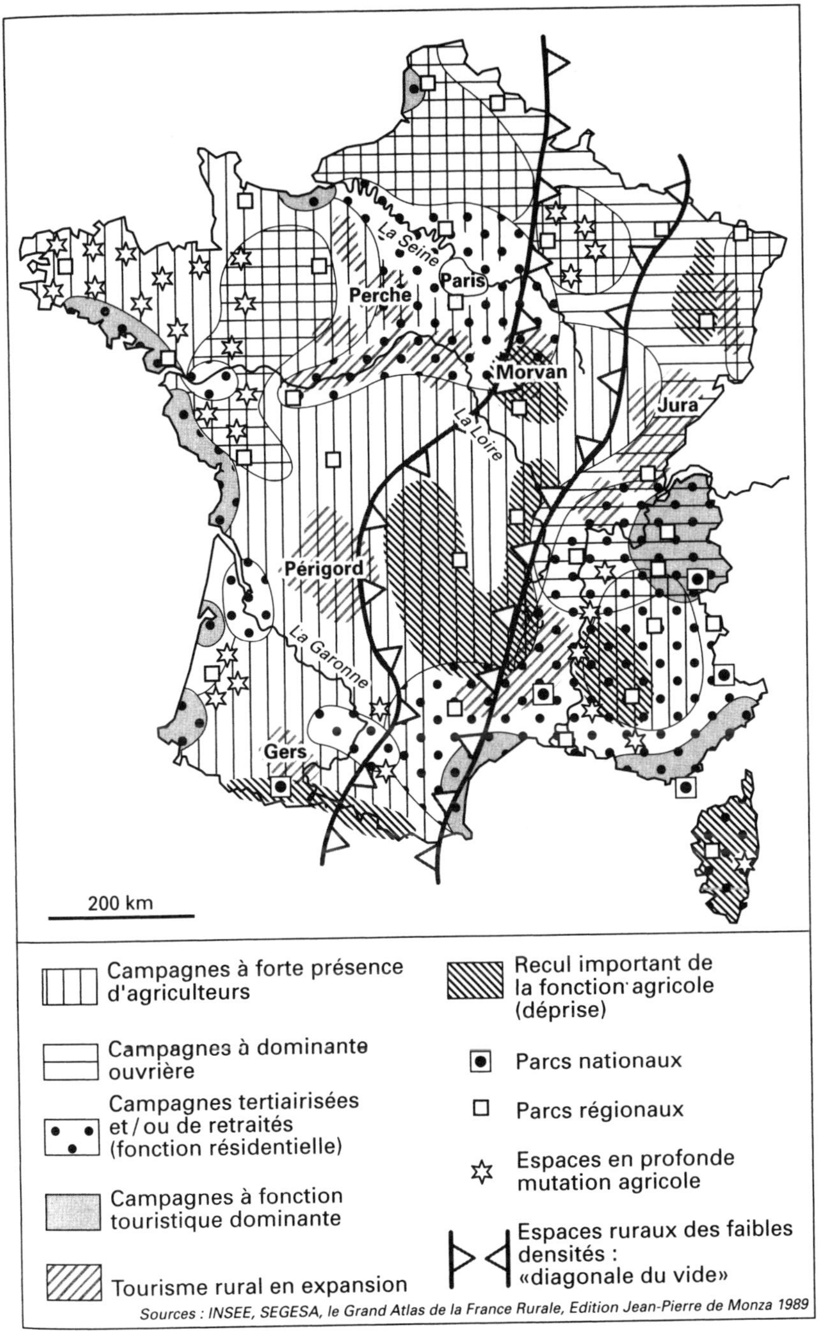

Figure 39 : **Répartition des types de campagnes en France selon les fonctions dominantes**

Source : J. Renard, *La France* in J. Bonnamour (ed.), *Agricultures et campagnes dans le monde*, SEDES, 1996, p. 59

mieux reliées aux réseaux modernes de communication et d'échanges apparaissent en meilleure situation. C'est le cas de bien des campagnes qui se trouvent en périphérie de grandes agglomérations urbaines ou dans des secteurs où la diversité des activités peut s'exprimer largement en relation avec un réseau dense de bourgs ruraux ou de petites villes dynamiques. Enfin, dans certaines campagnes très peu peuplées où dominent des formes d'agricultures fortement mécanisées et motorisées telles les grandes régions céréalières de l'Amérique du Nord ou de l'Europe occidentale, la vie s'organise de plus en plus à d'autres échelles : il est devenu relativement fréquent que les agriculteurs y résident... en ville.

L'opposition soulignée à juste titre entre campagnes « agricoles » et campagnes « vivantes » par J.-P. Diry (Diry, 2000) s'exprime, en relation avec une diversification des activités économiques nettement plus marquée dans le second cas, par de nets contrastes de densités de population. Dans les campagnes de Bretagne ou de Vendée, pourtant caractérisées par un habitat rural dispersé, le réseau des bourgs et des petites villes parvient à maintenir une véritable vie sociale. En regard de telles campagnes, les grandes régions agricoles spécialisées dans la production de grains pour les marchés internationaux peuvent faire figure, que l'habitat rural y ait été au départ groupé comme en Europe de l'Ouest ou dès les débuts essentiellement dispersé comme en Amérique du Nord et en Australie, « d'espaces ruraux socialement morts ». En fait, la vie sociale s'y organise à des échelles différentes, les « horizons » des chefs d'exploitation étant beaucoup plus larges et d'autant plus larges qu'ils disposent de moyens plus importants.

Dans la prairie canadienne, les restructurations successives des réseaux de voies ferrées et de silos, celles de la carte des établissements scolaires et des agences bancaires ainsi que des différents services (dont la vente et la réparation de matériel agricole) ont très largement vidé les espaces ruraux de leurs habitants au profit de petites villes, relativement éloignées les unes des autres, mais non dépourvues de vie sociale. Le territoire apparaît globalement bien tenu : les friches n'occupent que des superficies limitées. Mais peut-être n'avons nous plus affaire dans ce cas à de véritables espaces ruraux, mais seulement à des espaces agricoles mis en valeur par des agriculteurs résidant en ville et effectuant, à certaines périodes de l'année (entre avril et octobre), des migrations alternantes entre leurs résidences urbaines, d'où leur nom de *sidewalk farmers*[1], et leurs exploitations distantes parfois de plusieurs dizaines de kilomètres. Des évolutions comparables commencent à se dessiner en France dans certains secteurs de plateaux du sud-est du Bassin parisien, et dans bien d'autres campagnes comme les campagnes grecques.

Les campagnes des pays riches ne rassemblent plus désormais qu'à peine un peu plus de 1% des agriculteurs de l'ensemble de la planète. Dans ces pays les agriculteurs sont effectivement de moins en moins nombreux, les superficies cultivées sont en régression, mais des excédents agricoles sont assez souvent disponibles

1 Fermiers ayant un trottoir devant chez eux, donc habitant en ville.

pour l'exportation. Une certaine extensification de la production — susceptible d'autoriser une meilleure gestion de l'environnement — peut y être éventuellement envisagée.

En revanche dans les pays pauvres les agriculteurs sont globalement de plus en plus nombreux — malgré une tendance à la baisse de leur part relative dans la population active —, les superficies cultivées continuent à progresser — ce qui n'empêche pas que les superficies cultivées par actif agricole continuent de diminuer — et des importations de produits agricoles demeurent dans bien des cas indispensables pour approcher une sécurité alimentaire souvent précaire.

Le contraste entre campagnes des pays riches et campagnes des pays pauvres s'exprime également dans les moyens techniques mis en œuvre, ce que soulignent les écarts considérables de productivité par unité de main d'œuvre qui ont été présentés. Sur les quelques 1300 millions d'agriculteurs de la planète, seulement 30 millions disposent d'une moto-mécanisation puissante ou relativement puissante. Ils se trouvent en majorité dans les pays riches. Dans le même temps, 300 millions d'agriculteurs continuent de pratiquer la culture attelée et environ 1 milliard, différentes formes de culture manuelle. Parmi ces derniers, si 500 millions disposent de variétés à hauts rendements fournies par la révolution verte, 500 autres millions ne disposent que de variétés à peine améliorées. Les 3/4 des 800 millions de personnes qui continuent à souffrir de malnutrition chronique sur notre planète sont des paysans.

Références bibliographiques des auteurs cités

Béteille R. (1994), *La crise rurale*, PUF, coll. « Que sais-je ?, n° 2914.

Brunel S. (1999), *La faim dans le monde*, PUF.

Brunel S., *Famines et politiques*, Presses de Sciences Po, 2002.

Chapuis R. (1995, 2ed. 2001), *La géographie agraire et la géographie rurale*, in Bailly A., *Les concepts de la géographie humaine*, Armand Colin.

Charvet J.-P. (1985), *Les greniers du monde*, Economica.

Charvet J.-P. (1988), *Le désordre alimentaire mondial*, Hatier.

Charvet J.-P. (1995), *Le marché mondial des céréales au début du troisième millénaire*, in *Déméter 96*, Armand Colin, pp 13-81.

Charvet J.-P. (1996), *Le blé*, Économica.

Charvet J.-P. (1996), Mutations récentes des agricultures et des espaces ruraux en Amérique du Nord, *in* Bonnamour J. (ed.), *Agricultures et campagnes dans le monde*, Sedes.

Croix N., éd. (2000), *Des campagnes vivantes, un modèle pour l'Europe ?*, Nantes, Cestan-Igarun.

Diry J.-P. (1999), *Les espaces ruraux*, Sedes, coll. « Campus ».

Diry J.-P. (2000), *Les campagnes vivantes, essai de définition, in* Croix (2000), pp 23-30

Diry J.-P. (2000), *Campagnes d'Europe, des espaces en mutation*,

La Documentation Française, « Documentation Photographique », n° 8018.

Doulet J-F et Gervais-Lambony M-A (2000), *La Chine et les Chinois de la diaspora*, Atlande.

Durbiano C. (1997), *Le Comtat et ses marges, crises et mutations d'une région agricole méditerranéenne*, Publications de l'université de Provence.

Gourou P. (1991), *L'Afrique tropicale, nain ou géant agricole ?*, Flammarion

Kayser B. (1990), *La renaissance rurale*, Armand Colin.

LANDY F. (1994), *Paysans de l'Inde du Sud,* Karthala.

LEBEAU R. (1969, 7e ed. 2000), *Les grands types de structure agraire dans le monde,* Armand Colin.

MUTIN G. (2000), *De l'eau pour tous ?* La Documentation française, « Documentation photographique » n° 8014.

PÉLISSIER P. (1996), *Campagnes africaines en devenir,* Éditions Arguments.

RENARD J. (1996), *La France,* in Bonnamour J. (ed.), *Agricultures et campagnes dans le* monde, Sedes.

RGPSO (1999), « La qualité agroalimentaire et ses territoires », *Revue Géographique des Pyrénées et du Sud-Ouest,* n° 6, Toulouse, Presses Universitaires du Mirail, décembre 1999.

ROUDIÉ Ph. (1988), *Vignobles et vignerons du Bordelais, 1850-1980,* Paris, CNRS

WORLD Resources 2000/2001 (2000), *People and ecosystems : the fraying web of life,* Oxford, Elsevier Science, 389 p.

Chapitre 8

La localisation des activités économiques : du local au global

L'étude de la localisation des activités économiques permet d'expliquer certains aspects majeurs de l'organisation de l'espace géographique. C'est la raison pour laquelle le concept de localisation — à entendre aussi bien en tant qu'action que résultat — occupe une place centrale en géographie humaine et en géographie économique en particulier. Son approche a cependant varié selon les époques, les écoles de pensée ou encore la nature des activités concernées.

LA LOCALISATION : UN CONCEPT CENTRAL EN GÉOGRAPHIE

De l'observation empirique à la modélisation

La démarche géographique en la matière a d'abord été empirique et marquée par le déterminisme et le possibilisme (« la nature propose, l'homme dispose »). Les activités étaient dans un premier temps décrites, puis expliquées après identification des facteurs de localisation à différentes échelles (du local à l'échelle du monde). Progressivement, sous l'influence du courant dit de l'économie spatiale, la discipline s'est ouverte aux questions théoriques et de modélisation. L'objectif était de mettre en évidence les principes et les lois expliquant la répartition spatiale des activités économiques (hiérarchisation, spécialisation, diffusion spatiale, etc.). Les théories de la localisation sont cependant loin de tout expliquer. Beaucoup d'implantations ont en effet le hasard pour origine (exemple classique de l'enfant du pays qui crée son entreprise là où il habite et non en fonction de critères de localisation rigoureux), ce qui invite à fortement relativiser les faits. Analyser les logiques et les dynamiques qui sous-tendent la localisation des activités revient par conséquent à s'intéresser aussi à leurs acteurs et à leurs comportements plus ou moins rationnels : artisans, PMI-PME, firmes transnationales ou publiques, pouvoirs publics, collectivités locales, etc., sans oublier les consommateurs et les utilisateurs.

Pour compliquer les choses, le lien unissant une activité à un lieu précis n'est jamais définitif. Si certaines activités offrent l'exemple d'une continuité remarquable (cas de l'agriculture), d'autres peuvent tout simplement être abandonnées (champs retournant à la friche, usine désaffectée, etc.), ce qui n'est pas sans conséquences sur l'espace d'accueil. Toute activité peut également faire l'objet d'une délocalisation, c'est-à-dire d'un transfert plus ou moins important vers un autre lieu. Celui-ci peut avoir plusieurs origines : implantation originelle inadaptée aux contraintes contemporaines de l'activité, recherche d'une meilleure rentabilité ou efficacité, etc. Ce fait explique la rivalité souvent très vive que se livrent entre-eux les lieux d'accueil potentiels sur le plan de l'attractivité. Toute délocalisation donne alors lieu soit à une réaffectation à l'identique du site originel (réutilisation

Les grandes étapes des études géographiques sur la localisation des activités économiques

Chronologiquement, l'intérêt des géographes pour les questions de localisation s'est tout d'abord porté logiquement sur l'étude des productions agricoles. Ce sont également ces activités qui ont donné lieu aux premiers essais de modélisation spatiale, dès le XIXe siècle. Au tournant des années 1970, l'avènement de la géographie rurale, en lieu et place de la traditionnelle géographie agricole, a eu pour conséquence d'intégrer la question des localisations dans une problématique d'ensemble plus générale. Il faut y voir la conséquence des bouleversements qui ont traversé les campagnes depuis 1945 : effondrement des effectifs agricoles dans les pays industrialisés, rurbanisation, développement des périphéries urbaines, multiplication des activités non agricoles en milieu rural, etc. L'analyse des localisations agricoles demeure cependant un aspect important de la géographie en raison de l'immense consommation d'espace liée à l'agriculture (un tiers de la surface terrestre en ce début de XXIe siècle), du nombre toujours considérable d'agriculteurs (45 % environ de la population active mondiale, pour l'essentiel dans les pays en voie de développement), ou encore de la diversité des agricultures, des paysages et des pratiques agricoles selon les lieux et les échelles spatiales.
Mais c'est avec l'industrie que l'étude des localisations a trouvé son terrain de prédilection, compte tenu de ses multiples conséquences spatiales : paysages durablement marqués, infrastructures spécifiques, transformation des milieux socioéconomiques environnants, dynamiques urbaines et régionales, etc. Après s'être longuement cantonnée dans une approche descriptive (inventaires, typologies des facteurs de localisation, monographies régionales), la géographie industrielle a évolué dans les années 1960 au profit d'études plus sectorielles. Au cours des années 1980, elle s'est beaucoup intéressée aux effets de la crise économique sur l'industrie et les régions concernées, ainsi qu'au rôle de l'industrie dans l'aménagement du territoire. Depuis, elle s'est également ouverte aux effets de la mondialisation sur l'organisation de la production ainsi qu'aux ressorts socioéconomiques locaux expliquant la concentration spatiale des activités et le succès industriel de certaines régions.
En revanche, la localisation des activités tertiaires n'a suscité pour le moment qu'un nombre encore restreint de travaux géographiques. Il est vrai que la tertiairisation des sociétés industrielles reste un fait récent, auquel s'ajoute un désintérêt ancien — mais dépassé — pour les activités non productives, jugées souvent trop disparates. Parmi les thèmes de recherche privilégiés figurent l'étude du commerce de détail, des services publics ou encore des implantations touristiques.

de locaux d'usines par exemple), soit à un changement radical de vocation (cas d'une friche industrielle transformée en immeubles de bureaux), soit à son abandon plus ou moins durable.

L'étude de la localisation géographique des activités s'appuie sur quelques questions simples : où se localise telle activité ? Pourquoi s'est-elle implantée à cet endroit et non dans tel autre ? Quelles sont les raisons ayant motivé le choix de ses initiateurs ? Les facteurs de localisation originels sont-ils toujours pertinents au regard des objectifs poursuivis ? Où telle nouvelle activité aurait-elle intérêt à s'implanter afin de maximiser sa rentabilité ? Pourquoi observe-t-on des effets de concentration ou de spécialisation à différents niveaux scalaires ? etc. Ce questionnement suppose une perception claire de la notion d'activité.

La notion d'activité économique en géographie

Cette dernière présente en effet une remarquable diversité qui explique le besoin impérieux d'une classification, ne serait-ce qu'à des fins statistiques. La plus communément utilisée est celle formulée par Colin Clark en 1940, qui répartit les activités en trois secteurs différents. Le secteur primaire rassemble toutes les activités qui exploitent directement le milieu naturel : agriculture, pêche, exploitation de la forêt, extraction minière. Le secteur secondaire regroupe toutes les activités liées à la transformation industrielle des matières premières produites par le secteur précédent. Quant au secteur tertiaire, de loin le plus hétérogène, il apparaît constitué de toutes les autres activités, à savoir celles qui mettent en relation les secteurs primaire et secondaire ainsi que leurs consommateurs : transport, commerce et services. Il est par ailleurs le premier pourvoyeur d'emplois (en moyenne 70 % de la population active dans les pays industrialisés). Des auteurs ont proposé par la suite la création d'un secteur quaternaire afin de distinguer les activités issues de l'ère post-industrielle : recherche-développement, information, communication, informatique, enseignement supérieur, etc. Depuis quelques années, certains auteurs insistent enfin sur les difficultés croissantes pour distinguer les activités secondaires et tertiaires, notamment en raison de leurs logiques de plus en plus proches en matière de localisation. Les zones industrielles ou d'activités de la périphérie des villes des pays développés n'accueillent-elles pas indifféremment activités secondaires et tertiaires ? L'éclosion de nouveaux concepts (« société post-industrielle », « société tertiaro-industrielle », etc.) atteste également des relations de plus en plus imbriquées entre ces deux activités.

Bien qu'indispensable, cette classification fondée sur la nature des activités se révèle peu explicite quant à leurs logiques en matière de localisation. C'est la raison pour laquelle les géographes prennent soin de distinguer les activités dites banales des activités dites spécifiques. Les premières rassemblent les activités commerciales et de services nécessitant un contact direct avec le consommateur final, donc sa proximité relative. Les secondes produisent les biens intermédiaires écoulés par le biais des activités banales. Cette particularité explique leur moindre dépendance vis-à-vis de la localisation du consommateur final. C'est cette classification qui servira de fil directeur aux deux premières parties de ce chapitre. Pour terminer, on s'intéressera aux effets de la mondialisation de l'économie sur la localisation contemporaine des activités.

LES LOGIQUES SPATIALES DES ACTIVITÉS BANALES

De par leur caractère quasi-universel, les activités banales sont sans conteste les plus immédiatement perceptibles à l'observation. Leur critère distinctif est fondé sur le contact direct avec le consommateur final et non sur leur plus ou moins grande rareté (Béguin, 1992). Leur recours peut être dans un premier cas fréquent, voire quotidien : commerces de détail sédentaires (boulangeries, bureaux de tabac, etc.) ou non sédentaires (marchés, commerces ambulants) ; centres commerciaux à rayons multiples, magasins spécialisés, galeries marchandes, etc. ; services publics (administrations locales, bureaux de poste, écoles, etc.) ; services à la population (agences bancaires ou d'assurance, cabinets de professions libérales, etc.) ; services à caractère culturel (multiplexes cinématographiques, bibliothèques, etc.). Leur usage peut être également beaucoup plus occasionnel (théâtres et scènes lyriques, tribunaux de grande instance, hôpitaux, etc.). Bien que moins impressionnante que dans le cas des activités spécifiques, la montée en puissance des activités banales n'en a pas moins été très importante, surtout dans les pays industrialisés, en raison des multiples bouleversements économiques et sociaux enregistrés depuis la Seconde Guerre mondiale : augmentation générale des revenus et de la consommation, apparition de nouveaux besoins entraînant la création de nouveaux services, mobilité accrue des personnes grâce à l'automobile, généralisation des loisirs, etc.

Des activités par essence urbaines

Mutations et dynamiques intra-urbaines

En tant que lieux centraux (*cf.* chapitre 6), les villes constituent le lieu privilégié de l'échange matériel, immatériel et symbolique. Dépendantes de la proximité de la clientèle ou des utilisateurs, les activités banales y trouvent donc leur implantation de prédilection. Elles représentent d'ailleurs en moyenne 40 % de l'emploi urbain dans les pays industrialisés. Mais loin d'être saupoudrées dans l'espace intra-urbain, celles-ci se concentrent dans les quartiers disposant d'atouts propres à attirer la clientèle : forte densité du peuplement, niveau de revenu plus élevé que la moyenne, axes de circulation propices (rues principales, carrefours, places, gares, etc.), proximité des édifices ayant déjà un fort pouvoir d'attraction (hôtel de ville, lieux de culte, services administratifs, etc.). Aussi les commerces isolés apparaissent-ils comme des exceptions.

La concentration géographique des activités banales exerce un très fort pouvoir d'attraction auprès des candidats à l'implantation en raison de la clientèle nombreuse qui fréquente déjà ces lieux selon la logique du regroupement des achats. Elle n'en exacerbe pas moins en contrepartie la concurrence entre activités identiques, ce dont témoigne leur rotation rapide dans certains quartiers commerçants.

Originellement, l'inégale distribution des activités banales à l'échelle intra-urbaine a joué un rôle important dans le renforcement du clivage ancien entre le centre-ville attractif et la périphérie urbaine longtemps négligée. Mais depuis les années 1950-1960, cette dichotomie classique n'a plus cours dans les pays industrialisés. En raison de leur spectaculaire croissance démographique, de l'avènement de la société de consommation durant les « Trente Glorieuses », sans oublier le développement conjoint de nouveaux axes de communication (rocades, échangeurs autoroutiers, etc.) et de l'automobilisation des classes moyennes, les périphéries urbaines sont devenues le lieu d'accueil par excellence des nouvelles formes du commerce banal les plus consommatrices d'espace : centres commerciaux (*shopping mall* aux États-Unis), galeries marchandes, hypermarchés (le premier apparaît en région parisienne en 1963), grandes surfaces spécialisées (bricolage, équipement de la maison, etc.), concessionnaires automobiles, etc. Mais leur concentration remarquable à l'entrée des villes, là où les réserves foncières étaient importantes (cas des zones d'aménagement concerté, ou ZAC, en France), alliée à leur caractère plus ou moins spontané, sont à l'origine de la banalisation du paysage urbain : monotonie des formes, enseignes publicitaires géantes, parkings immenses, etc. Par ailleurs, d'autres activités banales ont trouvé un intérêt évident à se localiser dans leur mouvance immédiate : restauration rapide, complexes cinématographiques, équipements sportifs, hôtellerie bas et moyen de gamme, etc.

Toutes les périphéries urbaines n'en ont pas pour autant été promues au rang de pôles périphériques. Les plus défavorisées d'entre-elles, notamment en Europe occidentale, ont au contraire enregistré la disparition de nombreuses activités banales sous l'effet du chômage et de la hausse de l'insécurité. Ne subsistent souvent plus que quelques rares services publics, des petits commerces dits « ethniques » (épicerie, boucherie, etc.), ainsi que quelques supermarchés *hard-discount*.

Au cours de la même période, les centres villes des pays industrialisés n'ont pas dépéri, contrairement à ce que certaines prospectives avaient laissé entendre dans un premier temps. Les activités banales ont en effet largement profité des opérations de rénovation urbaines à l'échelle de quartiers entiers, mais selon un mode résolument nouveau : affinage des activités au détriment du petit commerce de proximité et au profit des produits anomaux (vêtements, chaussures, meubles, etc.) ou de luxe, seuls à même de faire face à l'élévation des loyers ; délocalisation en périphérie immédiate des activités consommatrices d'espace ; diminution du nombre de commerçants indépendants et augmentation des entreprises franchisées et succursalistes ; adaptation aux nouvelles conditions de circulation et de stationnement (rues piétonnes notamment) ; etc. Commune à la plupart des villes des pays industrialisés, cette évolution du commerce banal n'a le plus souvent profité qu'à une partie restreinte seulement des centres-villes, l'hypercentre (Mérenne-Schoumaker, 1996).

Finalement, ce sont les faubourgs et les banlieues situés en position intermédiaire qui ont le plus souffert de cette évolution des activités banales à l'échelle intra-urbaine. Tiraillés entre les nouvelles polarités périphériques et l'attractivité renouvelée des centres-villes, ils ont souvent enregistré un net déclin de leur activité commerciale (sauf lorsqu'ils sont bien desservis et relativement préservés des effets de la concurrence extérieure), aggravant la crise de nombreux quartiers urbains. La prise de conscience par les élus locaux du rôle social et d'animation irremplaçable joué par le commerce explique que celui-ci soit de plus en plus souvent érigé au rang d'enjeu en terme d'aménagement et intégré dans les politiques de développement local.

Résistance et déclin en milieu rural

Face à l'urbanisation accélérée des sociétés contemporaines, les activités banales ont-elles pour autant quitté les bourgs et les villages des milieux ruraux ? En fait, selon les régions et leur niveau de développement, l'analyse révèle une grande diversité de situation qui interdit tout jugement tranché. Ainsi, dans le tiers-monde, où les campagnes continuent, globalement, à voir leur population augmenter (chapitre 7), les activités banales conservent encore une forte présence, surtout dans les régions densément peuplées, mal desservies et, d'une manière générale, là où le déplacement vers la ville reste rare ou occasionnel. La diversité de l'offre y demeure cependant relativement restreinte en raison de la faiblesse des revenus disponibles.

Inversement, dans les pays industrialisés, les régions rurales peu densément peuplées, de même que celles en proie au vieillissement et à la dépopulation connaissent un déclin très sensible de ce type d'activité. Commerces et services y disparaissent ou évoluent vers des formes ambulantes, faute d'une masse critique suffisante en matière de clientèle. En France, par exemple, les seuils moyens d'apparition d'une épicerie et d'une boucherie dans une commune sont respectivement de 500 et 1 000 habitants. Mais même dans ces régions défavorisées existent localement de nombreux contre-exemples. En effet, la concentration spatiale des activités banales au profit des lieux les plus attractifs (carrefours routiers, lieux d'accueil saisonnier des touristes, etc.) y est également à l'œuvre depuis la généralisation de l'usage de l'automobile.

Enfin, le maintien, voire le retour des activités banales en milieu rural est également observable dans le cas des bourgs et des villages situés en zone périurbaine, surtout depuis l'arrivée de « rurbains » qui habitent à la campagne et travaillent en ville (mouvements pendulaires).

L'inégale distribution interurbaine des activités banales

Le rôle fondamental de l'aire de marché

L'inégale distribution des activités banales selon la taille des unités urbaines est un fait facilement observable à l'échelle des régions et des territoires nationaux. Celui-ci a donné lieu à une riche réflexion pour en expliquer les principes généraux. Les modèles théoriques les plus connus sont ceux de Walter Christaller (*Die Zentralen Orten in Süddeutschland*, 1933) et d'August Lösch (*Die Raümlische Ordnung der Wertschaft*, 1940), dont le corpus très proche sert de fondement à la théorie dite des lieux centraux (chapitre 6). Réfutant les seules interprétations historiques pour expliquer les différences de taille, de nombre ou encore d'espacement des villes au sein d'un espace donné, ces deux auteurs se sont au contraire attachés à montrer le lien de causalité existant entre l'organisation spatiale du réseau urbain et la fonction économique des villes.

En étudiant les cartes du peuplement de l'Allemagne du Sud, Christaller avait en effet observé que les villes étaient de taille très inégale et surtout qu'elles ne se répartissaient pas au hasard. Elles présentaient au contraire une grande régularité d'espacement selon leur place dans la hiérarchie urbaine. Partant du principe que la fonction économique des villes est fondamentalement de fournir leur périphérie rurale en biens et services urbains, Christaller s'est employé à démontrer que, quelle que soit sa taille, toute ville polarise autour d'elle un espace dont l'étendue est déterminée par la portée limite maximale des activités banales présentes. Celle-ci varie considérablement selon différents paramètres : nature, prix, quantité, qualité, fréquence de leur recours. Tel commerce d'usage quotidien possède ainsi une portée limite d'autant plus réduite que le coût du bien en question est faible. C'est ce qui explique pourquoi les biens ou services courants et de faible coût sont présents à tous les niveaux de la hiérarchie urbaine, du bourg à la très grande ville. Au-delà d'une certaine distance à parcourir, le coût du transport devient si élevé qu'il dissuade de se déplacer vers ce lieu. Le consommateur a alors tout intérêt à s'approvisionner auprès du commerce identique situé à proximité de son point de départ. En revanche, les services d'usage plus rare et au coût plus élevé présentent une portée limite beaucoup plus grande, justifiant un déplacement plus important. C'est la raison pour laquelle on ne les trouve que dans les grandes villes. Quel que soit le cas de figure, la clientèle se doit naturellement d'être suffisamment nombreuse afin d'assurer la rentabilité et la pérennité de l'offre. Lorsque la totalité de la demande est satisfaite, l'équilibre est atteint, ce qui constitue un obstacle à l'arrivée d'éventuels concurrents.

Comme ce modèle est régi par la loi du marché, les activités banales cherchent à maximiser leur revenu en se localisant au centre de l'aire de marché afin de minimiser le temps et le coût de déplacement de la clientèle. Ce sont précisément ces aires de marché circulaires que Christaller et Lösch se sont employés à déformer : le premier sous la forme d'hexagones régulièrement juxtaposés et emboîtés dans un espace présenté comme homogène (à la différence du cercle, l'hexagone est la figure qui permet de couvrir intégralement l'espace et de réduire au minimum la distance au centre, donc le coût du déplacement) ; le second selon un pavage hexagonal beaucoup plus complexe, mais plus conforme à l'espace réel, reflétant la prise en compte des facteurs extérieurs influant sur la forme et la taille des hexagones (inégale répartition historique des villes, rôle des axes routiers, des frontières, variation de prix des transports, etc.).

Tous ceux qui se sont employés à vérifier la théorie des lieux centraux ont insisté sur le caractère désormais inopérant de la seule prise en compte des activités banales pour expliquer la hiérarchisation urbaine. Cependant, le « pavage » christallérien demeure toujours pertinent pour expliquer la hiérarchisation et l'emboîtement des aires d'attraction de ces activités en fonction du degré de rareté de l'offre. Le cas français en fournit une bonne illustration (Saint-Julien, 1999). On y observe un semis très dense de certaines activités à l'échelle nationale (à l'instar des agences bancaires, de l'artisanat, des services publics, etc.), tandis que le nombre de centres urbains accueillant certains services rares comme les universités, les tribunaux de grande instance, etc. apparaît corrélé à la taille de la ville. Les spécificités régionales n'en génèrent pas moins de nombreux écarts. Ainsi les arrondissements les moins densément peuplés, les plus touristiques (littoraux, montagnes), ou encore ceux situés en position frontalière présentent-ils une sur-représentation de certaines activités banales (hôtellerie, restauration, cafés, etc.). De même, la plus ou moins grande richesse de certaines régions ou villes explique-t-elle leur plus ou moins forte dotation en commerces et services, comme les équipements de santé (sous-médicalisation des villes du Nord-Pas-de-Calais, par exemple).

Le renforcement des villes déjà bien dotées

Après ces travaux fondateurs, la réflexion sur la localisation des activités banales s'est poursuivie, mais sous un mode plus pragmatique. Elle s'est intéressée notamment au comportement réel du consommateur. On sait désormais que celui-ci ne recourt pas forcément aux commerces ou aux services les plus proches de son lieu de départ, ainsi que le stipulait — de façon un peu simpliste — le modèle de Christaller. La distance n'exerce plus en effet la même contrainte que par le passé, surtout depuis la généralisation de l'automobile. Le consommateur contemporain privilégie désormais les lieux lui permettant de réaliser différentes opérations au cours d'un même voyage et donc de maximaliser l'utilité nette de transport (Béguin, 1992). Dans cette logique, les déplacements peuvent être moins nombreux et s'effectuer sur des distances beaucoup plus importantes. Afin d'augmenter leur attractivité et de capter une clientèle plus éloignée, les activités banales ont alors tout intérêt à suivre et à encourager ce comportement spatial de la clientèle en s'implantant non seulement dans les villes déjà les mieux pourvues, mais aussi à proximité des commerces et des services susceptibles d'entrer dans la logique de mobilité du consommateur (centres villes et périphéries urbaines principalement). Les modèles dits d'« interaction spatiale » peuvent les aider dans le choix de leur localisation en leur permettant d'estimer la probabilité pour que la clientèle située à tel endroit ait recourt à leurs services.

On comprend dès lors pourquoi de nombreux petits centres urbains voient leurs activités banales péricliter dans les pays industrialisés au profit des villes de niveau supérieur. Celles-ci tirent leur attractivité de leur offre plus complète, tant en nombre que diversité. La loi de Reilly, du nom de son auteur (1931), se voit ainsi vérifiée. Cette dernière, appelée aussi loi de la gravitation du commerce de détail, est la première à avoir étudié la relation existant entre le poids démographique des villes et leur aire d'influence en appliquant la loi physique de la gravitation universelle de Newton à l'attraction commerciale exercée par les villes. Selon ce principe, cette dernière apparaît proportionnelle à leur taille et inversement proportionnelle au carré de la distance les séparant de leur clientèle potentielle. En d'autres termes, l'attraction commerciale d'une ville est d'autant plus grande que sa taille est importante, tandis que la clientèle s'accroît lorsque l'on se rapproche du centre de son aire d'attraction.

LES LOGIQUES SPATIALES DES ACTIVITÉS SPÉCIFIQUES

Les activités spécifiques désignent toutes celles qui produisent des biens intermédiaires — distribués par le biais des activités banales — dans trois grands domaines : agriculture, industrie, services aux producteurs. Leur localisation obéit à des logiques différentes de celles des activités banales. Moins directement dépendantes de la concentration de la clientèle, elles se révèlent en revanche très sensibles aux facteurs leur permettant de produire au meilleur coût (intrants, main-d'œuvre, conditions de transport, etc.), mais aussi aux différents modèles productifs qui se sont succédés dans le temps.

La localisation des productions agricoles

La localisation des productions agricoles invite à réfléchir sur les relations étroites qui existent entre l'homme et son milieu naturel selon une gamme très variée d'échelles : des micro-terroirs locaux aux caractéristiques uniques (cas des minuscules parcelles de vignoble de grands crus bourguignons), aux plus vastes régions agricoles de la planète (*belts* nord-américains, plateaux céréaliers d'Europe du Nord, grands deltas rizicoles asiatiques, etc.) élevées au rang de « greniers du monde ». La géographie se trouve donc bien placée pour expliquer les modalités de répartition de l'agriculture dans l'espace (zonation, interpénétration, juxtaposition, etc.). Relativement aisée à grande échelle, cette démarche se complique cependant à moyenne et petite échelle, en raison du caractère rarement homogène des activités agricoles sur de vastes étendues. Tout au plus des dominantes sont-elles perceptibles. Enfin, les espaces agricoles ne sont pas immuables dans le temps. Sous l'effet de l'ouverture aux échanges internationaux, ceux-ci connaissent de profondes mutations.

Le desserrement partiel des contraintes exercées par le milieu naturel

Les activités agricoles se singularisent par leur forte dépendance vis-à-vis des contraintes biophysiques (climat, sols et relief). Ne parlait-on pas jadis de « bons » ou de « mauvais pays » pour qualifier les aptitudes naturelles de telle ou telle région ? Aussi l'approche déterministe a-t-elle constitué d'emblée un aspect important de la réflexion géographique sur la question, et ce d'autant plus que la notion de risque a toujours été très présente de manière sous-jacente (catastrophes naturelles, mauvaises récoltes certaines années, caractère périssable des produits, etc.). Toutefois, l'histoire de l'agriculture témoigne de la façon dont les agriculteurs se sont partiellement libérés ou accommodés des contraintes exercées par le milieu naturel, en choisissant les localisations et les productions les mieux adaptées. Mais de nombreux travaux géographiques ont montré les limites rencontrées par l'étude des seuls facteurs naturels rapportés aux autres facteurs historiques, économiques, démographiques, sociaux, etc. Roger Dion a par exemple finement expliqué le rôle déterminant joué sur le plan historique par les axes de communication, les moyens de transport, les flux de commerce ou encore la proximité des villes épiscopales en matière de localisation du vignoble en France (Dion, 1959). En définitive, les facteurs de localisation de l'agriculture sont nombreux et divers, ce qui rend leur analyse complexe.

Même s'ils ne sont plus présentés de manière exclusive, les facteurs physiques, notamment climatiques, continuent d'exercer un rôle important sur la localisation des activités agricoles. Ils expliquent en premier lieu son absence de certaines très vastes régions, où sévissent le froid (hautes latitudes et hautes montagnes, caractérisées par la brièveté de l'été thermique), la sécheresse (régions désertiques intertropicales et déserts à hiver froid de l'Asie centrale, où les précipitations sont inférieures à 150 mm/an), et donc la rareté du peuplement. Les oasis des zones arides constituent à cet égard un exemple remarquable d'adaptation aux contraintes physiques de par la maîtrise savante de l'eau, que celle-ci provienne de montagnes (oliveraies situées au pied de l'Atlas marocain), de nappes artésiennes souterraines, ou de cours d'eau allogènes (cas du Nil, en Égypte). Intensive, l'agriculture menée dans ces espaces restreints et discontinus apparaît très étroitement dépendante du volume d'eau disponible, mais aussi des techniques culturales. Entre 150 et 300 mm de précipitations annuelles, la pratique de l'agriculture devient possible sous certaines conditions, mais reste suspendue à la variabilité interannuelle de la pluviométrie. À l'opposé, les régions tempérées océaniques et continentales, de même que les régions subtropicales humides apparaissent comme les plus propices à l'agriculture, en raison de la longueur de la saison végétative qui s'accroît au fur et à mesure que l'on se rapproche de l'Équateur. C'est d'ailleurs dans ces différentes régions que se trouvent les plus fortes densités de peuplement rural, ce qui suppose une production intensive et des rendements élevés. Cela ne signifie pas pour autant que l'on puisse y cultiver n'importe quelle plante. Chacune possède en effet son propre optimum écologique (combinaison entre la durée de la saison chaude, l'intensité de la chaleur, les volumes pluviométriques ou encore l'amplitude thermique). Le blé, par exemple, exige des précipitations pas trop abondantes et une période sèche en fin de cycle végétatif, conditions que l'on retrouve de façon optimale dans l'hémisphère nord en Europe occidentale (bassins parisien, londonien et ukrainien), aux États-Unis (piémont des Rocheuses), ou encore dans la plaine de Chine du Nord. Le riz trouve en Asie des moussons (Chine et Inde principalement) ses conditions agroclimatiques idéales. L'olivier, quant à lui, est inséparable de l'espace méditerranéen.

Chaque culture possède donc son aire de répartition spécifique et plus ou moins étendue, dont les revenus à l'hectare vont décroissants au fur et à mesure que l'on s'éloigne de cet optimum. Plusieurs cultures peuvent présenter un optimum écologique assez similaire, ce qui explique leur coexistence au sein d'un même espace, l'arbitrage s'effectuant notamment en fonction du revenu à l'hectare le plus attractif. Néanmoins, un investissement financier et technique important — mais à la rentabilité très discutable — permet dans un certain nombre de cas de transgresser cet optimum écologique : culture du blé en Libye ou en Arabie Saoudite, grâce à l'utilisation de nappes phréatiques fossiles ; culture du riz dans le nord du Japon ; cultures irriguées d'agrumes et de légumes dans le désert en Israël (technique du goutte à goutte) ; etc.

La variété des sols, dont rendent compte les cartes pédologiques, conditionne également la localisation des activités agricoles. À toutes les échelles spatiales existent en effet de vigoureux contrastes en matière de composition, d'épaisseur, de fragilité, de capacité à retenir l'eau, etc., et donc de fertilité. Le très faible intérêt agricole des sols podzoliques, qui portent essentiellement des forêts (taïga sibérienne et canadienne notamment), ou encore des sols latéritiques intertropicaux est bien connu. À l'opposé, les régions lœssiques (Europe du nord, Chine du Nord) ou d'épanchements basaltiques anciens (régions volcaniques) comptent parmi les plus fertiles du monde. La caféiculture au Brésil, par exemple, doit en grande partie son fulgurant essor au XIXe siècle à la présence des *terras roxas* (ou terres violettes) basaltiques dans l'arrière-pays de Sao-Paulo (vallée du Paraiba notamment). L'histoire de l'agriculture témoigne surtout du laborieux travail des agriculteurs pour maintenir ou accroître la fertilité des sols par l'apport d'engrais naturels ou chimiques, ce qui s'est progressivement traduit par l'abandon de la jachère et des pratiques culturales extensives. Certaines régions, impropres jadis à l'agriculture, ont vu ainsi leur vocation se transformer radicalement, à l'instar de la fameuse Champagne dite « pouilleuse », qui est devenue à partir des années 50 et 60 l'une des régions céréalières françaises parmi les plus productives. L'évolution des pratiques culturales et la mécanisation lourde ont également permis de tirer le meilleur parti de sols réputés difficiles à travailler (sols argilo-limoneux par exemple). Les hommes ont même créé des sols comme le montre l'exemple des polders.

Le relief constitue enfin un facteur limitatif important pour l'agriculture, d'une part en raison des modifications climatiques engendrées par l'altitude, d'autre part du fait des contraintes imposées par la pente, surtout lorsque celle-ci est vigoureuse (érosion accélérée, faible épaisseur des sols, moindre rétention d'eau, mécanisation impossible, communications plus difficiles, etc.). Cependant, les exemples de valorisation patiente abondent : cultures en terrasses (exemple de la riziculture à Bali), utilisation des différences d'exposition au profit des versants les mieux exposés à la lumière, valorisation de l'étagement naturel des cultures le long des versants, élevage dans les alpages (pastoralisme), etc. Les montagnes tropicales d'Amérique centrale et latine, de même que les hautes terres éthiopiennes ont d'ailleurs été le berceau de prestigieuses civilisations d'altitude. Quoiqu'il en soit, les régions montagnardes des pays industrialisés (Alpes notamment) sont aussi celles qui ont été les premières touchées par le dépeuplement, suite à la Révolution industrielle. L'activité agricole y a largement régressé, voire disparu au profit des fonds de vallées et des piémonts. Elle n'y demeure souvent qu'au prix d'une politique volontariste et coûteuse pour la collectivité.

Finalement, les productions agricoles totalement libérées des contraintes naturelles en matière de localisation demeurent l'exception (élevages hors-sol, cultures sous-serres). Elles n'occupent de surcroît que des espaces limités. Le fait dominant demeure l'adaptation au plus juste des cultures et des pratiques culturales en fonction des potentialités des lieux. À cet égard, les progrès rapides de l'agronomie, de la génétique, de la mécanisation, de l'irrigation, etc., ou encore de la formation des agriculteurs, ont joué un rôle important dans les arbitrages spatiaux et les spécialisations régionales.

L'affranchissement croissant de l'agriculture vis-à-vis de la distance au marché

En permettant à la plupart des produits agricoles de voyager rapidement, sans dommages et à moindre coût sur de longues distances, les transports modernes ont profondément transformé les rapports entre les lieux de production et les lieux de consommation. Le caractère périssable des produits a tout d'abord été en grande partie supprimé par la technologie (congélation, réfrigération, mise en conserve, etc.). Les moyens de transport par voies routière, ferroviaire ou aérienne se sont adaptés à ces nouveaux impératifs, ceux liés notamment à la chaîne du froid (navires frigorifiques, conteneurs ou camions réfrigérés, etc.), tout en permettant un accroissement prodigieux des volumes transportés. Les progrès spectaculaires de la logistique ont également réduit au minimum les temps d'acheminement, tout en limitant les effets des ruptures de charge. Enfin, l'effondrement généralisé des coûts de transport à l'échelle mondiale, notamment sur longue distance, a rendu possible un élargissement sans précédent des débouchés commerciaux et un accès facile, du moins dans les pays industrialisés, aux productions les plus éloignées (produits exotiques et de contre-saison notamment). L'accélération des échanges dans le cadre de la mondialisation de l'économie et la baisse des droits de douane à l'entrée des produits n'ont fait qu'amplifier ce mouvement.

À l'évidence, l'échelle de lecture en matière de localisation agricole a profondément changé. Les groupes humains n'ont plus, comme par le passé, à compter sur les seules conditions locales. La forte spécialisation des régions à l'échelle nationale, continentale, voire mondiale, est certainement la conséquence majeure de cette spectaculaire et permanente évolution des transports, à condition naturellement que ces produits présentent une valeur ajoutée suffisante. Les exemples sont innombrables. Citons le rôle du chemin de fer dans la spécialisation des *belts* américains ; ou encore celui du transport aérien dans la spécialisation de pays comme le Kenya ou la Colombie dans le domaine des fleurs coupées pour les marchés des pays industrialisés.

Les anciens terroirs cèdent ainsi de plus en plus la place à de véritables bassins de production agricoles (cas, par exemple, de la Bretagne), phénomène déjà ancien dans les pays industrialisés et clairement décelable dans les pays du tiers-monde inscrits dans la mondialisation. C'est dans ce cadre nouveau que se développent des filières agro-industrielles puissantes, auxquelles les agriculteurs sont étroitement liés, tant pour leurs approvisionnements en intrants que pour le débouché de leurs produits (chapitre 7).

Sous certaines conditions, la distance au marché n'est donc plus un facteur limitatif en matière de localisation agricole. Cette évolution rend largement obsolète les analyses théoriques classiques fondées précisément sur ses conséquences spatiales, notamment la plus célèbre d'entre-elles, celle de Johan Heinrich von Thünen. Publiée en 1826, cette dernière s'emploie à montrer, à partir de l'exemple du domaine de 326 hectares que cet hobereau prussien possédait près de Rostock, le rôle de la distance au marché (donc à la ville) sur le choix, la répartition spatiale et le système de production des cultures autour d'un noyau urbain. La médiocrité des moyens de transport et le faible degré d'ouverture économique de l'époque expliquent que cette analyse ne s'intéresse qu'aux relations de la ville (présentée comme le lieu d'écoulement unique des produits) avec son arrière-pays immédiat. Dans ce modèle où, à des fins de simplification, les coûts de production sont identiques dans l'espace concerné, le bénéfice tiré par unité de surface décroît du centre vers la périphérie en raison de l'augmentation des coûts de transport. Au-delà d'une certaine distance, ces derniers annulent le bénéfice brut tiré de la production. Ce principe de maximisation de la rente foncière dicte alors l'organisation des productions sous la forme d'auréoles concentriques et spécialisées. Les plus intensives et les plus périssables (coûts de transport élevés) sont situées à proximité immédiate de la ville ; ce sont aussi celles qui assurent le plus fort revenu. Les productions les moins fragiles s'accommodant du transport par charrois (céréales) ou sur pied (bétail) se localisent dans les auréoles externes.

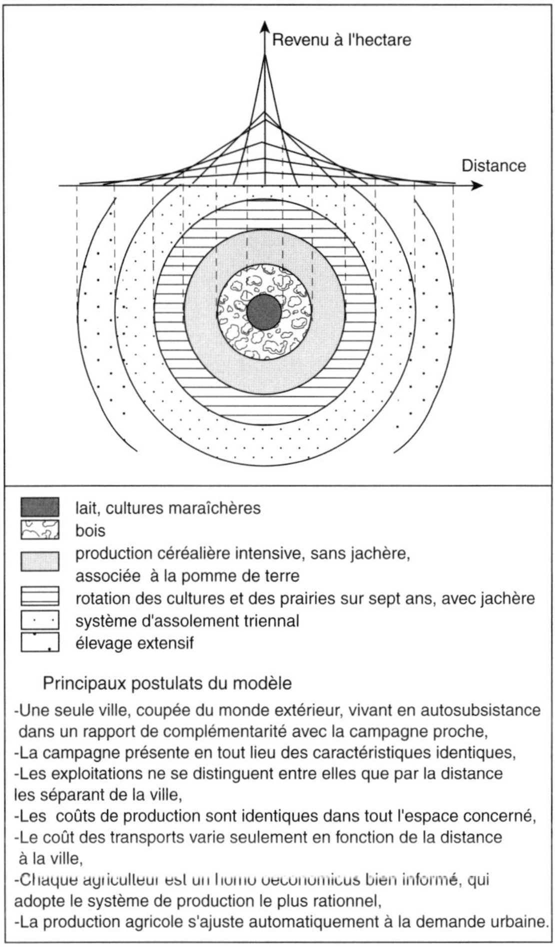

Figure 40 : **Le modèle de J.H. von Thünen**

À l'évidence, une zonation aussi parfaitement concentrique des productions agricoles n'existe pas dans la réalité et ne peut s'expliquer que par le choix de postulats de départ (figure 40). L'auteur s'emploie d'ailleurs dans un second temps à réintroduire dans son modèle les éléments de perturbation qu'il avait préalablement retirés afin de montrer le rôle de la distance au marché : diversité des sols, influence d'autres villes, rôle des voies navigables, etc. Néanmoins, la disposition générale n'apparaît pas fondamentalement remise en question.

Dans le cadre d'une économie mondialisée et largement ouverte, un tel modèle apparaît largement anachronique, même si certains travaux déjà anciens ont pu montrer sa relative pertinence au travers d'exemples très précis (*belts* américains, Pampa argentine autour de Buenos Aires, Uruguay des années 1970 autour de Montevideo, ceintures maraîchères autour de certaines villes, etc.). En revanche, l'approche de von Thünen reste fondatrice quant à sa méthode d'analyse.

Le rôle prégnant des facteurs de production

L'attention portée aux facteurs de production a aussi profondément enrichi la réflexion sur la localisation des activités agricoles. La plus ou moins grande disponibilité de terres constitue à cet égard l'un de ces thèmes porteurs, notamment parce qu'elle conditionne en grande partie l'affectation agricole. On constate que, dans les pays disposant de vastes espaces où le peuplement est peu dense, les productions sont surtout extensives (exemples du *ranching* aux États-Unis et dans la Pampa argentine, ou de l'agriculture sur brûlis en Afrique subsaharienne et en Asie du Sud-Est). Inversement, la forte pression démographique exercée sur l'espace explique des formes d'agriculture remarquablement intensives. Le Japon en fournit un cas extrême en raison du caractère très restreint des espaces à vocation agricole. Il va sans dire que, dans le cadre d'une économie de marché, le prix de la terre varie fortement selon les lieux et détermine largement la nature et la valeur marchande des productions.

Dans une approche plus prospective, la question de la disponibilité des terres s'avère primordiale, en raison de la croissance démographique contemporaine. On sait que les espaces à vocation agricole sont, par définition, assez peu extensibles, en dépit des efforts réalisés pour gagner de nouvelles terres. Aussi, la préservation des espaces déjà acquis à cette activité, de même que la recherche de rendements élevés occuperont une place prééminente au cours du XXIe siècle (chapitre 7). En effet, l'espace agricole se trouve désormais très fortement concurrencé par d'autres types d'usages, dont les superficies ne cessent de s'étendre à son détriment : urbanisation, infrastructures, industries, etc. Ainsi en va-t-il autour des grandes agglomérations où, chaque année, des milliers d'hectares de terre cultivées disparaissent irrémédiablement. Le thème de la disponibilité des terres agricoles pose enfin la question cruciale de son accès à ceux qui en ont le plus besoin, compte tenu du nombre croissant de paysans sans terres dans les pays en voie de développement. En l'absence de réforme agraire les autorités brésiliennes poussent les populations pauvres (du Nordeste en particulier) à défricher la forêt amazonienne (État du Rondonia notamment) pour s'y établir.

L'accès au capital constitue un autre biais intéressant pour expliquer les localisations, la productivité et les systèmes agricoles. Selon les lieux, de très importantes différences existent. Ainsi les pays industrialisés se singularisent-ils par l'intensité capitalistique des exploitations (et donc la diminution spectaculaire du secteur primaire dans la population active), tandis que dans les pays en voie de développement — hors productions spéculatives destinées à l'exportation — l'agriculture de subsistance et la pauvreté des paysans appellent à une plus forte intensité en travail.

Cette rapide évocation n'épuise pas la question des facteurs de localisation agricoles. Parmi les pistes de recherches nouvelles, citons le rôle des systèmes de production (régimes de propriété, systèmes fonciers, modes de faire-valoir, etc.), ou les conséquences des facteurs politiques et économiques (rôle, par exemple, de la Politique agricole commune de l'Union européenne) ce qui souligne le rôle fondamental des structures d'encadrement (chapitre 7). Certaines études plus récentes se sont aussi attachées aux facteurs culturels, sociaux et comportementaux, souvent moins rationnels, intervenant dans la localisation des productions (Mérenne-Schoumaker, 1999). La complexité des faits et des approches explique donc sans peine pourquoi la réflexion géographique contemporaine privilégie les approches globales ou systémiques.

La localisation des industries

L'industrie peut se définir comme « l'ensemble des activités d'exploitation et de transformation qui conduisent des matières premières à des produits fabriqués et commercialisables » (Charvet et *alii*, 2001). À ce titre, il ne faut pas la confondre avec l'artisanat qui n'emploie qu'entre 5 et 10 personnes par entreprise selon les définitions retenues. Comparativement aux activités agricoles, les activités industrielles apparaissent peu conditionnées par le milieu naturel, à l'exception de celles liées directement à l'extraction des matières premières. En revanche, l'implantation d'une entreprise est dépendante de la présence en un lieu donné de différents facteurs de production (énergie, matières premières, main-d'œuvre qualifiée ou non, capital, etc.), dont les coûts peuvent fortement varier d'une région à une autre, d'un pays à un autre. Ceux-ci entrent dans des proportions variées dans le processus industriel, selon qu'il s'agisse d'industries de base (activités lourdes situées à l'amont d'une filière et fortement capitalistiques : sidérurgie, métallurgie, pétrochimie, etc.), d'industries de transformation (biens intermédiaires et d'équipement issus de la transformation des produits de base : matériel de transport, machines-outils, produits textiles, etc.) ou d'industries de pointe (produits de haute technologie et à forte valeur ajoutée, nécessitant d'importants investissements en recherche-développement : chimie fine, télécommunications, électronique, etc.). La complexité croissante des filières industrielles (étapes successives ou synchrones entrant dans la fabrication d'un produit avant sa commercialisation) et l'origine géographique désormais très diverse des biens intermédiaires entrant dans la fabrication d'un produit (cas, par exemple, de l'automobile, où 70 % en moyenne des pièces détachées d'un véhicule proviennent de sous-traitants et d'équipementiers) expliquent le rôle décisif joué par les réseaux de transport dans le choix des lieux d'assemblage final. Quant à la proximité des marchés pour écouler aisément les produits finis, elle demeure un critère important de localisation, même si la mondialisation accélérée de l'économie et la révolution des transports le rendent beaucoup moins impérieux que par le passé.

Une localisation industrielle est rarement idéale. Fruit d'arbitrages serrés, elle apparaît plutôt comme la recherche du meilleur compromis possible. L'accès à l'information joue donc un rôle décisif. Compte tenu de la lourdeur des investissements consentis, toute erreur peut se révéler rapidement préjudiciable. L'augmentation de certains coûts de production et l'apparition de nouveaux impératifs (besoin de s'agrandir, normes environnementales nouvelles, etc.) expliquent aussi pourquoi le choix d'un site n'est jamais définitif. Judicieuse à un moment donné, une localisation industrielle peut se révéler contraignante avec le temps et faire l'objet de surcoûts. L'histoire industrielle témoigne de la mobilité spatiale des entreprises, de l'abandon de certains lieux au profit d'autres lieux plus ou moins éloignés et surtout mieux pourvus en facteurs de production attractifs.

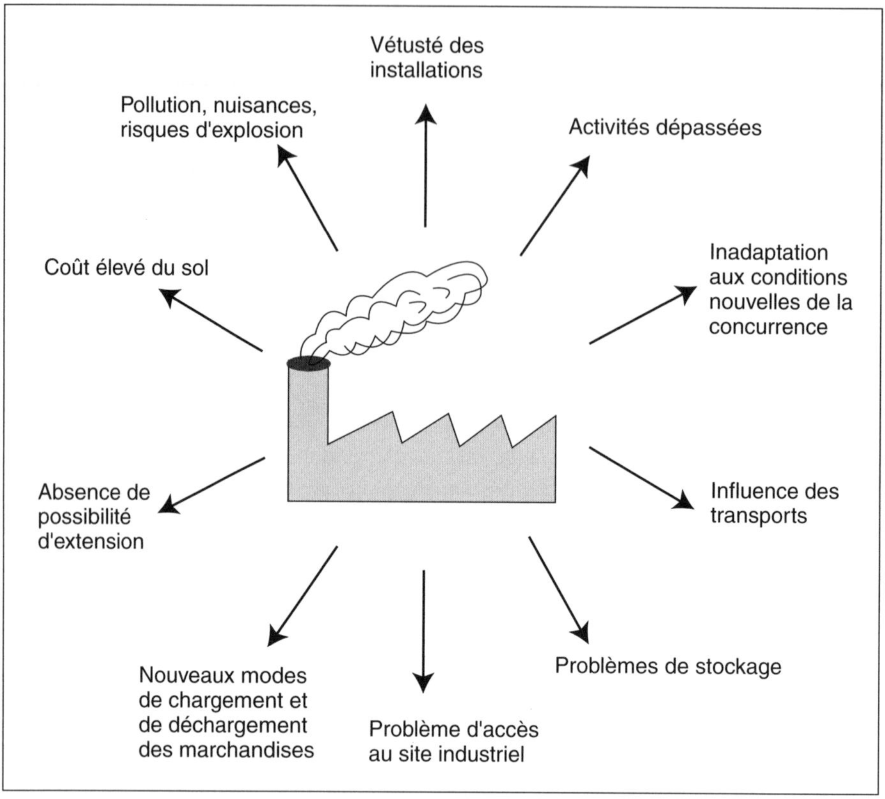

Figure 41 : **Les principaux facteurs d'expulsion des unités industrielles implantées en milieu urbain**

L'industrie française de l'aluminium en fournit un bon exemple. Celle-ci s'est d'abord développée à la fin du XIXe siècle dans les vallées alpines, puis pyrénéennes, pour profiter des bas coûts de l'énergie hydroélectrique. L'uniformisation des coûts de l'électricité au sein du territoire après la Seconde Guerre mondiale, de même que les tarifs préférentiels accordés par EDF à cette activité grande consommatrice d'énergie ont fait perdre à ces régions leur principal avantage comparatif. Cette évolution explique le changement de logique en matière de localisation et le glissement presque achevé de cette activité vers le littoral (Dunkerque, non loin de la centrale nucléaire de Gravelines), où est directement déchargée la bauxite importée.

Les localisations industrielles sont par définition très diverses. Il est néanmoins possible d'en expliquer à grands traits les logiques spatiales pour les différents modèles productifs qui se sont succédés : production artisanale, fordisme et post-fordisme. Ceux-ci peuvent se définir comme l'ensemble des principes organisationnels et sociaux régissant de façon cohérente le système de production à un moment donné. Les innovations apportées par chacun d'entre-eux ont en effet entraîné des ruptures essentielles dans la géographie de la production.

Les facteurs de localisation hérités

La période précédant la Révolution industrielle (phase dite « éotechnique ») fut marquée par la dispersion géographique des activités, notamment le long des cours d'eau. Le bois et les fibres textiles en constituaient les matériaux dominants, tandis que le charbon de bois et les moulins à eau fournissaient l'essentiel de l'énergie. Les moyens de transport terrestres étaient peu développés et la mobilité des biens réduite. Néanmoins, certaines formes de concentration industrielle ont commencé à se développer à proximité immédiate des lieux de rupture de charge (ports), des lieux de production d'énergie (chutes d'eau au pied des montagnes, grandes régions forestières, etc.), ou encore d'extraction de minerais peu profonds : industries métallurgiques, industries du feu (céramique, verreries, briqueteries, etc.).

La Révolution industrielle a coïncidé avec l'avènement de la fonte et de l'acier (phase dite « paléotechnique »). Le charbon en est la source d'énergie par excellence. Durant tout le XIXe siècle et la première moitié du XXe siècle, la concentration de l'activité industrielle dans les « pays noirs » est la règle. Appuyés sur la notion de pôle de croissance développée en 1955 par l'économiste François Perroux, de grands complexes industriels (regroupement spatial d'entreprises entretenant des relations très étroites de clients à fournisseurs) se constituent sur les bassins de main-d'œuvre, mais aussi sur les lieux d'extraction des matières premières et de production de l'énergie, ou encore sur les principaux nœuds de transport (zones industrialo-portuaires). Dans de nombreuses régions d'Europe (nord de la France, vallée de la Seine, couloir rhodanien, Lorraine, Ruhr, Europe de l'Est, etc.), d'Amérique du Nord (Pittsburgh, Chicago-Gary, etc.) et de certains pays périphériques producteurs de charbon ou d'hydrocarbures, une véritable spécialisation territoriale s'instaura autour de quelques activités motrices, comme la sidérurgie ou la chimie. Par effet « boule de neige », elles engendrèrent la venue d'industries induites : construction mécanique, textile, chimie fine, etc.

Parallèlement, les voies fluviales, le chemin de fer et la navigation à vapeur ont étendu de manière spectaculaire le débouché des entreprises, tout en permettant aux matières premières de se déplacer à faible coût (cas, par exemple, du coton en provenance des États-Unis ou d'Égypte qui fut transformé, dès la première moitié du XIXe siècle, à Roubaix et Tourcoing).

La localisation de nombreuses unités encore en activité dans ces vieilles régions industrielles est donc un héritage de cette période, ce qui n'est pas sans poser de problèmes aujourd'hui comme on le verra plus loin. Quant aux localisations issues de la période éotechnique, elles ont retrouvé un second souffle dans les régions de montagne avec le développement de l'hydroélectricité (papeterie, métallurgie, etc.).

La fascination exercée par la Révolution industrielle et ses productions de base explique l'intérêt précoce porté en économie spatiale à la construction de théories s'interrogeant sur la localisation optimale des unités industrielles. Les modèles fondateurs trouvent leur origine dans les écoles de pensée allemande, suédoise et anglo-saxonne. Ils se rangent dans deux courants principaux. Le premier s'est intéressé au rôle spécifique des coûts de transport et s'illustre par les travaux de Wilhelm Launhardt, Alfred Weber et Edgar Hoover. Le second, représenté par les travaux de Tord Palander et surtout d'August Lösch, s'est centré sur le rôle de la concurrence entre les entreprises.

Les logiques et les dynamiques en matière de localisation industrielle ont cependant subi de profondes évolutions, suite à l'avènement de la phase dite « néotechnique », d'abord aux États-Unis dans la première moitié du XXe siècle, puis en Europe occidentale durant les Trente Glorieuses (1945-1975). Son complexe technique fut en effet très différent du précédent : apparition de matériaux nouveaux et plus légers (plastique, aluminium, etc.), développement de sources d'énergie autorisant une plus grande liberté en matière de localisation (hydrocarbures, électricité), essor du transport routier, etc. Le modèle industriel fordiste qui l'incarna imposa de nouvelles formes d'organisation pour de très nombreuses industries de transformation. La production en grande série de biens standardisés destinés à satisfaire la demande croissante des classes moyennes dans les pays industrialisés a notamment été permise par le taylorisme (organisation scientifique du travail) et le travail à la chaîne (disparition des ouvriers qualifiés au profit des ouvriers spécialisés).

En matière de localisation industrielle, le fordisme fut à l'origine de bouleversements inédits. Les unités industrielles sont tout d'abord devenues géantes (maximisation des économies d'échelle) et dévoreuses d'espace. Mais surtout, la décomposition spatiale du processus de production devint progressivement la règle, sous l'effet de l'intégration verticale des activités. Il en découla une nouvelle géographie de la production, dont l'objectif était de tirer profit des spécificités locales. Les fonctions stratégiques, tributaires de l'accès à l'information, ainsi que la recherche-développement restèrent l'apanage des régions centrales en raison de leur environnement technologique puissant (Île-de-France, par exemple, dans le cas français). Les activités de fabrication dites nobles s'implantèrent dans les régions où la main-d'œuvre ouvrière présentait une qualification élevée. Quant aux activités de simple assemblage, elles furent délocalisées dans les régions dites périphériques (exemple de l'ouest de la France dans le cas de la construction électrique et électronique, ou celui de l'industrie automobile). Il s'agissait souvent de régions rurales, où la main-d'œuvre recherchée était abondante, faiblement qualifiée et peu syndiquée. Cette organisation s'est d'abord mise en place au sein même des pays industrialisés, pour profiter des différences salariales qui existaient encore dans les années 1950-1970. La relative homogénéisation de ces dernières au cours des années 1980 explique que les entreprises fordistes aient délocalisé par la suite leurs activités à faible valeur ajoutée (textile-habillement, chaussures, jouets, électronique grand public) ou technologiquement dépassées vers les pays du tiers-monde à bas salaires d'Asie Orientale, d'Amérique Centrale et des Caraïbes, d'Afrique du Nord ou, plus récemment, d'Europe de l'Est.

Au total, l'entreprise fordiste apparaît peu sensible à la localisation sur les matières premières et l'énergie. En revanche, elle fait des coûts de la main-d'œuvre l'un de ses principaux critères de décision. La dispersion géographique des établissements en est la conséquence la plus évidente, la maison mère ayant la charge de la coordination de l'ensemble. Naturellement, une telle organisation de la production ne peut se concevoir sans le développement parallèle de transports performants et de télécommunications efficaces (chapitre 9).

Les facteurs de localisation post-fordistes

À partir du milieu des années 1970, la croissance de l'économie mondiale a connu un ralentissement important, suite au renchérissement spectaculaire du coût de l'énergie. Celui-ci entraîna la crise de la plupart des secteurs industriels porteurs (automobile, textile, industries lourdes, etc.), accéléra le chômage dans de nombreuses régions industrialisées et surtout remit en cause les trois principaux fondements du fordisme : production de masse et standardisée, régime d'accumulation intensif, régulation par l'État-providence. En vertu du principe schumpétérien dit de « destruction créatrice », le retour de la croissance dans les pays industrialisés n'a été rendu possible au cours de la décennie 1990 que par la mise en place d'un nouveau modèle industriel aujourd'hui dominant et connu sous le nom de post-fordiste. Celui-ci se fonde sur un complexe technique très différent du fordisme : nouvelles technologies (semi-conducteurs, microprocesseurs, micro-ordinateurs, puces électroniques, biotechnologies, etc.), nouveaux matériaux (alliages, matériaux composites, etc.), innovations systématiques (conception et fabrication assistées par ordinateur, robotisation, etc.), etc. Sur fond de faible interventionnisme des États, un nouveau régime d'accumulation dit « flexible » s'est développé au sein des entreprises : mise en réseaux des firmes afin de partager risques, investissements et compétences (recherche-développement, approvisionnement, fabrication, etc.) ; structures souples (sous-traitance, externalisation de nombreuses fonctions aux PMI-PME, etc.) ; production étroitement calquée sur les besoins du marché, etc. (Lung, 1995).

Quelles sont les conséquences de toutes ces évolutions sur le plan spatial ? Autant le fordisme incarna la déconcentration et la décentralisation des entreprises par la disjonction spatio-fonctionnelle du processus productif (on parlait d'entreprises *footloose*, ou sans entraves), autant le post-fordisme marque le grand retour de la concentration spatiale et de la spécialisation de la production au profit des régions et des grandes villes les mieux pourvues en externalités attractives (compétences élevées, travail très qualifié et fort potentiel de recherche). De ce fait, l'espace géographique est redevenu une composante importante de l'économie industrielle. L'entreprise post-fordiste s'organise en effet fondamentalement sur les relations de proximité géographique entre les différents protagonistes. Cela est particulièrement vrai en ce qui concerne la recherche-développement, où les contacts directs entre personnes sont essentiels à la constitution des apprentissages. En raison des contraintes logistiques et d'approvisionnement, la gestion en flux tendus (absence de stocks) de la production nécessite également la présence sur un même site, ou à proximité relative, des principaux fournisseurs et sous-traitants. Ce sont les complexes « juste-à-temps », à l'instar de ce qui s'observe chez certains constructeurs automobiles (exemple de Toyota City, au Japon, où cette organisation fut inaugurée dans les années 1970). C'est précisément cette proximité géographique des activités qui permet aux entreprises de tirer profit collectivement (et sans échanges marchands) des facteurs de production regroupés en un lieu (infrastructures, services, main-d'œuvre qualifiée, fournisseurs spécialisés, etc.) et donc de faire la différence par rapport à la concurrence. On parle alors d'économies d'agglomération.

Les territoires de l'innovation sont le plus souvent en rupture avec ceux hérités de la Révolution industrielle. Ces derniers sont en effet handicapés par leur reconversion difficile et apparaissent souvent dénués d'aménités résidentielles, culturelles ou climatiques susceptibles d'attirer cadres et chercheurs de haut niveau. Les grandes villes jouent désormais un rôle essentiel, notamment en matière d'innovation et de recherche-développement. On ne compte plus dans les pays industrialisés celles qui se sont hissées — avec l'aide des pouvoirs publics soucieux d'aménagement du territoire — au rang de technopoles (du grec *polis*, cité). Il s'agit de régions urbaines spécialisées dans la haute technologie en raison de leur environnement propice à l'innovation. Dotées de centres de recherche, d'universités, de grandes écoles, d'organismes financiers (capital-risque), etc., mais aussi d'infrastructures performantes (aéroport internationaux, etc.), les technopoles rivalisent pour attirer les investisseurs et les compétences les plus pointues dans des domaines tels que l'aérospatiale, l'aéronautique, l'électronique, les télécommunications, les biotechnologies, la robotique, etc. Aux États-Unis, deux lieux emblématiques incarnent cette évolution : la Silicon Valley, en Californie, qui s'étend sur une trentaine de km au sud-est de San Francisco, entre Palo Alto et San José et où sont nées des firmes comme Apple, Hewlett-Packard, Intel, Sunmicrosystems, etc. ; et la Route 128, près de Boston. Dans ces lieux mythiques ont été inventés et développés semi-conducteurs, microprocesseurs et micro-ordinateurs. En France, la cité scientifique de Paris-Sud fournit un autre excellent exemple. Elle s'organise autour des communes de Rueil, Bagneux, Le Plessis-Robinson, Vélizy, Orsay, Saclay, Massy, Saint-Quentin en Yvelines ou encore Evry et Corbeil-Essonnes.

À échelle intra-urbaine, ces activités innovantes se regroupent dans des lieux bien circonscrits. À côté des classiques zones industrielles et parcs d'activités destinés à attirer les industries les plus diverses dans le domaine de la production, ou encore des parcs scientifiques créés à l'instigation des départements de recherche-développement des grandes firmes multinationales, les parcs technologiques et les technopôles (du grec *polos*, axe) sont plus spécifiquement tournés vers la recherche appliquée. Implantés en périphérie urbaine dans des environnements de qualité, ils ont pour vocation de faciliter en un même lieu les fertilisations croisées entre entreprises et chercheurs. Aux États-Unis, les grands parcs technologiques se sont greffés sur de prestigieuses universités : Ann Arbor Research Park, MIT Technology Square, Philadelphia University Science Center, Stanford Research Park, etc. La France, pour sa part, compte 43 technopoles et technopôles dans une quarantaine de villes. Le technopôle le plus connu est celui de Sophia-Antipolis, créé en 1969 près de Nice, qui est par ailleurs le plus important d'Europe. Il accueillait 1 227 entreprises en 2001 et employait plus de 24 500 personnes sur 2 300 hectares (dont les deux-tiers en espaces verts), principalement dans les technologies de l'information, les sciences du vivant et de la santé. Citons aussi la Zone pour l'Innovation et les Réalisations Scientifiques et Techniques (ZIRST) de Meylan à Grenoble (260 entreprises et 7 500 emplois), spécialisée dans l'électronique, l'informatique, le matériel électrique, la robotique et les biotechnologies ; ou encore le technopôle de Toulouse Sud-Est (800 entreprises, 4 sites, 18 000 emplois), tournée vers les biotechnologies, la santé, les technologies de l'information, ou encore les satellites et leurs applications.

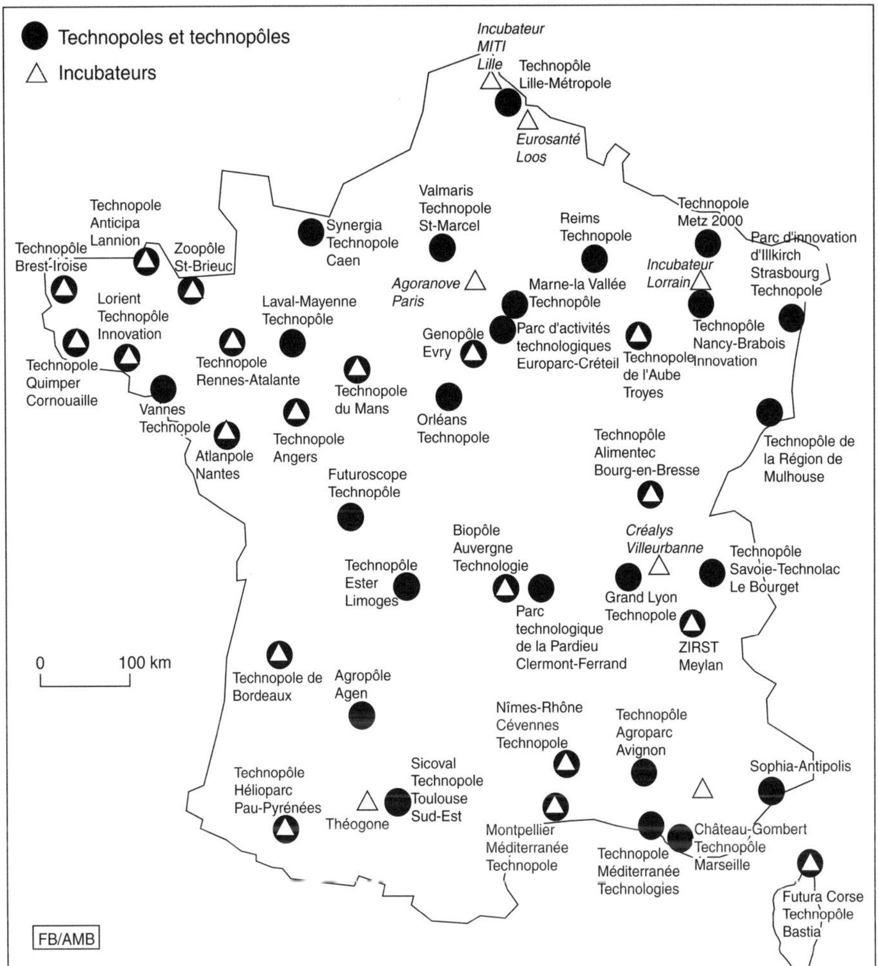

source : France Technopoles

Figure 42 : **Les technopoles et technopôles français en 2001**

Le grand retour du territoire en tant que composante de l'organisation de la production met également en avant un type bien particulier d'espace, celui des districts industriels spécialisés (on parle également de systèmes productifs locaux). Ce terme désigne des petites régions caractérisées par la présence d'un tissu industriel particulièrement dense de PMI-PME appartenant aux mêmes secteurs d'activité (confection, broderie, chaussure, lunetterie, ameublement, mécanique de précision, articles de sport, etc.) et liées entre elles par des relations étroites de collaboration, d'échanges ou d'entraide souvent familiale. Illustrant parfaitement la théorie du développement par le bas, cette organisation très originale s'ancre profondément dans le passé des territoires, notamment par la valorisation de cultures techniques anciennes. Elle tire surtout son efficacité et son succès économique de la cohésion sociale des habitants qui s'identifient profondément à leur territoire, tout en adhérant à des règles formelles et informelles. En France, le Choletais (confection enfantine et chaussure), la vallée de l'Arve entre Annecy et Chamonix (décolletage) ou encore la région d'Oyonnax dans le Jura (plasturgie) constituent des exemples incontournables. Mais c'est sans conteste l'Italie du nord et du centre qui offre l'exemple le plus abouti en la matière (figure 43). Des districts spécialisés, couvrant plusieurs dizaines de communes généralement rurales, s'y sont développés depuis une trentaine d'années. Ils rassemblent chacun plusieurs centaines, voire plus d'un millier d'entreprises de toute taille couvrant l'ensemble d'une filière industrielle, depuis la conception jusqu'à la commercialisation, en passant par toutes les étapes de la fabrication. Le district de Montebelluna (11 communes, 90 000 habitants), par exemple, est considéré comme la capitale mondiale de la chaussure de sport, déclinée sous toutes ses formes (football, jogging, ski alpin et nordique, après-ski, etc.). L'exemple italien est d'autant plus intéressant qu'il contredit l'idée selon laquelle la modernité organisationnelle et productive ne s'épanouit nécessairement que dans les grandes agglomérations.

Les vieilles régions industrialisées et leurs problèmes de reconversion

Frappées de plein fouet par la crise économique des années 1970-1980, mais également par le changement de modèle productif opéré au cours des années 1980-1990, les régions anciennement industrialisées ont souffert des difficultés

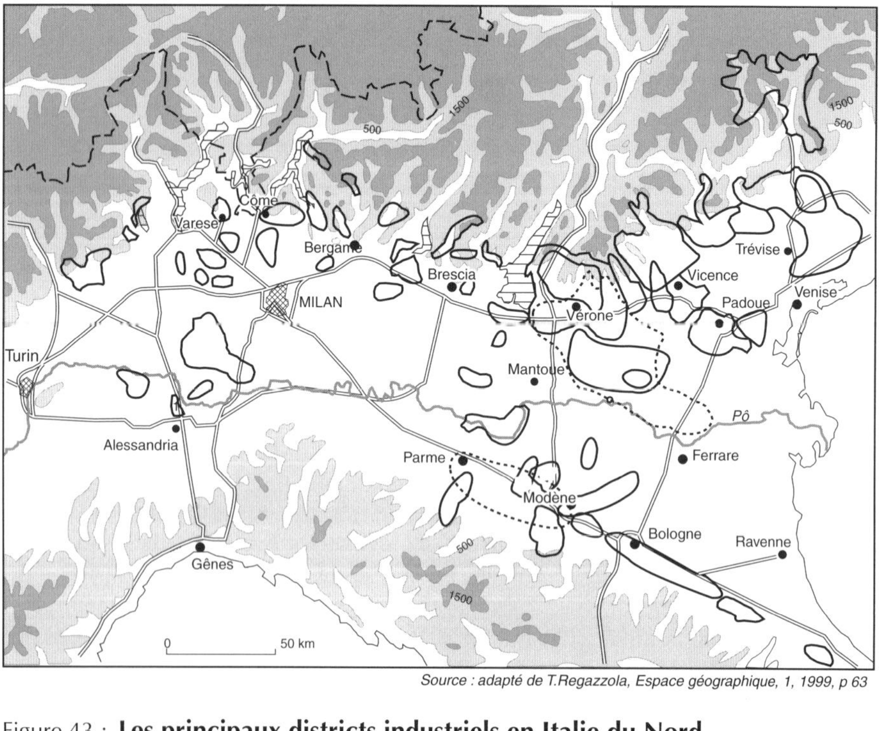

Source : adapté de T.Regazzola, Espace géographique, 1, 1999, p 63

Figure 43 : **Les principaux districts industriels en Italie du Nord** rencontrées par de nombreuses activités héritées de la Révolution industrielle et fortement consommatrices de main-d'œuvre peu qualifiée.

Ce fut tout d'abord le cas des grandes agglomérations des pays industrialisés (Paris, Lyon, Londres, Barcelone, Milan, Moscou, Leningrad, Tokyo, Yokohama, New-York, Boston, Détroit, etc.). Mais en raison de leur pouvoir d'attraction très fort, de la grande diversité de leurs activités et de leur capacité à innover, celles-ci ont su généralement se reconvertir dans des secteurs nouveaux et à plus forte valeur ajoutée. C'est ce qui explique pourquoi elles ne sont pas classées parmi les vieilles régions industrielles, expression forgée pour désigner toutes celles qui, au contraire, peinent à sortir de la spirale du déclin et de la désindustrialisation. La région de Boston, dans l'État du Massachusetts, fournit un bon exemple de reconversion réussie. Devant le déclin de ses activités traditionnelles (papier, textile, cuir, sidérurgie, métallurgie, plastique, etc.), les autorités ont vigoureusement réagi aux cours des années 1970 en développant une politique d'attraction destinée à attirer les activités industrielles à forte intensité d'intelligence et à faible exigence en matières premières (*Industrial policy for renewal and growth)*, en s'appuyant notamment sur l'une des plus fortes densités d'établissements supérieurs et de recherche du pays (Harvard, MIT, North-Eastern, Worcester, etc.).

Un certain nombre de grands ports entrent en revanche dans la catégorie des vieilles régions industrielles : Liverpool, Glasgow, Marseille, Gènes, Naples, Bilbao, Gdansk, etc. Ils ont vu souvent disparaître les activités qui ont fait leur fortune avant que la concurrence de pays tiers ne s'exerce : construction navale, industries agroalimentaires, textile, etc.

À une échelle plus petite, c'est également le cas des bassins industriels qui ont fondé leur développement sur l'exploitation et la transformation des matières premières (charbon, fer, etc.), mais aussi l'industrie manufacturière (textile, construction mécanique, etc.). Ceux-ci sont situés tant en Europe occidentale (Nord-Pas-de-Calais, Lorraine, Sarre, Limbourg, Brabant, Ruhr, East Midlands, Yorkshire, Pays de Galles, etc.), en Europe de l'Est (Donbass, Bohême, Silésie, etc.), au Japon (nord de l'île de Kyushu), ou encore au nord-est des États-Unis dans la fameuse Rustbelt, ou « ceinture de la rouille » (Pennsylvanie, etc.). Eu égard à leurs coûts d'exploitation élevés, les sites sont soit fermés les uns après les autres pour cause de rentabilité trop faible, soit maintenus provisoirement à l'aide de subventions publiques. Pénalisées par leur très forte spécialisation dans quelques secteurs de l'industrie lourde (exploitation minière, sidérurgie, métallurgie, chimie), ou manufacturière (textile, etc.), des régions entières sont ainsi confrontées à une crise à la fois économique, sociale (chômage chronique) et urbaine (dégradation du bâti, fermeture de nombreux commerces, etc.). Ces « pays noirs » cumulent la plupart du temps de nombreux handicaps qui en font souvent encore des zones d'évitement pour les activités nouvelles et porteuses de développement : vétusté et inadaptation des infrastructures ; insuffisante formation de la main-d'œuvre (notamment dans les technologies nouvelles) ; dépopulation, principalement parmi les jeunes actifs ; lourdeur et inertie de leurs structures ; aménités jugées peu attractives ; paysages très dégradés (friches industrielles, corons désaffectés, pollution des sols et des eaux courantes, etc.).

L'entrée en crise simultanée dans ces régions de secteurs d'activité gros employeurs de main-d'œuvre explique que les États aient rapidement réagi en favorisant l'arrivée de nouvelles activités par le biais d'incitations fiscales et de primes à l'embauche. La construction mécanique (automobile en premier lieu) fut à cet égard très sollicitée : implantation de Renault à Douai, d'Opel à Bochum, de Toyota à Onnaing près de Valenciennes, etc. Parallèlement, l'État a investi lourdement dans l'amélioration des infrastructures de transport et la formation professionnelle (enseignement technologique notamment), afin que ces régions refassent partiellement leur retard. De nombreuses friches industrielles ont également fait l'objet d'une réhabilitation complète dans le but de proposer de nouveaux lieux d'implantation. L'ampleur de la tâche est immense, tant les espaces à transformer sont nombreux. Fait encourageant, les initiatives locales se sont aussi multipliées et ont presque partout pris le relais. C'est, par exemple, le cas du Nord-Pas-de-Calais, qui pourrait bien devenir dans un proche avenir l'une des régions phares en France et en Europe dans le domaine des technologies de l'information et de la communication, ou encore de la biologie de la santé. Il n'empêche que ces dynamiques positives sont encore loin d'irriguer la totalité de ces vieilles régions industrialisées. Elles profitent surtout aux villes déjà les plus diversifiées et les mieux situées sur les grands axes de communication.

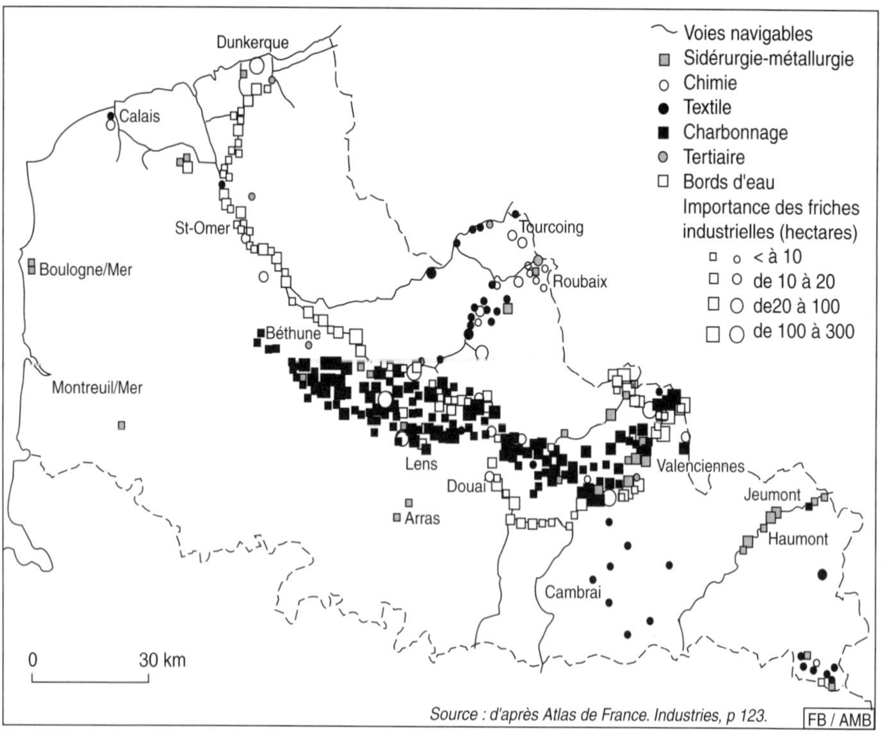

Figure 44 : **Les friches industrielles dans le Nord-Pas-de-Calais**

La localisation des activités de services supérieurs

Les grandes villes concentrent les activités rares et pointues

Sous le terme générique de tertiaire supérieur (appelé quelquefois « quaternaire ») se regroupent les services rares et les plus évolués. Il s'agit d'une part des activités spécifiques liées au tertiaire public national (administrations, ministères, enseignement supérieur, etc.) et international (organismes internationaux) ; d'autre part des activités liées au tertiaire privé : sièges des grandes entreprises, services aux entreprises, intermédiation financière (banques, assurances), recherche-développement, etc. Par essence, ces activités se concentrent surtout dans les grandes métropoles et participent à leur rayonnement national et international. On a pu parler à leur sujet de « tiertiaire de métropole ».

De toutes ces activités, celles relevant des services aux entreprises ont connu au cours des dernières décennies un remarquable essor et une sophistication croissante : comptabilité, analyse financière, conseil juridique, marketing, publicité, design, etc. Leur localisation près des plus grandes firmes souligne le rôle majeur joué par la proximité géographique (économies d'agglomération), dans un contexte où la rapidité d'exécution est devenue cruciale et la fourniture de services sur mesure la règle. Cette tendance est renforcée par l'externalisation et la sous-traitance de nombreuses fonctions jugées non centrales par rapport aux métiers de base des firmes transnationales. La concentration des services aux entreprises dans les grandes métropoles (New-York, Tokyo, Londres, Paris, Moscou, etc.) ne s'explique plus seulement par le besoin de se rapprocher de la clientèle. Elle reflète également un besoin aigu de centralisation en matière de direction, de planification et de coordination (Sassen, 1992). Suite à leur internationalisation sans précédent, surtout depuis le milieu des années 80, et aux mouvements de fusions-acquisitions contemporains, les grandes firmes se trouvent en effet à la tête de réseaux complexes de filiales, de succursales, d'usines, géographiquement très dispersées. Les grandes villes jouent donc désormais un rôle de coordination essentiel de l'activité économique.

La centralisation des services supérieurs prend un tour encore plus aigu avec les activités liées aux marchés financiers. Ces derniers se concentrent en effet dans quelques lieux emblématiques, incarnés par les Bourses de valeurs (New-York Stock Exchange, Kabutocho à Tokyo, etc.), les Bourses de matières premières (Chicago Board of Trade pour les céréales et le soja, etc.) et des quartiers d'affaires spécifiques (exemple de la City à Londres, et notamment du fameux quartier de Square Mile, qui rassemble 210 000 personnes très hautement qualifiées dans le seul secteur de la finance). Les volumes financiers transitant par ces voies de passage obligées du capitalisme mondial sont considérables. La sophistication des mécanismes à l'œuvre explique alors que l'on parle souvent d'« industrie » de la finance.

CBD et centres d'affaires périphériques

Dans les grandes agglomérations, les quartiers d'affaires (également connus sous le nom anglo-saxon de *Central Business Districts*, ou CBD) se distinguent aisément dans le paysage urbain en raison de la taille élevée de leurs *buildings*, de surcroît regroupés au cœur même des métropoles, à l'instar de Manhattan à New York. Autorisée exceptionnellement dans ces lieux par la réglementation, l'élévation en hauteur témoigne tout autant de l'orgueil conquérant des entreprises que du coût exorbitant de l'immobilier. Ce dernier se justifie par la rareté du sol et les économies d'agglomération réalisées par tous ceux qui acceptent d'y mettre le prix, auxquelles s'ajoutent également les économies d'urbanisation tirées des grandes infrastructures collectives propres à toute grande métropole (aéroports internationaux, parcs des expositions, palais des congrès, téléports, etc.). Pour ces différentes raisons, l'espace résidentiel est le plus souvent très réduit, voire banni des CBD. Ceux-ci se vident alors de leurs populations en dehors des heures de bureau (phénomène dit de *city,* par allusion au fameux quartier d'affaires londonien). En revanche, ces quartiers d'affaires abritent les activités banales propres aux « villes-mondiales » (grands hôtels des chaînes internationales, enseignes étrangères du luxe, grands magasins, restaurants prestigieux, etc.), qui profitent du fort pouvoir d'achat d'une population active nombreuse et multiculturelle.

La saturation des CBD explique la multiplication récente de centres d'affaires en périphérie relative. Leur vocation est de poursuivre le renforcement des fonctions centrales des grandes agglomérations : La Défense dans le cas parisien, les Docklands et Canary Wharf dans celui de Londres, etc. Excentrés seulement de quelques kilomètres du CBD originel, ceux-ci sont plus ou moins nombreux selon la taille et le rayonnement international des agglomérations. Ils accueillent les fonctions de second rang des grandes firmes transnationales qui ne nécessitent pas de face-à-face et de plus en plus souvent les sièges de certaines transnationales prestigieuses qui se délocalisent et s'étendent à moindre frais à cette occasion.

L'image monocentrique du tertiaire supérieur au sein des grandes métropoles est donc devenue largement obsolète. Ce phénomène est également observable dans les villes moins importantes, notamment aux États-Unis où les *edge cities* (petits centres d'activités tertiaires développés au sein de banlieues-dortoirs et regroupant tours de bureaux, commerces, etc.) se sont multipliés très rapidement au cours des trois dernières décennies.

Tokyo offre un remarquable exemple de desserrement partiel des activités de tertiaire supérieur vers la périphérie (figure 45). Situé non loin du Palais Impérial et de la gare centrale de Tokyo (où arrive le fameux train à grande vitesse Shinkansen), le CBD originel occupe différents quartiers centraux : Marunouchi, le plus ancien ; le très commercial et ludique quartier de Ginza, qui accueille également un très grand nombre de sièges sociaux ; Otemachi, le vrai centre des affaires ; enfin Nihonbachi, où se localisent les instruments de la puissance financière de la métropole (Banque de Tokyo, Banque du Japon, etc.). Paradoxalement, la Bourse des valeurs semble excentrée par rapport à ces lieux du pouvoir économique, puisqu'elle a conservé sa localisation première dans le vieux quartier de Kabutocho, qui lui a donné son nom. Quant aux pouvoirs politiques, administratifs et de développement économique, ils se trouvent dans le quartier de Kasumigaseki, au sud de ces quartiers d'affaires. En raison de la saturation foncière au sein de ces différents quartiers, le tertiaire supérieur s'est très fortement développé à partir des années 1970 dans cinq centres secondaires situés autour des principales gares

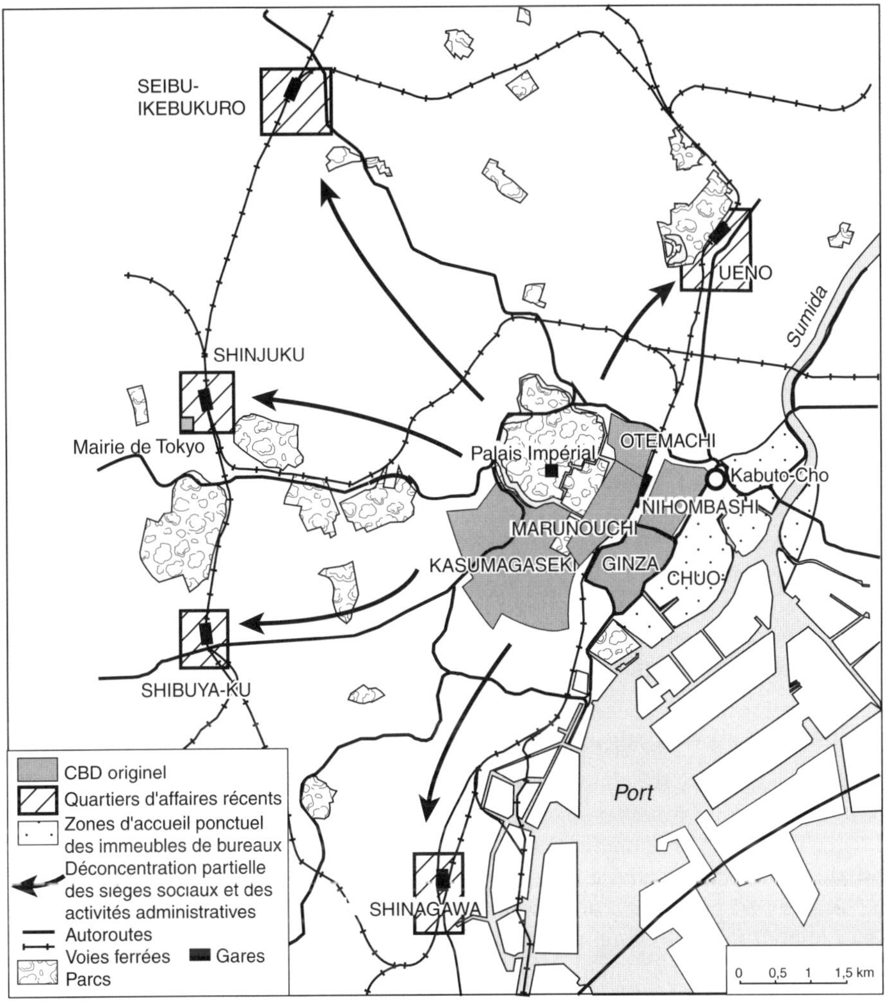

Figure 45 : **Le CBD de Tokyo et les nouveaux centres tertiaires périphériques**

de banlieues qui ponctuent la ligne ferroviaire. Le plus important d'entre-eux est celui de Shinjuku (100 hectares), où se trouvent les plus hauts *buildings* de Tokyo, ainsi que l'hôtel de ville.

LA MONDIALISATION ET SES CONSÉQUENCES SUR L'IMPLANTATION DES ACTIVITÉS

Phénomène désormais incontournable, la mondialisation de l'économie (traduction française de l'expression anglo-saxonne *globalization*) apparaît comme une nouvelle étape de l'histoire du capitalisme. Elle se caractérise d'abord par l'intensification des interdépendances entre entreprises, métropoles, régions, États, regroupements régionaux, etc., mais aussi par la multiplication des réseaux mondiaux de production et d'informations. Ces évolutions ne sont pas sans conséquences sur les stratégies spatiales des firmes et la localisation de leurs différentes implantations à l'échelle mondiale. Le cadre dans lequel elles s'inscrivent n'est plus celui des traditionnelles liaisons interétatiques, mais celui d'un espace mondial qui tend à être de plus en plus unifié et homogène.

Cinq principaux phénomènes sont à l'origine de la mondialisation : l'intégration accélérée des économies au niveau régional (Union européenne, Accord de Libre-Echange Nord-Américain, etc.) ; la baisse générale des droits de douane et la déréglementation des marchés financiers, qui a permis l'essor sans précédent des flux commerciaux et des investissements à l'étranger ; l'extension mondiale du modèle capitaliste, suite à la quasi-disparition des systèmes d'économie centralement planifiée (ex-Europe de l'Est en particulier) ; l'apparition de concurrents inédits et l'ouverture de nouveaux marchés dans les pays du Tiers-monde ; enfin la globalisation des processus productifs des grandes firmes transnationales, dans le sens d'une plus grande flexibilité organisationnelle et spatiale. Une telle évolution n'aurait naturellement pas été possible sans l'abaissement continu des coûts de transport et surtout les progrès spectaculaires en matière de télécommunications, qui abolissent sur certains points la question de la distance (capitaux et informations en particulier).

Des pays et des régions très diversement attractifs

Expression de la stratégie des firmes transnationales à l'échelle mondiale, la carte des stocks d'investissements directs étrangers[1] par pays d'accueil en 1999 illustre la géographie contemporaine des pays et des régions en terme d'attractivité, tous secteurs d'activité confondus (figure 46).

Comme l'on pouvait s'y attendre, ce sont les pays industrialisés qui concentrent l'essentiel des investissements directs étrangers (IDE), en un mouvement de flux croisés, surtout entre l'Amérique du Nord et l'Europe occidentale. Ils sont suivis de très loin par le Japon, qui conserve une tradition de fermeture vis-à-vis des intérêts étrangers. Ces pays développés ont en commun l'ancienneté de leur industrialisation, leur prééminence technologique et scientifique, l'excellence de la formation de leur main-d'œuvre, ou encore l'étendue de leurs marchés. Ils exercent une hégémonie impressionnante dans les domaines de la production, du commerce ou de la finance et profitent pleinement du modèle de production post-fordiste. Dans le cas de l'Union européenne, l'attrait exercé sur les entreprises étrangères est renforcé encore par l'existence du plus vaste marché de la planète, suite à la signature de l'Acte unique de 1986 (libre circulation des biens, capitaux

1 Les données exprimées en stocks d'investissements directs étrangers (IDE) permettent de tenir compte de la dépréciation des capitaux investis au fil des années, à la différence des simples flux d'IDE qui ne traduisent que les volumes enregistrés pour telle ou telle année. À ce titre, les stocks d'IDE se révèlent peu sensibles aux effets de la conjoncture récente.

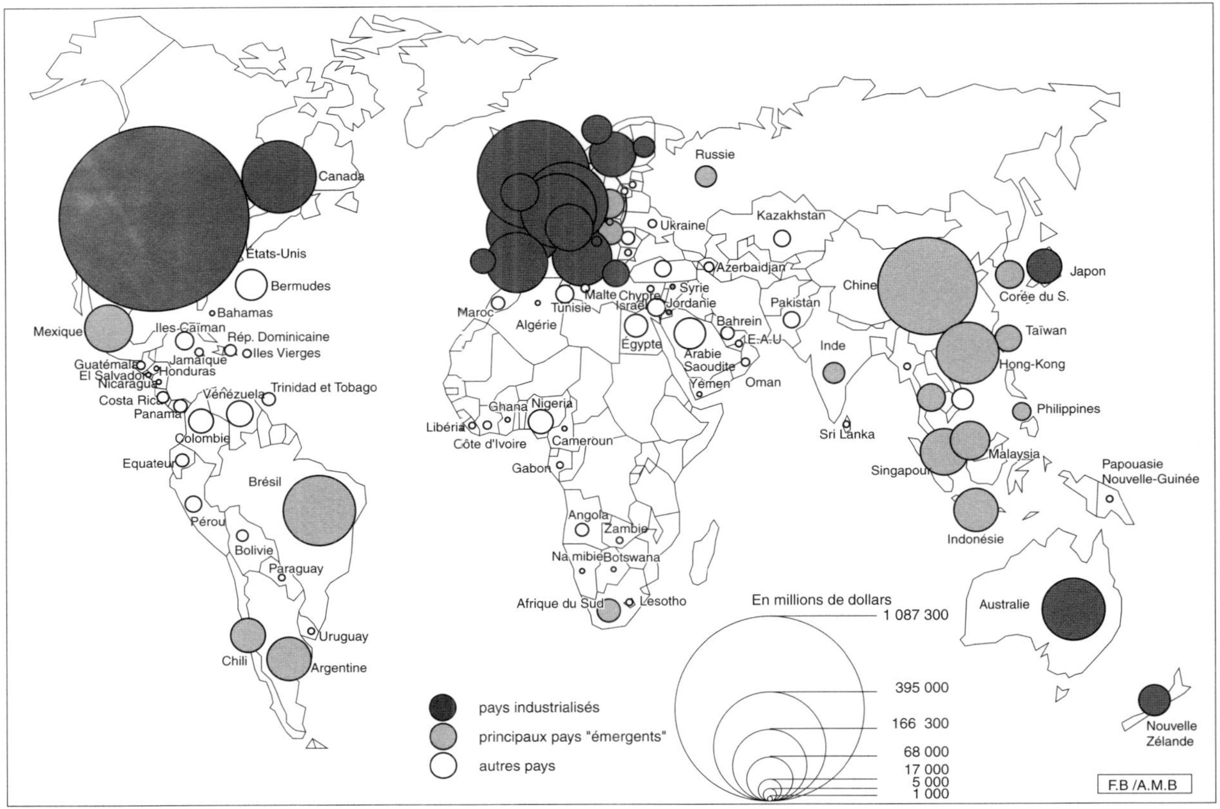

Figure 46 : **Stock d'investissements directs étrangers par pays d'accueil en 2000**
Source : *World Investment Report 2000*

et personnes), et par la substitution en lieu et place des monnaies nationales d'une monnaie unique, l'euro.

La nouveauté réside dans l'avènement d'un groupe composé d'une quinzaine de pays en développement, qui ont incontestablement profité de la dynamique engendrée par la mondialisation de l'économie. Promus au rang de « pays émergents » au cours de la décennie 1990, afin de mieux les distinguer par rapport à ceux qui stagnent ou régressent (« pays les moins avancés » en particulier), ceux-ci se singularisent par leur réel décollage industriel et leur participation croissante aux flux d'échanges mondiaux. Rien d'étonnant donc s'ils accaparent environ 90 % du total des flux d'investissements directs étrangers en direction du tiers-monde. À côté de l'Asie orientale, où se trouvent la plupart d'entre-eux (Chine, Corée du Sud, Hongkong, Inde, Indonésie, Malaisie, Philippines, Singapour, Thaïlande), figurent quatre pays d'Amérique centrale et du Sud (Argentine, Brésil, Chili, Mexique) et un seul pays africain (Afrique du Sud). Bien que très différents de par leur population, leur histoire, leur culture, ou leur stratégie de développement, ces pays n'en présentent pas moins un certain nombre de caractéristiques communes : une croissance économique souvent plus forte que dans les pays industrialisés, de réelles capacités industrielles et technologiques soutenues par un tissu d'entreprises locales performantes, des marchés souvent importants en raison du développement rapide d'une classe moyenne active, une main-d'œuvre nombreuse et bien formée dans les secteurs porteurs, sans oublier une politique économique favorable à l'ouverture sur l'extérieur (privatisations, convertibilité des monnaies nationales, ouverture aux investissements étrangers, adhésion à l'Organisation Mondiale du Commerce, etc.). Dans le cadre de la division internationale du travail, ces pays émergents ont su en particulier devenir des lieux d'accueil privilégiés pour les délocalisations industrielles en provenance des pays industrialisés (textile-habillement, chaussure, jouet, électronique grand public, etc.), grâce à la création de zones franches industrielles. Il s'agit d'espaces géographiquement délimités et à l'accès strictement contrôlé, où les entreprises jouissent d'avantages dérogatoires au régime commun, principalement sur les plans fiscaux et douaniers. Compte tenu de leur très forte dépendance vis-à-vis des marchés internationaux, ces zones franches sont généralement localisées à proximité des grandes infrastructures de transport (aéroports, ports en eau profonde, etc.) et des espaces urbains les plus attractifs. Par la suite, une seconde modalité d'implantation a souvent été proposée afin de mieux répondre aux attentes spécifiques des entreprises pour lesquelles le libre choix du lieu de l'activité conditionnait leur venue dans les pays d'accueil : les « points francs ». Les entreprises agréées dans ce cadre bénéficient des mêmes avantages fiscaux et douaniers. C'est le cas de Maurice, où toute l'île bénéficie du statut de zone franche ; ou encore du Mexique, au travers des usines *maquiladoras* qui s'égrènent le long de la frontière avec les États-Unis et qui pénètrent aujourd'hui assez loin dans l'intérieur du territoire mexicain.

Cette carte montre enfin que des pays — voire des continents entiers — tendent à être exclus de cette nouvelle donne. Les 45 pays d'Afrique subsaharienne, par exemple, accueillent à peine plus d'investissements étrangers que la seule cité-État de Singapour… Ce décrochage de la grande majorité des pays du tiers-monde est d'autant plus spectaculaire que les flux globaux d'IDE n'ont cessé d'augmenter depuis le milieu des années 1980.

Des facteurs d'implantation très discriminants

À l'évidence, tous les pays ne présentent pas la même attractivité auprès des firmes transnationales, qui se révèlent particulièrement sélectives dans leurs choix géographiques. Cette carte des investissements directs étrangers mondiaux amène donc à réfléchir sur les facteurs d'implantation pris en compte par les entreprises à l'occasion de leur internationalisation. Si, par le passé, certains critères faisaient aisément la différence (présence de certains facteurs de production ; bas coûts de la main-d'œuvre ; etc.), ceux-ci ne sont plus suffisants. Les lieux d'accueil potentiels doivent désormais remplir un certain nombre de critères préalables (Michalet, 1999).

Les entrepreneurs ont tout d'abord besoin de visibilité dans le temps, notamment pour évaluer la rentabilité des projets et amortir les investissements consentis dans les meilleures conditions. À cet égard, la stabilité politique — plus que la nature même des régimes — joue un rôle crucial. Tel pays du tiers-monde, habitué des coups-d'États ou en guerre plus ou moins larvée, sera nécessairement écarté, à l'exception notable de quelques très rares secteurs d'activité (hydrocarbures, matières premières), où certaines firmes paraissent s'accommoder de ces situations. Dans les pays porteurs, mais instables, l'implantation sera le plus souvent légère et ne se justifiera que par la volonté de marquer une présence, d'observer les évolutions, dans l'hypothèse d'un décollage prochain.

Tout aussi importante apparaît la stabilité économique. Étroitement corrélée à la précédente, elle s'exprime d'abord au travers de grandes variables macroéconomiques : croissance du PIB, taux d'inflation, équilibre du budget et de la balance des paiements, endettement extérieur, stabilité du taux de change, etc. Elle se traduit également par l'environnement des affaires, qui concerne plus quotidiennement les entreprises : fiscalité sur les bénéfices et sur les revenus des personnes physiques ; droits de douane ; liberté des transferts de capitaux ; régime des changes ; flexibilité du marché du travail. S'ajoutent enfin toute une série de facteurs non officiels et plus ou moins subjectifs avec lesquels les entreprises doivent composer : fonctionnement effectif des douanes, des ports et des aéroports ; corruption ; efficacité du système réglementaire et judiciaire (notamment en ce qui concerne le règlement des contentieux et le respect des contrats) ; attitude des administrations vis-à-vis du secteur privé ; efficacité des structures de l'État ; sécurité et cadre de vie pour les expatriés ; etc.

La réunion de ces différents paramètres ne suffit pas pour autant à justifier un nouvel investissement. La décision finale dépendra de quelques conditions ultimes, particulièrement discriminantes et propres à renforcer la compétitivité des firmes sur le plan mondial : la taille des marchés d'accueil et leurs perspectives de croissance, l'efficience des infrastructures de transport et de télécommunication, la plus ou moins grande présence de personnels bien formés et qualifiés, ou encore l'existence de tout un tissu de PMI-PME locales (sous-traitants, équipementiers, sociétés de services, etc.) capables de satisfaire aux exigences de l'externalisation.

Les effets de la mondialisation sur le tourisme et ses activités

Capitaux, marchandises, technologies, savoir-faire, informations, etc. ne sont pas les seuls vecteurs et paramètres de la mondialisation. Il convient d'y ajouter aussi les flux de personnes. Ceux liés au tourisme international sont à cet égard particulièrement représentatifs. Depuis 1945, ils n'ont cessé d'augmenter de façon spectaculaire pour atteindre le chiffre record de 698 millions de voyages en 2000 (contre 17 millions en 1950 et 50 millions en 1960). Leurs motivations sont très variées : voyages d'affaires, pèlerinages, séjours linguistiques, manifestations culturelles et sportives internationales (coupes du monde ou d'Europe de football, jeux olympiques, etc.), foires et expositions, parcs d'attraction à vocation internationale (parcs Disney, etc.), etc. Cet essor remarquable, lié aux progrès des transports (notamment aériens) ou encore à la démocratisation du tourisme sur longue distance, ne doit cependant pas faire oublier que la grande majorité des flux touristiques continue de s'effectuer au sein du pays d'origine (tourisme résidentiel, visites aux parents et aux amis, voyages d'agrément, cures, stages et séminaires, etc.).

La carte des pays émetteurs et récepteurs du tourisme international révèle une très forte polarisation à l'échelle mondiale (figure 47). Trois grands « bassins » touristiques se distinguent ainsi très nettement, centrés sur des mers actives : Méditerranée, Caraïbes et mer de Chine-Pacifique. Si les deux premiers constituent des destinations traditionnelles, l'Asie orientale (Chine en premier lieu) n'a seulement émergé que depuis le milieu des années 1960. Ces bassins ont en commun leur proximité géographique, mais aussi culturelle vis-à-vis des grandes zones d'émission (Europe, États-Unis, Japon).

Dans le détail, les dix premiers pays récepteurs accueillent à eux seuls plus de la moitié des touristes internationaux, tandis qu'ils en émettent presque tout autant. Certains pays, à l'instar du Japon ou de l'Allemagne se singularisent en étant surtout des pays émetteurs ; d'autres présentent une situation relativement équilibrée entre entrées et sorties (Espagne, États-Unis, Italie, etc.). Il s'agit toujours de pays industrialisés, à haut niveau de vie. Premier pays récepteur à l'échelle mondiale, la France a ainsi accueilli près de 75 millions de touristes en 2000. Elle est suivie au palmarès par les États-Unis et l'Espagne.

Situés à proximité relative des pays industrialisés, certains pays du tiers-monde ont su aussi valoriser leurs atouts (héliotropisme, exotisme, culture, etc.) et devenir des lieux d'accueil significatifs : Maroc, Tunisie, Égypte, Kenya, Afrique du Sud, Maurice, Turquie, Mexique, îles de la Caraïbe et du Pacifique, Bali, Chine, etc. Une analyse détaillée révèle cependant que ces pays sont souvent dépendants d'un petit nombre de pays émetteurs, ce qui témoigne du caractère encore limité de la mondialisation des flux touristiques.

Quel que soit le pays concerné, l'afflux des touristes dans certains lieux bien précis nécessite des aménagements spécifiques afin de répondre à leurs exigences en matière d'hébergement, d'activités sportives (ports de plaisance, domaines skiables, golfs, chemins de randonnée, etc.), culturelles ou récréatives (casinos, marinas, etc.). Cette « mise en tourisme » a surtout été spectaculaire le long de certains littoraux (Côte d'Azur, Riviera italienne, îles de la Méditerranée, Mer Noire, îles de la Caraïbe, de l'océan Indien ou du Pacifique, etc.) et dans les

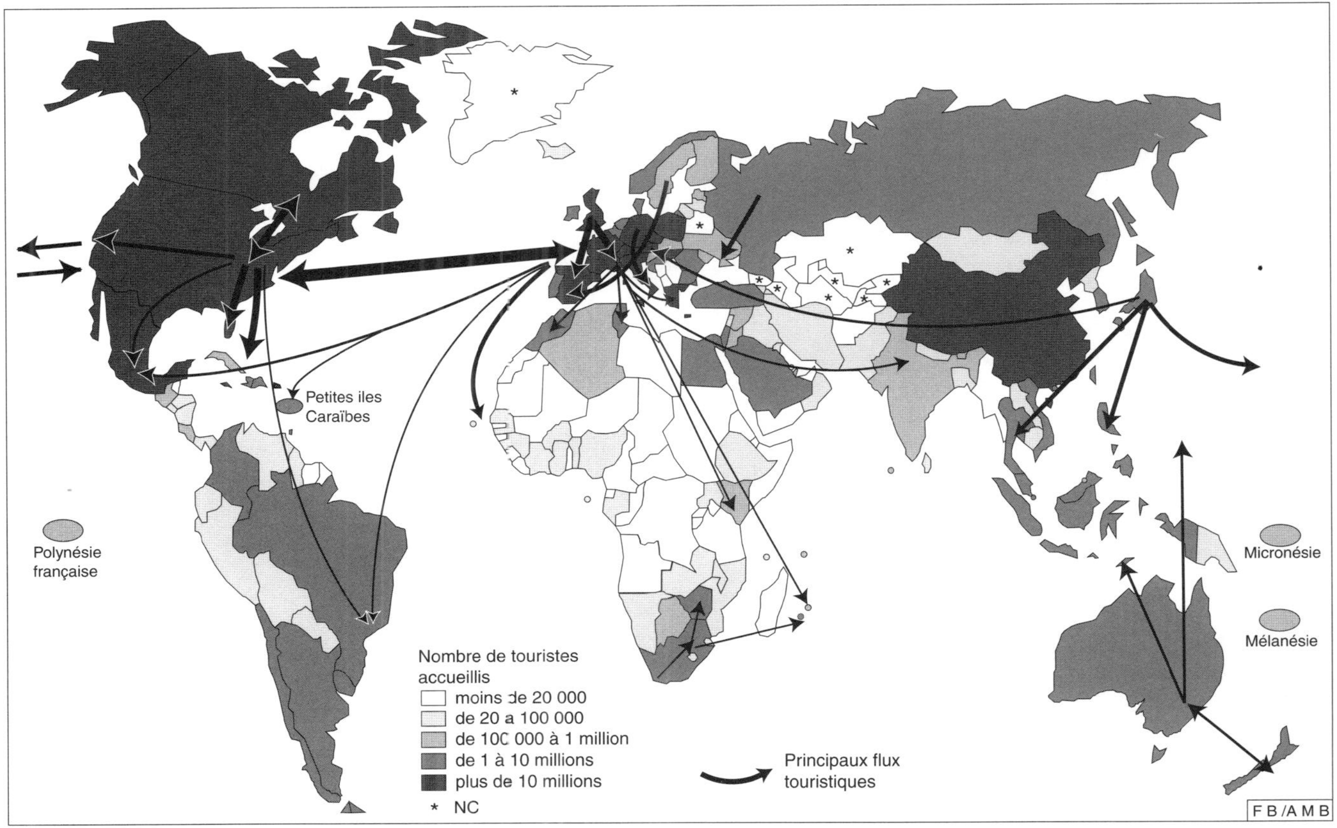

Figure 47 : **Pays émetteurs et pays récepteurs du tourisme international**
Source : OMT

espaces montagnards (Alpes, Montagnes Rocheuses, etc.). Elle s'est prolongée à proximité des sites historiques et archéologiques (Grèce, Égypte, Mexique, etc.), mais aussi des parcs nationaux et des réserves naturelles (États-Unis, Kenya, Tanzanie, Zimbabwe, Afrique du Sud, etc.).

La forme d'accueil la plus classique est celle de la station, qu'elle soit balnéaire (historiquement le coup d'envoi fut donné à Hyères et à Nice après 1750), de sports d'hiver (Chamonix, Courchevel, Courmayeur, Davos, Les Deux Alpes, Megève, Saint-Gervais, Serre-Chevalier, Tignes, Zermatt, etc.), thermale (Cauterets, Luchon, Vichy, etc.) ou climatique (Crans-Montana, Hyères, etc.). Dotées de plusieurs milliers de lits (hôtels, centres de vacances, etc.) et greffées sur des villages ou des villes préexistantes, ces stations peuvent aussi avoir été créées *ex-nihilo*. Plus récemment, est apparue la formule des villages et clubs de vacances plus ou moins coupés du reste du pays (complexes hôteliers en Tunisie, au Maroc ou encore en Turquie). À ces équipements collectifs inscrits dans une politique d'aménagement globale se sont bien souvent ajoutés de manière plus ou moins spontanée des résidences secondaires, des terrains de camping-caravaning, etc. qui ont contribué au mitage anarchique et généralement irréversible des paysages.

La massification du tourisme depuis la Seconde Guerre mondiale, suite à l'accroissement général des revenus et à l'essor des classes moyennes a ainsi vu augmenter de façon vertigineuse la fréquentation de certains lieux, notamment le long des littoraux maritimes. Ce phénomène est de surcroît exacerbé par la concentration des flux durant des périodes généralement assez courtes au regard du reste de l'année (période estivale). Les communes d'accueil se voient alors contraintes de surdimensionner leurs infrastructures (eau, électricité, assainissement, voirie, parkings etc.) et d'investir lourdement en conséquence. Cette irruption souvent brutale du tourisme dans des lieux généralement exigus et peu préparés est certes un élément de dynamisation économique sur le plan local (création d'emplois, multiplication des activités induites, etc.) ; elle n'en est pas moins à l'origine de multiples problèmes difficilement solubles (pollutions diverses, dégradation de l'environnement, urbanisation débridée, pression spéculative, etc.).

Références bibliographiques des auteurs cités

BEGUIN H. (1992), La localisation des activités banales. *Encyclopédie de géographie*, Économica, pp. 515-531.

CHARVET *et alii* (2000), *Dictionnaire de géographie humaine*, Éditions Liris.

DION R., (1959), *Histoire de la vigne et du vin en France, des origines au XIXe siècle*, éditeur.

LUNG Y. (1995), « Modèles industriels et géographie de la production », *in* RALLET Alain, TORRE André (dir.). *Economie industrielle et économie spatiale*, Économica, 1995, pp. 85-110.

MERENNE-SCHOUMAKER B. (1996), *La localisation des services*, Armand Colin, 1996.

SAINT-JULIEN Thérèse, coord. (1999), *Services et commerces. Atlas de France*. La Documentation Française/RECLUS.

Chapitre 9

Transports et réseaux : l'accentuation des mobilités

L'importance des transports dans l'économie et dans la vie des habitants de la Terre, quelle que soit l'échelle considérée, ne cesse de s'accroître, au point que tout blocage de réseau constitue une menace potentielle sur le bon fonctionnement d'un territoire. Il est vrai que les systèmes productifs dominants, à base de division interterritoriale du travail, recourent de façon croissante aux transports sans forcément privilégier la proximité spatiale. Ce propos vise à interroger en premier lieu cette place particulière dans les activités humaines, acquise en très peu de temps grâce à une évolution spectaculaire des performances. Puis il conviendra de s'intéresser aux relations à double sens qui se sont établies entre transports et territoires : le territoire contribue à orienter, à modeler les réseaux de transport et ces derniers, par le niveau d'accessibilité qu'ils lui confèrent, le rendent plus ou moins attractif. Enfin sera abordé le développement de complémentarités entre modes de transport, tant pour le fret que pour les voyageurs, les articulations entre modes devenant tout aussi importantes sinon plus que les réseaux pris séparément. Le développement de la logistique pour le transport des marchandises en est la meilleure illustration alors que l'on observe de plus en plus la constitution de véritables chaînes multimodales de transport de voyageurs, qu'elles soient mono- ou multi-scalaires.

ÉVOLUTION TECHNIQUE, TRANSFORMATION DE LA DEMANDE ET MONDIALISATION DES USAGES

De la traction animale au supersonique, quelques repères

Les transports voient leurs performances conditionnées par les techniques qu'ils mettent en œuvre. Ces performances conditionnent elles-mêmes l'usage qui sera fait de tel ou tel autre mode par les voyageurs ou les chargeurs ainsi que l'échelle d'exercice des activités économiques, le secteur des transports étant avant tout au service de ces dernières.

Les grandes étapes des études géographiques sur les transports

Si les travaux de « grands anciens » comme Paul Vidal de la Blache, André Siegfried ou Albert Demangeon abordaient les transports comme éléments d'organisation de l'espace, il faut attendre la charnière entre les années 1930 et 1940 pour voir apparaître les premières thèses de géographie des transports (Pierre Brunner, 1935 ; René Clozier, 1940). La plupart des études sont cependant descriptives et les manuels de « géographie de la circulation » des années 1940 et 1950 (Robert Capot-Rey, 1946 ; Aimé Perpillou, 1952 ; René Clozier, 1963) entreprennent au mieux des classifications des systèmes de transport, tout en développant des notions comme l'enclavement ou le désenclavement ou bien l'accessibilité. Les études peuvent porter sur un seul réseau comme les routes (Henri Cavaillès, 1946), les chemins de fer (Marcel Blanchard, 1942) ou les transports aériens (Emmanuel de Martonne, 1948).

L'approche régionale des transports, qui met l'accent sur le rôle des transports dans l'organisation de l'espace, se développe dans les années 1950 avec deux thèses emblématiques : celle de Maurice Wolkowitsch sur l'économie régionale des transports dans le Centre et le Centre-Ouest (1957) et celle de Raymonde Caralp sur les chemins de fer dans le Massif central (1956). Ces deux fortes personnalités ont régné sur la spécialité pendant au moins deux décennies, notamment à travers la commission de Géographie des transports du Comité national de Géographie créée en 1965.

Les années 1970 marquent un tournant vers des approches davantage quantitatives et vers des tentatives de modélisation. L'approche modélisatrice s'inspire plutôt de la théorie des graphes, transposée aux États-Unis par K.J. Kansky aux relations entre la géométrie des réseaux et les caractéristiques régionales (1963). Les travaux de Pierre Merlin associent géographie et économie des transports en région parisienne dès 1965 ; ils portent sur l'application de méthodes quantitatives à l'analyse de l'espace urbain et sur la mise en place d'outils de planification des transports à l'usage des décideurs. Des recherches sont entreprises, à la suite de travaux nord-américains, sur les effets structurants des nouvelles infrastructures de transport. Les flux sont modélisés, à l'image de ce que fait Michel Chesnais dans sa thèse portant sur l'analyse régionale des échanges ferroviaires en France (1977).

Les années 1980 et 1990 sont, pour leur part, caractérisées par des approches pluridisciplinaires. La meilleure illustration en est le Groupement de recherches « Réseaux » du CNRS, créé et longtemps dirigé par Gabriel Dupuy, ingénieur et sociologue de formation passé à la Géographie en 1992-1993. Associant ingénieurs, économistes, architectes et géographes (entre autres), il tente de développer une théorie générale applicable à tous les types de réseaux, d'infrastructures ou de services, territoriaux ou virtuels. Les problématiques se complexifient avec des travaux sur les interconnexions de réseaux, l'intermodalité, le lien entre urbanisme, mobilités et choix modal, menés par une nouvelle génération de géographes des transports (Robert Marconis, Francis Beaucire, Jean Varlet, etc.). L'approche environnementale se développe également, les transports pouvant contribuer à l'effet de serre et au caractère durable ou non durable du fonctionnement urbain contemporain.

Deux cas de figure ont pu se présenter lorsque l'évolution des techniques était transposable à ce secteur. Soit les innovations ont permis à un mode existant de se moderniser, d'augmenter ou d'optimiser ses performances, soit elles ont suscité l'apparition de nouveaux modes susceptibles de concurrencer voire de rendre obsolètes les moyens ou réseaux préexistants. Dans la première catégorie d'effets, nous pourrions citer l'adoption par l'aviation du réacteur en remplacement du moteur à pistons : cette évolution technique permet aux avions de doubler sinon plus leur vitesse de croisière, d'acquérir une autonomie leur permettant d'effectuer des liaisons intercontinentales sans escale et de transporter plusieurs centaines de passagers au lieu de plusieurs dizaines. Il en résulte, baisse des prix aidant, une multiplication des échanges internationaux, tant pour affaires que pour loisirs. Dans la seconde catégorie d'effets entre par exemple l'apparition du chemin de fer au XIXe siècle. Rendue possible par l'invention de la machine à vapeur, elle rend rapidement obsolète le transport routier hippomobile. Le mode routier connaît ensuite une longue éclipse avant de renaître grâce à une autre innovation technologique : le moteur à explosion.

La première « révolution » des transports (1820-1880)

La première révolution est celle de la machine à vapeur : ce mode de traction s'applique à la navigation dont le rôle s'intensifie, puis il permet l'émergence d'un nouveau mode : le chemin de fer. L'espace de vie et de relations s'élargit à la région, voire au pays (le chemin de fer a pu être un facteur d'unité nationale, ce dont attestent les exemples des États-Unis ou du Canada). Les marchés nationaux s'unifient et les premières grandes spécialisations agricoles ou industrielles deviennent possibles. On explique ainsi difficilement en France la spécialisation viticole du Languedoc sans la possibilité d'écoulement de la production vers l'extérieur que représente le chemin de fer. Ce dernier, par l'entremise de la Compagnie du Midi, joue d'ailleurs le jeu en développant des lignes dédiées à ce trafic. Il en est de même pour les industries lourdes, développées sur les lieux d'extraction des matières premières (charbon, minerai de fer, etc.) et condamnées de ce fait à desservir des régions urbaines parfois lointaines pour se développer. Là aussi, les compagnies ferroviaires n'ont pas été avares d'investissements pour écouler les trafics lourds et réguliers, source de leur prospérité initiale. Le tourisme peut aussi apparaître grâce à elles, et il s'internationalise rapidement au sein de grandes entités continentales comme l'Europe. Encore organisés individuellement, les voyages touristiques sont une réussite si l'on maîtrise bien les correspondances entre trains ou entre ces derniers et les services maritimes, ce qui est rendu possible par la publication d'indicateurs internationaux sur le modèle du très réputé guide Cook.

La seconde « révolution » : traction électrique et moteur à explosion (1880-1950)

Les transports urbains, rendus nécessaires par une dissociation croissante entre habitats et lieux de travail, furent les premiers bénéficiaires du développement de moteurs électriques avec la construction de tramways puis de métros. Jusque-là, ces derniers voyaient leur développement handicapé par la pollution liée à la vapeur, surtout en souterrain. La traction électrique permet la multiplication des réseaux de transport collectif lourd, et par là même le développement de périphéries plutôt denses.

La traction électrique bénéficie également aux chemins de fer, qui voient leurs performances s'accroître du fait d'un meilleur rendement : accélérations et décélérations sont plus rapides, les charges remorquées peuvent s'accroître, les vitesses de pointe évoluent à la hausse et les rampes se font moins ressentir. Enfin, les engins de traction parcourent de plus longues distances sans maintenance, avec moins de personnel. Les électrifications de lignes se multiplient dans les années 1910-1920, notamment en Europe. Les années 1930 voient le développement de la traction thermique, avec l'adaptation de moteurs à explosion aux locomotives et aux autorails, ce qui confère des performances assez comparables à celles de la traction électrique sans la nécessité d'électrifier les lignes. Les réseaux gérés à l'économie comme ceux des « pays neufs » ou des colonies vont bénéficier largement de cette modernisation plus simple à mettre en œuvre.

Mais le moteur à explosion est aussi la révolution qui permet l'émergence du transport individuel et de stratégies autonomes de localisation des ménages. Les premières automobiles font leur apparition à la charnière entre le XIXe et le XXe siècle. Leur production de masse intervient plus tardivement (vers 1920 aux États-Unis, après la Seconde Guerre mondiale en Europe), l'automobile étant le symbole de la modernisation de l'industrie et de l'organisation scientifique du travail (organisation de type fordiste). Aujourd'hui, le taux de motorisation excède un véhicule par ménage dans tous les pays industrialisés. La diffusion de cet équipement oblige à des efforts d'investissement sans précédent sur le réseau routier, avec notamment la construction d'autoroutes, d'abord en milieu urbanisé puis en rase campagne. Si l'Allemagne et l'Italie ont développé très tôt de telles infrastructures (dans les années 1920-1930), l'essentiel de l'équipement intervient plutôt après la Seconde guerre mondiale (y compris aux États-Unis) et il se poursuit toujours aujourd'hui, à un rythme il est vrai moins soutenu (figure 48).

Le transport maritime bénéficie également de cette seconde « révolution » : la motorisation diesel évince très rapidement la machine à vapeur. Très souple, elle permet un accroissement sans précédent des capacités d'emport et, peu coûteuse, elle permet une baisse des prix en monnaie constante. Cette évolution très favorable des coûts de transport donne un coup de fouet aux échanges internationaux et permet, les barrières douanières s'estompant progressivement après la Seconde Guerre mondiale, une mondialisation de la concurrence.

Une troisième révolution ? L'essor du transport aérien (1960-2000)

La dernière révolution en date est celle du transport aérien. L'avènement du moteur à réaction permet une expansion considérable de ce secteur jusque-là confiné aux déplacements des plus fortunés et aux opérations militaires. Les gains de temps sont spectaculaires et les capacités unitaires s'accroissent fortement. Les prix baissent, ce qui élargit le potentiel de clientèle. On notera toutefois qu'il a

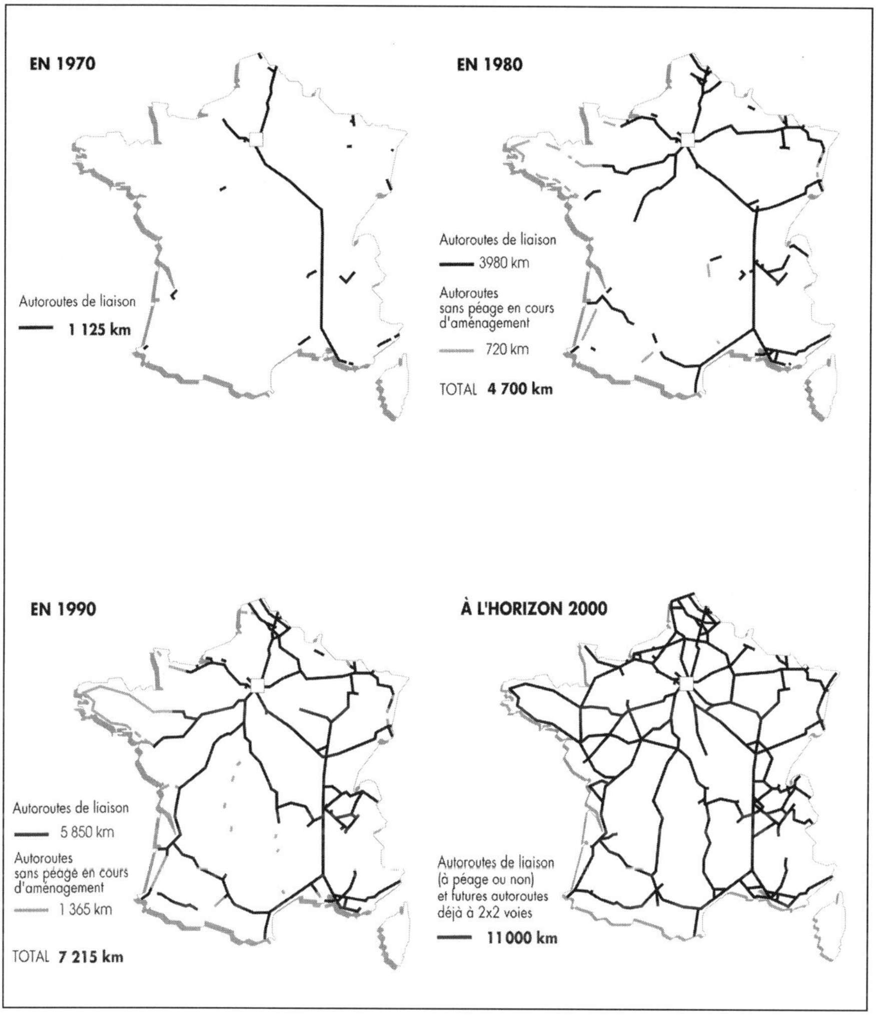

Figure 48 : **Quatre étapes de la construction du réseau autoroutier français**
Source : Direction des Routes, 1995

fallu trouver un compromis entre la vitesse, les coûts et la capacité, ce qui a handicapé jusqu'ici le développement du transport aérien supersonique. Il n'est pas exclu qu'à l'avenir, l'augmentation des vitesses reprenne si elle ne génère pas de surcoûts trop élevés rapportés à la place offerte.

Le transport aérien de masse contribue à la mondialisation des activités et des échanges déjà initiée par la modernisation du secteur maritime. Il permet également un nouveau changement d'échelle des activités touristiques, les bassins de fréquentation établis dans la période antérieure se trouvant dès lors interconnectés.

La concurrence étant de plus en plus favorisée, les prix baissent là où elle est la plus active, renforçant l'intérêt pour l'avion même pour de courtes distances, les navettes aériennes entre les grandes villes de l'Est des États-Unis en constituent un bon exemple. Mais l'explosion du trafic aérien crée localement des situations de congestion de l'espace aérien et des phénomènes de rejet de la part des populations riveraines des aéroports. La modernisation de certains réseaux ferroviaires, lesquels introduisent des trains à grande vitesse, tend à disputer à l'avion des passagers sur un nombre croissant de liaisons où les deux modes ont des performances comparables. En effet, en tenant compte des délais de précaution et des parcours d'approche, il faut ajouter au minimum au temps de vol proprement dit deux heures, ce qui donne ses chances à la grande vitesse jusqu'à trois heures de gare à gare.

Tableau 5 : **Évolution des trafics d'une sélection d'aéroports mondiaux sur la période 1985-2000. (unité : million de passagers annuels)**

	1985	1989	1995	1998	2000
Atlanta	42,5	43,3	57,7	73,5	80,2
Chicago O'Hare	48	59,3	77,3	72,5	72,1
Los Angeles	41,3	45	60,3	67,6	66,4
Londres Heathrow	30	39,9	54,5	60,6	64,6
Dallas Fort Worth	37,1	47,6	54,4	60,4	60,7
Tokyo Haneda	28	36,6	45,8	49	56,4
Francfort	20,3	26,7	38,2	42,7	49,4
Paris Charles de Gaulle	15,04	20,7	28,4	38,7	48,2
San Francisco	23,8	30,5	36,3	40,1	41
Amsterdam	11,7		25,4	34,4	39,6
Denver	24,6	27,6	31	37	38,75
Las Vegas	10,3		28	30,8	36,9
Minneapolis Saint-Paul	8,9		26,8	30,3	36,75
Séoul			30,9	29,3	36,7
Detroit			29	31,5	35,5
New York Newark	23,7	20,9	26,6	32,4	34,2

Source : Airports Council International et *Aéroports magazine*

Des performances en constante évolution

Chaque révolution technologique permet de franchir un seuil de vitesse et/ou de capacité unitaire. Elle permet généralement une baisse des prix du fait de gains de productivité importants. Il en résulte des opportunités de plus en plus tentantes pour des secteurs d'activités qui voient les marchés potentiels et le cercle des fournisseurs s'élargir.

Des gains de vitesse

La vitesse est un élément important d'attractivité d'un mode, notamment s'il est confronté à la concurrence d'un autre moyen de transport, comme le montrent les deux exemples suivants.

Dans les années 1960, les jets accaparent la clientèle des trains transcontinentaux en Amérique du Nord, amenant très rapidement les compagnies ferroviaires à supprimer ces services ou à les transférer à une compagnie nationale créée pour l'occasion (Amtrak aux États-Unis, Via Rail au Canada). Le différentiel de vitesse restant constant, le nouvel exploitant ferroviaire tente de repositionner les dessertes voyageurs sur des liaisons intervilles à courte distance, mais ne parvient pas à trouver des financements pour améliorer les infrastructures et augmenter les vitesses. La clientèle stagne, ce qui entraîne des menaces régulières de disparition pure et simple de ces compagnies jugées trop gourmandes en subventions. Dans un tout autre contexte et avec des distances il est vrai moins grandes, les trains à grande vitesse parviennent à faire jeu égal avec les avions, et même à leur faire perdre des parts de marché. Ainsi, suite à la mise en service du TGV entre Paris et Lyon (2 h pour 420 km), la ligne aérienne concurrente perd dans un premier temps des clients, puis stagne pendant une dizaine d'années. Quand la SNCF met en œuvre le TGV Atlantique entre Paris et Nantes en 1989, les liaisons aériennes Paris Orly-Nantes et Paris Orly-La Roche-sur-Yon sont supprimées sans attendre par leurs exploitants. En juin 2001, sur les lignes Paris-Marseille (3 heures) et Paris-Montpellier (3 h 10), les exploitants aériens réduisent voire suppriment complètement leurs services *ipso facto.*

Tableau 6 : **Évolution de quelques temps de parcours ferroviaires sur le long terme en France**

Année	Paris -Strasbourg (504 km)	Paris-Lille (258 km)	Paris-Marseille (863 km)
1855	11 h 30	5 h 20	19 h 10
1930	5 h 50	2 h 40	10 h 50
1970	3 h 57 (1)	1 h 55 (1)	6 h 40 (1)
1994	3 h 50 (1)	1 h 00 (3)	4 h 10 (2)
2001	3 h 50 (1)	1 h 00 (3)	3 h 00 (3)

(1) Électrification de la relation
(2) TGV sur parcours partiel
(3) TGV sur la totalité du parcours

En l'absence de concurrence, toute augmentation des vitesses se traduisant par des gains significatifs en termes d'accessibilité provoque un usage accru du mode concerné du fait de modifications de comportements induites. Pour reprendre l'exemple de la grande vitesse ferroviaire, la possibilité soudain offerte de faire des déplacements sur une demi-journée multiplie les voyages d'affaires sur la relation concernée. De même, les trains à grande vitesse peuvent être utilisés pour des trajets domicile-travail lorsque la durée du trajet n'excède pas celle de relations courantes de grande banlieue. Ainsi chaque jour, Arras, Vendôme, Tours ou Le Mans expédient des contingents non négligeables de migrants alternants vers Paris par le TGV. En Espagne, sur la ligne à grande vitesse Madrid-Séville circulent des TGV destinés aux relations domicile-travail entre deux gares intermédiaires et la capitale espagnole, appelés Lanzaderas.

Des gains de capacité

Les différents modes ont également évolué en termes de capacité. Cette dernière se décompose en capacité unitaire des matériels utilisés et en capacité d'accueil des infrastructures utilisées selon les modes ponctuellement (ports, aéroports) ou en permanence (routes, voies ferrées, canaux).

Si l'on s'attache aux matériels de transport, les évolutions technologiques déjà abordées ont généré des gains parfois spectaculaires. Ainsi, les premiers camions du début du XXe siècle acheminaient 3 tonnes de charge utile. Leurs descendants actuels sont limités à 44 tonnes sur le territoire européen, mais les motorisations actuelles permettent de transporter des charges bien plus élevées : il suffit pour s'en convaincre d'aller en Australie où des « trains routiers » de 120 tonnes sillonnent le pays. L'évolution du transport maritime dans ce domaine est tout aussi spectaculaire, la course au gigantisme ayant culminé vers 1975 avec des « super pétroliers » de plus de 500 000 tonnes de port en lourd. Aujourd'hui, la capacité se mesure davantage en nombre de conteneurs embarqués, donc en volume, qu'en tonnes. Pour ce qui concerne les transports de voyageurs, les évolutions sont du même ordre. Entre le Farman Goliath, gros-porteur des années 1920 avec une vingtaine de passagers, et l'Airbus A380, le facteur est de un à trente !

Les infrastructures jouent également un rôle dans l'évolution de la capacité d'un système. À quoi bon par exemple disposer d'un pétrolier géant si aucun port ne peut l'accepter ? Il faut distinguer deux types d'évolution :

– *La croissance intensive.* Elle permet de tirer davantage de capacité d'une infrastructure sans en modifier l'emprise. Le transport ferroviaire a ainsi tiré pleinement parti de la modernisation des modes de cantonnement (espacement des trains), ce qui permet avec les mêmes voies d'acheminer un trafic bien plus important qu'au XIXe siècle. L'automatisation, puis l'informatisation des systèmes, l'introduction de modes élaborés d'assistance à la conduite voire de la conduite automatisée permettent des cadences élevées : un TGV à 300 km/h toutes les quatre minutes sur la ligne Paris-Lyon depuis juin 2001, une rame de RER toutes les 120 secondes sur le tronçon central de la ligne A sans attente à l'entrée des stations, pour citer deux exemples. De tels gains retardent d'autant l'échéance de lourds travaux d'élargissement des plates-formes ferroviaires, ce qui est appréciable en milieu densément urbanisé.

– *La croissance extensive.* C'est le fait des infrastructures non perfectibles par intensification des usages. C'est notamment le cas des routes, des ports et des aéroports : tout gain de capacité ne peut s'obtenir qu'en augmentant la surface des emprises, ce qui peut se révéler coûteux.

Des gains de productivité

L'augmentation conjointe des vitesses et des capacités fait que les besoins en matériels pour acheminer une quantité donnée de personnes ou de marchandises ont beaucoup diminué. Les rotations plus rapides permettent une utilisation plus intensive des trains, bateaux ou avions, et les exploitants en jouent de plus en plus pour augmenter leurs recettes à moyens constants. Un exemple récent est donné par la mise en service en juin 2001 de la ligne ferroviaire à grande vitesse joignant Valence à Marseille et à Nîmes. Permettant un gain de temps moyen d'une heure sur tous les parcours empruntant l'axe rhodanien, elle crée les conditions d'une intensification notable de l'offre (+ 20 %) sans avoir besoin (du moins dans l'immédiat) de rames supplémentaires : le parc existant tourne davantage.

Il va sans dire que de telles évolutions ont contribué à une baisse en monnaie constante du coût d'usage de l'ensemble des moyens de transport. Les transports maritimes et dans une moindre mesure les transports aériens en ont profité pour étendre largement leur marché, de nouveaux besoins révélés par la baisse des prix se manifestant. C'est ainsi que le charbon australien ou sud-africain débarqué à Dunkerque a fini par revenir moins cher que celui extrait dans le bassin pourtant proche du Nord-Pas-de-Calais…

Au total, les transports ont contribué à l'élargissement des aires de chalandise, des aires d'approvisionnement et des aires de recrutement, à toutes les échelles. Ils ont également favorisé un développement de la mobilité des hommes, qu'elle soit régulière (migrations alternantes) ou occasionnelle (tourisme, loisirs).

Une relativisation de la distance physique

Cette dernière tend à céder la place à deux nouvelles notions : la distance-temps et la distance-coût. La prise en compte de la durée plutôt que de la longueur réelle des déplacements traduit à la fois des différences notables de performances entre modes sur un même parcours et l'affectation permanente d'un laps de temps déterminé aux déplacements des personnes ou des biens. La prise en compte du coût permet de relativiser dans une certaine mesure l'importance de certains gains de temps car la vitesse peut avoir un prix que tout le monde n'est pas prêt à payer. Elle permet également d'utiliser au mieux des modes comme le transport aérien qui fondent désormais leur tarification sur l'importance et la solvabilité du marché ou sur le niveau de concurrence.

Distance temps et budget temps transport

Chacun apprécie désormais ses déplacements en heures et en minutes plutôt qu'en kilomètres. C'est notamment le cas lorsqu'il s'agit de la mobilité quotidienne mais aussi pour des déplacements à plus longue distance du fait de la « démocratisation » des vitesses élevées (autoroutes, TGV, avion). Les déplacements se trouvent de fait dé-territorialisés dans la mesure où on est prêt à faire un parcours plus long en kilomètres s'il est plus rapide. La représentation des temps de parcours peut, du fait de l'hétérogénéité des performances permises par les infrastructures, placer sur le même isochrone des villes situées à des distances très variables du point de départ. À cet égard, le train à grande vitesse a pu générer des « effets réducteurs » assez spectaculaires (figure 49).

À l'échelle des agglomérations et des « bassins de vie », la mobilité quotidienne semble s'établir dans un cadre temporel fixé par les citadins eux-mêmes. C'est le budget temps transport mis en évidence en 1974 par Yacov Zahavi dans une étude commandée par le United States Department of Transportation (Zahavi, 1974). On peut considérer que ce budget temps n'est pas le même selon la taille des agglomérations et selon les catégories socioprofessionnelles. L'hypothèse de sa constance dans le temps (dite conjecture de Zahavi) implique que toute amélioration apportée aux réseaux de transport se traduisant par des temps de parcours réduits est susceptible de contribuer à un allongement des distances parcourues. En d'autres termes, tout gain de temps risque d'être réinvesti dans de la distance supplémentaire, ce qui contribuerait à expliquer au moins en partie les spectaculaires expansions des villes observées depuis que l'usage de l'automobile a commencé à se généraliser.

Tableau 7 : **L'évolution de la mobilité en Île-de-France constitue une illustration de la pertinence de la conjecture de Zahavi**

	Données de 1982	Données de 1994	Évolution
Distance moyenne parcourue par personne	17,5 km	22,8 km	+ 30,3 %
Temps passé en déplacements par jour	55,4 minutes	54,5 minutes	– 2 %
Part de l'automobile dans les déplacements	48,5 %	63,3 %	+ 30,5 %

Source : Enquêtes globales de transport

La distance coût

L'effacement de la distance physique au profit du coût du transport intervient lorsqu'il y a déconnexion manifeste entre ces deux paramètres. C'est le cas lorsque la tarification n'est plus proportionnelle à la distance. Les « prix de marché » auxquels le transport aérien a eu recours à partir de l'introduction de la concurrence tiennent davantage compte de l'agressivité commerciale des autres compagnies ou du remplissage des appareils que des kilomètres parcourus. La multiplicité des tarifs offerts par les compagnies contribue à complexifier les

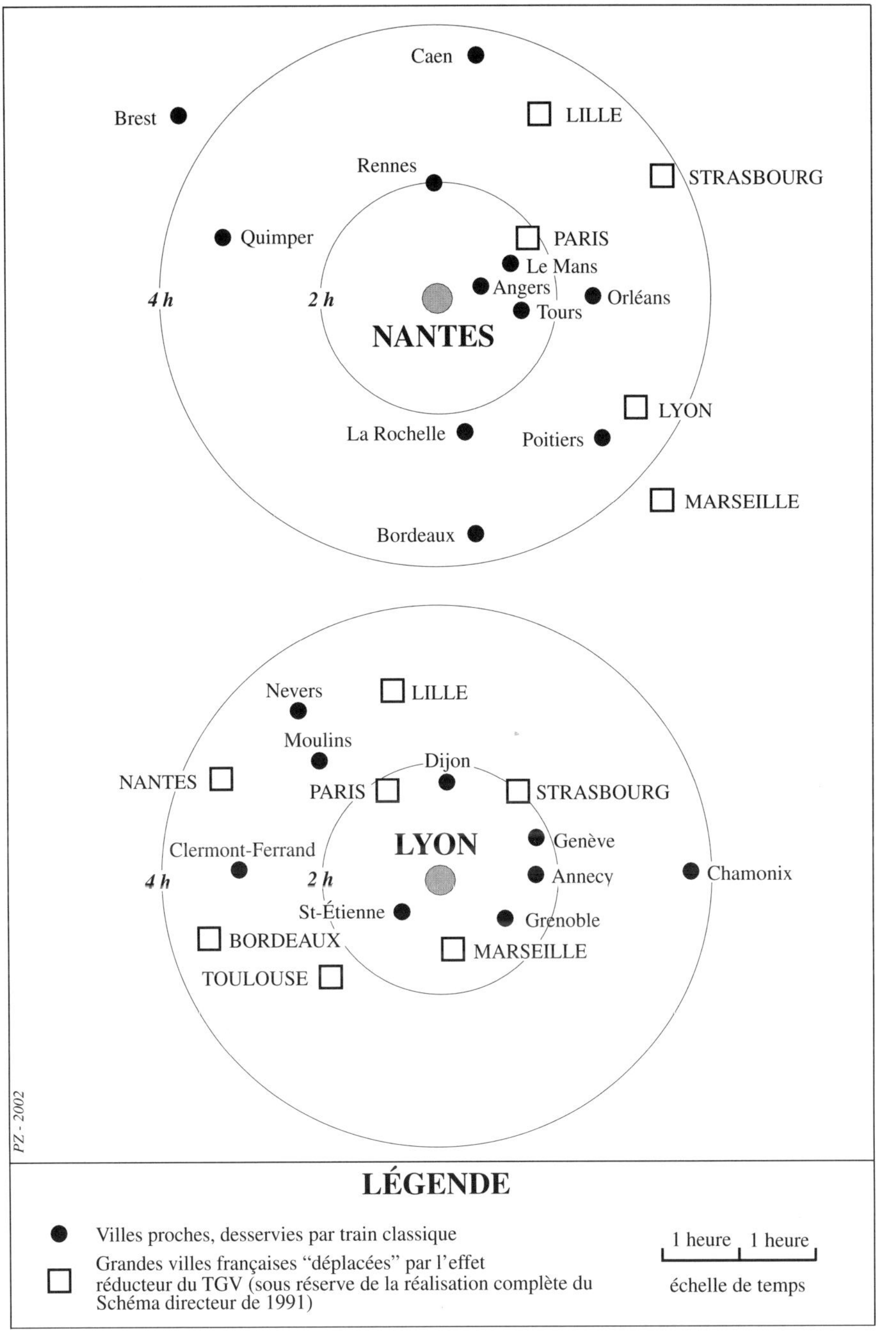

Figure 49 : **Les effets à la fois réducteurs et distanciateurs de l'arrivée du train à grande vitesse : évolution de l'accessibilité à terme de deux villes françaises**
Source : Beaucire (1992)

comparaisons. En pratique, il est possible d'effectuer un parcours transatlantique en catégorie touriste en acceptant toutes les restrictions formulées par la compagnie (billet non échangeable, délai minimal entre aller et retour, etc.) au prix d'un aller-retour dans la journée pour motifs professionnels entre deux villes européennes. Les chemins de fer européens commencent également à passer progressivement aux prix de marché sur les relations où ils sont en concurrence avec l'avion ou l'autocar.

Cet état de fait peut contribuer à influencer le choix d'une destination touristique, lequel s'effectuera alors davantage en fonction du budget de la clientèle que du nombre d'heures de vol à qualité de prestations comparable.

Enfin, la prise en compte du coût peut empêcher des choix de localisation acceptables en termes de distance temps. D'où l'intérêt dans certains cas de mettre en place des barrières tarifaires : c'est ce que fit la SNCF lors de la mise en service du TGV Nord, de façon à empêcher un usage trop intensif de la grande vitesse pour des migrations alternantes que des parcours d'une heure (Lille-Paris) voire moins (Arras-Paris en 40 minutes) auraient pu encourager.

TRANSPORTS ET TERRITOIRES : DES RELATIONS CONTRAIGNANTES

C'est une question qui fonde de nombreux travaux de recherche, tant en géographie que dans d'autres disciplines comme l'économie spatiale, et qui prend bien souvent un tour politique dans la mesure où la création d'infrastructures de transport est du ressort d'autorités publiques et où elle entre à plein dans le cadre de politiques d'aménagement et de développement des territoires.

Le territoire comme contrainte, de la topographie aux limites de gestion

Si la topographie s'impose surtout aux réseaux les plus territorialisés (les transports terrestres), elle oblige lors de leur implantation à des arbitrages entre coût et performances qui peuvent se révéler lourds de conséquences à plus ou moins long terme. Les contraintes physiques se traduisent également par le passage obligé par des corridors, véritables faisceaux multimodaux où l'espace disponible est restreint (l'axe rhénan par exemple). Les concentrations humaines peuvent se révéler également contraignantes dans la mesure où elles génèrent une forte demande de transport sans offrir suffisamment d'espace pour installer les infrastructures nécessaires. Enfin, les effets de frontières peuvent contrarier le développement des réseaux de transports à toutes les échelles, certains périmètres de gestion pouvant se révéler particulièrement imperméables.

L'insertion des infrastructures de transport terrestre à plusieurs échelles

Ces infrastructures sont réalisées de façon à optimiser les performances du mode concerné sans que cela soit dispendieux pour le maître d'ouvrage. D'où l'intérêt d'aborder la question du tracé à plusieurs échelles, en « zoomant » progressivement.

Une fois que le principe de création d'une nouvelle liaison est acquis, on va rechercher les meilleurs tracés sous forme de « fuseaux » de plusieurs kilomètres de largeur élaborés de façon à éviter les obstacles topographiques les plus importants (massifs montagneux, lacs, etc.). Après approbation d'un fuseau, une étude plus détaillée doit conduire à la définition d'un tracé précis, tenant compte des détails de la topographie. On recherche également les caractéristiques du parcellaire, de manière à faciliter d'éventuels remembrements et à limiter les destructions de bâtiments. Une étude d'impact permet de mesurer tous les inconvénients locaux qui pourraient résulter du choix d'implantation tant sur le fonctionnement des espaces traversés que sur les environnements locaux ou les paysages.

L'idée première dans l'élaboration des tracés est d'éviter au maximum les pentes, qui réduiraient les vitesses et les ouvrages d'art, forcément coûteux. Le tracé doit « coller » le plus possible au terrain sans trop affecter les performances du mode de transport utilisant l'infrastructure. C'est un arbitrage permanent qui, par le passé, a pu pénaliser certains itinéraires construits « à l'économie ». Les infrastructures étant datées, elles correspondent aux performances envisageables à une époque donnée. Il se peut que l'évolution des techniques les rende progressivement inadaptées voire complètement obsolètes. Une bonne partie des tracés ferroviaires européens, datant du XIXe siècle, ne permet pas des vitesses élevées car leurs concepteurs ont privilégié les profils en long (il fallait le moins de pentes possibles) aux profils en travers (les vitesses pratiquées s'accommodaient de faibles rayons de courbure). Le passage à la grande vitesse ferroviaire, qui s'appuie sur des motorisations très puissantes, incite à opérer l'arbitrage inverse : privilégier la ligne droite et admettre des pentes plus fortes et de plus grande longueur que le matériel « avale » sans réduction de vitesse rédhibitoire (figure 51).

Quand les concepteurs ne peuvent l'éviter, des ouvrages d'art s'avèrent nécessaires. Ces viaducs, tunnels ou ponts permettent de franchir des obstacles topographiques impossibles à contourner. Les techniques de construction progressant au fil du temps, la longueur de ces ouvrages, leur portée ou leur esthétique ont beaucoup évolué. Ainsi, les tunnels de plusieurs dizaines de kilomètres commencent à apparaître. Ils peuvent être sous-marins (entre les îles japonaises d'Honshu et Hokkaido, sous la Manche) ou plus classiquement sous des massifs montagneux comme les tunnels de base alpins en cours de construction (nouveau Saint-Gothard, nouveau Lötschberg en Suisse) ou à venir (tunnel de base du Fréjus entre la France et l'Italie).

La topographie peut également susciter l'apparition de corridors, c'est-à-dire de faisceaux d'infrastructures en tronc commun le long de vallées ou de littoraux dont il est difficile de s'éloigner, et qui constituent la seule voie de passage possible sans compromettre les performances des modes concernés. Une partie de

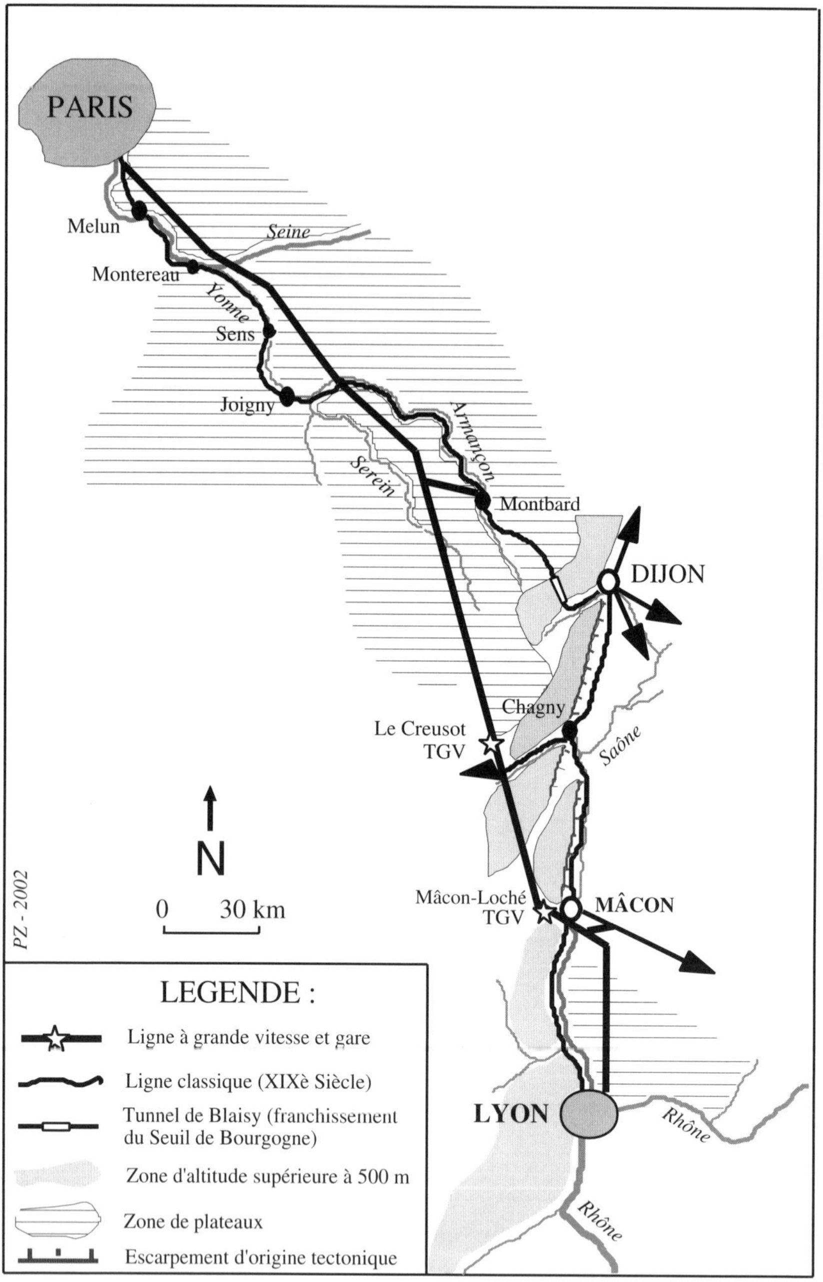

Figure 51 : **Tracés ancien et récent de l'itinéraire ferroviaire Paris-Lyon : la traduction de deux conceptions successives en phase avec les performances du matériel contemporain.**

la vallée du Rhin entre Bâle et Cologne, la vallée du Rhône entre Lyon et Avignon, le littoral méditerranéen entre Cannes et Gênes en constituent des exemples (figure 52).

Les réseaux moins territorialisés doivent également compter avec la topographie

L'implantation des ports doit tenir compte des caractéristiques du littoral, des fonds marins proches de ce dernier, de l'espace disponible pour accueillir les activités connexes ainsi que des possibilités de communication avec l'arrière-pays. Il en résulte un nombre limité de sites dont la valorisation est possible.

La première condition à remplir est d'avoir une étendue d'eau abritée vis-à-vis de la houle et autant que possible du jeu des marées. Deux catégories de sites y satisfont sans aménagements importants : certaines rades (tout dépend de la configuration de leur ouverture vers le large) et les estuaires, rias ou fjords. L'intérêt des seconds réside dans la possibilité de pénétrer assez profondément dans les terres et d'échapper ainsi au mouvement des marées qui s'atténue progressivement. Dans les autres cas, il a fallu construire des digues pour protéger artificiellement le site de la houle. Des îles, des bancs de sable ou une flèche littorale peuvent servir d'appui à de tels ouvrages.

La profondeur des fonds marins proches et des bassins doit permettre le passage et l'amarrage des bateaux les plus couramment utilisés. La course au gigantisme à partir des années 1970 a obligé certains ports (notamment d'estuaires) à opérer des dragages importants, à aménager des chenaux ou des passes plus larges et plus profonds, à creuser des bassins mieux adaptés. Dans certains cas, il a fallu aménager des installations annexes hors du site originel, à l'image du terminal pétrolier d'Antifer à proximité du port du Havre, pour accueillir les plus gros navires. On visait à l'époque des tirants d'eau compris entre 30 m et 50 m.

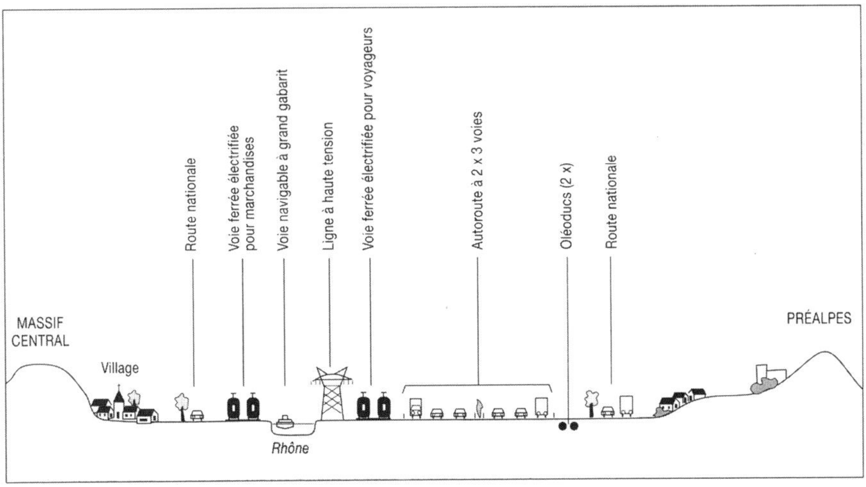

Figure 52 : **Coupe-type du corridor rhodanien**
Source : É. Mérenne (1995)

Rhin d'Acier contre Betuwe Lijn : quand deux ports concurrents se battent sur le terrain des dessertes ferroviaires

L'accessibilité terrestre est désormais un enjeu majeur pour les ports maritimes, dans un contexte de forte croissance de la concurrence et de sélectivité des armements qui ne veulent plus toucher tous les ports d'une façade maritime. Transporteurs et chargeurs se forgent de plus en plus un jugement sur l'efficacité des ports en fonction de la desserte terrestre de leur arrière-pays, au même titre que d'autres critères utilisés de longue date comme les coûts de la manutention. Gouvernements et opinions publiques exigent de surcroît des transports respectueux de l'environnement, ce qui interdit de promouvoir des solutions reposant intégralement sur l'usage de la route. Enfin, le volume des transbordements est en croissance du fait de l'augmentation de capacité unitaire des navires : un porte-conteneurs peut décharger plusieurs milliers de « boîtes » qu'il faut acheminer vers d'autres ports ou vers des destinations intérieures. Tout cela milite pour que communautés portuaires et gouvernements s'intéressent de plus près à la desserte terrestre et à la revalorisation du chemin de fer au sein de cette dernière. Les projets anversois et néerlandais vont dans ce sens.

– *La Betuwe Lijn*

Promue par le gouvernement néerlandais et le port de Rotterdam, c'est une ligne parallèle au Rhin dédiée au seul trafic fret et reliant le terminal de Maasvlakte à la frontière allemande sans transiter par les nœuds saturés du réseau ferré. Elle devrait permettre une nette augmentation de la part du rail dans les acheminements terrestres (moins de 10 % du total en 1990) avec à terme (2010) une cinquantaine de navettes par jour et une part de marché voisine de 25 %. Elle est en voie de réalisation et elle revêt un caractère stratégique marqué depuis l'alliance intervenue entre les composantes Fret des chemins de fer allemands (DBAG) et néerlandais (NS).

– *Rhin d'Acier*

C'est un projet porté par la communauté portuaire d'Anvers et les chemins de fer belges, dont le partenariat a déjà permis à la part de marché du mode ferroviaire de dépasser les 20 %. Il s'agit de réactiver un itinéraire direct tombé en désuétude depuis plusieurs décennies entre le port flamand et la Ruhr, de façon à éviter les grands complexes ferroviaires belges saturés (Bruxelles, Liège). Mais ce projet n'a pu avancer au même rythme que son concurrent néerlandais du fait de la nécessité de traverser sur quelques dizaines de kilomètres le Limbourg... néerlandais (l'extrême sud du pays, autour de Maastricht). Autorités gouvernementale et régionale multiplient les obstacles en arguant notamment du fait que le tracé traverse une réserve naturelle d'un grand intérêt. Ces manœuvres dilatoires permettent à Rotterdam de gagner un peu de temps par rapport à son proche concurrent.

Les réserves foncières doivent être suffisantes pour créer de nouveaux bassins ou développer des activités liées à celles du port (stockage de pondéreux ou de conteneurs, industries de transformation, gares de triage, etc.). Pour cela, le relief littoral ne doit pas être trop contraignant. À défaut, on recherchera des zones de hauts-fonds susceptibles d'être gagnées sur la mer, à l'instar de ce qui a été fait à

Rotterdam (création de l'Europoort). Les sites de ports doivent de plus en plus être évolutifs, compte tenu du renouvellement des exigences du secteur du transport maritime.

Enfin, l'accès à l'arrière-pays doit être aisé. L'adossement du port à de grands axes fluviaux, routiers ou ferroviaires pénétrant sans difficulté dans l'intérieur des terres et offrant de bonnes capacités de transport, détermine son intérêt pour les grands armements mondiaux qui sont entrés dans une logique de diminution du nombre d'escales (une par façade maritime en principe) pour massifier les flux et mieux remplir des bateaux de capacité croissante. Ce phénomène touche en particulier le transport des conteneurs, pour lesquels une bonne connexion avec les modes terrestres est primordiale. La concurrence entre les ports se traduit désormais par des investissements massifs dans des axes terrestres destinés à élargir leurs arrière-pays : c'est ce qui arrive actuellement entre Anvers et Rotterdam avec la mise en œuvre de deux lignes ferroviaires concurrentes à destination de la Ruhr (Allemagne).

Les sites d'aéroports posent des problèmes comparables, les exigences étant cependant différentes. Les deux contraintes principales sont de disposer d'un terrain plat de taille suffisante pour accueillir les emprises nécessaires (pistes, parkings, hangars, etc.) et d'un dégagement suffisant aux alentours pour que décollages et atterrissages puissent s'effectuer dans des conditions de sécurité optimales. Les régions montagneuses posent bien sûr davantage de problèmes, les deux conditions n'étant pas forcément remplies. Lorsque les contraintes de place sont telles qu'aucun terrain naturel n'offre suffisamment d'espace, il faut envisager des travaux très coûteux de remodelage, ce qui a été fait par exemple pour les nouveaux aéroports d'Hongkong (International) et de Séoul (Incheon). Au Japon, l'aéroport du Kansai, mis en service à la fin des années 1990, est en fait une île artificielle. L'aéroport de Nice Côte d'Azur est en partie gagné sur la mer. Dans le contexte actuel de déréglementation du transport aérien et d'augmentation du nombre de mouvements, les aéroports disposant de réserves foncières sont les mieux placés, à condition que leur environnement immédiat ne se soit pas urbanisé de façon inconsidérée. En France, l'aéroport de Roissy faisait figure de privilégié avec près de 12 000 hectares d'emprise. Il est aujourd'hui condamné à se contenter de cinq pistes du fait de l'opposition des riverains, et un nouveau site d'aéroport a été choisi en novembre 2001, beaucoup plus loin de Paris. Les aéroports moins bien dotés doivent faire preuve d'imagination, à l'image de celui de Schiphol (Amsterdam) qui envisage de délocaliser ses nouvelles pistes sur des hauts fonds sableux de la Mer du Nord et de les relier aux installations actuelles par une navette ferroviaire rapide.

Réseaux et territoire politique

Un certain nombre de réseaux terrestres dépendent pour leur développement et pour leur gestion d'autorités politiques de divers niveaux : États, provinces ou régions, départements ou comtés, municipalités. Ces autorités ont tendance à ancrer les réseaux dans leur territoire, sans forcément se soucier des connexions avec les territoires voisins, ni de la réalité des usages. On trouve là le divorce entre la « territorialité aréolaire » et la « territorialité des réseaux » énoncé par Gabriel Dupuy (Dupuy, 1991). De la même façon, l'emboîtement des compétences (chaque collectivité a la responsabilité des transports qui opèrent à l'échelle de son territoire) peut déboucher sur des connexions de qualité inégale entre réseaux (Zembri, 1997 et 1999).

Le divorce entre les deux territorialités est visible à toutes les échelles, avec des degrés de gravité variables. Il peut être voulu : l'Espagne et la Russie impériale ont choisi des écartements de voie ferrée différents de ceux du reste de l'Europe essentiellement pour des raisons stratégiques, cette différence technique pouvant perturber sérieusement l'approvisionnement des lignes d'un éventuel envahisseur. Dans le cas espagnol, l'intégration au réseau européen à grande vitesse impose désormais de réaliser toutes les lignes nouvelles à l'écartement standard. Les connexions entre lignes nouvelles et le réseau classique à voie large sont assurées du fait de la maîtrise par l'industrie ferroviaire espagnole d'une technologie originale d'essieux à écartement variable développée dans les années 1960 et popularisée par les rames Talgo qui en ont été équipées.

Il peut être la conséquence de la mésentente entre des territoires autrefois unis. La séparation entre les deux Allemagne de 1949 à 1990 s'est traduite par des coupures physiques de routes, de voies ferrées et de canaux. Il en a été de même entre les deux Corée, la séparation étant toujours d'actualité à ce jour (des travaux de reconnexion en un seul point sont cependant en cours).

Il est plus généralement générateur d'effets de frontière comme des hiatus de desserte, des goulets d'étranglement, des différentiels de fréquence ou des ruptures de charge obligées. Un exemple classique est celui du métro parisien qui, géré et financé par la ville de Paris, s'arrêtait aux portes de celle-ci alors que l'agglomération dense débordait largement de la commune-centre. Il a fallu attendre 1931 (date d'un accord entre la Ville et le Conseil général de la Seine) pour qu'il soit autorisé à pénétrer en banlieue, le premier prolongement de ligne *extra muros* ayant été inauguré en 1934. D'une façon plus générale, lorsque les périmètres de gestion ne correspondent plus à la réalité des déplacements, il en résulte des différences de traitement durement ressenties par ceux qui habitent du mauvais côté de la limite. C'est ce que l'on observe aujourd'hui aux limites de l'Île-de-France, la qualité de desserte et la tarification propres à cette dernière région ne se retrouvant pas au-delà alors que l'agglomération déborde largement en Picardie ou en région Centre.

Les réseaux et la structuration des territoires

Les effets des réseaux et infrastructures de transport s'exercent à différentes échelles et dans différents domaines. Ils intéressent le géographe dans la mesure où le mode de territorialisation des réseaux influe sur le fonctionnement des territoires desservis, voire même simplement traversés. La différence entre simples points d'entrée-sortie et nœuds de réseau joue au profit de ces derniers, ce qui contribue à la sélection d'espaces de plus grande accessibilité, quelle que soit l'échelle considérée : celle de l'agglomération urbaine, celle de la région, voire celle du continent. Il importe donc dans l'analyse de combiner la géographie propre du réseau et celle des territoires, en mesurant par exemple l'accessibilité d'un point. Cette dernière est fonction des performances des différents réseaux le desservant. Plus elle est élevée, plus le lieu sera attractif tant pour des ménages que pour des acteurs économiques souhaitant s'implanter. *A contrario*, une piètre accessibilité sera un facteur de moindre développement.

Un effet de coupure plus ou moins marqué à l'échelle locale

Le degré de coupure est lié à la facilité de franchissement de l'infrastructure de transport. Une route, une voie urbaine, une emprise de tramway, sont traversables sans difficulté particulière. Les traversées sont généralement prévues voire régulées (systèmes de feux, passages piétons, etc.). Il n'y a donc pour ainsi dire qu'un très faible effet de coupure susceptible de perturber le fonctionnement des zones concernées. En revanche, les autoroutes, les voies de chemin de fer, les canaux, les voies de métro, sont impossibles à croiser à niveau. D'une manière générale, plus la vitesse des mobiles susceptibles de parcourir l'infrastructure est élevée, plus on cherchera à la protéger des intrusions. Dans ces cas, l'effet de coupure est maximal, ce qui a amené certains auteurs à parler d'« effet tunnel » : l'infrastructure tend à se déconnecter totalement du territoire traversé et à constituer un monde à part dont on ne sort qu'en cas d'absolue nécessité.

À l'échelle locale, la coupure se manifeste surtout par la rareté des ponts de franchissement, et l'obligation d'accomplir des détours parfois importants, mal ressentis par ceux qui y sont astreints. D'où le recours désormais traditionnel, lorsque l'on construit une infrastructure rapide (autoroute, voie ferrée), au remembrement afin de ne pas couper des exploitations agricoles et perturber de fait leur fonctionnement. En milieu urbain, assez paradoxalement, l'approche des coupures semble être moins systématique. Elles créent pourtant des effets négatifs, comme l'apparition de « délaissés », zones enclavées entre plusieurs infrastructures. Certaines d'entre elles, constituant des opportunités foncières aisément mobilisables et peu coûteuses, ont accueilli des constructions à caractère social dont les habitants ressentent un réel sentiment d'enfermement. Un maillage serré d'infrastructures rapides en milieu urbain peut ainsi créer une série d'enclaves difficilement valorisables.

La coupure exacerbée que constitue l'« effet tunnel » trouve son origine dans une autonomisation poussée de l'infrastructure par rapport aux espaces traversés. Le fait de s'inscrire sur un territoire n'implique pas forcément qu'on le desservira : le but est d'aller vite et de limiter les points d'entrée sur le réseau. C'est l'évolution que l'on observe avec le développement de réseaux autoroutiers, accessibles selon le statut des voies et la philosophie générale des concepteurs à intervalles moyens compris entre 5 et 40 km. L'autoroute est un monde à part, clôturé, disposant de services propres (aires de repos et de services voire animations culturelles, etc.), qui permet de parcourir des centaines de kilomètres sans ressentir le besoin d'en sortir. En se substituant à des axes routiers classiques dont vivaient de nombreuses villes en situation intermédiaire (hôtellerie, restauration, autres commerces), l'autoroute prive les espaces traversés d'une partie de leur activité. Une partie de celle-ci se transfère parfois sur les échangeurs, créant des zones hôtelières ou des *business loops* fonctionnant au profit quasi-exclusif des utilisateurs de l'autoroute. Les lignes ferroviaires à grande vitesse sont davantage encore déconnectées des milieux locaux traversés, les gares étant réservées aux seules agglomérations susceptibles de fournir un volant suffisant de clientèle. Ainsi, sur les 800 km de ligne TGV joignant Paris à Marseille, on ne compte que cinq gares intermédiaires directement implantées sur la ligne nouvelle, soit en moyenne une tous les 160 km ! Il en résulte des oppositions parfois violentes à la construction de telles infrastructures, les riverains étant fondés à penser que les nuisances subies ne seront pas contrebalancées pour ce qui les concerne par des gains d'accessibilité. Le milieu local s'estime donc sacrifié aux intérêts de grandes concentrations de population éloignées.

L'accessibilité est un facteur de qualification ou déqualification des territoires

L'accessibilité se mesure à la fois en nombre de liaisons possibles et en rapidité de ces liaisons. Elle est réputée possible à tout moment lorsqu'il s'agit de transport individuel (automobile) ou auto-organisé (transport routier de fret par exemple). En revanche, elle est tributaire des fréquences offertes par les modes de transport collectif, ce qui amène à prendre en compte, outre les temps de parcours, les intervalles entre services. Elle peut être également contrariée par la capacité insuffisante des infrastructures, source de congestion et donc de dégradation des performances. Dans leur stratégie de localisation, particuliers et entreprises prennent en compte l'accessibilité des lieux envisagés par rapport à leurs destinations régulières. Une entreprise de transport susceptible de desservir l'ensemble d'un territoire privilégiera par exemple la position la plus centrale possible au sein, non de la surface à couvrir, mais du réseau d'infrastructures l'irriguant. Il peut arriver que les deux centralités coïncident, mais elles peuvent également diverger.

Tout gain d'accessibilité favorise les territoires concernés, et défavorise relativement ceux dont la situation demeure inchangée. Les notions de désenclavement et d'enclavement, qui correspondent à une appréciation relative du degré d'accessibilité d'un lieu donné ou d'une région, sont couramment utilisées pour désigner ces deux situations. Les récriminations parfois entendues lorsqu'un projet d'infrastructure rapide prend du retard invoquent le risque de non-compétitivité économique des territoires concernés. Pendant de nombreuses décennies et dans de nombreux pays, le désenclavement autoroutier ou ferroviaire a tenu lieu de politique de développement local et régional, sans donner dans tous les cas les résultats attendus. C'était en effet méconnaître la complexité des facteurs d'arbitrage entre localisations par les activités, l'accessibilité n'étant qu'un élément parmi d'autres, certes nécessaire mais pas suffisant : la nature du tissu économique et du marché du travail locaux, les avantages offerts par les collectivités (garanties d'emprunt, prix réduit des terrains, exonérations fiscales, etc.), la localisation des fournisseurs ou des clients principaux, entrent aussi en ligne de compte. Plus simplement, en période de récession ou de moindre croissance économique, l'offre en opportunités de localisation risque d'être supérieure à la demande.

Au sein des grandes agglomérations, les zones les plus accessibles ne sont plus forcément les quartiers centraux. Compte tenu de la prééminence du transport routier de marchandises et de l'automobile, compte tenu également des besoins en surface de certaines activités, le bon compromis entre accessibilité et disponibilité de terrains au meilleur prix se situe essentiellement dans les périphéries plus ou moins éloignées. Les nœuds autoroutiers, les aéroports, les grands chantiers de transport combiné, les installations portuaires récentes sont autant de points de fixation pour des activités variées :

– l'industrie recherche flexibilité, faibles coûts de localisation et niveau constant d'accessibilité permettant à la fois de maintenir un faible niveau de stocks et de garantir des délais de livraison acceptables à ses clients ;

– le grand commerce (hypermarchés, grandes surfaces spécialisées, etc.) recherche également de faibles coûts de localisation et joue sur l'accessibilité automobile qui déterminera l'importance de l'aire de chalandise. Ce type d'activités s'adresse à l'ensemble des agglomérations voire aux espaces ruraux accessibles dans un délai raisonnable. C'est la même logique qui pousse actuellement les complexes de loisirs (parcs d'attractions, « multiplexes » cinématographiques, etc.) à adopter des stratégies de localisation comparables ;

– le secteur des transports et de la logistique recherche également des surfaces disponibles importantes, une accessibilité aussi régulière que possible (il faut donc éviter à tout prix la zone de congestion centrale des agglomérations), mais aussi la proximité des deux catégories précédentes qui constituent l'essentiel de sa clientèle. Comme nous le verrons ci-dessous, l'externalisation croissante de la gestion des stocks par les entreprises et le passage progressif au commerce électronique renforcent les synergies entre ces trois activités.

DES RÉSEAUX AUX CHAÎNES MULTIMODALES DE TRANSPORT

Multimodalité et intermodalité sont les deux grands néologismes de la fin du XXe siècle dans le monde des transports et des activités qui s'appuient sur ces derniers. Il s'agit en pratique d'associer différents modes de transport des marchandises au sein de « chaînes », ce que l'évolution des techniques a rendu possible. À cet égard, l'invention du conteneur et surtout sa standardisation ont joué un rôle important dans le recours croissant à ces chaînes, qui présentent de surcroît l'intérêt d'être flexibles : on peut modifier à tout moment les itinéraires, les lieux de rupture de charge ou le nombre et la nature des modes utilisés. La baisse des coûts et la fiabilisation qui en résultent sont des facteurs d'intégration croissante du transport dans les processus de fabrication avec le développement de la logistique, comme nous le verrons en second lieu.

Nous verrons également que l'organisation des transports collectifs de voyageurs tend à adopter un modèle comparable et que le traitement de l'intermodalité (au sens du passage d'un mode à l'autre), forcément moins bien ressentie par une personne que par un conteneur, devient un enjeu contemporain majeur dans un contexte d'engorgement urbain croissant. La constitution de produits touristiques repose également sur la bonne combinaison de modes opérant à des échelles différentes.

La constante progression des charges conteneurisées et du transport combiné

Une réelle intermodalité et des ruptures de charge minimisées

Le conteneur n'est pas une invention récente puisque le premier du genre est apparu en 1956 aux États-Unis, à l'initiative d'un transporteur routier (Mac Lean). Il a rapidement suscité l'intérêt des armements maritimes, soucieux de réduire les coûts de manutention dans les ports ainsi que les risques de dégradation des marchandises à l'occasion des transbordements. Il s'agit en fait d'un emballage réutilisable (la durée de vie moyenne d'un conteneur avoisine les sept ans), solide et de manipulation aisée. Sa standardisation sous l'égide de l'ISO (International Standard Organization) en permet un usage universel, ce qui n'empêche pas une diversification des formes : il existe par exemple des conteneurs citernes ou à toit ouvert. Les capacités d'emport sont mesurées en équivalant vingt pieds (EVP ou TEU en anglais).

Ce nouveau contenant a donné lieu à la construction de bateaux spécialement adaptés, les porte-conteneurs, dont la capacité d'emport va croissant. Cette évolution conduit à faire naviguer des unités acheminant 5 000 à 6 000 EVP, dont la largeur leur interdit l'accès au canal de Panama (d'où l'appellation d'*overpanamax*) et qui ne sont pas destinés à faire escale dans tous les ports d'une façade continentale. Ceux qui ne génèrent pas suffisamment de trafic pour justifier l'escale de tels géants des mers sont desservis par des navettes de plus petite taille qui alimentent le port choisi par l'armement (d'où leur appellation de *feeder*).

Parallèlement, les compagnies de chemins de fer ont développé le transport combiné, qui se caractérise par l'embarquement de tout ou partie d'une semi-remorque routière sur des wagons, selon des techniques diversifiées. Dès les années 1940, des remorques routières au gabarit spécialement adapté ont circulé sur le réseau ferroviaire européen. Par la suite, des semi-remorques utilisant pleinement les gabarits routiers ont pu être transportés sur des wagons spécialement adaptés, baptisés « wagons kangourous » : ces derniers se caractérisent par une partie surbaissée entre les deux bogies, permettant d'encastrer les trains de roues des remorques et donc de permettre des hauteurs plus importantes. La fin des années 1960 a vu apparaître les caisses mobiles pouvant être désolidarisées du train de roulement des semi remorques. Il en a résulté une économie de « poids mort » non négligeable. Les années 1980 voient l'apparition aux États-Unis du *roadrailer* ou semi-rail : les caisses des semi-remorques sont spécialement renforcées de façon à venir s'appuyer indifféremment sur un train de roues classique ou sur un bogie ferroviaire. Le poids mort en régime ferroviaire s'en trouve encore réduit, aucun chassis de wagon n'étant nécessaire et deux remorques successives partageant un seul bogie. Cette technique originale a peu conquis les réseaux européens, la résistance du semi-rail aux chocs et à la compression étant trop limitée par rapport aux normes édictées par ces derniers.

On trouve également dans la catégorie du transport combiné, mais pour des applications particulières (franchissement de massif montagneux, traversée de pays réglementant de façon drastique la circulation des poids lourds), ce que l'on nomme la route roulante. Il s'agit de services ferroviaires embarquant l'intégralité de l'ensemble routier (tracteur et semi-remorque) et donc acheminant un poids mort important. Afin d'assurer une continuité de circulation sur toute la longueur de la rame sans engager le gabarit ferroviaire, il a été nécessaire de doter les wagons concernés de roues de petit diamètre, plus fragiles et sujettes à une usure plus rapide. La récente présentation d'un prototype de wagon (*Modalohr*) dont la plate-forme pivotante permet un embarquement par le côté, ce qui n'impose plus une continuité de circulation d'un bout à l'autre de la rame et donc plus de roues de petit diamètre, semble constituer un progrès décisif pour le développement d'une telle technique (figure 53).

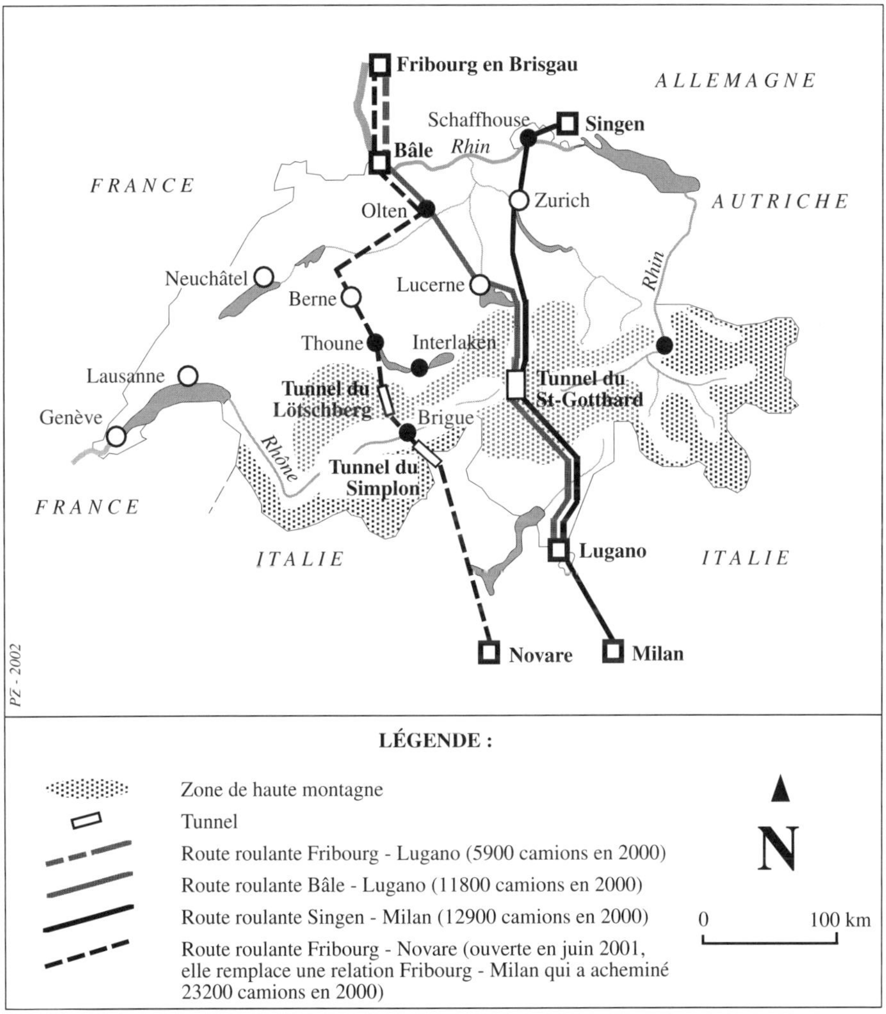

Figure 53 : **Les tracés des routes roulantes à travers la Suisse en 2001**
Le recours à ce type de transport est encouragé par la Confédération qui ne souhaite pas voir ses infrastructures routières engorgées par un trafic de transit qui ne rapporte rien à l'économie nationale.

Un outil d'accélération des échanges qui génère des organisations nouvelles

La conteneurisation a suscité le développement de nouvelles organisations combinant plusieurs modes sur de très longues distances et génératrices de gains de temps. C'est ainsi qu'a pu apparaître le pont terrestre nord-américain qui permet de traverser le continent d'Est en Ouest ou inversement en évitant un transit maritime forcément plus long par le Canal de Panama voire pour les *overpanamax* déjà cités par le Cap Horn. Les conteneurs sont déchargés sur une côte, puis sont acheminés par fer (les possibilités sont multiples) jusqu'à la côte opposée où ils sont à nouveau transbordés sur un autre bateau. Le gabarit généreux des réseaux ferrés nord-américains permet de substantiels gains de productivité en permettant un chargement sur deux niveaux des conteneurs sur les wagons (*double stack*). La fiabilisation souhaitée des réseaux de l'ex-Union Soviétique (Ukraine, Biélorussie, Russie, etc.) pourrait permettre d'acheminer des conteneurs de l'Europe à l'Extrême-Orient selon un modèle comparable.

Mais le transit continental ne constitue qu'une petite part des utilisations de la conteneurisation, l'essentiel des avantages pouvant être relevé sur les relations entre les ports et leur arrière-pays. Dans la compétition qui oppose actuellement entre eux les différents ports d'une façade, les possibilités d'acheminement des conteneurs jouent un rôle déterminant, ce qui oblige parfois à des investissements coûteux de mise au gabarit des ouvrages d'art (tunnels notamment) des lignes aboutissant aux ports. La construction de lignes ferroviaires spécialisées sur lesquelles les acheminements ne sont pas retardés par la nécessité de faire coexister divers trafics sur la même infrastructure constitue également un moyen d'action, dans la mesure où le port concerné peut compter sur le soutien de l'État auquel il appartient. Le recours au mode ferroviaire est en tout cas quasi-obligé du fait du nombre de conteneurs débarqués en une seule escale (souvent plusieurs milliers) : à raison d'un ensemble routier par conteneur, on imagine le surcroît de circulation qui en résulterait pour les riverains des voies d'accès aux ports… Dans certains cas (Rotterdam ou Anvers par exemple), le mode fluvial peut apporter une contribution non négligeable mais non généralisable non plus compte tenu de la configuration des réseaux navigables. Le recours au ferroviaire permet également de délocaliser dans l'intérieur des terres l'éclatement ou la concentration des flux de conteneurs. Ces opérations s'effectuent désormais dans des ports secs, à l'instar de celui qui a été inauguré en février 2001 à Madrid-Coslada (Espagne), à la jonction des lignes desservant à partir de la capitale espagnole les ports les plus importants de la péninsule ibérique (Algesiras, Barcelone, Bilbao et Valence).

Le transport combiné est pour sa part davantage développé dans l'idée de soustraire du trafic longue distance aux axes routiers dans des corridors saturés. Historiquement, c'est cependant pour contourner de sévères restrictions touchant le trafic routier de transit en Suisse qu'il a été développé : dès 1968, une navette Bâle-Chiasso a été mise en service. Il s'agit de la première route roulante du genre. D'autres axes ont été ouverts par la suite à travers la Suisse et l'Autriche (Munich — Vérone par exemple). La traversée de la Manche par l'Eurotunnel doit être également considérée comme une route roulante, avec moins de restrictions liées au gabarit que les autres axes. Actuellement, le développement se fait à l'échelle européenne, l'Union Européenne ayant fixé un objectif de triplement du trafic entre 1990 et 2005. Dans ce but, sur un certain nombre d'axes désignés par cette dernière et baptisés *freeways*, les réseaux ferroviaires concernés doivent offrir un certain nombre de créneaux horaires avec des arrêts limités aux frontières et un guichet unique pour la commercialisation, de façon à favoriser le développement du transport combiné sur ces axes. Les compagnies ferroviaires européennes développent pour leur part de leur propre chef d'autres axes, les *freightways*, aux caractéristiques semblables (figure 54). La concurrence est d'ores et déjà possible pour ce qui concerne le transport combiné, alors qu'elle est encore largement dans les limbes pour ce qui concerne les autres composantes du transport ferroviaire.

Le système productif repose sur l'ensemble des modes de transport combinés entre eux

La constitution de chaînes de transport fiables est une condition *sine qua non* de la division internationale du travail et des délocalisations. Mais, à plus petite échelle, elle permet également le fonctionnement de nébuleuses associant donneurs d'ordres et sous-traitants (industrie automobile par exemple) et l'approvisionnement en continu d'entreprises constituant de moins en moins de stocks.

L'émergence de la fonction logistique

On peut considérer grossièrement trois composantes dans la production de biens matériels : la fabrication proprement dite, le stockage et le transport. Dans un cas de figure simple, qui était le modèle dominant jusque dans les années 1970, ces trois opérations s'enchaînaient à partir d'un site unique de production et les produits finis pouvaient rester un laps de temps variable en stock. Les mutations intervenues depuis cette période ont eu pour objet de sous-traiter et de délocaliser le maximum d'opérations, tout en réduisant drastiquement le niveau des stocks, l'objectif ultime étant de ne produire qu'une fois la commande passée (pilotage par l'aval). Il y a donc de moins en moins unité de lieu d'un bout à l'autre des processus de production et les phases de production sont entrecoupées de phases de stockage et de transport des composants ou des sous-ensembles d'un site à l'autre, d'un sous-traitant à un autre, d'un ensemble de sous-traitants au site d'assemblage. Chacune de ces interfaces production-transport est critique au sens où tout retard, tout dysfonctionnement, a pour conséquence de stopper le processus de fabrication et de générer des coûts insupportables. D'où l'importance, parallèlement à des flux physiques aussi fiables que possible, d'organiser une bonne circulation de l'information, ce qui donne un rôle majeur aux nouvelles technologies de communication (transmission de données informatiques notamment). L'ensemble de ces mesures, regroupé sous le vocable de logistique, a pour objectif de réduire les coûts de production et la valeur immobilisée des stocks, tout en assurant à la clientèle un

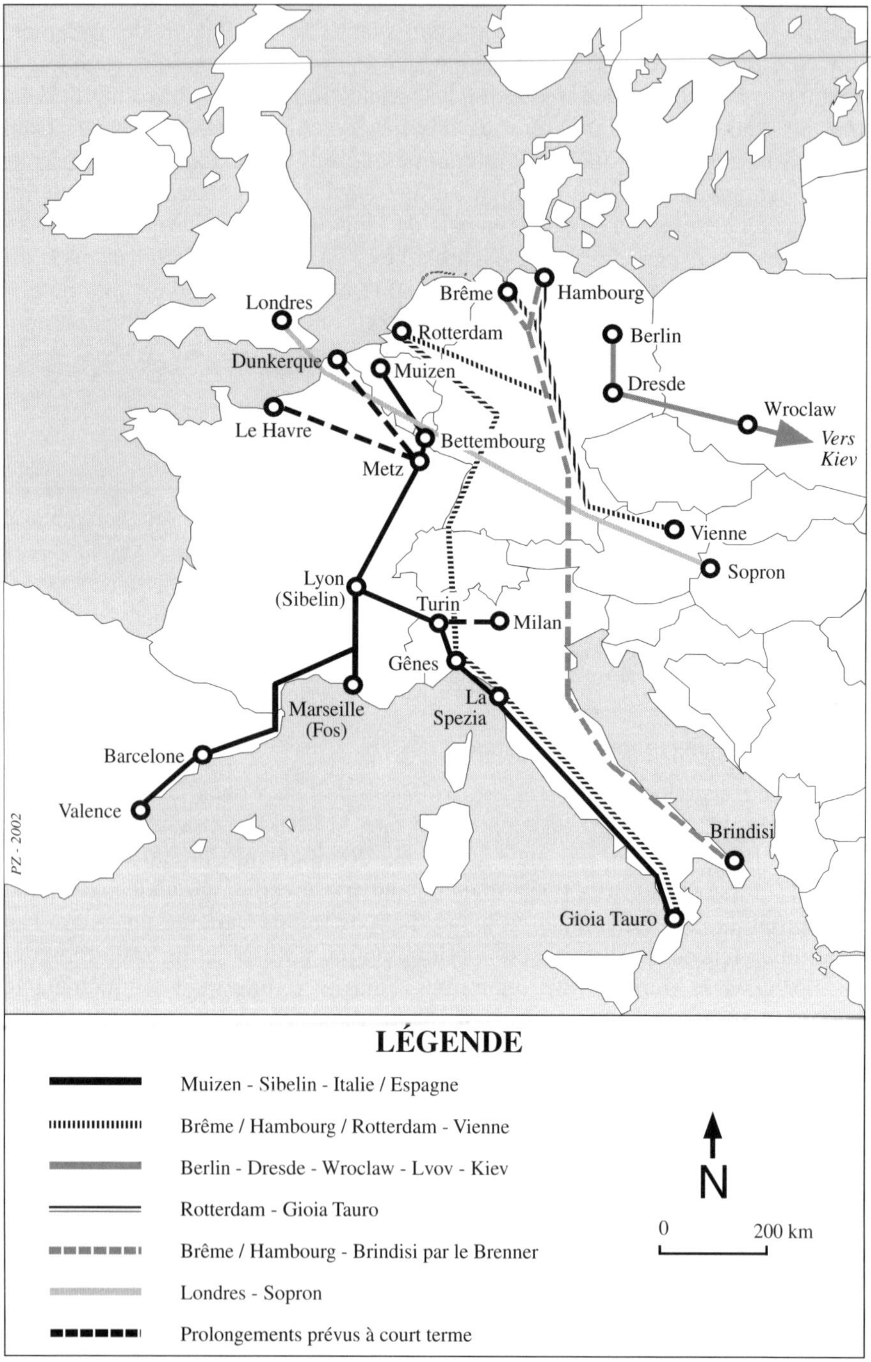

Figure 54 : **Les freeways et freightways.**
Source : Conférence européenne des ministres des Transports, Table ronde 113,1998

service conforme aux engagements pris (délais, plages horaires de livraison, reprise des emballages, etc.).

La logistique n'étant pas forcément le « cœur de métier » des producteurs, elle a de plus en plus tendance à être externalisée au profit de prestataires logistiques, qui sont le plus souvent des entreprises de transport cherchant à enrichir leur prestation de base, aux marges laminées par la concurrence, par des opérations de gestion de stock, de conditionnement-emballage voire d'assemblage avant livraison et de mise en service des produits le cas échéant chez les clients. La personnalisation des prestations logistiques devient la règle, ce qui rend difficile toute définition exhaustive. Selon les estimations, l'ensemble des coûts logistiques fluctue entre 12 % (Savy, 1993) et 20 % (Samii, 1997) du prix final des produits, ce qui est loin d'être négligeable (figure 55).

Quelques conséquences spatiales du développement de la logistique

Pilotage par l'aval et livraisons juste-à-temps modifient en profondeur la nature des flux qui cessent d'être massifs et réguliers pour devenir davantage fractionnés et aléatoires, tout en étant soumis à des contraintes de rapidité, de ponctualité et de fiabilité jusque-là réservées à une minorité de transports. Cette modification sans précédent de la demande a brutalement marginalisé les opérateurs trop rigides dans leur organisation, au premier rang desquels les exploitants ferroviaires, au profit d'un secteur en forte progression depuis les années 1970 : le transport routier. Les charges transportées sont désormais « camionnables » (lots de quelques kilos à quelques dizaines de tonnes) et le secteur a fait preuve d'une grande souplesse et une grande réactivité, qualités appréciées par les chargeurs. Il a joué également d'une grande diversité de spécialisations : transport de lots complets, groupage (regroupement de lots d'origines diverses), messagerie (transport de petits lots au moyen de dessertes régulières reliant entre eux des centres de tris régionaux ou nationaux), express (transport de petits colis et de documents urgents), etc. Les transporteurs peuvent également se spécialiser par type de marchandises : vracs liquides ou solides, transports sous température dirigée, produits fragiles, produits à haute valeur ajoutée, voire vêtements sur cintres !

Les plates-formes de tri, de stockage, d'éclatement ou de regroupement des lots deviennent des lieux importants du transport et en même temps de la production et/ou de la distribution. Ces plates-formes peuvent être publiques (construites par la collectivité au profit de plusieurs opérateurs) ou privées (à l'usage exclusif d'un opérateur qui peut le cas échéant y concentrer les opérations relatives à un seul gros client). Leur localisation répond à des impératifs d'accessibilité variables selon leur échelle d'activité et leur degré de spécialisation. Ainsi, une plate-forme d'éclatement à partir de laquelle s'opèrent des livraisons dans une région donnée sera localisée de façon à toucher tous les destinataires potentiels dans un laps de temps moyen acceptable. Une plate-forme de tri nationale en messagerie ou en express se localisera dans une position la plus centrale possible, compte tenu de la configuration du réseau routier rapide. Lorsqu'il y a des réseaux de dessertes régulières, ceux-ci s'organisent en *hub and spokes* (littéralement « moyeu et rayons ») de façon

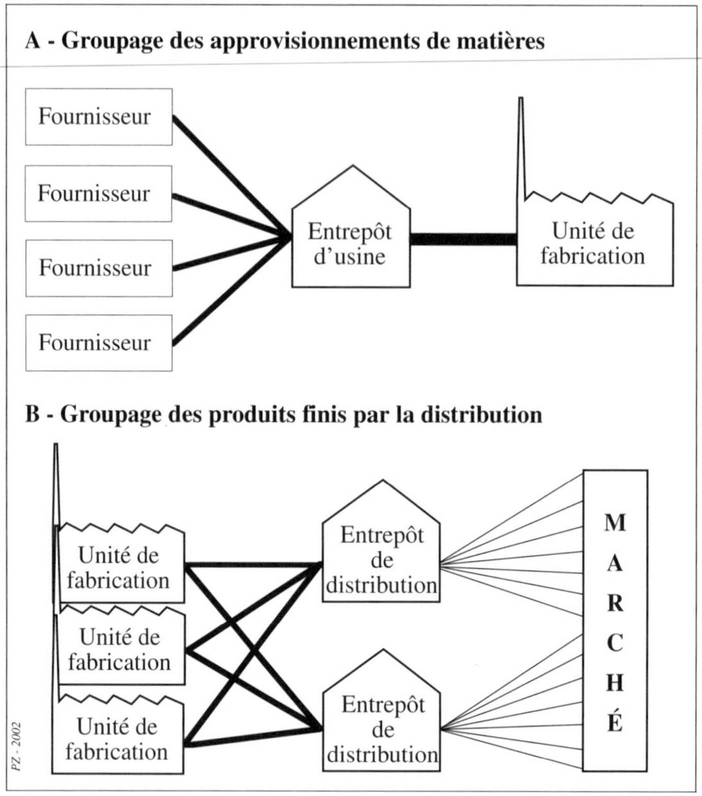

Figure 55 : **Deux exemples de chaînes logistiques**
D'après A. Samii (1997)

à permettre une correspondance généralisée entre les différentes lignes régulières pendant une plage de « rendez-vous » généralement positionnée en milieu de nuit et à garantir le même délai pour l'ensemble des liaisons permises par le réseau. Certaines régions bien positionnées et bien desservies sont évidemment favorisées pour ce type d'implantation, contrairement aux territoires excentrés : la logistique est davantage facteur de concentration spatiale que de dispersion.

Plates-formes et entrepôts logistiques calquent bien souvent leur implantation sur le réseau des aires métropolitaines, les localisations en milieu périurbain étant très majoritaires. Il s'agit à la fois d'être proche de marchés significatifs pour les expéditions et les réceptions, de bénéficier des grands nœuds d'infrastructures qui sont rarement en rase campagne et d'un marché du travail suffisamment diversifié et actif pour ne pas rendre le recrutement de spécialistes trop difficile. Symétriquement, la disponibilité d'installations et de prestataires logistiques devient un facteur supplémentaire de localisation d'unités de production, ce qui ne peut que renforcer les aires métropolitaines qui en bénéficient.

La diversité des modes de transport voyageurs est mis à profit

Cette diversité, dans un contexte d'engorgement urbain croissant, peut être un atout dans la mesure où un mode donné n'est pertinent que pour une fraction du marché des déplacements. Cette pertinence s'apprécie en fonction de la densité de population desservie, du caractère plus ou moins massif des flux, de l'étalement de la demande dans le temps, de l'abondance ou de la rareté de l'espace circulatoire. Cependant, l'atout peut devenir handicap si les modes se positionnent en concurrents les uns des autres, si les interfaces sont inexistantes, si la gestion est atomisée. À cet égard, l'antagonisme entre automobile et transport collectif, pris comme des systèmes distincts et non complémentaires, gérés par des entités différentes, est symptomatique de ce type d'évolution.

Deux aspects de l'intermodalité concernant les déplacements de personnes doivent être pris en compte : entre différents modes de transports collectifs d'une part et entre transports collectifs et individuels d'autre part.

L'intermodalité entre modes de transports collectifs

Il s'agit d'un ensemble d'opérations destinées à mettre en relation des réseaux ressortissant d'autorités organisatrices différentes et/ou de transporteurs différents, dont l'échelle d'opération est comparable ou non, dont les modes d'exploitation ou les niveaux de service peuvent différer. Les caractéristiques techniques des modes peuvent également varier ; les modes de financement et de tarification également. Autant dire que les situations peuvent aller du plus simple au plus complexe.

L'intermodalité nécessite en premier lieu un rapprochement physique des réseaux, qui peut s'effectuer sous différentes formes, présentant un degré de rupture de charge plus ou moins important :

– *La simple correspondance.* Elle constitue le minimum possible. Des points d'arrêt ressortissant de réseaux différents sont suffisamment rapprochés pour que le voyageur puisse passer de l'un à l'autre. Les horaires sont normalement conçus pour que le passage d'un réseau à l'autre soit facilité (minimisation des temps d'attente) mais ce n'est pas obligatoire. Les cheminements entre points d'arrêt ne sont pas forcément facilités.

– *La connexion par des nœuds.* Elle constitue un stade plus élaboré où plusieurs correspondances sont regroupées sur des lieux équipés pour le passage d'un réseau à l'autre, de façon à minimiser la rupture de charge. Entrent dans cette catégorie la plupart des aéroports, les gares routières, des grandes gares de correspondance accueillant des réseaux différents, des stations de métro ou de chemin de fer sur lesquelles sont rabattues des lignes d'autobus, etc. L'information est centralisée et des stratégies de déplacement conjuguant plusieurs modes ou réseaux deviennent possibles ;

– *L'interconnexion.* C'est la mise en place de liaisons entre réseaux différents, de façon à permettre le passage de circulations de l'un à l'autre. Cette opération implique un minimum de compatibilité technique permettant de définir un matériel hybride, et une collaboration étroite entre les réseaux concernés qui doivent penser à l'échelle des lignes interconnectées et non plus à celle de leur propre territoire. Il en résulte pour l'utilisateur une absence de rupture de charge et une transparence totale des opérations de passage d'un réseau à l'autre, ce qui constitue un atout non négligeable dans une comparaison avec le transport individuel : l'automobiliste ignore les ruptures de charge…

Au-delà des aspects techniques évoqués jusqu'ici, l'intermodalité entre réseaux de transports collectifs s'accompagne bien souvent de mesures destinées à faciliter l'exploitation de l'ensemble des réseaux mis en relation et l'usage de cet ensemble par les voyageurs. Le travail des autorités politiques et des exploitants porte ainsi sur la mise en place d'une tarification commune, nécessaire pour que la facilité de rupture de charge ne soit pas contrariée par la nécessité d'acquérir un billet ou un abonnement pour chaque exploitant. Ce n'est pas forcément simple dans la mesure où les modes de financement peuvent être très différents et où les principes de tarification peuvent être difficilement compatibles d'un réseau à l'autre. On a pu noter à l'occasion des simplifications très favorables au développement de l'usage comme la Carte orange parisienne (zonage concentrique) ou

Les différents degrés d'interconnexion

La constitution du réseau express régional (RER) parisien a été l'occasion de développer au moins deux types de mise en relation entre les deux exploitants principaux, la SNCF et la RATP et de mettre au point la terminologie utilisée ici. Certains réseaux font cependant depuis longtemps de l'interconnexion sans effort de clarification terminologique à l'instar des différentes compagnies de chemin de fer qui échangent des convois aux points-frontières selon de multiples protocoles liés au degré de compatibilité technique entre les réseaux (alimentation électrique, écartement des voies, gabarit, etc.) ou de certains réseaux de métro qui accueillent sur leurs voies des trains de banlieue (à Séoul ou dans différentes villes japonaises). D'autres formes ont été développées plus récemment comme l'interconnexion entre lignes de tramway urbain et de chemin de fer périurbain ou régional en Allemagne (Karlsruhe depuis 1992, Sarrebruck depuis 1997) et bientôt en France (Mulhouse et Strasbourg notamment).

L'interconnexion du premier degré (ou « bout à bout ») est la plus simple à mettre en œuvre dans la mesure où les réseaux mis en contact continuent à exploiter leur domaine de part et d'autre du point d'échange. Seul le matériel roulant passe d'un réseau à l'autre, les conducteurs se relayant en « gare-frontière ». C'est ce qui se produit sur les lignes A et B du RER à Nanterre-Préfecture pour la première et à la Gare du Nord pour la seconde.

L'interconnexion du second degré substitue au « chacun chez soi » énoncé ci-dessus l'interopérabilité : les réseaux interconnectés exploitent leurs trains sans distinction de domaine ou bien un réseau exploite du matériel d'interconnexion sur les infrastructures des autres. C'est le principe de fonctionnement de la ligne D du RER où des trains SNCF passent sur un tronçon RATP sans changement de conducteur. C'est ainsi également que fonctionnent les interconnexions train-tramway en Allemagne : conducteurs et matériels du réseau urbain entrent dans le domaine des chemins de fer nationaux sans formalité particulière.

Enfin, l'aboutissement d'un processus d'interconnexion pourrait être la mise en place d'un exploitant spécifique des liaisons interconnectées.

les tarifications en nid d'abeille (juxtaposition de zones tarifaires de taille et de forme équivalentes) des communautés tarifaires allemandes ou de la communauté tarifaire nationale néerlandaise.

Le passage de l'information d'un réseau à l'autre et la mise en commun des informations produites par chaque exploitant doivent permettre au voyageur ayant débuté son déplacement d'avoir des informations sur les conditions de poursuite de ce dernier, notamment en situation perturbée, et d'obtenir avant son départ toutes informations utiles à la planification de son déplacement. Le développement d'Internet permet même dans les meilleurs cas d'obtenir de l'information sur les conditions de déplacement, les tarifications, les horaires, les services des différents réseaux d'une ville ou d'une région donnée à distance.

L'intermodalité entre automobile et transports collectifs

Il s'agit ici d'une gestion du partage modal entre deux systèmes de transport à la fois concurrents et très différents dans leur organisation. En effet, les transports collectifs associent comme nous l'avons vu des modes divers ; ils offrent des fréquences variables selon les lignes et les heures et les parcours sont ponctués de ruptures de charge et d'attentes, sans parler de la sensation d'entassement aux heures de pointe. Le système routier se caractérise par l'absence de rupture de charge, un niveau élevé de confort et une disponibilité permanente que seule la

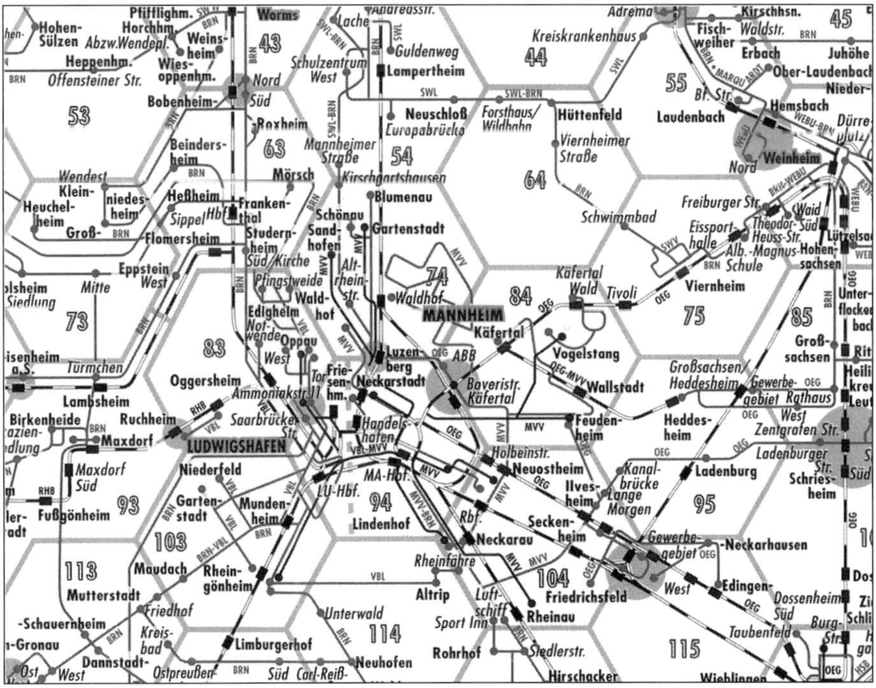

Figure 56 : **Un exemple de zonage en nid d'abeille : la communauté tarifaire Rhin-Neckar (Allemagne). Extrait de plan officiel**

congestion peut pondérer. Mais dans les parties centrales des agglomérations, l'automobile peine de plus en plus à trouver de l'espace disponible pour circuler (saturation croissante des infrastructures) et pour stationner, ce qui incite les autorités d'agglomération à provoquer un *transfert modal* de l'automobile vers les transports collectifs, selon des modalités qui varient d'un pays à l'autre.

Il s'agit à la fois de pénaliser l'usage de l'automobile et d'améliorer l'offre de transports collectifs. Bien souvent, les solutions retenues se focalisent sur des aspects financiers : il s'agit soit de dissuader soit d'inciter par des systèmes de taxation ou de tarification qui visent à faire payer un « juste prix » de l'usage d'un véhicule particulier qui consomme de l'espace là où il se trouve être le plus cher. Mais on trouve également des options plus coercitives.

Les efforts des pouvoirs publics peuvent porter sur la réglementation du stationnement en zone dense : tarification dissuasive pour les non-résidents, raréfaction de l'offre sur voirie (solutions adoptées dans plusieurs villes suisses), taxation de l'usage d'une place gratuite sur son lieu de travail au titre des avantages en nature, etc. On peut également trouver un niveau de tarification proportionnel à la densité du réseau de transports collectifs.

La réglementation de la circulation en zone dense donne lieu à différentes écoles de pensée. Les pays scandinaves sont plutôt partisans de l'instauration d'un péage urbain. L'entrée dans le périmètre central est subordonnée à acquittement d'un droit de péage dont peuvent être dispensés dans certains cas les véhicules acheminant plus de deux ou trois personnes (co-voiturage). C'est ce qui avait été instauré à Bergen (Norvège) à la fin des années 1980, puis à Oslo. Un projet de péage urbain à l'échelle régionale est toujours à l'étude dans la Randstad Holland (Pays-Bas). La cité-État de Singapour et plus récemment la ville de Londres ont également adopté ce système.

Les pays d'Europe du Sud sont plutôt partisans de restrictions de la circulation automobile en zone centrale sans sanction financière. De nombreuses villes italiennes, très sensibles à la pollution de leurs nombreux monuments et quartiers historiques, ont instauré des « zones à trafic limité » couvrant l'essentiel de leur centre, interdites d'accès aux non-résidents (à l'exception notable des touristes accédant aux hôtels) en général entre 7 h et 19 h. C'est le cas entre autres de Bologne, Milan et Turin. Athènes et Rome réservent l'accès de leurs centres aux voitures arborant des plaques minéralogiques à numéro pair les jours pairs et à numéro impair les jours impairs. De façon plus subtile, le cloisonnement des quartiers centraux et l'organisation de boucles de circulation empêchant tout trafic de transit peuvent limiter la circulation automobile. Un schéma de ce type a été adopté à Strasbourg à l'occasion de la mise en service de la première ligne de tramway.

Ces mesures ne sont socialement tenables que si les réseaux de transport collectif voient leur offre améliorée et leur tarification rendue attractive, de façon à constituer une alternative crédible. De façon à capter les flux automobiles en provenance de zones périphériques peu denses, de nombreuses agglomérations ont entrepris l'aménagement de points de connexion entre réseau routier et transports collectifs urbains à haut débit baptisés parcs relais (ou P + R, *Park and ride*). La tarification de ce stationnement en périphérie est calculée de façon à ne pas pénaliser l'automobiliste faisant l'effort de laisser sa voiture hors de la zone centrale. Il ne faut donc pas par exemple que la somme du droit de stationnement en parc relais et du parcours en transports collectifs soit supérieure au prix du seul stationnement au centre. Afin d'agrémenter la rupture de charge obligée au niveau de ces parcs relais, certains d'entre eux proposent des commerces et des services aux automobilistes (révision, lavage, etc. durant la période de stationnement).

La congestion croissante, les pics de pollution en plus grand nombre incitent les autorités d'agglomération à se pencher sur l'intermodalité entre véhicule particulier et transports collectifs avec un intérêt de plus en plus marqué. La remise en cause d'un partage de l'espace public jusqu'ici très favorable à l'automobile en circulation et en stationnement est de moins en moins taboue. D'autres utilisateurs font d'ailleurs pression en ce sens (piétons, cyclistes, etc.).

Références bibliographiques des auteurs cités

BEAUCIRE F. (1992), « L'effet-TGV : une France à géométrie variable ou... Le TGV brouilleur de cartes », *Transports urbains*, n° 74 (janvier-mars 1992), p. 13-16.

DUPUY G. (1991), *L'urbanisme des réseaux ; théories et méthodes*, Armand Colin.

MÉRENNE E. (1997), *Géographie des transports*, Nathan, coll. « Géographie d'aujourd'hui ».

SAMII A. (1997), *Mutations des stratégies logistiques en Europe*, Nathan.

SAVY M. (1993), *Logique et territoire*, La Documentation française, coll. « Espaces modes d'emploi ».

ZAHAVI Y. (1974), *Travel time budget and mobility in urban areas*, Washington DC, Federal Highway Administration, USDOT, NTIS PB 234 145.

ZEMBRI P. (1997), « L'émergence des réseaux ferroviaires régionaux en France : quand un territoire institutionnel modifié s'impose au territoire fonctionnel », *Flux*, n° 29, juillet-septembre, p. 25-40.

ZEMBRI P. (1999), « Mutations de la mobilité et rigidité des périmètres de gestion des transports publics en France : un divorce croissant entre deux territorialités », *Rivista Geografica Italiana*, n° 2, p. 55-72.

Chapitre 10

Les aménagements des territoires

Quel point commun entre des réalisations aussi différentes que le grand barrage d'Assouan sur le Nil, en Égypte, les Grandes Murailles de Chine, construites par vagues historiques successives sur près de vingt siècles depuis le IIIe siècle avant J.-C., le long tunnel ferroviaire du Simplon dans les Alpes (20 km), qui relie la Suisse et l'Italie depuis 1921, ou encore les polders néerlandais, gagnés peu à peu sur la mer depuis le XIIe siècle, qui ont permis d'accroître dans des proportions considérables la superficie agricole du pays ?

Ces réalisations titanesques relèvent toutes de l'aménagement de l'espace géographique. Mais l'empreinte de l'action de l'homme est évidemment omniprésente dans l'espace géographique et permanente dans l'histoire, même si elle est le plus souvent beaucoup moins spectaculaire. Elle résulte à chaque époque de la mise en œuvre d'outils qui redessinent le paysage des milieux naturels, mais modèlent en même temps l'homme, ses modes de production, ses modes de vie et de pensée, comme en témoignent par exemple les grands paysages agraires, tels les openfields européens ou les rizières étagées d'Asie du Sud-Est. En bref, l'action de l'homme matérialise l'écoumène, cette partie de l'espace terrestre occupée et exploitée, qui coïncide à la fin du vingtième siècle avec la biosphère dans sa presque totalité.

Toutefois, la notion d'aménagement est beaucoup plus restrictive : par rapport à l'action constante des sociétés humaines sur leur environnement, l'aménagement désigne des interventions de grande envergure, nécessitant la mise en œuvre des techniques les plus performantes de l'époque sur des chantiers de longue durée et de grande ampleur géographique. De ce fait, il requiert aussi de lourds investissements financiers. Mais surtout, l'aménagement est un acte d'intervention volontaire et programmée des pouvoirs publics. C'est de cette seule forme d'intervention qu'il est question dans ce chapitre : il s'agit d'actions intégrées à des politiques publiques, voire de grands projets politiques d'ampleur nationale ou internationale, comme la construction des chemins de fer transcontinentaux en Amérique du Nord lors de la conquête de l'Ouest ou le percement des canaux de Panama et de Suez au XIXe siècle.

Mais il s'agit aussi de politiques régionales plus discrètes par leur impact paysager, dont le but concerne l'agriculture, la planification des régions urbaines ou encore des interventions limitées à l'équipement ou à la mise en valeur agricole ou touristique de petites régions ou de « pays », voire à la protection naturelle de sites naturels ou culturels. L'aménagement s'exerce en effet à toutes les échelles géographiques, dans des domaines particuliers comme l'agriculture, les transports, le logement, le patrimoine ou l'écologie, ou bien au contraire de façon globale, comme l'aménagement régional ou urbain. De plus, ces interventions aux échelles variées et aux buts sectoriels sont de plus en plus souvent intégrées à des politiques globales d'aménagement du territoire conçues à l'échelle nationale ou internationale. De ce fait, on distingue généralement l'aménagement rural et l'aménagement urbain, aux dimensions à la fois locales et régionales mais plutôt thématiques, de l'« aménagement du territoire », expression qui consacre l'intervention politique à l'échelle nationale. Dans ce cadre général, les politiques d'aménagement régional constituent souvent la déclinaison de politiques nationales destinées à réduire les inégalités régionales de développement économique et social.

Les motivations qui président à la conception des politiques d'aménagement à toutes les échelles sont variées et anciennes, au moins autant que les moyens de leur mise en œuvre.

Les grandes étapes des études géographiques sur l'aménagement des territoires

Les rapports de la géographie et de l'aménagement opérationnel remontent aux années 50. La France se reconstruit après la guerre, elle doit s'équiper de grands réseaux modernes, construire de nombreux logements, tandis que l'exode rural se poursuit au profit des très grandes villes. En 1947, c'est un géographe, Jean-François Gravier qui présente dans un livre intitulé « Paris et le désert français » un diagnostic géographique sur lequel va s'appuyer la politique d'aménagement du territoire pendant près de quarante ans (Gravier, 1947). En 1960, Michel Phliponneau écrit le manifeste de l'engagement des géographes dans l'aménagement : « Géographie et action ; introduction à la géographie appliquée », un ouvrage dans lequel il prend nettement position en faveur de l'intervention des géographes au service de l'État et des collectivités territoriales (Phliponneau, 1960). Cette position ne manque pas de déclencher un débat au sein des géographes, puisque l'engagement du géographe-aménageur risque de nuire à la rigueur et à l'indépendance du géographe-chercheur. Ce débat est exprimé dans le livre collectif que publient Pierre George, Raymond Guglielmo, Bernard Kayser et Yves Lacoste en 1964 : « La géographie active », par opposition à la géographie appliquée (George, 1964).

De fait, depuis les années 70, nombreux sont les géographes qui se sont impliqués dans l'aménagement, en apportant, tel Michel Rochefort, la contribution de la géographie régionale et de l'analyse spatiale à la notion d'« armature urbaine », qui préside à la mise en œuvre de politiques d'aménagement fondées sur les villes, notamment les villes moyennes (Rochefort, 1960). Dans ce contexte, de nombreux étudiants en géographie ont trouvé un débouché dans l'aménagement, dans les services de l'État et les collectivités territoriales, et en particulier dans le domaine de la planification spatiale, débouché qui ne s'est pas démenti depuis.

POURQUOI AMÉNAGER LES TERRITOIRES ?

L'aménagement des territoires est un acte interventionniste dont les raisons fondamentales n'ont guère varié dans l'histoire, même si les moyens d'intervention, politiques et techniques, ont considérablement évolué. D'une façon générale, on peut rassembler les motifs d'intervention en trois grandes familles : la puissance publique intervient tout à la fois pour protéger, pour exploiter, pour relier. Plus précisément, les interventions ont pour but de protéger les hommes et leurs outils de travail contre la nature et contre la guerre, mais aussi de préserver les patrimoines naturels et culturels. Il s'agit d'exploiter, ou plutôt de créer les conditions favorables à l'exploitation des ressources naturelles et plus largement au développement économique et humain ; il s'agit de relier enfin, ou plutôt de créer les infrastructures indispensables aux échanges humains et économiques, ainsi qu'à la défense militaire (Merlin, 1997).

Retenir ou chasser l'eau : deux grands « classiques » de l'aménagement

Qu'il s'agisse de retenir l'eau, comme en Égypte, ou de la chasser, comme aux Pays-Bas, la finalité est bien la même : agrandir l'espace cultivable, grâce à l'irrigation en pays sec et chaud ou grâce au drainage dans les régions inondées ou marécageuses. Dans les deux cas, ces entreprises ont mobilisé des capitaux considérables, des techniques de pointe à toutes les époques et l'énergie de dizaines, voire de centaines de milliers d'hommes.

En Égypte, le barrage d'Assouan, d'une longueur de deux kilomètres, retient les eaux du Nil dans une retenue longue de 500 km. Commencés en 1957, les travaux s'achevèrent par la mise en eau de la retenue en 1971. Il fallu l'intervention technique et financière de l'Union soviétique pour le réaliser. L'intervention de l'UNESCO a également été nécessaire pour déplacer six temples que la retenue d'eau auraient noyés, dont le célèbre temple d'Abou Simbel, entièrement démonté et remonté soixante mètres au-dessus du niveau des eaux. Au terme de cet aménagement colossal, l'électricité produite par le barrage permit l'électrification de plusieurs milliers de villages et l'irrigation de 30 % de terres supplémentaires. (Mais le barrage retint les limons transportés par le fleuve et appauvrit ainsi les eaux fertilisantes des crues).

Aux Pays-Bas, les polders gagnés sur la mer en arrière des digues ont permis de créer 750 000 hectares de terres cultivables en quatre siècles. Après une période d'assèchements intenses aux XVIe et XVIIe siècles, les grands aménagements ont repris au XXe siècle. Entre 1919 et 1932, la grande digue de fermeture du golfe du Zuiderzee est construite. Longue de 30 km, elle permet entre 1932 et 1968 de créer trois nouveaux et vastes polders au nord d'Amsterdam, ce qui représente un accroissement de 170 000 hectares de l'espace cultivable.

Dans ces deux cas, les terres conquises sur la mer ou sur le désert ont assuré une importante augmentation de la production agricole et se sont traduites par la fixation de population et la création de villes.

Se défendre contre la nature et les hommes

L'intervention politique a souvent eu pour but de protéger les hommes contre les effets de la nature, c'est-à-dire principalement les effets du climat : de grands ouvrages ont été construits contre les inondations, telles les digues destinées à empêcher les débordements des fleuves ou les entrées d'eau de mer sur les côtes basses. Si les travaux réalisés à une échelle réduite relèvent d'initiatives locales éventuellement privées, comme les travaux effectués au Moyen Âge par les abbayes, les grands aménagements s'inscrivent dans le cadre de politiques d'intervention décidées le plus souvent à la tête de l'État, car ils nécessitent de gros investissements financés par les budgets publics, parfois par des contributions privées garanties par les États, ou encore par des fonds internationaux.

Les exemples ne manquent pas de ces grands aménagements de protection, réalisés depuis des siècles avec des moyens techniques de plus en plus puissants et des ambitions de plus en plus grandes. C'est le cas des célèbres digues construites aux Pays-Bas pour protéger de la submersion les terres dont le niveau topographique est inférieur à celui de la mer.

Une autre forme de protection contre les éléments naturels est apparue au cours de la deuxième moitié du XXe siècle : la protection du patrimoine architectural ou naturel, considéré comme un patrimoine culturel national, voire international. On peut ranger dans cette famille d'aménagements de protection les projets de désensablement du Mont Saint-Michel, afin de lui conserver le caractère d'une île à marée haute. La notion de « patrimoine mondial de l'humanité » a par exemple amené l'Unesco à cofinancer avec les pouvoirs publics italiens des études préparatoires à la protection de la lagune de Venise contre la menace d'inondations catastrophiques, rendues possibles à la fois par l'enfoncement de certains quartiers de la ville dans un substrat géologique mouvant et par l'élévation du niveau de la mer, jugée probable dans le futur.

L'aménagement constitue donc une réponse en termes de gestion ou de technologie à la perception collective et politique du risque naturel, une perception largement imprégnée de culture. Il en est de même du risque lié aux hommes eux-mêmes, risque militaire ou risque technologique.

Dans l'ensemble, les équipements de protection dépassent de beaucoup, par leurs exigences techniques et leur coût, les possibilités des particuliers et des collectivités locales. Les enjeux en termes d'image, d'économie régionale mais aussi, tout simplement, en termes de solidarité, dépassent toujours l'échelle locale ou régionale. C'est pourquoi ce sont aujourd'hui les États, voire les organisations supranationales, comme l'Union européenne, qui définissent les politiques d'aménagement destinées à la protection naturelle et qui en financent les coûts.

Une autre grande famille d'aménagements est justifiée par les besoins de la défense militaire. On peut en effet considérer les ouvrages militaires comme des aménagements destinés à protéger des populations et surtout des territoires contre les invasions. Leur conception relève évidemment de la décision politique, leur réalisation s'inscrit dans une durée qui dépasse les limites étroites des dynasties ou des régimes politiques, et leur construction a souvent fait appel à la notion de défense collective ou nationale, en dehors de toutes les règles de l'économie : réquisition de main d'œuvre, levée d'impôts exceptionnels.

La série de longues murailles construites en Chine pour protéger les populations contre le déferlement de peuples nomades venus du nord en constitue l'exemple le plus impressionnant : en tout, ce sont 50 000 km de murs qui ont été chargés de protéger la Chine, dont le dernier seulement est connu, celui de la dynastie des Ming, construit entre le XVe et le XVIIe siècles (figure 57).

La protection des frontières de la France par Vauban, grâce à un chapelet de places fortes, offre l'exemple d'une réalisation très ambitieuse, qui a concerné le réaménagement de près de 300 places fortes et la construction de plus de 30 citadelles. Les fortifications ont en quelque sorte dicté les règles relatives à l'architecture et à la voirie de ces villes, tout en permettant aux ingénieurs, aux architectes et aux artistes de concevoir un urbanisme moderne pour le profit des citadins en temps de paix.

Ces villes-forteresses comme Lille ou Besançon, et ces ports fortifiés qui abritent la flotte de guerre, comme Toulon, créé *ex nihilo*, ou Brest, qui a été adapté à la fonction militaire, constituent donc un réseau de verrous destinés à protéger le royaume.

Promouvoir le développement économique

Si l'initiative privée est souvent à l'origine du développement économique, il n'en reste pas moins que ce sont souvent de grands équipements publics, construits dans le cadre de politiques nationales exprimées par des plans, qui ont permis de créer les conditions préalables favorables à l'essor d'entreprises privées agricoles ou industrielles et au développement économique qui en a résulté. C'est

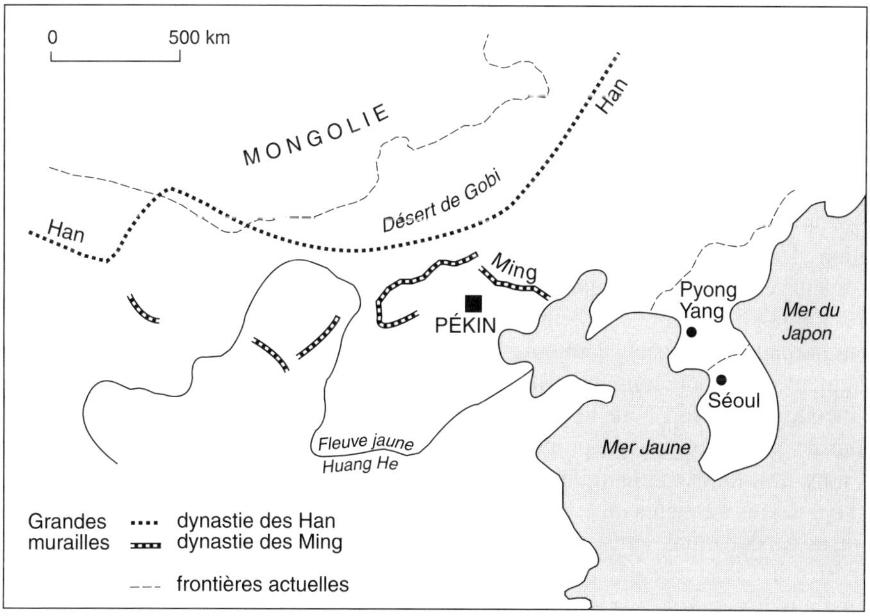

Figure 57 : **Deux des sept grandes murailles de Chine**

le cas des grands équipements destinés à fournir de l'énergie, des politiques de bonification ou de conquête de terres agricoles, mais aussi, de façon beaucoup moins spectaculaire dans les paysages, des fins maillages des réseaux électriques puis téléphoniques destinés à desservir les populations isolées ou enclavées.

En France, c'est dans les années 50 que l'équipement électrique est achevé dans les secteurs les plus ruraux du Massif central. C'est aussi à cette époque que les plans quinquennaux définissent les priorités en matière d'équipements lourds, notamment pour assurer la sécurité et l'indépendance de la France dans le domaine de l'électricité. La politique énergétique de la France se traduit donc dans le domaine de l'aménagement, appuyée sur le développement industriel de la filière française de l'énergie nucléaire, par la construction entre 1966 et 1994 d'une vingtaine de centrales nucléaires reliées entre elles et aux régions consommatrices, agglomérations et bassins industriels, par un réseau de lignes à très haute tension. Aujourd'hui, cet équipement majeur assure 75 % des besoins énergétiques du pays.

Si les grands barrages relèvent des politiques nationales d'indépendance énergétique, ils constituent souvent la clef de voûte d'un aménagement régional global. L'aménagement de la vallée du Tennessee, aux États-Unis, est devenu un modèle d'aménagement régional dans les années 30 : dans un contexte économique libéral, l'État n'en est pas moins intervenu lourdement durant la sévère dépression qui a suivi la grande crise économique de 1929. Dans ce cadre, le bassin du Tennessee, affluent du Mississippi et situé dans le sud des Appalaches, a fait l'objet d'un ambitieux programme d'aménagement destiné à réduire les inondations dévastatrices et l'érosion des terres agricoles, mais aussi la pauvreté et le faible niveau économique de la région. Un office d'État, la Tennessee Valley Authority a été créé en 1934 pour concevoir et gérer une véritable politique d'aménagement régional appuyée sur de grands équipements. Une trentaine de barrages ont été construits pour produire de l'électricité et régulariser le fleuve. Des pratiques agricoles plus conformes aux conditions naturelles ont été mises en œuvre : culture en courbes de niveau et reboisements ont permis de limiter les effets de l'érosion. Paradoxalement, c'est dans un pays libéral, où l'intervention de l'État était minimale, qu'à été créé ce véritable laboratoire d'aménagement régional, exemplaire à l'époque.

L'ouverture d'espaces vierges au peuplement, aux activités agricoles et à l'exploitation des ressources naturelles a constitué une constante dans les politiques d'aménagement. Il s'est toujours agi pour les pouvoirs publics de stimuler et d'encadrer l'agrandissement de l'écoumène, afin d'installer des populations nouvelles lors d'importantes poussées démographiques, d'exploiter des terres nouvelles pour augmenter la production agricole, d'accéder à des ressources rares, énergétiques et minérales, ou encore forestières. Les fronts pionniers ont ainsi été le fruit d'opérations de grande envergure, programmées et appuyées sur des équipements majeurs. C'est le cas, par exemple, des lignes de chemin de fer transcontinentales d'Amérique du Nord. Ces dernières ont été construites par des entreprises privées, mais la décision de les construire a relevé de décisions politiques. En Union soviétique, le transsibérien a également été l'équipement décisif de l'aménagement : il a constitué l'artère indispensable à la mise en valeur de toute la partie sud de la Sibérie.

Dans cette forme d'aménagement, les pouvoirs publics prennent généralement en charge la construction des réseaux de transport, d'énergie électrique et d'approvisionnement en eau. Mais des mesures réglementaires peuvent accompagner la mise en valeur, comme l'attribution d'aides à l'investissement, la fixation des droits de propriété ou encore les normes d'hygiène. Dans ce cas, l'intervention publique est moins visible, mais constitue une condition indispensable à la mise en valeur par des acteurs privés, ménages ou entreprises.

La création de toutes pièces d'une capitale dans les terres nouvelles constitue l'acte symbolique le plus fort des politiques volontaristes d'aménagement du territoire dans les « pays neufs ». Ce fut le cas de Pékin en Chine, au point de départ des grandes voies de commerce menant vers la Mongolie et la Mandchourie. C'est aussi le cas, en plein XXe siècle, de la capitale politique du Brésil, Brasilia (actuellement près de deux millions d'habitants), dont l'armature fut construite entre 1956 et 1960 à 1 000 km de la côte atlantique, en plein front pionnier, sur un modèle urbanistique inspiré des idées de Le Corbusier.

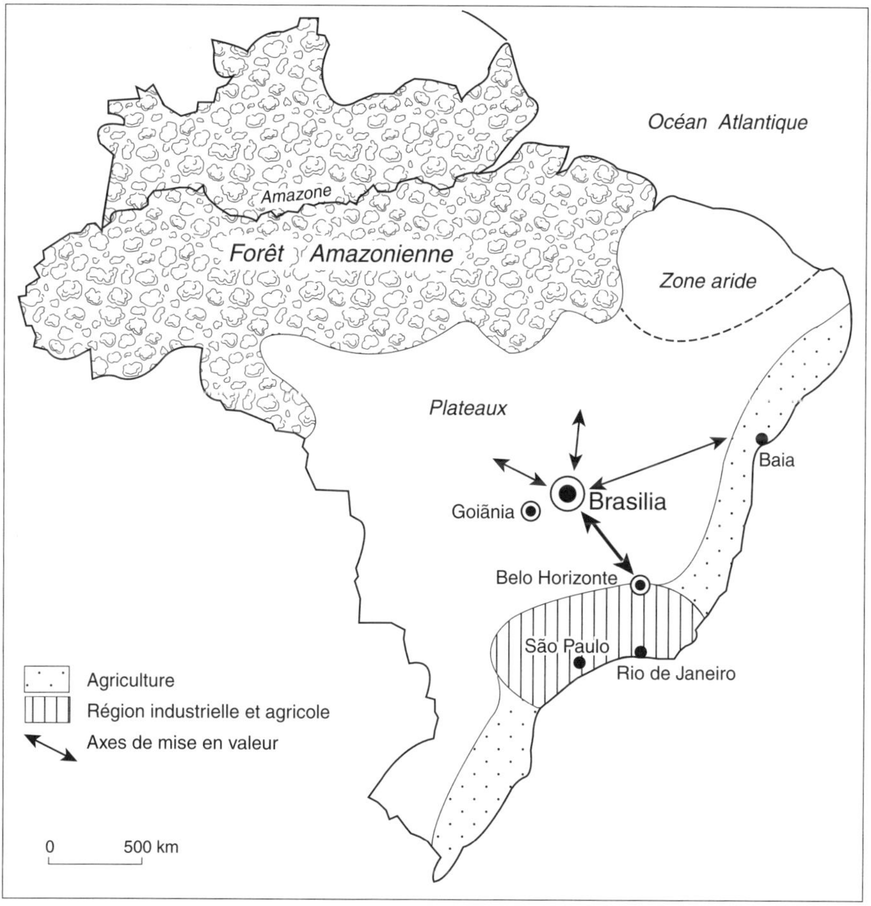

Figure 58 : **Brasilia, capitale créée de toutes pièces au centre du pays dans les années 60**

Accessibilité et désenclavement : l'enjeu des réseaux

Les réseaux de transport de personnes et de marchandises ont constitué dès les origines de l'aménagement l'un des équipements majeurs sur lesquels reposent toute politique interventionniste destinée à assurer la conquête ou le contrôle d'un territoire du point de vue politique, militaire, économique et social (Wolkowitsch, 1992). Le plus souvent, les réseaux sont décidés, dessinés et financés par la puissance publique, même si leur construction et leur gestion peut être concédée au secteur privé. Il est rare, en effet, même dans les pays les plus libéraux comme les États-Unis, que le pouvoir politique se dessaisisse de son autorité sur les réseaux de transport.

Ainsi, tous les réseaux ferroviaires européens répondent d'abord à des finalités politiques et militaires. Construits au XIXe siècle, à l'époque où les nationalismes dessinent la carte de l'Europe, ils constituent des étoiles autour des capitales politiques, et leur tracé permet de déplacer des armées d'une frontière à l'autre. En France, le projet d'étoile ferroviaire adopté en 1842 qui donne au réseau ferroviaire ses tracés d'aujourd'hui, a pour but premier de relier Paris aux principaux points-frontières et aux ports militaires. En se maillant, le réseau aura ensuite pour objectif de desservir à partir de Paris toutes les préfectures départementales.

Des considérations politiques, militaires et administratives analogues ont présidé à la conception des programmes de construction des réseaux ferroviaires dans d'autres pays. Ainsi, quand Bismarck unifie l'Allemagne, Berlin en devient la capitale alors que le chemin de fer s'est déjà beaucoup développé. De nouvelles lignes transforment alors la géographie du réseau allemand, de façon à faire de la capitale le centre d'une étoile qui rayonne dans toutes les directions et qui permet, en cas de guerre, de faire transiter rapidement des armées entières d'un front à l'autre, c'est-à-dire entre l'est et l'ouest.

Parmi les plus grands chantiers d'aménagement destinés à la valorisation économique et au peuplement de nouveaux espaces, on trouve la construction des chemins de fer transcontinentaux en Amérique et en Asie, ainsi que le percement de longs tunnels internationaux sous les Alpes. Aujourd'hui, les grands ports, les aéroports, et d'une façon générale tous les équipements assurant la circulation des personnes, des biens et des informations relèvent de programmes d'aménagement et d'investissement qui ont fait l'objet d'une décision politique prise au plus haut niveau des États. Ensuite, la dimension désormais internationale de ces activités et leur mise en œuvre concrète passent obligatoirement par des ententes politiques internationales et l'appel au savoir-faire de grands opérateurs privés, alliant des entreprises souvent transnationales d'industrie et d'ingénierie et des banques.

Aux États-Unis, la conquête spontanée de l'Ouest par les colons européens s'est traduite par la mise en œuvre de ce que l'on appellerait aujourd'hui une vaste politique d'aménagement destinée à créer un moyen de communication rapide et sûr et des points d'ancrage pour l'approvisionnement et l'administration des nouveaux territoires. C'est le chemin de fer qui a joué ce rôle. Dès la fin du XIXe siècle, le gouvernement propose au secteur privé de construire et d'exploiter trois grandes lignes transcontinentales, auxquelles s'ajoutent le transcontinental canadien. La façade atlantique et la façade pacifique du continent nord-américain sont donc reliées par quatre infrastructures fixes de près de 5 000 km chacune au début du XXe siècle : le Canadian Pacific et le Northern Pacific relient respectivement Montreal à Vancouver et New-York à Seattle, le Central Union Pacific relie New York à San Francisco et le Southern Pacific Washington à Los Angeles. Pour financer les travaux, de milliers d'hectares de terres sont donnés le long des tracés aux compagnies, qui les revendront à des particuliers une fois les lignes ouvertes au trafic. L'accessibilité à la façade pacifique et la mise en valeur se confondent donc dans ces grands projets nationaux.

Le Transsibérien constitue également l'une des interventions les plus spectaculaires, dont la dimension politique et militaire est primordiale. Décidé sous le régime des tsars en 1891, le Transsibérien va relier Moscou à Vladivostok sur près de 10 000 km en suivant approximativement le 55e parallèle. Construite rapidement, à raison de 600 km par an, la première ligne constituée d'une voie unique sera doublée puis électrifiée sous le régime communiste. Au cours de la guerre russo-japonaise de 1905, elle devient une artère stratégique qui permet d'acheminer des troupes vers l'est, pour servir la flotte de guerre dans le Pacifique Nord.

Elle devient entre les deux guerres mondiales le fil conducteur de la mise en valeur de la Sibérie : exploitation forestière, extraction minière, centres industriels et pôles urbains se développent le long de la ligne, qui s'étoffe d'antennes et de dédoublements. Dans les années trente, 24 000 locomotives de très grandes puissance assurent le ballet incessant des convois de minerais, de bois et de produits agricoles. Hautement politique, la ligne a été construite dans des conditions climatiques et géologiques difficiles par des milliers de forçats sous les tsars, puis de prisonniers des goulags, auxquels se sont ajoutés des ouvriers attirés par de bons salaires et de nombreux jeunes au nom de l'idéal communiste. Le transsibérien a été doublé ultérieurement plus au nord, à la fois pour élargir le ruban de mise en valeur et pour constituer une deuxième ligne de défense plus éloignée de la frontière chinoise.

LES ACTEURS POLITIQUES DE L'AMÉNAGEMENT ET LEURS OUTILS

L'État, chef d'orchestre de l'aménagement des territoires

L'aménagement des territoires se définit par son acteur central, celui autour duquel s'organise l'ensemble de l'intervention sur les milieux naturels et les territoires des hommes : la puissance publique, c'est-à-dire l'État en règle générale, quelle que soit la nature du régime politique, république ou monarchie, démocratie ou dictature. En effet, la démarche d'aménagement est avant tout une démarche politique, conçue et engagée sur le terrain au nom de l'intérêt général, dans le but de mettre en œuvre une réponse publique à un problème posé à la collectivité dans son ensemble. Dans tous les pays qui disposent de politiques d'aménagement, le problème central est posé par les inégalités géographiques du développement économique et de niveau de vie, et l'objectif de l'aménagement du territoire consiste à réduire ces inégalités en produisant les conditions jugées préalables au rééquilibrage : désenclavement par les réseaux de transport, élévation du niveau des équipements publics, notamment en matière de santé et d'éducation, intervention dans la localisation des activités porteuses d'emplois et de perspectives d'avenir.

L'intervention publique sur les territoires n'est généralement pas constituée d'actions isolées, même de grande envergure. Elle est intégrée à un ensemble de mesures de long terme que l'on peut désigner sous le nom de politiques de développement et d'aménagement, qui participent elles-mêmes de la planification de l'action de l'État dans le temps. Ainsi en est-il des plans quinquennaux successifs mis en œuvre par de nombreux pays, sur une durée relativement longue, pour programmer l'intervention collective au service du développement économique et social. Les grands équipements sur lesquels s'appuient les politiques d'aménagement n'en constituent qu'un aspect, le plus visible dans l'espace géographique, mais c'est dans le cadre de la planification globale qu'ils ont été décidés, dans la mesure où les effets positifs escomptés doivent se manifester dans des domaines très différents.

L'aménagement fluvial offre l'un des exemples les plus évidents de cette action multiple, au croisement de plusieurs politiques sectorielles : irrigation agricole, protection contre les crues, production d'énergie électrique pour l'industrialisation et l'urbanisation régionales, navigation. C'est le cas de l'aménagement des Grands Lacs en Amérique du Nord, du fleuve Jaune en Chine ou, à une échelle plus modeste, des barrages-réservoirs des bassins de la Seine, de l'Yonne et de la Marne en amont de Paris.

L'aménagement touristique du Languedoc-Roussillon offre un bel exemple de politique économique nationale croisée avec une politique de développement régional (Michel, 1994). La côte a fait l'objet d'un grand programme de développement de stations balnéaires dans le cadre d'un plan d'aménagement approuvé en 1964. L'objectif consistait à la fois à offrir en France des équipements susceptibles de fixer les touristes attirés par le littoral espagnol de la Costa Brava, déjà bien équipé, et à développer une économie régionale en difficulté. Dans ce cadre, le littoral a fait l'objet d'une campagne de démoustication, des voies rapides ont été construites, des terrains ont été acquis par la puissance publique afin de maîtriser l'urbanisation. Le chapelet de stations créées de toutes pièces dans les années 60-70 entre Nîmes et Perpignan, telle La Grande-Motte près de Montpellier, sont équipées de ports de plaisance, elles offrent en abondance des logements collectifs et individuels ainsi que des équipements commerciaux et des services.

Cet État aux motivations et aux objectifs complexes se donne les moyens de déboucher sur une politique globale d'aménagement ; sa mise en œuvre est confiée à des institutions spécialisées, dotées de fonds d'intervention. Tel est le cas, en France, de la Délégation à l'Aménagement du Territoire et à l'Action régionale (DATAR), créée en 1963. Mais d'autres acteurs sont aussi associés aux actions d'aménagement : les milieux industriels et les banques, voire les particuliers. Le financement de certaines interventions peut être assuré par des emprunts exceptionnels auprès des particuliers, mais aussi par des emprunts auprès des banques. Certaines interventions font l'objet de montages financiers dans lesquels les industriels, les banques et les collectivités publiques, dont l'État, sont partenaires. Ces sociétés d'économie mixte (SEM) permettent de mettre en œuvre d'ambitieux programmes d'équipement, plus rapidement que par la seule contribution des budgets publics. En France, la plupart des autoroutes à péage ont été financées et construites selon ce principe, et elles sont aujourd'hui exploitées par des SEM.

Il est aussi possible que la puissance publique reste dans un rôle de décision et de contrôle, sans intervenir dans la réalisation, en limitant son intervention financière à une subvention, sans prendre de risques : sans renoncer à son autorité, généralement fondée sur la notion de service public, elle délègue alors la mise en œuvre de l'intervention à un ensemble d'opérateurs privés, qui peuvent construire et exploiter en son nom (on parle dans ce cas de « délégation de service public »). De nombreux réseaux de transports urbains, comme le métro de Stockholm en Suède, une partie de la banlieue londonienne et des villes françaises comme Rouen ou Nice, sont ainsi exploités par des entreprises du groupe Connex, filiale de la compagnie transnationale Vivendi Environnement. Cette dernière gère aussi pour le compte des collectivités locales le ramassage et le traitement des ordures ménagères ou encore l'adduction et le traitement des eaux.

Les multiples modalités d'intervention de la puissance publique

Les grands travaux d'aménagement qui modèlent les paysages ne constituent que l'une des modalités d'intervention des pouvoirs publics. Outre les réseaux de transport et les aménagements fluviaux, il existe tout un domaine d'intervention plus discret, dont l'impact sur les territoires se manifeste indirectement et avec beaucoup d'inertie : les aides financières apportées aux particuliers et aux entreprises dans des zones en crise économique, les avantages fiscaux consentis aux entrepreneurs, la réglementation qui soumet certaines installations à des autorisations préalables données par les pouvoirs publics, notamment au nom de la sécurité ou de la protection de l'environnement. Toutes ces formes d'intervention, financières, fiscales et réglementaires, sont des moyens d'incitation ou de dissuasion au service des objectifs que se donne la puissance publique.

L'action publique en faveur de la reconversion économique des anciens bassins miniers d'Europe s'inscrit dans ces politiques régionales de longue durée : dans le Nord de la France, dans la Ruhr en Allemagne, dans les pays noirs britanniques, les politiques mise en œuvre dans les années 70 ont usé simultanément de tous les moyens pour stimuler la mutation de l'économie régionale : modernisation des réseaux de transport, aides financières et fiscales à l'installation d'entreprises nouvelles dans des secteurs économiques jugés porteurs, comme l'automobile à l'époque, plans de formation professionnelle, aides à la rénovation de l'habitat pour les particuliers, actions dans le domaine du cadre de vie par la requalification et le « verdissement » de friches industrielles.

Plans, schémas, zonages

Les politiques d'aménagement des territoires ne vont jamais sans les cartes. Les grandes lignes des projets font l'objet de schémas nationaux, de schémas directeurs, de plans d'organisation, termes et figuration graphique changeant selon les pays et les époques. Ces schémas d'ensemble dessinent la géographie future et constituent ainsi, souvent pour de nombreuses années, des documents de référence lors de prises de décisions budgétaires ou d'interventions locales, qui doivent se soumettre aux possibilités et contraintes dictées par les schémas. Souvent, au fil du temps, une certaine marge de manœuvre, voire des dérives ou des contradictions, ne manquent pas d'apparaître entre les schémas et les réalités, ne serait-ce que pour des raisons financières, grandement dépendantes de la croissance à une échelle macroéconomique.

En France, dans les années 1960, les équipements de santé, d'éducation, d'électricité et de transport, mais aussi les grands programmes de logements collectifs (les ZUP, zones à urbaniser en priorité), ont ainsi fait l'objet d'un schéma national présentant un véritable maillage du territoire. Plus récemment, le schéma national des autoroutes ou celui des TGV ont répondu à un objectif semblable : dessiner la France future, dont le développement paraît alors dépendre lourdement des conditions d'accessibilité. À l'échelle des agglomérations, les schémas directeurs d'aménagement et d'urbanisme ont joué le même rôle : montrer aux collectivités locales un avenir géographique organisé.

À l'échelle internationale, des programmes ambitieux révèlent l'importance stratégique de certains équipements : l'aménagement du Saint-Laurent, réalisé conjointement par le Canada et les États-Unis, fait partie des grandes visions de l'avenir qui structurent aujourd'hui, dans la réalité, la vie économique de plusieurs régions, en reliant les Grands Lacs à la mer par le Québec. Il en est de même, plus récemment, du grand canal international reliant le Rhin au Danube par la vallée du Main, qui crée ainsi une liaison fluviale à grand gabarit entre la Mer du Nord et la Mer Noire (Bavoux, Charrier, 1994). Le schéma européen des TGV révèle une vision d'avenir de l'Europe, appuyée sur la réduction et l'homogénéisation des temps de parcours entre les grandes villes (figure 59).

D'une façon bien plus précise que les schémas, le zonage est constitué d'un ensemble d'espaces délimités de façon détaillée (Merlin, 1995). Au sein de chaque zone, des aides financières, des obligations ou des interdictions s'appliquent aux terrains et aux populations concernés. Le zonage sert en effet à définir les espaces « éligibles », c'est-à-dire susceptibles de profiter de certains avantages. Les zones économiquement fragiles ou mal desservies, comme certaines montagnes ou certains bassins industriels en déclin, peuvent ainsi être désignées pour bénéficier de la solidarité nationale ou internationale. L'Union européenne, par exemple, dispose de fonds d'intervention destinés à aider le développement économique régional, à désenclaver ou à créer les liaisons qui faciliteront les échanges entre les différentes régions d'Europe (FEDER : Fonds européen de développement régional). Cet apport s'ajoute aux moyens mis en œuvres par les

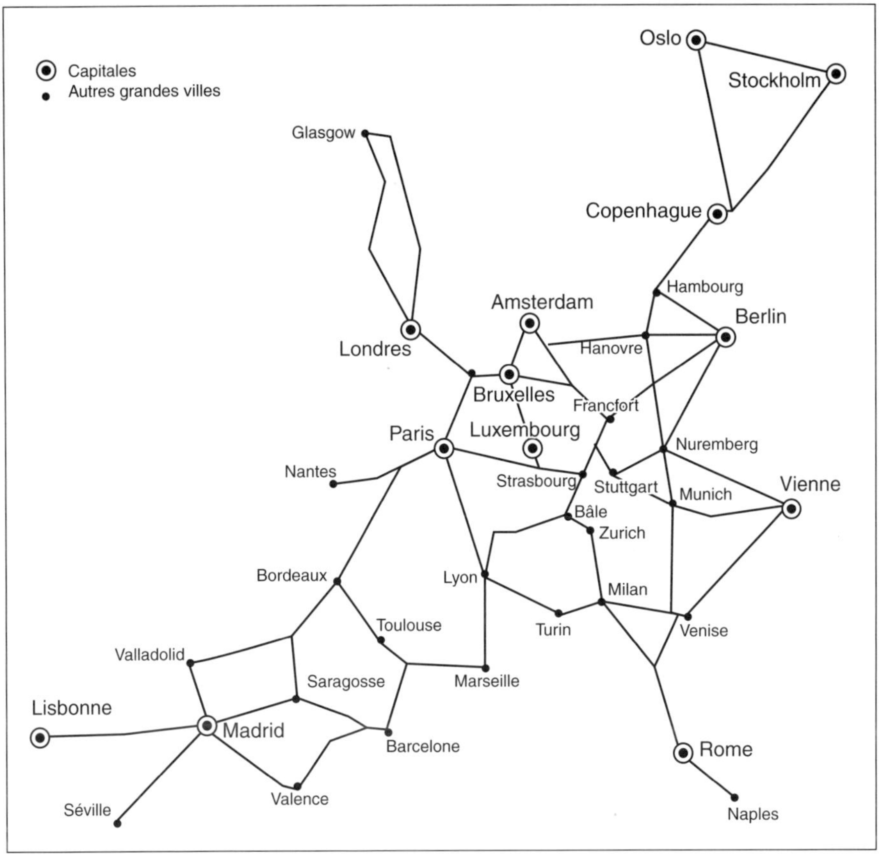

Figure 59 : **Le schéma européen des TGV à l'horizon 2010 : un équipement international au service de l'intégration européenne**

États, comme le FNADT en France (Fonds national pour l'aménagement et le développement du territoire).

En France, l'aménagement du territoire, expression politique d'une volonté d'équilibre régional et désenclavement, est né dans les années 50, pour se concrétiser en 1963 dans la création d'une structure politique spécialement dédiée aux politiques d'aménagement : la DATAR (Délégation à l'Aménagement du Territoire et à l'Action régionale). L'objectif central de la DATAR fut de créer les conditions d'une croissance démographique et économique moins exclusivement centrée sur Paris, au profit des villes et des régions de province. L'image d'une capitale hypertrophiée installée au milieu d'un véritable désert (Gravier, 1947), qui a beaucoup marqué la pensée de l'époque, s'est traduite par des schémas nationaux de désenclavement grâce à un réseau maillé d'autoroute, par l'invention de métropoles d'équilibre puis de réseaux de villes moyennes destinées à se développer en synergie. Il fallait aussi répartir sur le territoire les grands hôpitaux, les universités et les organismes de recherche.

Ensuite, l'aide à la reconversion des bassins industriels hérités de l'ère du charbon et de la sidérurgie, Lorraine et Pas-de-Calais en particulier, devint une priorité de l'aménagement du territoire. Ce fut aussi le cas de l'aide au déplacement de l'industrie lourde vers les ports, Dunkerque et Fos-sur-Mer, et du choix de pôles urbains provinciaux comme Grenoble, Toulouse ou Rennes pour accueillir les industries de pointe, électronique, aéronautique, nucléaire et de télécommunications. Des incitations fiscales ont conduit des entreprises concentrées dans la région parisienne à s'installer notamment dans l'Ouest, où elles ont contribué à fixer sur place une population poussée par l'absence d'emplois non agricoles à l'exode rural vers Paris.

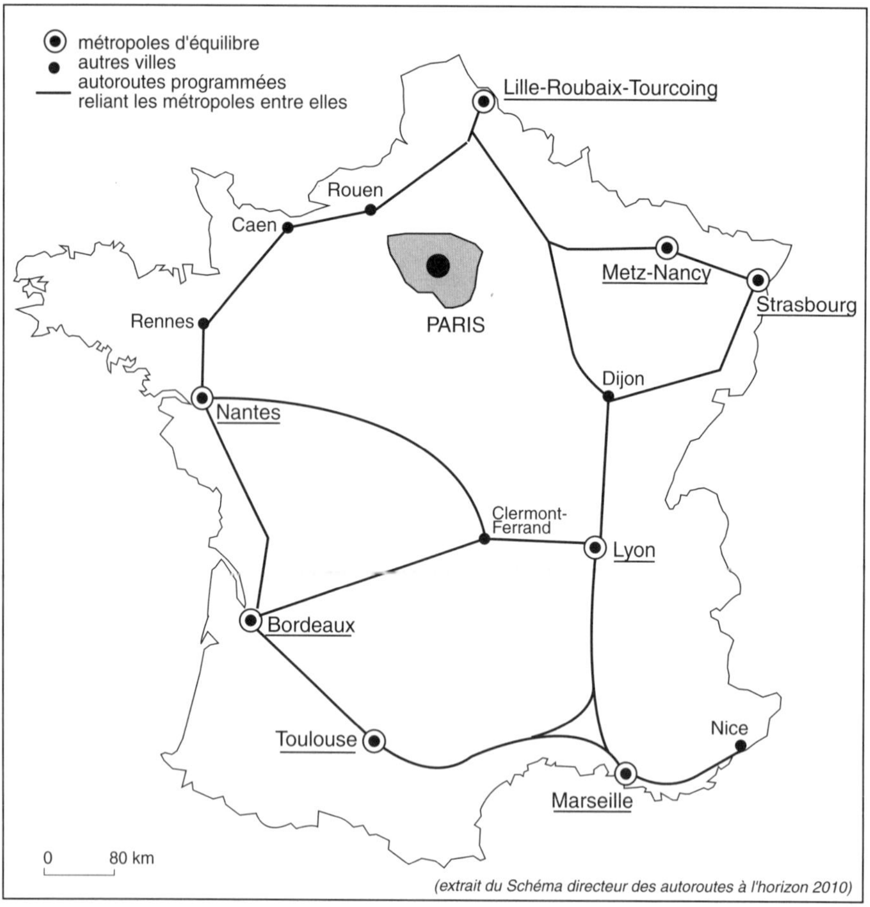

Figure 60 : **Les huit métropoles d'équilibre définies en 1964 par la DATAR et les grandes liaisons routières (à l'exception des relations avec Paris)**

Dans l'ensemble, une part non négligeable de la géographie contemporaine de la France a ainsi été pensée et dessinée dans les années 60, avant de devenir une réalité (Lacaze, 1995).

Mais aujourd'hui, les problèmes ont changé de nature et surtout d'échelle : Paris a cédé la place à l'Île-de-France dans le raisonnement des aménageurs ; et l'enjeu n'est plus seulement d'équilibrer la croissance entre Paris et la province, mais aussi de conserver à Paris son rang de métropole européenne et mondiale face à la recomposition hiérarchique des réseaux urbains à toutes les échelles (DATAR, 1993). Ensuite, il n'est plus question de penser les réseaux de transport à l'échelle nationale, avec une centralisation géographique sur la capitale politique de la France, mais bien à l'échelle européenne, en fonction du réseau des métropoles européennes. Enfin, le développement durable a fait irruption dans l'aménagement du territoire : il ne s'agit plus seulement de créer des ouvrages d'intérêt général ou de stimuler le développement économique, mais de le faire en protégeant l'environnement ni d'imposer des solutions, mais de parvenir à imaginer des projets qui fasse l'objet d'un consensus politique entre l'État, les collectivités locales et les acteurs de l'aménagement que sont aussi les entreprises et les ménages.

Dans ces conditions, les voies de l'aménagement territorial ne sont plus ces grands boulevards de l'équipement qu'elles furent dans les années 60 à 80. Elles sont devenues plus étroites et leur direction plus incertaine. L'aménagement du territoire hésite en France entre une forme de veille dépourvue de grands projets et la relance du débat politique sur le rôle de la puissance publique et des collectivités locales dans la construction des territoires (Rochefort, 1995).

L'AMÉNAGEMENT RURAL

Les aménagements ruraux constituent un des volets de l'action publique en matière d'aménagement des territoires mais la distinction entre types d'aménagements tient parfois de l'exercice d'école car la plupart des équipements ou des interventions sont intégrés et ont une portée globale, au nom de l'intérêt général. Certaines réalisations s'inscrivent toutefois dans l'espace rural qu'elles modifient durablement ; elles y engagent de nouvelles pratiques des habitants et des usagers des territoires ruraux.

Les actions « aménageantes », reflet des attentes des politiques et de la société, ont évolué au gré des fonctions dévolues à l'espace rural. Longtemps exclusivement agricoles, destinées à améliorer la sécurité alimentaire, elles s'attachent aujourd'hui, du moins dans les pays riches, à répondre « au nouveau désir de campagnes de citadins à la recherche des valeurs indispensables de tradition, d'équilibre et de beauté » (Hervieu, Viard, 2001). Quand les valeurs d'usage de l'espace rural oscillent entre mise en agriculture et mise en patrimoine, l'aménagement rural devient multiforme, mobilisant des acteurs nouveaux, inventant de nouvelles procédures, voire de nouvelles territorialités.

Agrandir l'espace rural et le rendre plus productif

L'activité agricole est le mode premier et reste encore le mode principal de l'occupation de l'espace rural. « Fabriquer de la terre arable, assurer l'agriculteur de sa terre et accroître la production agricole », tels sont les objectifs proclamés de nombre d'interventions publiques ou collectives.

La conquête de nouvelles terres

Véritable principe de gouvernement avant les révolutions agricoles contemporaines, l'extension des terres cultivées a suscité de grandes entreprises de colonisation d'espaces quasiment vierges d'occupation humaine, repoussant les limites des terroirs agricoles jusqu'aux marges de l'écoumène. Cette politique de conquête s'est essouflée dans les années 70 dans la plupart des pays développés entrés en surproduction au point d'amener un repli des terres cultivées souvent converties à d'autres usages : aux Pays-Bas, le plan Delta prévu pour mettre la Zélande hors d'eau en fait en objectif secondaire et finira même par l'abandonner complètement ; certaines des Compagnies françaises d'aménagement régional créées entre 1951 et 1964 seront dissoutes à l'image de la Société d'aménagement des friches et des taillis de l'Est dont les seules réalisations viticoles subsisteront (autour de Toul et dans l'Aube pour le champagne).

L'essentiel des 12 à 15 millions d'hectares gagnés chaque année se concentre désormais dans la zone intertropicale où se multiplient les fronts pionniers au détriment de la forêt dense : quelques trois millions d'hectares disparaissent chaque année au Brésil et le taux d'occupation forestière est tombé en Asie du Sud-Est de 78 à 52 % de la superficie totale entre 1945 et 1995, sans que l'on puisse faire précisément la part entre colonisation publique et colonisation privée. Mais le dynamisme pionnier caractérise aussi le domaine des savanes arborées ou Cerrados au Brésil où, depuis le Mato Grosso do Sul jusqu'au Piauí, se développent depuis la fin des années 70 les fronts des grains autour du soja et du riz : c'est aujourd'hui la frontière agricole la plus active avec des potentialités évaluées à près de 45 millions d'hectares selon les autorités brésiliennes.

Dans ces entreprises gigantesques et fort coûteuses, l'État, relayé par des organismes publics ou semi-publics d'aménagement, s'impose comme maître d'œuvre d'autant qu'aux objectifs économiques et sociaux de conquête de nouvelles terres viennent s'ajouter des considérations géopolitiques de contrôle de territoires peu ou mal intégrés, voire de déplacements autoritaires de populations. Lui échoient tout d'abord les premiers défrichements afin de construire les infrastructures, notamment routières, nécessaires à la desserte et au désenclavement des nouveaux périmètres agricoles ; s'y peuvent adjoindre des travaux hydrauliques (drainage ou système d'irrigation) et plus globalement la mise en place d'un environnement favorable (points d'eau, branchements divers, implantation de services…) ; c'est enfin l'installation de colons généralement pourvus d'outils, de semences et d'un petit pécule sur des lots plus ou moins vastes selon les spéculations envisagées. Diverses procédures encouragent l'allocataire à devenir à terme propriétaire de son lopin — passage d'un faire-valoir indirect à un faire-valoir direct — la « faim de terres » restant très vive dans les pays du Sud compte tenu de la croissance démographique (fig. 61).

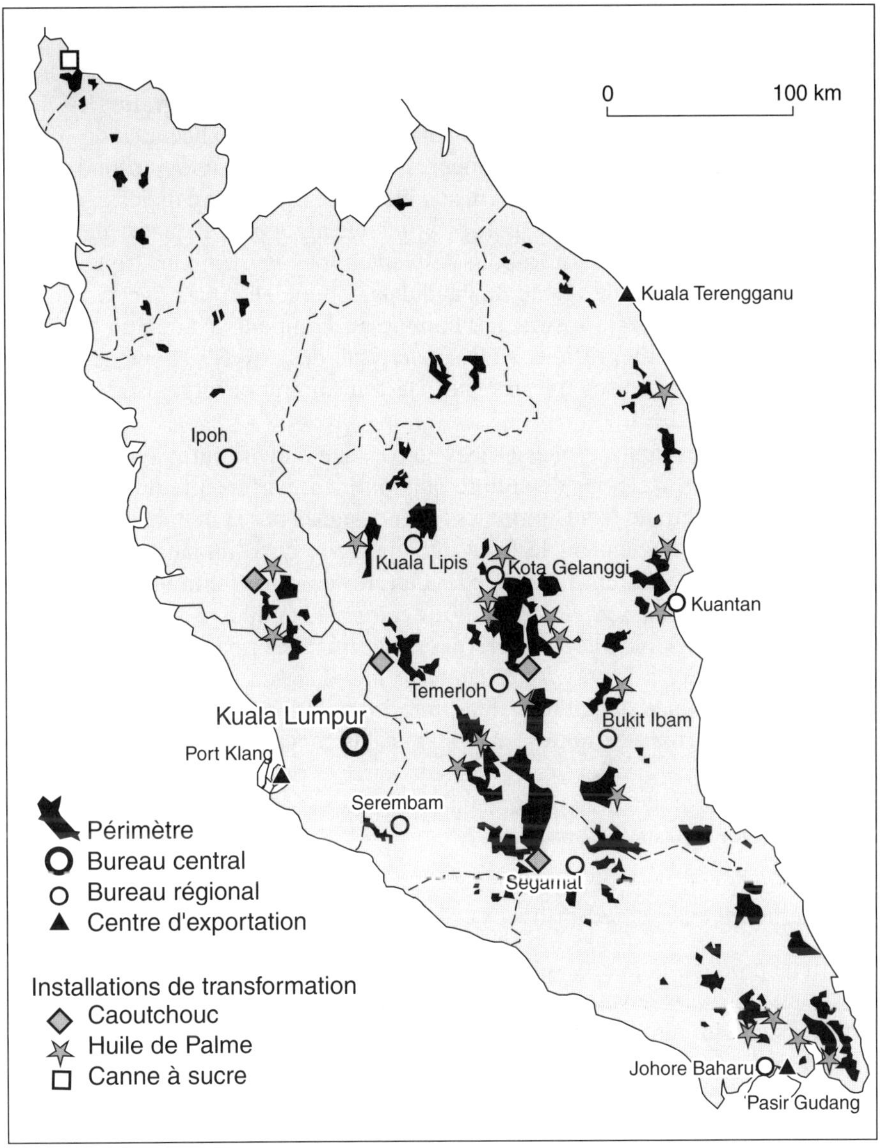

Figure 61 : **Les périmètres de colonisation en Malaisie**

La colonisation de l'espace malais a été conduite de manière planifiée depuis 1957 par la Federal Land Developement Authority (FELDA) : de 1965 à 1995, trois cents pôles de conquête ont accueilli près de 90 000 familles qui, sur un million d'hectares gagnés sur la forêt, cultivent, avec un fort encadrement technique, hévéas, palmiers à huile et cocotiers ; une nouvelle classe de petits propriétaires-exploitants (3-4 hectares) est née, laquelle assure désormais les deux tiers de la production nationale de latex et plus du tiers de celle d'huile de palme (De Koninck, 1995).

Source : *Géographie universelle, Asie du Sud est, Océanie*, Belin-Reclus, 1995, p. 107.

La mise en valeur de ces espaces aboutit à des paysages organisés au parcellaire géométrique calé sur les réseaux routiers, faisant alterner habitat dispersé et gros villages de services pour les colons nouvellement installés. Les périmètres de colonisation de l'Institut national de colonisation et de réforme agraire (INCRA) au Brésil se déclinent en lots perpendiculaires de 100 à 500 hectares de part et d'autre des axes routiers (les « fameuses trans... ») sur une profondeur de 100 km ; un réseau d'habitat hiérarchisé a été mis en place depuis les agrovilles (bourgs) espacés de 10 km, les petites villes ou agropolis distantes de 50 km jusqu'à la ville moyenne ou ruropolis implantée tous les 100 km. Cette ordonnance est parfois bousculée faute de candidats comme en Amazonie, ou du fait d'un financement étatique insuffisant comme au Lampung à Sumatra en Indonésie où le front pionnier officiel a été subverti par des arrivées spontanées une à deux fois plus nombreuses que prévues (la transmigration organisée a touché 1,2 million de familles).

La simplicité des lignes organisatrices du paysage renvoie enfin à une simplification extrême des systèmes de culture qui confinent parfois à la monoculture à tel point que nombre de fronts pionniers sont désignés par la culture dominante : ainsi les Cerrados deviennent le front du soja, celui du Kalimantan le front du palmier à huile... De surcroît, comme les cultures de vente l'emportent, les frontières agricoles connaissent des évolutions culturales rapides, à l'image du front malais qui, après les plantations d'hévéas, se tourne désormais vers le palmier à huile pour répondre à la très forte demande mondiale en huiles végétales. Ces espaces périphériques acquièrent donc une importance croissante au sein des ensembles nationaux : territoires en gestation, ils fonctionnent à la fois comme réserves agricoles pour aller vers l'autosuffisance et participer aux filières agro-exportatrices et frontières vives de peuplement où se forge une nouvelle paysannerie que l'État veut ancrer sur sa terre.

La question foncière : redistribuer et restructurer

Outil de production pour l'agriculteur, la terre constitue une de ses préoccupations majeures : ses investissements, voire ses choix culturaux dépendent en partie du cadre juridique dans lequel il exerce son activité (modes de faire-valoir). Mais la taille des superficies exploitées est tout aussi importante. Elle pose le lancinant problème d'accès à la terre dans de nombreux pays, particulièrement dans ceux où coexistent grandes et petites propriétés, *latifundia* et *minifundia*. Les États ont beaucoup légiféré en la matière, oscillant entre redistribution des terres et mesures protectrices, l'objectif étant de soutenir un groupe social et de favoriser l'essor de la production.

Le XXe a connu de grandes réformes agraires visant à créer de nouvelles structures de production et à répondre à la « faim de terre ». Si ces redistributions ont touché de vastes territoires depuis les mondes méditerranéens jusqu'aux confins de l'Amérique latine en passant par l'Europe centrale et orientale et de nombreux pays asiatiques, les modalités d'application ont varié avec en première ligne de partage les réformes d'inspiration libérale et celles relevant d'idéaux collectivistes. Dans le premier cas, l'État, sans remettre en cause la propriété privée, impose une nouvelle répartition des terres ; la contribution financière de la collectivité est forte puisque les propriétaires expropriés sont indemnisés et les allocataires dotés à titre gratuit ou bénéficient de conditions avantageuses d'achat. *A contrario*, la réforme collectiviste s'engage dans la suppression de la propriété privée avec nationalisation des terres sans contrepartie financière et/ou regroupement en fermes d'État et coopératives. Nombre de réformes ont toutefois combiné les deux approches, privilégiant la création d'une paysannerie moyenne et les formes d'exploitation collective.

Aujourd'hui, l'idée de réforme agraire n'est plus guère mise en avant dans les pays développés. Le Portugal, après s'être engagé en 1974 dans la dernière réforme agraire européenne, en reconnaît l'inefficacité économique ; de toute façon, le fort délestage agricole des campagnes d'Europe occidentale conduit à un « trop plein » de terres eu égard aux repreneurs potentiels. Par ailleurs, les expériences socialistes de l'Europe orientale et des régimes frères dans les autres parties du monde n'ont pas amené de grand bond en avant de la production et ont révélé les faiblesses des immenses fermes qui, peu ou mal gérées, n'ont pas su mobiliser les agriculteurs à tel point que des « contre-réformes agraires » sont partout engagées, à quelques exceptions près comme Cuba. Dans ce processus de décollectivisation, la privatisation et la restitution des biens collectifs et étatiques agricoles ont suivi des trajectoires différentes selon les pays mais aboutissent au final à « un dualisme agraire » entre « une grande entreprise agricole plus ou moins capitaliste dont l'origine est dans la matrice de concentration foncière construite sous le socialisme » et des fermes familiales en situation plutôt marginales (Rey, 1996).

La question agraire conserve une plus grande actualité dans les campagnes surpeuplées du Sud, toujours inscrite dans les projets gouvernementaux en Inde ou présente dans le débat politique brésilien ou colombien. Les législations actuelles s'en éloignent toutefois, qui prennent acte des échecs passés et privilégient la conquête de nouvelles terres et surtout la modernisation de l'agriculture. De fait, seulement 9 millions d'hectares ont été expropriés et redistribués au Brésil de 1960 à 1990 — moitié sous les militaires, moitié après le retour à un régime civil en 1985 — alors qu'on estime à 170 millions d'hectares les superficies inutilisées des *latifundia*. De surcroît, la plupart des réformes n'ont pas visé un développement rural global (accès au crédit, au marché…) à tel point que beaucoup d'exploitations nouvelles se sont révélées non viables, relançant le problème social. Même les *ejidos* mexicains, portions de terroir inaliénables accordées à partir de 1919 par les différents gouvernements à une communauté pour ses ayants droits, et longtemps présentés comme une réforme réussie, sont remis en cause depuis 1992 : la règle a toujours été l'exploitation individuelle en dépit du projet collectif et l'interdiction de location sans cesse détournée pour accroître la SAU. Les 2,6 millions d'*ejidatarios* qui contrôlent quelque 100 millions d'hectares se déclinent désormais du *minifundia* à la grande exploitation ; ceux qui tirent leurs revenus d'activités industrielles ou tertiaires ont vendu pour profiter de la rente foncière notamment autour des villes.

Mais si les États ont abandonné la réaffectation en grand de la propriété, ils continuent d'encourager les restructurations foncières susceptibles de forger des exploitations efficaces. En France, la loi de 1941 autorise, sur demande des exploitants, l'entrée en remembrement d'une partie ou de la totalité de la commune, voire, depuis le milieu des années 80 d'un groupe de communes, sous l'égide de Commissions départementales et communales d'aménagement foncier associant propriétaires, exploitants, membres des collectivités territoriales et des hommes de l'art — géomètres, aménageurs et conseillers en environnement — depuis la loi de 1976 relative à la protection de la nature. Quelque quinze millions d'hectares ont ainsi été remembrés, d'abord dans les campagnes des plaines et plateaux du nord, puis dans les régions de bocage, dessinant partout de nouveaux paysages agraires en forme d'*openfiel*-mosaïque. En effet, le remembrement, accompagné de travaux connexes, modifie les éléments linéaires particulièrement lisibles dans le paysage : les haies et les boisements sont réduits ou supprimés (750 000 km de haies ont disparu en France) ; les cours d'eau et les fossés d'écoulement comme le réseau des chemins sont recalibrés et déplacés de manière à consommer le moins de terre arable possible (fig. 62).

On est donc passé de réformes foncières destinées à corriger les dysfonctionnements de répartition de la propriété à des aménagements du foncier des exploitations afin de leur assurer une meilleure rentabilité économique. La volonté de maîtriser les usages du sol dans la durée par l'instauration de zonages à l'échelle communale ou multicommunale participe de la même démarche. En France, ce sont les plans d'occupation des sols (POS) où l'espace dit NC représente l'espace agricole lequel est déclaré non constructible -à l'exception des bâtiments nécessaires aux exploitations agricoles. La nouvelle Loi d'orientation agricole votée en 1999 renforce le dispositif dans les espaces périurbains, en instituant des « Zones d'agriculture protégée » où les collectivités territoriales pourront, par l'intermédiaire des Sociétés d'aménagement foncier et d'établissement rural (SAFER), préempter des terres pour pérenniser l'activité agricole. Ainsi quand la question foncière reste au centre des politiques d'aménagement, ce n'est plus tant comme droit de propriété que comme droit des exploitations, voire comme droit de produire pour des exploitations modernes et intégrées (Bonnamour, 1996).

L'accompagnement de la croissance de la production

Les mesures d'aménagement rural s'attachent en effet à favoriser toujours plus l'essor de la production pour satisfaire la demande nationale et s'inscrire sur les marchés internationaux. L'État veille alors à créer l'environnement le plus favorable pour les exploitations agricoles tout en leur donnant les moyens financiers et techniques pour s'engager dans cette nouvelle voie.

En premier lieu, il s'agit d'améliorer les conditions de vie des habitants des campagnes « pour les amener à parité avec celles des urbains » (premier plan quinquennal français). Si ce rattrapage est pratiquement achevé dans les pays du Nord, il n'en est pas de même au Sud où les réseaux routiers, d'adduction d'eau,

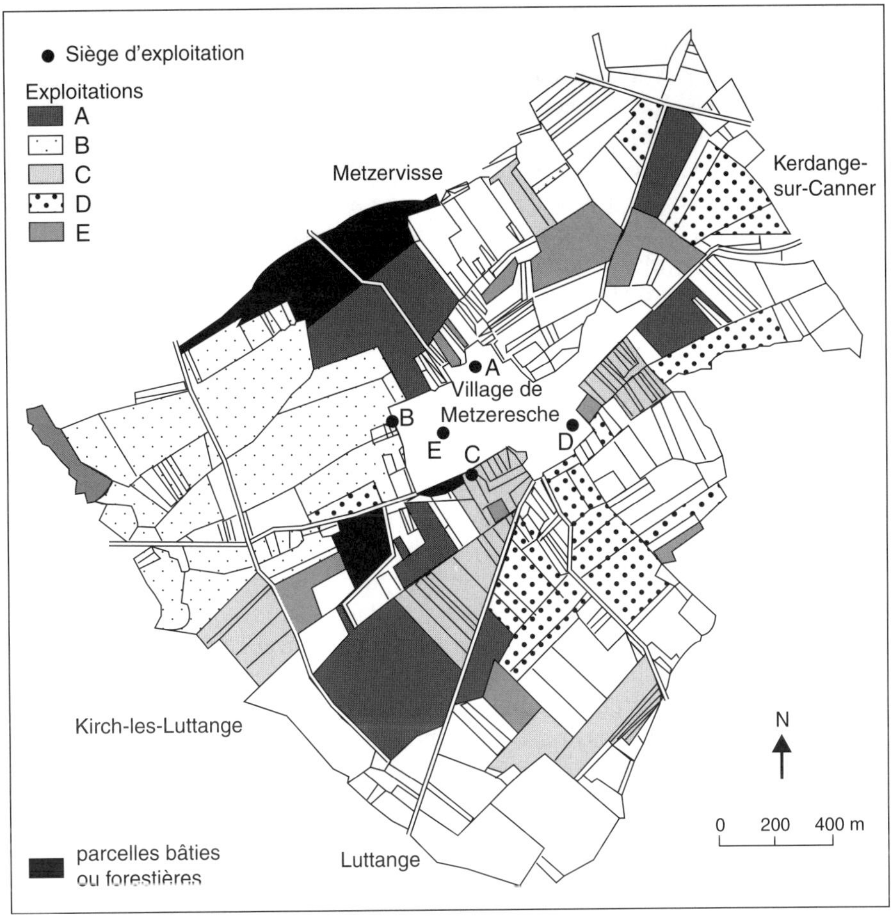

Figure 62 : **Un remembrement dans les années 90 en Moselle**

La procédure de remembrement, financée à plus de 80 % par les différentes collectivités territoriales, engage des échanges complexes de parcelles entre propriétaires dont l'objet est d'optimiser les conditions d'exploitation : au-delà d'une modification de cadastre, il s'agit surtout de réduire le nombre d'îlots d'exploitation, de les agrandir ainsi que de les rapprocher du siège d'exploitation.

Source : E. Marochini, « Des ambitions pour les actuels remembrements, globalité, pluralité, qualité », *Des campagnes vivantes : un modèle pour l'Europe*, CESTAN-IGARUN, 2000, p. 353.

d'électrification, la desserte en services de base sont encore élémentaires alors qu'ils constituent un préalable à la diffusion-adoption des innovations agricoles. En 1992, 60 % des villages pakistanais et 80 % en Inde disposaient de l'électricité contre à peine 10 % au début des années 60. C'est là tout le quotidien de l'aménagement qui renvoie à une activité de travaux publics, de génie rural... tantôt assurée par l'État, tantôt concédée à des entreprises mixtes ou privées. Cet aménagement ne se démarque guère des formes similaires d'équipement en milieu urbain sauf à privilégier l'étirement des réseaux plus que leur densification ou le renforcement des débits (Jung, 1972).

Les infrastructures de transport constituent un des axes forts de cette politique. Certains réseaux viennent d'abord répondre aux besoins logistiques des complexes agroalimentaires : avec le programme « voie fluviale Paraguay-Parana » (1995), les cinq pays du bassin de la Plata ont entrepris de créer, par dragage et balisage des voies d'eau, « l'autoroute du soja » reliant bassins de production, unités de trituration et ports d'exportation. Mais les objectifs poursuivis sont souvent plus généraux comme dans le plan autoroutier du Massif central mis en œuvre par la DATAR à partir de 1967 dans le cadre de la politique de rénovation rurale ; le désenclavement y a permis, outre la relance de certaines filières agricoles, l'implantation de nouvelles activités dans des zones aménagées par les communes.

La mobilisation et la distribution de l'eau participent aussi de ces équipements majeurs, facteurs de progrès qui requièrent l'intervention publique. Dans les « civilisations de l'hydraulique », notamment en Asie des moussons, les figures de la maîtrise de l'eau s'enracinent dans le plus lointain passé et les aménagements actuels combinant barrages-réservoirs et canaux sont conçus dans une logique d'aménagement total à la fois pour irriguer, produire de l'hydroélectricité et lutter contre les inondations. Le système pakistanais est toujours une affaire d'État gérée par un organisme public, le Water and Power Development Authority, qui emploie 80 000 personnes. De même, la métamorphose des campagnes espagnoles est le fruit d'une ambitieuse politique de l'eau, avec la construction d'hyperbarrages de régularisation interannuelle pour alimenter les nouveaux périmètres irrigués. Le plan « hydrologique national » de 1993 prévoit des transferts hydriques massifs du Tage au Segura, de l'Ebre à l'Andalousie. Sur tous ces territoires, les investissements hydrauliques de la collectivité demeurent une priorité, inclus dans un complexe global de diffusion des innovations — à l'image de la révolution verte.

Les autres formes d'intervention sont multiples depuis le soutien aux prix jusqu'à l'octroi de crédits bonifiés pour acquérir du matériel en passant par les aides à l'agrandissement des exploitations, les encouragements à la diversification, les sessions techniques de formation… Toutes ces mesures ont participé de la mise en place des grands bassins de production spécialisés à l'image des « greniers du monde » (Charvet, 1985) ou, plus modestement, du « modèle agricole breton » dans les années 70 (Canevet, 1992). Elles apparaissent particulièrement sélectives tant à l'échelle internationale si l'on compare les expériences asiatique et africaine qu'à grande échelle où les laissés-pour-compte de la modernisation sont nombreux, accentuant les phénomènes d'exode, voire de désertification, si bien que les politiques d'aménagement se veulent aujourd'hui plus globales, ne cherchant plus à promouvoir la seule fonction nourricière de l'espace rural mais aussi tous les autres usages.

Conserver et mettre en scène

L'agriculture n'apparaît plus en effet comme l'unique enjeu d'un espace rural devenu multifonctionnel où les agriculteurs sont désormais minoritaires tant en

Europe qu'en Amérique du nord. D'une part, elle a quasiment déserté certaines régions qui, faute d'avoir pu s'adapter au productivisme, sont à la recherche d'une reconversion ; de l'autre, elle entre en concurrence avec l'étalement urbain et les activités de loisirs et doit alors servir d'écrin ; enfin elle est sommée de répondre aux nouveaux besoins de qualité alimentaire, d'authenticité jusqu'à être érigée en patrimoine au même titre que le paysage qu'elle a profondément transformé (Chiva, Dubost, 2001). Cette nouvelle donne débouche sur des formes d'aménagement rural renouvelées, soucieuses de maintenir un réel maillage de l'espace par rééquilibrage des territoires, attachées aussi à promouvoir un développement plus respectueux de l'environnement.

Le rééquilibrage des territoires : soutenir les zones fragiles

La seconde révolution agricole a révélé les difficultés de certains espaces à s'engager dans la modernité agricole, et, au-delà, dans des mutations économiques plus larges. Devant le risque de voir se développer des déséquilibres régionaux, des actions volontaristes ont été conduites, dès la fin des années 60, en Europe du nord mais aussi en France.

Les premières politiques mises en œuvre tendent à intervenir ponctuellement en fonction des faiblesses constatées qu'elles soient issues de handicaps géographiques (enclavement et faible semis urbain), naturels (pentes interdisant la mécanisation), démographiques (faible densité et population vieillie après l'exode rural), structurels (petites structures et terres morcelées) ou économiques (absence d'un tissu élémentaire d'activités)... Si le volet agricole reste important dans ces politiques sectorielles, ces dernières s'appliquent aussi aux autres activités. La décentralisation industrielle française a induit, de 1955 à 1985, quelque 90 000 emplois secondaires dans le milieu rural, avec un effort particulier sur le tissu local de PME-PMI. C'est par exemple la lunetterie du Jura qui a reçu, à partir de 1977, un soutien logistique du Fond interministériel de développement et d'aménagement rural, pour créer des centres techniques spécialisés, une bourse régionale de la sous-traitance et promouvoir des actions de promotion dans les grands salons français et étrangers (Laborie, Langumier, De Roo, 1985). On aboutit aujourd'hui, dans le sillage de la notion de district industriel, à de nouvelles procédures avec la prime d'aménagement du territoire « Petits projets » ou « l'Aide à l'investissement et à l'installation en zone rurale (AIIZR) », toutes deux instituées en 1990 et gérées par deux nouveaux fonds depuis 1992 (le FAD ou Fonds d'aide à la décentralisation et le FAIZR ou Fonds d'aide à l'investissement en zone rurale).

Les services, qui fournissent un ancrage aux populations, ont également fait l'objet d'investissements prioritaires dans les secteurs menacés de dévitalisation. La politique du *welfare state* a maintenu, dans les territoires du Norden de l'Europe du nord où les densités tombent à quelques habitants au km^2, les services élémentaires comme l'école ou le guichet de poste ; ailleurs, comme en Angleterre ou en France, le regroupement communal et la polyvalence des services sont à l'ordre du jour. Mais l'essentiel des aides va au tourisme qui est perçu comme l'outil le plus efficace de redynamisation rurale. Le modèle norvégien ou autrichien est basé sur un tourisme diffus et des équipements modestes financés par les locaux grâce à des prêts avantageux ou des soutiens à la double-activité. Dans le Gudbrandsdal, au nord de Lillehammer en Norvège, les agriculteurs-forestiers locaux réunis en association ont ainsi pu transformer leurs chalets d'alpage en résidences secondaires et construire des petits chalets de loisir au confort rudimentaire pour la location (Croix, 2000). À l'inverse, en France ou en Italie l'équipement touristique s'est décliné en grandes stations créées de toutes pièces au-dessus des villages traditionnels par un promoteur ou maître d'œuvre unique, semi public le plus souvent (stations intégrées du Plan neige dans les années 60 comme Flaine dans les Alpes du Nord).

Les domaines de ces politiques sectorielles n'ont cessé de s'élargir depuis vingt ans, multipliant les types d'aides et les organismes chargés de les distribuer, d'autant qu'en parallèle les critères de fragilité des espaces ont été affinés. La moitié de la SAU européenne est désormais classée en zone défavorisée (les PDR) selon deux problématiques différentes : la zone défavorisée simple est fixée selon des critères socioéconomiques, notamment démographiques et agricoles, alors que les zones de montagne et de piémont sont définies sur des critères de pente et d'altitude, chacune émargeant à de multiples programmes d'aides et de réaménagement (objectif 5b, programmes Leader ou Interreg…). Politiques et chercheurs s'accordent aujourd'hui sur le trop grand éclatement des mesures d'aménagement rural pour les zones fragilisées. Le débat renvoie à la notion d'unité spatiale d'aménagement, débat récurrent à tout aménagement du territoire : cela revient à faire émerger la spécificité de certains espaces, bref un fait territorial en tant qu'objet.

Certains pays alpins ont ainsi tenté d'élaborer une politique d'aménagement de la montagne. La Suisse a adopté dès 1974 la Loi d'investissement en montagne qui, à partir d'objectifs généraux de développement, définit cinquante-quatre territoires d'application originaux en fonction de critères socioéconomiques et géo-naturels : on aboutit donc à des actions sectorielles territorialisées qui, en transcendant les découpages administratifs cantonnaux, fondent une nouvelle territorialité. La loi Montagne française votée en 1985 — après vingt ans de gestation — participe d'une démarche similaire, qui gomme les appartenances administratives départementales ou régionales en institutionnalisant la notion de massif montagneux comme territoire d'aménagement, et autorise des dispositions dérogatoires aux lois communes (notamment en matière d'urbanisme ou d'imposition) au nom de la solidarité nationale.

La nouvelle politique française d'aménagement initiée en 1995 pour les zones fragiles semble s'orienter vers des pratiques plus territoriales. Elle retient notamment les mesures dérogatoires : les territoires ruraux de développement prioritaire (TRDP) et les zones de revitalisation rurale (ZRR) qui couvrent près de 52 % de la superficie totale métropolitaine dont les espaces montagnards, doivent bénéficier d'allégements progressifs en matière fiscale. Surtout, ces transferts financiers massifs, qui sous-tendent des logiques de rééquilibrage des territoires, sont expressément justifiés par les nouveaux usages publics de l'espace rural, promu « espace de nature » pour les populations urbaines.

Un nouvel enjeu : la mise en patrimoine de l'espace rural

L'espace rural s'apparente aujourd'hui à un espace « consommable » au titre de bien collectif. Cette campagne désirée est tout d'abord un paysage, un cadre champêtre que les activités agricoles doivent embellir et respecter au nom de l'intérêt général ; c'est aussi une campagne à rêver où l'on cherche des racines ; c'est enfin une campagne ouverte qui appelle une véritable mise en scène (Berger, 2001). On retrouve là toutes les formes nouvelles d'aménagement rural liées à la montée du courant environnementaliste qui entend promouvoir un développement durable dans les espaces fragiles.

Les premiers dispositifs législatifs datent, dans l'Union européenne, de 1985 avec l'article 19 instaurant une « Aide dans les zones sensibles du point de vue de l'environnement et des ressources naturelles ainsi que du point de vue du maintien de l'espace naturel et du paysage ». Dès 1987, le ministère de l'Agriculture britannique agrée, sur 750 000 hectares, une vingtaine de projets, les *Environnemental Sensitive Area*, basés sur le maintien de pratiques agricoles traditionnelles à des fins de protection du paysage. Le mouvement a la même vigueur en Allemagne où le programme bavarois porte sur près de 1,5 million d'hectares d'alpages avec arrêt de la fertilisation chimique contre versement d'un soutien au revenu. L'adoption de ces mesures par la France sera plus tardive, rendue obligatoire par la nouvelle Politique agricole commune de 1992 qui institue les mesures agro-environnementales (MAE), et par la loi française Paysage de la même année complétée en 1995 par la loi sur l'Environnement. Outre la promotion des pratiques extensives de l'élevage avec la prime à l'herbe, les actions menées à l'échelle locale ont pris la forme d'Opérations groupées d'aménagement foncier-environnement (OGAF) qui, dans le cadre de contrats quinquennaux conclus entre les agriculteurs, le Ministère de l'agriculture et les collectivités locales, incitent, par le versement d'une prime, au maintien ou au retour à une agriculture douce susceptible de valoriser l'environnement (Croix, 1998).

Dans nombre de cas, on débouche sur une labellisation du territoire, via des produits agricoles qui affichent leur appartenance à un terroir caractérisé par des techniques de production moins agressives pour le milieu. Intérêts agricole, paysager, écologique et touristique apparaissent donc étroitement imbriqués ; et certains « labels de paysages de reconquête » décernés par le ministère de l'Environnement (des houblonnières des monts de Flandre aux territoires d'estive des fromages de Laguiole ou du Beaufort) sont à l'origine de démarches de développement local dans le cadre de territoires de projet ou pays institués par la loi de 1995. Ainsi l'opération locale « Oliveraie des villages perchés de Haute-Provence », basé sur la rénovation et l'entretien des oliveraies afin de lutter contre les incendies, a permis l'obtention d'une Appellation d'origine contrôlée huile de Haute-Provence et la mise en place d'une route de l'olivier avec points de vue et haltes qui donnent à voir les savoir-faire techniques de l'oléiculteur. Ce projet, porté par les agriculteurs regroupés dans un syndicat, les communes soucieuses de leurs attraits touristiques et des associations pour la défense du paysage méditerranéen, émarge à de multiples financements : français avec le ministère de l'Agriculture, les Conseils régionaux et généraux (aides pour le développement territorial), européens (programme Leader et PDR) (fig n° 63).

Ces actions de réaménagement restent toutefois très éclatées en France. Conçues pour les zones défavorisées, elles forment une « peau de léopard » sur le territoire : certains exploitants des périmètres éligibles ne participent pas et les contractants ne le font que pour quelques parcelles (871 hectares pour l'OLAE olive sur 63 communes). Rien de tel en Angleterre où les enjeux paysagers sont anciens et fortement relayés par la société. Les aménageurs du monde rural y ont pris acte de l'inévitable retrait de la production agricole sur une grande partie de la SAU et de la nécessité d'une vision élargie des tâches de l'agriculture sans hiérarchie de valeur ; ils s'attachent à promouvoir des formes d'ouverture des espaces ruraux

- Autour des bâtiments :	Planter une haie brise-vent pour protéger l'élevage de poulets des vents du Nord.
- Le long de la R.D. 36 :	Planter une haie basse et un alignement d'arbres à grand écartement.
- Sur les côteaux :	Planter une haie basse anti érosive, planter les pentes fortes du côteau.
- Le long des ruisseaux :	Mettre une bande enherbée de 10 m de large et créer un cheminement permettant l'entretien du ruisseau et la randonnée.

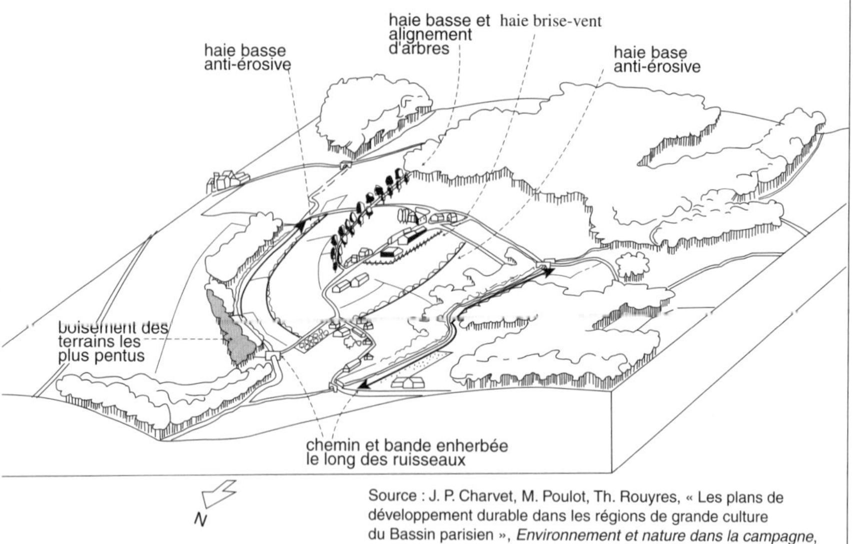

Source : J. P. Charvet, M. Poulot, Th. Rouyres, « Les plans de développement durable dans les régions de grande culture du Bassin parisien », *Environnement et nature dans la campagne*, PUR, 1998, p 164

Figure 63 : **Les aménagements paysagers dans le Plan de développement durable de La Ferté-Vidame (28)**

La replantation de haies ou la recréation de bandes enherbées ou emboisées le long des cours d'eau sont parmi les marques paysagères les plus symboliques des nouveaux aménagements : le paysage de l'agriculture doit être un paysage à voir et à rêver.

(cheminements, lieux d'information ou d'apprentissage des savoir-faire locaux), avec à terme une reconnaissance du droit de jouissance à égalité avec celui de propriété (Lowenthal, 1996). Un organisme comme le National Trust (2 millions d'adhérents) a choisi d'ouvrir à la visite de vastes ensembles agricolo-paysagers et le site le plus visité est l'ancien domaine de Beatrix Potter, soit plusieurs milliers d'hectares de pâturages dans le Lake District exploités selon des pratiques extensives dans un paysage façonné par les dernières glaciations.

Les évolutions récentes montrent donc une tendance forte à la mise en protection de certains territoires ruraux. Les premières mesures de sauvegarde ont concerné les sites et paysages remarquables avec comme référent, la nature, voire la grande nature. Ce sont, à la fin du XIXe siècle, les premiers parcs naturels en Amérique du Nord avec Yellowstone (1872) puis Yosemite (1890) ; ce sont en Europe les réserves naturelles dès le début du XXe siècle, puis depuis cinquante ans les parcs naturels nationaux surtout de montagne ou de littoral (165 en 1998 contre 28 en 1938). Territoires d'exception, lieux d'étude des écosystèmes, leur utilité sociale ressortit tout autant au travail scientifique qu'à l'invention de nouveaux rapports entre l'homme et la nature ; et à l'heure du tourisme de masse ils sont devenus tellement fréquentés que les parcs américains ont institué un système de réservations et ferment quand la densité touristique dépasse certains seuils (Richez, 1992).

Aujourd'hui, les nouveaux espaces de protection sont plutôt implantés dans les zones fragiles de l'espace rural promues dans le nouvel aménagement comme conservatoires de paysages mais aussi de pratiques et de produits agricoles. Il en est ainsi depuis 1967 des parcs naturels régionaux en France, au nombre de 39 en 2001, avec une bonne vingtaine en attente de classement. La quasi-totalité des chartes décline des projets qui combinent étroitement le naturel et le culturel au sens large (art. 244 L1 de la loi Paysage). Le parc régional naturel du Livradois-Forez fonde son identité sur le paysage et la re-valorisation des chaumes ; avec le renouveau des pratiques d'estives dans les jasseries (bâtiments associés à l'élevage). L'association du parc a obtenu une appellation fermière pour la fourme, réactivé les anciennes fêtes locales et établi un circuit culturel pour découvrir les tourbières, les « raretés écologiques comme la gélinotte ou la grassette », et s'initier aux techniques de fabrication des toits en chaume.

De telles procédures de valorisation se retrouvent désormais partout, de plus en plus corsetées par des programmes internationaux (MAB de l'UNESCO, convention de Berne et de Bonn, accords de Rio). Le projet Natura 2000 (directive Oiseaux sauvages depuis 1981 et directive Habitats de 1992) doit ainsi permettre la constitution d'un réseau européen d'aires géographiques, dites Zones Spéciales de Conservation, capable de conserver la diversité génétique, d'espèces et de types d'habitat. Près de 14 000 sites sur 500 000 km2 ont été proposés par les États-membres dont la plupart marqués par la présence d'activités humaines, de l'agriculture au tourisme en passant par la chasse. L'objectif de ce Réseau est de faire de la protection de la nature un outil de gestion des territoires au même titre que l'agriculture : la nature y devient un critère de production que l'agriculteur doit intégrer en mettant en œuvre des pratiques agricoles nouvelles. Si les réticences sont multiples dans les espaces hautement productifs, la plupart des agriculteurs des sites inclus dans les PNR ont accepté des cahiers des charges allant en ce sens.

L'AMÉNAGEMENT URBAIN ET L'URBANISME

Protéger la ville contre elle-même

L'intervention politique sur le terrain de la ville remonte à ses origines : fortifications, palais, grandes perspectives et places destinées aux parades militaires et aux marchés. Toutefois, il s'agissait d'actions ponctuelles. L'urbanisme au sens contemporain du terme (le terme ne date lui-même que du début du vingtième siècle), est apparu vers la fin du XVIIIe siècle sous la forme d'une conception globale de l'organisation urbaine. Cette conception fut dictée par des impératifs en matière d'hygiène et de circulation. En effet, la ville héritée du Moyen Âge est sombre, peu aérée, la circulation y est difficile et dangereuse, les constructions anarchiques, les conditions d'hygiène sont déplorables et préjudiciables à la survie même des populations. Ainsi, on puise souvent les eaux destinées à la cuisine ou à la toilette dans les lieux où l'on déverse les eaux souillées.

L'urbanisme est donc d'abord né de l'intervention des médecins. Il devient l'affaire des ingénieurs, des urbanistes et des politiques au dix-neuvième siècle (Dupuy, 1992). Apporter l'eau propre, évacuer l'eau usée, ramasser les ordures, assurer un service de santé publique, créer des voies où les piétons seront en sécurité sur des trottoirs tandis que les véhicules pourront circuler plus facilement, créer des jardins publics, des parcs urbains et arborer les grandes voies sont les premières actions en matière d'aménagement urbain, aujourd'hui banales.

Dans le courant du XIXe siècle, toutes les grandes villes des pays industrialisés confrontées à la nécessité d'assainir le milieu de vie urbain, mettront en œuvre des politiques d'urbanisme à peu près comparables : adduction d'eau et traitement des eaux usées, traitement des déchets, transports collectifs, illumination des rues durant la nuit, dispensaires. En France, c'est sous le Second Empire que le baron Haussmann lance à Paris une politique d'urbanisme de « régularisation », appuyée sur ce qu'on appellerait aujourd'hui l'ingénierie urbaine, toute nouvelle à l'époque. Ce véritable modèle de l'intervention publique sur les formes de la ville fera école dans plusieurs capitales européennes et dans de nombreuses villes de province (Choay, 1965).

Parallèlement à la remise en forme des centres urbains anciens, la révolution industrielle s'est traduite par la croissance vertigineuse des banlieues : habitat souvent sordide et usines polluantes, dans un lacis de voies tracées sans plan d'ensemble, telles sont les banlieues héritées de l'industrialisation dans toutes les grandes villes du monde, faubourgs insalubres dans les pays d'Europe au début du vingtième siècle, bidonvilles précaires dans les pays sous-développés encore cent ans plus tard, dans des contextes semblables de concentration des hommes et des activités dans les plus grandes villes, et en particulier dans les capitales politiques des États, qui s'étalent sans se structurer. Paris et Londres n'ont fait que précéder à la fin du XIXe siècle, Mexico ou Bombay.

Des principes constants : séparer les fonctions et faire circuler

Les politiques d'aménagement urbain lancées dès la première moitié du XXe siècle ont pour but d'apporter des solutions à ces problèmes, par la séparation des fonctions urbaines, habitat et emploi, et la création de voies routières et ferro-

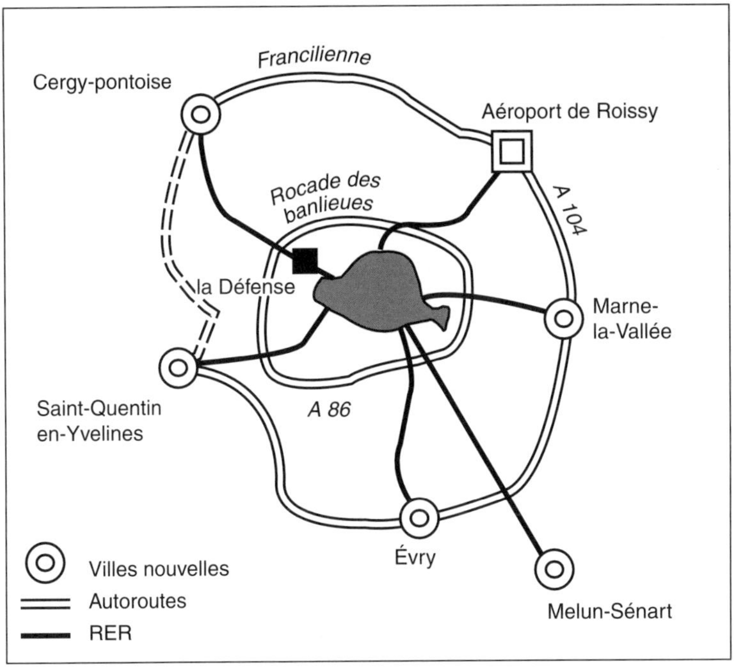

Figure 64 : **Les principes fondamentaux de l'aménagement de la région parisienne dans le SDAU de 1976.**

viaires modernes à grand débit pour relier entre elles rapidement les zones fonctionnelles, voire par la création de villes nouvelles. On parle alors de *zoning* urbain. Il s'agit d'une véritable planification spatiale. L'architecte et urbaniste Le Corbusier a laissé son nom à cette forme d'urbanisme appelé « fonctionnalisme » (Le Corbusier, 1925). Mais l'aménagement des plus grandes villes se confond presque toujours aujourd'hui avec l'aménagement régional.

Dans un contexte géographique où le sol est rare et cher, où la concurrence entre les activités et les groupes sociaux est exacerbée par la densité et le voisinage, il paraît difficile de conserver aux aires urbaines leur unité sociale et culturelle et leur efficacité dans la production de richesses économiques, sans une intervention permanente et fine de la puissance publique, aussi bien dans le domaine de la programmation des équipements publics que dans la fixation de règles collectives. La ville est en effet un milieu où la coproduction du territoire par la puissance publique et par les particuliers est manifeste (Claval, 1981).

L'aménagement urbain se manifeste donc principalement par un ensemble de restrictions du droit de propriété, puisque le propriétaire et la parcelle doivent céder devant la collectivité et une vision planifiée de l'ensemble de l'espace urbain. Les règles d'urbanisme fixent la fonction des constructions, logements,

Aménagement de la région parisienne : le polycentrisme contre la congestion

L'aménagement de la région parisienne s'est traduit par une série de plan d'organisation ou de schémas directeurs depuis les années trente, pour déboucher sur l'actuel SDAURIF (RIF pour région Ile-de-France) en 1976. En raison de l'importance des enjeux économiques et sociaux pour la capitale, l'État ne s'est jamais dessaisi de son autorité sur l'aménagement de la région parisienne, auquel est associé le nom du préfet Paul Delouvrier. On peut voir dans ces différents plans une certaine continuité de la politique d'aménagement urbain. L'objectif constant a été de déconcentrer Paris, saturé de trafics, au profit de pôles secondaires dont on attendait la restructuration de la banlieue et la création de pôles et d'axes structurants aux franges de l'agglomération, pour contrarier l'étalement des banlieues modernes en tache d'huile. Ce système de pôles devait être mis en réseau par d'importantes réalisations en matière d'autoroutes et par la création d'un réseau de métro express régional (RER). Il n'était pas contradictoire avec la politique d'aménagement national en faveur des métropoles d'équilibre en province, car la croissance économique et démographique était alors vive. À l'échelle internationale, un nouvel aéroport, Roissy, devait pouvoir rivaliser avec celui de Londres, Orly ne pouvant faire face à la croissance du trafic aérien.

Des « pôles restructurateurs de banlieue » comme Créteil et Bobigny et cinq villes nouvelles ont donc vu le jour (Merlin, 1991). Le RER traverse Paris et les deux opérateurs ferroviaires franciliens, la RATP et la SNCF, exploitent les lignes en interconnection. Trois rocades autoroutières relient entre elles les grandes radiales. Une ceinture verte forme un ensemble de tampons entre les axes urbanisés. La configuration de l'aire urbaine parisienne doit donc aujourd'hui beaucoup aux politiques d'aménagement urbain, même si l'impact des initiatives privées, celles des entreprises, des collectivités locales et des ménages, ont souvent contrarié l'intervention volontaire de l'État.

bureaux, ateliers, commerces, la hauteur et le volume des bâtiments, voire le style architectural. Ce sont les schémas directeurs et les plans d'occupation des sols, auxquels s'ajoutent d'autres documents d'urbanisme, comme la protection du patrimoine architectural et naturel, qui fixent les limites de la liberté individuelle en interdisant, en obligeant et en autorisant la construction et la démolition. Il n'est pas d'aménagement urbain sans permis.

En France, c'est la loi d'orientation foncière (LOF) de 1967 qui a institué les schémas directeurs d'aménagement et d'urbanisme (SDAU). Conduits sous l'autorité de l'État, ils ont structuré les projets d'organisation spatiale des agglomérations dans leur ensemble durant les trente dernières années, et les plans d'occupation des sols (POS) ont prévu, dans chaque commune, l'affectation des sols et fixé les règles d'urbanisme (Choay, Merlin, 1996). Mais l'aménagement urbain a perdu de sa force avec l'étalement périurbain. La loi Solidarité et Renouvellement urbain (SRU) de 2000 relance les processus de planification spatiale des aires urbaines dans le cadre de projets territoriaux confiés à l'initiative des collectivités locales, en instituant des schémas de cohérence territoriale (SCOT), auxquels répondent, à l'échelle communale, les plans locaux d'urbanisme (PLU).

Références bibliographiques des auteurs cités

BAVOUX J.-J., Charrier J.-B. (1994), *Transports et structuration de l'espace dans l'Union européenne*, Masson.

BERGER A., dir., (2001), *Dynamiques rurales, environnement et stratégies spatiales*, CNRS, Université de Montpellier.

BONNAMOUR J., coord. (1996), *Agricultures et campagnes dans le monde*, Sedes.

CANEVET C. (1992), *Le modèle agricole breton*, PUR.

CHARVET J.-P. (1985), *Les greniers du monde*, Économica.

CHIVA I., DUBOST F. (2000), « L'invention du patrimoine rural », in *Vives campagnes, Autrement*, n° 194, pp. 11-56.

CHOAY F. (1965), *L'urbanisme, utopies et réalités*, Le Seuil.

CHOAY F. et MERLIN P. (1996), *Dictionnaire de l'urbanisme et de l'aménagement*, PUF.

CLAVAL P. (1981), *La logique des villes*, Litec.

CROIX N., coord., (1998), *Environnement et nature dans les campagnes, nouvelles politiques, nouvelles pratiques*, Presses universitaires de Rennes.

CROIX N., coord., (2000), *Des campagnes vivantes : un modèle pour l'Europe*, CESTAN-IGARUN.

DE KONINCK R., (1995), *Géographie universelle, Asie du Sud est, Océanie*, Belin-Reclus.

DUPUY G., (1991), *L'urbanisme des réseaux*, Armand Colin.

GEORGE Pierre et alii, 1964, *La géographie active*, PUF.

GRAVIER J.-F. (1947), *Paris et le désert français*, Flammarion.

HERVIEU B., VIARD J. (2001) *Au bonheur des campagnes*, Ed. de l'Aube.

JUNG J., (1972), *L'aménagement de l'espace rural : une illusion économique*, Calmann-Levy.

LABORIE J.P., LANGUMIER J.F., DE ROO P. (1985), *La politique française d'aménagement du territoire de 1950 à 1985*, La Documentation française.

LACAZE (1995), *L'aménagement du territoire*, Flammarion, coll. « Domino ».

Le CORBUSIER, (1925), *Urbanisme, Crès*, Flammarion, coll. « Champs » (éd. 1994).

LOWENTHAL D. (1996), « Paysages et identités nationales », in Jollivet M, Eizner N. (dir.), *L'Europe et ses campagnes*, Presses de Sciences Po, pp.245-271.

MERLIN P. (1995), *Les techniques de l'urbanisme*, PUF.

MERLIN P. (1997), *Géographie humaine*, PUF.

MICHEL M. (1994), *L'aménagement régional en France*, Masson.

PHLIPONNEAU M., (1960), *Géographie et action : introduction à la géographie appliquée*, Armand Colin.

REY V. (coord) (1996), *Les nouvelles campagnes de l'Europe centre orientale*, CNRS Editions.

RICHEZ G. (1992), *Parcs nationaux et tourisme en Europe*, L'Harmattan.

ROCHEFORT M. (1960), *L'organisation urbaine de l'Alsace*, Les Belles Lettres.

ROCHEFORT M. (1995), *Dynamique de l'espace français et aménagement du territoire*, L'Harmattan.

WOLKOWITSCH M. (1992), *Géographie des transports*, Armand Colin, coll. « U ».

Lexique
Bibliographie générale
Table des matières
Index

Lexique

Accessibilité : Capacité pour un lieu d'être atteint à partir d'autres lieux. L'accessibilité est fonction de l'efficacité des réseaux de transport, laquelle combine débit, vitesse et disponibilité.

Agraire : Tout ce qui touche au foncier, à l'appropriation et à l'aménagement des terres agricoles.

Agriculture : Ensemble des activités de production agricole qu'il s'agisse de cultures de végétaux ou d'activités d'élevage.

Agriculture biologique : Forme d'agriculture dans laquelle les producteurs s'engagent à respecter de façon stricte un cahier des charges visant à la protection de l'environnement en limitant l'emploi d'intrants d'origine industrielle.

Agriculture commerciale (ou de marché) : Forme d'agriculture dans laquelle la quasi totalité de la production agricole est écoulée sur des marchés qui peuvent être locaux, régionaux, nationaux ou internationaux.

Agriculture extensive : Forme d'agriculture qui se caractérise par de faibles rendements par hectare cultivé ou par de faibles charges en bétail par hectare pâturé et qui consomme donc beaucoup d'espace pour parvenir à une production donnée.

Agriculture intégrée : Forme d'agriculture qui est organisée en fonction de contrats passés d'une part avec des firmes situées en amont de la production, fournissant des intrants, et d'autre part avec des firmes situées en aval qui assurent la commercialisation, le conditionnement ou/et la transformation des productions agricoles. Les mêmes firmes se retrouvent parfois en amont et en aval des producteurs agricoles qui se trouvent alors en quelque sorte transformés en travailleurs à façon.

Agriculture intensive : Forme d'agriculture qui se caractérise par l'obtention de rendements élevés par hectare cultivé ou par de très forts chargements en bétail par hectare exploité et qui consomme donc très peu d'espace pour parvenir à une production donnée.

Agriculture vivrière (ou de subsistance) : Forme d'agriculture dans laquelle la quasi totalité de la production agricole obtenue se trouve consommée par l'agriculteur et par les membres de sa famille.

Agrosystème : Écosystème comprenant des plantes cultivées et/ou des animaux élevés par l'homme ainsi que les milieux physiques mis à contribution dans ce contexte.

Aire linguistique : Étendue où se distribuent les locuteurs d'une langue donnée.

Aire religieuse : Étendue où se distribuent ceux qui se réclament d'une religion donnée.

Aménagement du territoire : Action publique donc volontaire et continue d'une société sur la portion d'espace terrestre qu'elle contrôle.

Aménité : agrément, attraits d'un lieu. On parle d'aménités culturelles, résidentielles, climatiques, etc.

Analyse spatiale : Analyse formalisée de la configuration et des propriétés de l'espace produit et vécu par les sociétés. Cette analyse cherche, dans les relations horizontales entre les lieues, à définir les composantes des disparités de la mise en espace de la surface de la terre. Ces relations résultent de la manière dont, compte tenu de leurs caractéristiques anthropologiques, des formes de leur organisation sociale et de l'état des techniques, ces sociétés produisent de l'espace géographique.

Apartheid : Le mot signifie « séparation ». Il s'agit d'une politique officielle de ségrégation, soit de systématisation de la séparation des hommes, dans l'espace et dans les fonctions sociales, selon la couleur de leur peau. Elle fut mise en œuvre par l'État sud-africain de 1950 à 1990.

Arrière-pays : Ensemble des lieux susceptibles d'être atteints dans un délai acceptable par les chargeurs à partir d'un port. Le recoupement des arrière-pays de différents ports permet de faire jouer la concurrence entre ces derniers ce qui explique leur souci de développer leurs accès terrestres et fluviaux le plus loin possible.

Assignation : Obligation faite à une personne de résider en un lieu donné. Elle peut être imposée de manière explicite par une autorité. Le plus souvent, elle résulte de l'incapacité économique, socioculturelle ou psychologique de l'assigné à élire domicile en dehors de l'aire et du logement où le jeu combiné de ses conditions d'existence et de l'action publique l'ont conduit.

Assolement : Succession régulière des cultures dans le temps sur un espace agricole donné.

Banlieue : Espace périphérique enveloppant les centres et péricentres urbains, souvent situé à l'extérieur du territoire administratif des unités urbaines centrales. Formée de lotissements, de maisons individuelles et de grands ensembles (ou cités) d'habitat social, elle constitue de vastes ceintures autour du tissu dense et serré des villes-centres.

Bassin : Espace présentant une forte unité interne. On parle de bassin sédimentaire (unité géologique), de bassin hydrographique (espace drainé par un fleuve), de bassins houiller ou industriel (unités économiques) ou encore de bassin d'emplois (espace à l'intérieur duquel les entreprises concentrent la main-d'œuvre).

Bassin de production agricole : Espace agricole étroitement spécialisé dans une production agricole donnée : on parle de bassin laitier, de bassin céréalier, de bassin arachidier, de bassin caféier...

Bien-être : État de satisfaction individuelle et collective naissant de relations harmonieuses, paisibles, génératrices de bonheur entre l'homme considéré comme une personne, la société et le milieu géographique. Dans l'absolu, impression propre à chaque individu que ses besoins de tous ordres sont satisfaits. C'est avant tout un état moral et psychologique associé à un sentiment de plénitude physique.

Bocage : Paysage agraire qui se caractérise principalement par la présence de haies et par une dispersion marquée de l'habitat.

Campagne : Au sens premier : espace rural marqué par la présence d'une paysannerie plus ou moins nombreuse. Dans un sens plus étroit (celui d'*openfield*) : paysage agraire caractérisé par une quasi absence de haies et d'arbres dans les champs ainsi que par un groupement marqué de l'habitat.

Centralité : On entend par centralité le degré de complexité fonctionnelle acquis par un centre et qui lui confère une puissance d'attraction sur une région ou sur une périphérie. L'attraction d'une ville se manifeste dans un environnement de centres concurrents pour cette maîtrise du territoire et donc, de centres interdépendants.

Collectivisation/décollectivisation : La collectivisation des moyens de production, dont la terre, est un des fondements, avec la planification centralisée des économies socialistes. Depuis 1990, le processus inverse est à l'oeuvre avec réappropriation privée et renaissance des entreprises familiales.

Commodité (de l'anglais : *commodity*) : Produit de base normalisé et standardisé pour lequel la concurrence ne porte que sur le prix et dont le cours peut donc être fixé sur un marché à terme.

Complexe industriel : Regroupement spatial d'entreprises entretenant des relations très étroites de clients à fournisseurs. Jean Chardonnet a distingué en 1953 trois types de complexes industriels : ceux fondés sur les ressources naturelles (houille, fer, pétrole), ceux situés sur les nœuds de transport et les lieux de rupture de charge, enfin les grands complexes à base humaine (grands marchés urbains).

Décentralisation industrielle (politique de) : Déplacement d'unités de production industrielle à partir d'une agglomération urbaine vers d'autres lieues. En France, il s'est agi d'une politique essentielle de rééquilibrage entre « Paris et le désert français ».

Désaffiliation : Réalité ou représentation, pour un individu, de son éviction du groupe social auquel il avait le sentiment d'appartenir. Le chômage et les handicaps physiques ou psychologiques pour toutes les catégories d'âges, l'échec des jeunes à trouver un emploi tendent ainsi à les isoler et à les désocialiser par rejet, ou refus d'intégration de la part de groupes de référence porteurs de fortes valeurs identitaires.

Déterminisme physique : Doctrine selon laquelle les faits géographiques, y compris ceux qui résultent de l'action de l'homme, sont déterminés par le milieu physique où ils se situent.

Développement : Processus d'accroissement de la richesse et d'amélioration des conditions d'existence (matérielles, sanitaires, culturelles, affectives et politiques) d'une population se prenant en charge.

Développement durable : Développement économique et social fondé sur une utilisation raisonnable équitable et solidaire des ressources afin de préserver l'environnement et l'héritage des générations futures.

Développement local : Processus permettant la création d'emplois dans un espace donné. On parle de développement local « endogène » si les initiatives sont dues à des habitants de cet espace.

Disqualification : Double processus par lequel l'individu perdant sa fonction et sa qualification professionnelles ou économiques, enregistre en même temps un déficit d'insertion relationnelle et sociale.

District industriel : Espace dans lequel existent de fortes synergies entre des activités de production industrielle réalisées le plus souvent dans le cadre de petites ou de moyennes entreprises.

Double culture (en anglais : *double cropping*) : Organisation de la production agricole qui permet d'obtenir au cours d'une période de douze mois deux récoltes successives sur une même parcelle cultivée. Ceci implique le choix de plantes à cycle végétatif relativement court (quatre à cinq mois) ainsi que l'existence de conditions thermiques et pluviométriques favorables tout au long de l'année, à moins que l'on puisse irriguer.

Double-activité (pluriactivité) : Association de deux – ou plusieurs – activités, ainsi, sur une exploitation agricole, l'accueil à la ferme et la production de denrées agricoles par exemple.

Économies d'agglomération : Économies qui proviennent, soit de la concentration spatiale de plusieurs établissements d'une même entreprise (économies internes à l'entreprise) soit du regroupement en un même lieu de plusieurs établissements juridiquement indépendants qui tirent avantage à la fois de leur réunion et de l'accès à des équipements communs, de la proximité d'un milieu favorable au développement de l'activité (économies externes).

Économies d'échelle : diminution du coût unitaire d'un bien grâce à l'augmentation des quantités produites.

Enclavement : effets liés, pour un territoire, à une accessibilité jugée trop faible. C'est une notion relative (tout dépend de l'accessibilité des autres territoires), qui peut s'appliquer à différentes échelles : on parlera aussi bien de régions enclavées que de quartiers enclavés. Toute action susceptible d'améliorer l'accessibilité est une tentative de désenclavement.

Environnement : Équivalent de milieu géographique.

Espace : Ensemble des lieux situés à la surface de la terre. L'étude de l'espace, de son aménagement et de son organisation par les sociétés humaines, constitue le propos central de la géographie.

Espace vécu : L'ensemble des lieux fréquentés par une personne donnée, ou l'ensemble des personnes d'une société donnée. Ces lieux comprennent ceux où l'on vit quotidiennement, où l'on travaille quotidiennement ainsi que ceux que l'on visite occasionnellement. La conscience que nous avons de notre espace vécu dépend aussi des représentations que nous nous en faisons.

Espace-temps : Les portées ou ampleurs spatiales des déplacements, celles des attractions, des polarisations et des diffusions, dépendent des freins que la distance impose à un moment et dans un contexte donnés. L'espace temps correspond au lien qui s'établit à un moment donné entre temps et espace et qui situe les objets géographiques dans un espace relatif.

État-nation : Un État-nation est un État dont le territoire correspond à une nation, c'est-à-dire à une société dont les membres se réclament d'une histoire et d'une culture communes.

État-Providence : Traduction de l'expression anglaise *welfare state*, soit un « État du bien-être » prenant en charge le financement (public) des dépenses sociales. Dans un sens plus large, le terme désigne l'État interventionniste (théories de J. M. Keynes) de la seconde moitié du XXe siècle.

Exclusion : Mise à l'écart catégorique, souvent brutale et violente d'un individu ou d'un groupe par rapport à une communauté de référence dont ils sont ou non originaires. D'abord économique, l'exclusion concerne aussi les sphères sociale et culturelle. Elle peut aussi gagner le registre politique pour toucher à la globalité de l'existence, des pratiques et des représentations de l'exclu.

Exode agricole, exode rural : L'exode agricole correspond au départ définitif d'agriculteurs des campagnes vers les villes ; l'exode rural correspond au départ définitif pour les villes de catégories sociales résidant à la campagne qu'il s'agisse d'agriculteurs ou de non agriculteurs.

Filière agroalimentaire (voir aussi : agriculture intégrée) : Filière regroupant les différents maillons successifs de l'obtention et de la commercialisation d'une production agricole donnée. La constitution de filières agroalimentaires fortement structurées est très favorable à l'émergence de bassins de production agricole spécialisés.

Filière industrielle : Étapes successives ou synchrones entrant dans la fabrication d'un produit avant sa commercialisation et faisant intervenir différentes catégories d'acteurs. On parle de filières textile, électronique, automobile, etc., mais aussi de politiques de filière, pour décrire l'action spécifique des pouvoirs publics vis-à-vis de tel ou tel secteur.

Finage : En Europe occidentale, territoire d'une commune. En Afrique noire : territoire agricole.

Fonction : Rôle économique que joue une ville dans un ensemble de villes et, par là même, dans l'ensemble territorial auquel ces villes appartiennent. On peut utiliser aussi cette notion à propos d'une partie d'une ville, c'est-à-dire d'un quartier urbain.

Fordisme : Mode d'organisation du travail dans l'entreprise, inauguré aux États-Unis avant la Première Guerre mondiale par le constructeur automobile Henri Ford. Ce mode de production repose sur l'organisation scientifique du travail (travail d'exécution simple, à la chaîne et chronométré) et l'institutionnalisation du rapport salarial. Il garantit une rémunération du travail suffisamment élevée pour faire de l'ouvrier un consommateur de masse.

Fracture sociale : Expression traduisant, depuis la fin du fordisme, la séparation tranchée des sociétés des pays riches en deux sous-ensembles distincts, obéissant à des logiques socio-économiques et à des valeurs différentes. Cette vision d'une société duale séparant de façon hermétique des catégories sociales intégrées et des minorités toujours plus nombreuses d'exclus est sans doute simpliste.

Friche : Terre agricole jadis cultivée et où les activités de production agricole ont été définitivement abandonnées depuis plusieurs années au moins.

Front pionnier : Région agricole en cours de peuplement. Le front pionnier est la ligne qui sépare les espaces transformés après défrichement et mise en valeur agricole de ceux qui ne l'ont pas encore été.

Frontière agricole (front pionnier) : Le terme « frontière » renvoie ici à la *frontier* américaine soit à la zone aux contours flous entre terres indiennes et espaces colonisés par les populations d'origine européenne au XIXe siècle.

***Gated community* :** Lotissements ou quartiers des villes américaines constituant des enclaves isolées du reste de la ville, closes et gardées, habitées par des populations aisées soucieuses de se protéger de la délinquance urbaine, tout en vivant dans un cadre très agréable qu'elles gèrent et planifient. Le modèle tend à se propager plus particulièrement en Amérique du sud, en Afrique du sud et en Europe.

Gentrification (élitisation) : Processus de substitution sociale observable dans les centres-villes lors des opérations de réhabilitation ou de rénovation de leurs secteurs dégradés. Le retour de classes moyennes et aisées dans les centres s'effectue au détriment des catégories plus modestes rejetées vers la périphérie. Parallèlement, les fonctions économiques centrales (notamment le commerce) s'affinent.

Géographie spontanée : C'est l'ensemble des connaissances que chacun accumule depuis sa naissance sur l'espace qu'il fréquente. La géographie spontanée n'est pas scientifique, mais on peut en étudier scientifiquement le contenu.

Ghetto : À l'origine, quartiers de relégation des Juifs dans les villes d'Europe centrale et orientale. Dans son acception plus contemporaine (surtout anglo-saxonne et particulièrement américaine), le terme est réservé aux espaces urbains définis par une forte ségrégation, parfois encouragée par les pouvoirs publics, fondée sur des bases ethniques et économiques.

Habitat social (logement social) : Logements regroupés en grands ensembles (immeubles tours ou barres) ou en bandes d'habitation individuelles, construits en totalité ou en partie avec des financements publics. Ces logements « aidés », en location ou en accession à la propriété, sont (théoriquement) réservés à des populations modestes, pas assez solvables pour se loger dans le parc privé.

Hiérarchie : 1) Organisation d'un système en niveaux de pouvoir emboîtés. 2) Différenciation ordonnée d'un système en niveaux constitués chacun d'éléments d'autant moins nombreux qu'ils sont plus complexes (hiérarchie des villes). La représentation pyramidale peut être retenue dans les deux cas.

Hub and spokes (littéralement « moyeu et rayons ») : Il s'agit de réseaux centrés sur un ou plusieurs nœud(s) au niveau desquels toutes les lignes sont en correspondance. Cela permet aux transporteurs d'effectuer des liaisons entre n'importe quel point desservi et n'importe quel autre point via le *hub*, ce qui permet d'éviter la multiplication de liaisons directes à la rentabilité incertaine et d'optimiser le remplissage.

Interaction spatiale : Ensemble des effets produits par l'échange matériel ou immatériel entre deux entités localisées. C'est par ces échanges, que l'espace géographique est avant tout un produit social.

Intermodalité : Gestion des ruptures de charge entre des modes différents ; mise en place d'une organisation des transports combinant différents modes.

Investissements directs étrangers (IDE) : ils correspondent à une prise de participation supérieure à 10 % du capital d'une entreprise et témoignent de l'intérêt durable exprimé par un investisseur vis-à-vis d'une autre entreprise dont la maison mère est à l'étranger. Les IDE se distinguent des investissements de portefeuille, par définition beaucoup plus volatiles, et toujours inférieurs à 10 % du capital.

Isochrone : Mode de représentation joignant entre eux par des lignes l'ensemble des lieux accessibles dans un laps de temps donné à partir d'un point de référence.

Jachère : Terre agricole mise momentanément en repos, en général pour une année, mais parfois pour plusieurs années. Pour les agronomes la jachère est travaillée alors que la friche ne l'est pas. Une jachère peut être pâturée. La mise d'une terre en jachère peut s'expliquer par la nécessité d'en reconstituer la fertilité ou par celle de réduire l'offre de produits agricoles afin d'éviter une trop forte baisse de leurs cours.

Latifundium (pl. *latifundia*) : les *latifundia* sont de très grandes exploitations agricoles détenues par des propriétaires absentéistes (non résidants sur leurs domaines), gérées par des régisseurs et faisant appel à une nombreuse main-d'oeuvre d'ouvriers agricoles mal payés. Les *latifundios* (Espagne, Amérique latine) ou *latifundi* (Italie) sont surtout voués aux cultures et à l'élevage extensifs.

Lieux centraux : Tous les lieux ne sont pas équivalents. Certains concentrent les services destinés à tous les lieux d'un espace donné. Ce sont les lieux centraux. Les villes sont des lieux centraux.

Logistique : Gestion optimale des flux de marchandises, tant pour ce qui concerne l'approvisionnement d'une activité (logistique amont) que la distribution de ses produits (logistique aval). Le logisticien combine ou met en concurrence différents modes ou différents enchaînements de modes. Son rôle s'est notablement accru avec la disparition des stocks et la multiplication des phases de transport au sein des processus de production.

Marginalité : Attitude plus ou moins délibérée de retrait, de démarquage, de mise à l'écart d'un système (social, culturel, spatial, etc.). C'est un refus de se conformer aux règles collectives et aux valeurs dominantes, sans pour autant s'extraire complètement d'une société dont le marginal tire l'essentiel de ses ressources (mendicité, parasitisme, trafics illégaux et délinquance).

Matières premières : Produits de base utilisés dans les industries. Les grandes matières premières viennent du sous-sol, de la forêt, de l'agriculture.

Mesures agro-environnementales (MAE) : Politique initiée par la nouvelle Politique Agricole Commune de 1992 qui, contre versement d'une prime, invite les agriculteurs à promouvoir des techniques de culture plus respectueuses de l'environnement.

Métropolisation : Processus qui, tablant sur la qualité de l'accessibilité des grandes et très grandes villes, et sur la diversité et la dimension de leur milieu économique et humain, donne à celles-ci une position de nœud privilégié dans les réseaux de la mondialisation. Les évolutions du portefeuille d'activités de ces métropoles, ainsi que celles de leur structure sociale reflètent leur adaptation aux fonctions associées à cette position.

Microfundium (pl. *microfundia*) : Exploitation agricole de très petite taille (en général moins d'un hectare) donnant lieu, le plus souvent, à une agriculture intensive en zone irriguée.

Migrants alternants : Actifs effectuant quotidiennement au minimum un parcours aller-retour domicile-travail. Ils sont également appelés navetteurs ou migrants quotidiens.

Milieu géographique : Le milieu géographique d'une société humaine ou animale est composé des éléments naturels dans lesquels cette société vit (nature du sol, climat, associations végétales etc.), mais aussi des éléments qui sont le fruit de l'aménagement du milieu naturel par l'homme.

Misère : La « grande misère de condition » est un état d'extrême pauvreté, de faiblesse et d'impuissance rendant la vie douloureuse et insupportable. Pierre Bourdieu observe qu'il existe aussi une « misère de position », ou « petite misère ». Il s'agit d'une souffrance vécue, dans le champ social et spatial, par tous ceux qui ressentent l'humiliation d'une domination, qui éprouvent un sentiment d'injustice, ou simplement des vexations et des conflits quotidiens devenant, au fil des jours, intolérables.

Mode de faire valoir : Régime juridique fixant les relations entre le propriétaire et l'exploitant d'une terre agricole. On parle de faire valoir direct lorsque l'exploitant et le propriétaire sont une même et unique personne. Pour le faire valoir indirect il faut distinguer fermage et métayage. Dans le cas du fermage le propriétaire n'apporte que le foncier et reçoit une rémunération annuelle fixée à l'avance par un bail de fermage. Dans le cas du métayage, le propriétaire apporte en plus de la terre agricole une part plus ou moins importante du capital d'exploitation : il est rémunéré par un pourcentage plus ou moins important de récoltes qui varient d'une année agricole à l'autre.

Modèle industriel : Ensemble des principes organisationnels et sociaux régissant de façon cohérente le système de production à un moment donné. Trois principaux modèles industriels se sont succédés (production artisanale, fordisme, post-fordisme), entraînant à chaque fois des ruptures essentielles dans la géographie de la production, du fait des innovations apportées.

Multimodal : Utilisant successivement ou offrant plusieurs modes de transport.

Niveau de vie : C'est l'ensemble des biens et des services qu'un individu peut se procurer avec son revenu.

Pauvreté absolue : Se réfère à un état de privation individuelle ou collective mettant en péril des fonctions physiologiques vitales qui exigent la consommation minimale d'un ensemble de biens et de services : nourriture, vêtements, logement, soins.

Pays : Cette unité difficile à délimiter, intermédiaire entre la région et la commune, a été promue par la Loi française d'orientation, d'aménagement et de développement du territoire de 1995, comme une échelle majeure dans le processus de développement local en tant que territoire de projet.

Paysage : Le paysage est pour le géographe l'étendue qui se montre au regard d'un observateur. Il révèle des formes qui expriment le milieu naturel et la façon dont les hommes le transforment. Mais le regard de l'observateur n'est pas neutre comme un objectif d'appareil photographique. Il révèle aussi la manière de regarder de l'observateur lui-même.

Paysage agraire : À l'intérieur d'un paysage, on peut limiter l'observation aux formes visibles dans les campagnes : la disposition des champs, des bois et des autres formations végétales, le tracé des chemins, l'aspect de l'habitat. Le paysage agraire révèle les pratiques actuelles des agriculteurs, mais aussi l'histoire de la mise en valeur.

Paysan : Habitant des campagnes vivant principalement de l'agriculture et profondément enraciné dans le territoire où il travaille et où il vit.

Péricentre, péricentral : C'est l'*inner city* des villes anglo-saxonne, une couronne de quartiers cernant les centres urbains et correspondant souvent à la première grande poussée de croissance industrielle et urbaine du XIXe siècle, dans les villes des pays développés.

Périurbanisation, périurbain : Installation, autour et à bonne distance des agglomérations urbaines, de résidences (isolées ou en lotissement, collées aux noyaux villageois) habitées par des migrants alternants ou d'autres populations tirant leurs ressources du système urbain et vivant selon ses modes d'existence. Il s'agit d'une urbanisation diffuse, s'opérant au cœur du monde rural qu'elle transforme de manière insidieuse. Entamée dès les années 1930 en Amérique du Nord, elle ne sévit en Europe et au Japon que depuis les années 1960-1970. Elle apparaît aussi dans les pays du Sud.

Plan d'occupation des sols (POS) : Planification de l'usage des sols avec la délimitation de zones à bâtir et d'espaces inconstructibles.

Plantation : Exploitation agricole du monde tropical dont la production est essentiellement écoulée sur le marché mondial. Selon la taille on distingue de petites plantations paysannes (nombreuses en Afrique noire) et de grandes plantations capitalistes ou d'État.

Polarisation : 1) Ensemble des relations hiérarchiques, économiques et sociales existant entre les centres d'un espace considéré. 2) Processus qui, par une dissymétrie croissante des relations entre les lieux, engendre un fonctionnement de plus en plus hiérarchisé du système spatial.

Politique de la ville (en France) : Ensemble de mesures, d'interventions et de procédures publiques, de caractère global, qui visent des objectifs à la fois économiques, urbanistiques, sociaux, éducatifs et culturels. Elle s'efforce de réduire la ségrégation, la dégradation du cadre de vie, l'insécurité, la rareté des services (publics ou privés) et des ressources économiques *in situ* dans les quartiers d'habitat social, ou dans les vieux tissus urbains dégradés.

Précarité sociale : Cette situation de fragilité et d'instabilité des statuts sociaux et des ressources affecte des couches de plus en plus nombreuses et variées des populations des pays riches. Sa cause essentielle est d'origine économique. Elle résulte de la remise en question des rapports salariaux de l'ère fordiste et se traduit par le développement du chômage, de la flexibilité-instabilité de l'emploi, du travail intérimaire, des « petits boulots », etc.

Purification ethnique : Opération par laquelle une majorité, sur un territoire donné, expulse par la déportation ou le massacre une minorité qu'elle souhaite exclure.

Quart-Monde : Cette expression désigne le sous-prolétariat, les plus pauvres des pauvres : SDF, occupants illégaux des squats et des taudis urbains. Ils se situent au degré le plus bas des échelles sociales classiques que constituent la classe ou le groupe de référence, le statut et le pouvoir.

Réforme agraire : Remise en cause plus ou moins radicale des formes d'appropriation et d'exploitation de la terre agricole. Dans un esprit de justice sociale, elle consiste à instaurer un plafond de taille des biens fonciers, puis à partager entre les paysans sans terre les superficies ainsi récupérées (après confiscation ou indemnisation) sur les biens des grands propriétaires.

Régulation (théorie de la) : Théorie expliquant l'accumulation du capital en faisant appel aux cadres institutionnels localisés et aux normes sociales qui engendrent les comportements économiques. Le concept de mode de régulation (variable en fonction des temps et des lieux) est au centre d'une réflexion qui cherche à rendre compte de la diversité des économies capitalistes.

Réhabilitation : Opération d'amélioration et de restauration de l'habitat. Elle consiste à mettre aux normes du confort moderne des appartements anciens considérés ou non comme de valeur patrimoniale. Après avoir débuté dans le centre des villes, la réhabilitation a été étendue aux quartiers plus récents des banlieues (cités d'habitat social des années 1960, en France).

Relégation : C'est le contraire de l'ascension sociale, une régression vers des conditions de vie, de résidence et de ressources propres à des couches sociales moins dotées et moins prestigieuses que celles dont l'individu « relégué » est originaire.

Remembrement : Regroupement de parcelles cultivées afin d'en favoriser l'exploitation. Les remembrements peuvent être effectués dans des cadres privés ou être organisés par la puissance publique.

Rendements (agricoles) : Il convient de distinguer les rendements par unité de superficie qui correspondent aux quantités de denrées agricoles produites par hectare ou par acre et les rendements par unité de main d'œuvre qui correspondent aux quantités de denrées agricoles produites par travailleur agricole. Les seconds varient dans des proportions beaucoup plus considérables que les premiers.

Rénovation : Opération d'urbanisme consistant à détruire des immeubles ou des quartiers anciens pour les remplacer par des ensembles urbanistiques neufs, à vocation résidentielle ou de services.

Réseau : L'ensemble des relations qui, dans un espace donné, relient les lieux entre eux.

Révolution verte : Elle repose sur la mise à la disposition des agriculteurs de nouvelles variétés de plantes cultivées (riz, blé,...) à hauts potentiels de rendements. La culture de ces nouvelles variétés implique l'utilisation d'intrants d'origine industrielle (engrais, produits de traitement...) et assez souvent le recours à l'irrigation.

Richesse naturelle : Les ressources que la nature met à disposition de l'homme (minerais, sols agricoles, bois des forêts, etc.) Les ressources ne deviennent richesses que si l'homme les exploite.

Risque naturel : Toute activité que l'homme exerce suppose qu'il prenne des risques. Certains de ces risques, les risques naturels, proviennent des catastrophes de la nature (séismes, inondations, cyclones, éruptions volcaniques) tandis que d'autres sont également liés à la responsabilité de l'homme lui même (les incendies de forêts). Mais dans les deux cas il n'y a pas de risque naturel en l'absence de société.

Rupture de charge : Transfert d'une marchandise ou d'un voyageur d'un mode de transport à l'autre ou, au sein d'un même mode, d'un véhicule à l'autre. La rupture de charge est source potentielle d'avaries pour les objets transportés. Physiquement ressentie par les voyageurs, son degré de pénibilité concourt à l'attractivité ou non d'une chaîne multimodale.

Rural : L'espace rural se définit en opposition par rapport à l'urbain : il désigne les campagnes par rapport aux espaces urbanisés. Différents critères : dispersion de la population, densités de population, dispersion de l'emploi... ont été utilisés pour le définir.

SDF : Personne sans domicile fixe, exclue ou marginale, vivant dans la rue et dans les lieux publics (gares, parkings, etc.), occupant irrégulièrement des squats ou fréquentant les centres d'accueil de nuit et de restauration ouverts par des institutions publiques ou privées.

Sécurité alimentaire : Cette notion présente à la fois ou de façon séparée un volet quantitatif (quantité de nourriture dont peut disposer un groupe humain grâce à la production agricole ou en recourant au marché) et un volet qualitatif (qualité – en particulier sanitaire – des produits agricoles consommés ou mis sur le marché).

Ségrégation : Appliquées aux populations urbaines, les sélections géographiques des lieux engendrent une spécialisation sociale, de plus en plus souvent appelée « ségrégation sociale ». Le terme de ségrégation désigne alors les oppositions entre répartitions dans la ville de groupes sociaux ou de groupes ethniques différents. Le passage de spécialisation sociale à ségrégation s'accompagne d'une modification du contenu de la notion, le mot ségrégation exprimant l'idée d'exclusion, c'est-à-dire de séparation volontaire.

Seuil de pauvreté : Niveau de revenus monétaires définissant en tant que « pauvres » les individus ou les ménages qui ne l'atteignent pas. C'est une valeur arbitraire, un indicateur statistique et pratique à partir duquel sont alloués (dans les pays riches où la protection et la solidarité sociales existent) des aides ou « minima sociaux ».

Spécialisation : La spécialisation d'une unité spatiale à l'intérieur d'un ensemble correspond soit à l'exercice d'une fonction spécifique, soit à l'appartenance à un champ ou à un domaine particulier. Dans un système de villes, la spécialisation est à la fois ce qui individualise chaque ville dans le système et ce qui contribue à la complémentarité et à l'interdépendance des différentes villes. Cette acception générale de la notion de spécialisation, très ancienne en géographie, est retenue pour caractériser les formes d'appropriation, d'occupation, ou d'utilisation de l'espace dans un système géographique.

Stigmatisation : Désignation insistante, mise en scène d'une situation économique, sociale ou culturelle (pauvreté, ségrégation, différence ethnique ou simples représentations de ces phénomènes) par une action, un aménagement public ou privé nourrissant au contraire l'intention de la combattre.

Structure agraire : C'est l'ensemble des structures foncières qui sont l'expression de l'appropriation du sol agricole, des structures d'exploitation et des modes de faire-valoir.

Structure d'exploitation : Dans un sens étroit, taille, en général mesurée en hectares, des exploitations agricoles. Dans un sens plus large s'y ajoute la taille et la disposition (regroupée, dispersée...) des parcellaires exploités.

Système de production agricole : C'est, au niveau des exploitations agricoles, la combinaison de moyens de production (terre, capital, travail) et de cultures et/ou d'élevages mise en œuvre.

Système de villes : On appelle système de villes un ensemble de villes interdépendantes, de telle façon que tout changement significatif survenant dans l'une des villes entraîne, directement ou indirectement, une ou des modifications dans une ou plusieurs autres villes de l'ensemble considéré.

Techniques d'encadrement : L'ensemble des procédés et des institutions (organisation économique, sociale, politique, religieuse) utilisés par une société pour assurer son fonctionnement et sa reproduction. Les techniques d'encadrement s'opposent aux techniques de production.

Techniques de production : L'ensemble des procédés matériels par lesquels une société donnée exploite le milieu naturel qu'elle habite et utilise les produits qu'elle importe. Les techniques de production s'opposent aux techniques d'encadrement.

Technopôle : Parc technologique rassemblant sur une espace relativement restreint des industries de pointe, des centres de recherche et d'enseignement travaillant en synergie étroite dans un environnement de qualité.

Technopole : Ville particulièrement bien dotée en laboratoires et centres de recherche, universités, grandes écoles, organismes financiers (capital-risque) etc., mais aussi en infrastructures performantes (aéroport international, etc.), qui attirent en nombre les entreprises de pointe : aérospatiale, électronique, télécommunications, biotechnologies, robotique, etc.

Termes de l'échange : Il s'agit, pour un pays ou groupe de pays donnés, du rapport des prix à l'exportation et des prix à l'importation, ramenés à un indice synthétique. Les termes de l'échange se dégradent lorsque le rapport diminue. Ils s'améliorent lorsqu'il augmente.

Territoire : Portion d'espace contrôlée par une société donnée. Le territoire national est l'étendue contrôlée par le pouvoir de l'État correspondant.

Terroir : Portion d'espace agricole présentant des aptitudes agronomiques particulières susceptibles de transmettre une certaine spécificité à des produits agricoles qui y sont obtenus.

Transition alimentaire : Passage d'un régime alimentaire comportant très peu de protéines d'origine animale à un régime alimentaire où ces protéines tiennent une place importante sous forme d'œufs, de lait ou de viandes.

Transition urbaine : La transition urbaine correspond au passage des sociétés d'une économie agraire, exploitant principalement des ressources locales, à une économie industrielle et tertiaire s'appuyant sur des échanges à longue portée et sur le développement des villes nœuds de ces échanges.

Zone franche industrielle et de services : Espace géographiquement délimité et à l'accès strictement contrôlé, où les entreprises jouissent d'un certain nombre d'avantages dérogatoires au régime commun, principalement sur les plans fiscaux et douaniers. Compte tenu de leur très forte dépendance vis-à-vis des marchés internationaux, les zones franches sont généralement localisées à proximité des grandes infrastructures de transport (aéroport, port en eau profonde, etc.) et des espaces urbains les plus attractifs.

Bibliographie générale

Ouvrages généraux

BAILLY A., BÉGUIN H., *Introduction à la géographie humaine*, Armand Colin, 1998.

BAILLY, A., FERRAS, F., PUMAIN D., *Encyclopédie de géographie*, Économica, 1995 (2e éd.)

BAILLY A. *et al.*, *Les concepts de la géographie humaine*, Armand Colin, 2001.

BRUNET R., *Le déffrichement du Monde*, Belin, coll. « Mappemonde », 2001.

CHARVET J.-P. (dir.), *Dictionnaire de géographie humaine*, Liris, 2000.

CLAVAL P., *Épistémologie de la géographie*, Nathan, coll. « Fac », 2001.

CLAVAL P., *Initiation à la géographie régionale*, Nathan, 1993

CLAVAL P., *Histoire de la géographie française de 1870 à nos jours*, Nathan, coll. « Fac », 1998.

FRÉMONT A., *La région, espace vécu*, Flammarion, « Champs », 1999, 2e ed.

GOUROU P., *Pour une géographie humaine*, Flammarion, 1973.

MERLIN P., *Géographie humaine*, PUF, 1997.

PINCHEMEL G. et Ph., *La face de la Terre*, Armand Colin, 1997.

PITTE J.-R., *Histoire du paysage français*, Taillandier, 2001.

ROUGERIE G., *L'homme et son milieu*, Nathan, coll « Fac »2000.

Activités économiques

AURAY J.-P., BAILLY A., DERYCKE P.-H., HURIOT J.-M. *Encyclopédie d'économie spatiale. Concepts, comportements, organisations.* Paris, Economica, 1994.

BATTIAU M., *L'industrie : définition et répartition mondiale*, SEDES, coll. « Campus »1998.

BEGUIN H., « La localisation des activités banales», *Encyclopédie de géographie*, Économica, 1992.

BENKO G., LIPIETZ A. (dir.), *La richesse des régions. La nouvelle géographie socio-économique*, PUF, 2000.

BENKO G., *Géographie des technopôles*, Masson, 1991.

BENKO G., *Lexique de géographie économique*, Armand Colin, coll. « Synthèse », 2001.

BOYER R., FREYSSENET M., *Les modèles productifs*, La Découverte, 2000.

CAZES G., LANQUAR R., RAYNOURD Y. *L'aménagement touristique*, PUF, 1993.

CHARDONNET J., « Les grands types de complexes industriels », *Cahiers de la Fondation Nationale des Sciences politiques*, n ° 38, 1953.

CHARRIÉ J.-P., *Les activités industrielles en France*, Masson, 1995.

CLAVAL P., *Géographie humaine et économique contemporaine*, PUF, 1984.

DEWAILLY J.-M., FLAMENT É., *Géographie du tourisme et des loisirs*, Sedes, 1993.

DEWAILLY J.-M., FLAMENT É, *Le tourisme*, Sedes, coll. « Campus », 2000

Dezert B., Verlaque C., *L'espace industriel*, Masson, 1978.

Duhamel Ph., Sacareau I., *Le tourisme dans le monde*, Armand Colin, 1998.

Dupuy G., Bost F. (dir.), *L'automobile et son monde*, Éditions de l'Aube, 2000.

Fischer A., *Industrie et espace géographique*, Masson, 1994.

Gachelin C., *La localisation des industries*, PUF, 1977.

Géneau de Lamarlière I., Staszak J.-F.. *Principes de géographie économique*, Bréal, 2000.

Gourou P., *Terres de bonne espérance, le monde tropical*, Plon, 1982.

Lozato-Giotard J.-P., *Géographie du tourisme*, Masson, 1993.

Lung Y., « Modèles industriels et géographie de la production », *In* RALLET A., TORRE A. (dir.), *Economie industrielle et économie spatiale*, Économica, 1995.

Manzagol C., « La localisation des activités spécifiques », *Encyclopédie de géographie*, Économica, 1992, pp. 489-514.

Manzagol C., *Logique de l'espace industriel*, PUF, 1980.

Merenne-schoumaker B., *La localisation des productions agricoles*, Armand Colin, 1999.

Merenne-schoumaker B., *La localisation des industries*, Armand Colin, 1996.

Merenne-schoumaker B., *La localisation des services*, Armand Colin, 1996.

Michalet Ch.-A., *La séduction des nations ou comment attirer les investissements*, Économica, 1999.

Pigeon P., *Espaces ruraux et échanges internationaux*, Économica, 1997.

Pearce Douglas, *Géographie du tourisme*, Nathan Université, 1993.

Rallet A., Torre A. (dir.). *Economie industrielle et économie spatiale*, Economica, 1995.

Saint-julien Th. (coord.) *Industries. Atlas de France*. La Documentation Française/RECLUS, 1998.

Saint-julien T. (coord.) *Services et commerces. Atlas de France*. La Documentation Française/RECLUS, 1999.

Scott A. J., *Les régions et l'économie mondiale*, L'Harmattan, 2001.

Wackermann G., *Le tourisme international*, Armand Colin, 1988.

Agriculture et espaces ruraux

« Agricultures et territoires : prospective à 2015 », *Chambres d'Agriculture*, juillet-août 2000, supplément au n° 890.

Arlaud S., Périgord M., *Dynamiques des agricultures et des campagnes dans le monde*, Ophrys, 1997.

Berger A. (dir.), *Dynamiques rurales, environnement et stratégies spatiales*, CNRS, Université de Montpellier, 2001.

Bonnamour J., *Géographie rurale, position et méthode*, Masson, 1993.

Bonnamour J., (ed.), *Agricultures et campagnes dans le monde*, Sedes, coll « DIEM », 1996.

Les campagnes et leurs villes, Paris, INRA-INSEE, coll. « Contours et Caractères », 1998

Brunel S., *Famines et politiques*, Presses de Science Po, 2002.

Chaléard J.-L., Dubresson A., (ed.), *Villes et campagnes dans les pays du Sud*, Karthala, 1999.

CEPII, « La Chine et l'Inde en transition » *Économie et prospective internationale*, n° 50, La Documentation Française, 1992.

Chapuis R., *Systèmes et espaces agricoles dans le monde*, Armand Colin, 2001.

Charvet J.-P., *La France agricole dans son environnement européen et mondial*, Liris, 1997.

Charvet J.-P., *Le désordre alimentaire mondial*, Hatier, 1997.

Croix N., (ed.), *Des campagnes vivantes, un modèle pour l'Europe ?*, Nantes, Cestan-Igarun, 2000.

Diry J.-P., *Les espaces ruraux*, Sedes, coll. « Campus », 1999.

Diry J.-P., *Campagnes d'Europe, des espaces en mutation*, La Documentation Française, coll. « La Documentation Photographique », n° 8018, 2000.

Fumey G., *L'agriculture dans la nouvelle économie mondiale*, PUF, 1997

GRIGG D., *An introduction to agricultural geography*, Londres, Routledge, 1995.

HERVIEU B., VIARD J., *Au bonheur des campagnes*, Éditions de l'Aube, 2001.

KAYSER B., *La renaissance rurale*, Armand Colin, 1990.

LEBEAU R., *Les grands types de structure agraire dans le monde*, Armand Colin, 2000.

LEFORT I., *Crises et mutations des espaces ruraux dans les pays anciennement industrialisés*, Économica, 1997.

LOYAT J., PETIT Y., *La politique agricole commune*, La Documentation Française, 1999.

MAZOYER M., ROUDART L., *Histoire des agricultures du monde, du néolithique à la crise contemporaine*, Le Seuil, 1997.

Aménagement du territoire

ALVERGNE C., TAULELLE F., *Les nouvelles politiques d'aménagement du territoire*, PUF, 2002.

BRUNET R., SALLOIS J., *La France : les dynamiques du territoire*, Reclus, 1986.

Comité national de l'évaluation / Commisariat général au plan, *La politique de la montagne, rapport d'évaluation*, La Documentation française, 2 vol., 1999.

CROIX N. (coord.), Environnement et nature dans les campagnes, nouvelles politiques, nouvelles pratiques, Presses universitaires de Rennes, 1998.

DATAR, *Débat national pour l'aménagement du territoire*, La Documentation française, 1993.

DUPUY G., *L'urbanisme des réseaux*, Armand Colin, 1991.

GUERMOND Y., *Territoire et aménagement, Atlas de France*, vol. 14, La Documentation française, 2001.

HOUÉE P., *Les politiques de développement rural*, INRA-Économica, 1996.

LABORIE J.P., LANGUMIER J.F., ROO P. de, *La politique française d'aménagement du territoire de 1950 à 1985*, La Documentation française, 1985.

MERLIN P., *Les villes nouvelles en France*, PUF, 1991.

MICHEL M., L'aménagement régional en France, Masson, 1994.

NEBOIT-GUILHOT R., Davy L. (dir), *Les Français dans leur environnement*, Nathan, 1996.

NOIN D., *Le nouvel espace français*, Armand Colin, 2001.

ROCHEFORT M., *Dynamique de l'espace français et aménagement du territoire*, L'Harmattan, 1995.

WACHTER S. (coll.), *Repenser le territoire : un dictionnaire critique*, DATAR, Éd. de l'Aube, 2000.

Géopolitique et géographie culturelle

BONNEMAISON J., *La géographie culturelle*, CTHS, 2000.

CLAVAL. P., *Géopolitique et géostratégie*, Nathan, coll. « Fac », 1996.

CLAVAL. P., *Géographie culturelle*, Nathan, coll. « Fac », 1995.

LACOSTE Y., *Dictionnaire de géopolitique*, Flammarion, 1995.

LACOSTE Y., *Géopolitique des États*, Flammarion, 1998.

LORIOT P., *Histoire de la géopolitique*, Économica, 1995.

ZENEIDI D., *Les SDF et la ville. Le cas de Bordeaux*, thèse, université de Bordeaux-III.

Population, santé, géographie sociale

BAUDELLE G., *Géographie du peuplement*, Armand Colin, coll. « Cursus »2000.

DI MÉO G., *Géographie sociale et territoires*, Nathan, coll. « Fac », 1998.

FRÉMONT A, CHEVALIER J, HÉRIN R, RENARD J., *Géographie sociale*, Masson, 1984.

Haut Comité à la Santé Publique. *La santé en France 2002*, La Documentation française, 2002.

LECLERC A, FASSIN D, GRANDJEAN H, KAMINSKI M, LANG T., *Les inégalités sociales de santé*, Inserm, La Découverte, 2000.

NOIN D., *Géographie de la population*, Armand Colin, 2001.

NOIN D., Chauviré Y., *La population de la France*, Armand Colin, coll. « U », 2002.

THUMERELLE P.-J. *Les populations du monde*, Nathan, coll. « Fac », 1996.

SALEM G, RICAN S, JOUGLA E. *Atlas de la santé en France. Vol 1 : Les causes de décès*, John Libbey Eurotext, 2000.

SALEM G. (coord.), « Géographie de la santé », *Cahiers Santé*, 8, 1998.

SALEM G., *La santé dans la ville*, Khartala, 1998.

Villes et urbanisme

BAIROCH P., *De Jéricho à Mexico : Villes et économie dans l'histoire*, Gallimard, 1985.

CATTAN N., PUMAIN D., ROZENBLAT C., SAINT-JULIEN T., *Le système des villes européennes*, Anthropos, 1999, 2e éd.

CATTAN N., SAINT-JULIEN T., *Les villes en France*, La Documentation française, 1997.

CHOAY F., *L'urbanisme : Utopies et réalités*, Le Seuil, coll. « Points », 1965.

CLAVAL P., *La logique des villes*, Litec, 1982.

DERYCKE P.H., HURIOT J.-M., PUMAIN D., *Penser la ville*, Anthropos, 1996.

DUBY G., (sous le direction de), *Histoire de la France urbaine*, Le Seuil, 5 tomes, 1985.

GHORRA-GOBIN C., *La ville américaine*, Nathan, coll. « 128 », 1998.

MERLIN P., CHOAY F., *Dictionnaire de l'urbanisme et de l'aménagement*, PUF, 2000.

MORICONI F., *L'urbanisation du monde depuis 1950*, Anthropos, 1993.

PAQUOT Th., LUSSAULT M., BODY GENDROT S., *La ville et l'urbain, l'état des savoirs*, La Découverte, 2001.

PUMAIN D., SAINT-JULIEN Th., *L'espace des villes. Atlas de France*, tome 12, La Documentation française, 1995.

PUMAIN D., SAINT-JULIEN Th., *L'analyse spatiale. Localisations dans l'espace*, Armand Colin, coll. « Cursus », 2001.

PUMAIN D., SAINT-JULIEN Th., *Les interactions spatiales*, Armand Colin, coll. « Cursus »2001.

RONCAYOLO M., *La ville et ses territoires*, Galliard, 1990.

RONCAYOLO M., *Les grammaires d'une ville*. Paris, EHESS, 1996.

MONNET J., 1996, « L'Amérique latine », *in* Paquet Th., *Le monde des villes, panorama urbain de la planète*, Complexe.

PURTIER R., *Villes africaines*. La Documentation française, 1999.

RACINE J.-B., *La ville entre Dieu et les hommes*, Anthropos, 1993

SASSEN S., *La ville globale : New York, Londres, Tokyo*, Descartes et Cie, 1996.

Transports et réseaux

BAUCHET P., *Le transport international dans l'économie mondiale*, Économica, 1988.

BAVOUX J. J., CHARRIER J. B., *Transports et structuration de l'espace dans l'Union européenne*, Masson, 1994.

CAPOT-REY R, *Géographie de la circulation sur les continents*, Gallimard, 1946.

CLOZIER R., *L'économie des transports terrestres (rail, route, eau). Géographie de la circulation*, vol. I, Génin, 1963.

DACHARRY M., *Géographie du transport aérien*, LITEC, 1981.

DUPUY G., *L'urbanisme des réseaux ; théories et méthodes*, Armand Colin, coll. « U », 1991.

DUPUY G., *Les territoires de l'automobile : théorie et méthodes*, Anthropos, 1995.

MARCADON J., AUPHAN É., BARRÉ A., CHESNAIS M., *Les transports*, Armand Colin, coll. « Prépas Géographie », 1997.

MÉRENNE É, *Géographie des transports*, Paris, Nathan, coll. « Géographie d'aujourdhui », 1997.

MERLIN P., *Géographie des transports*, PUF, Coll. « Que sais-je ? », n° 1427, 1992.

MERLIN P., *Géographie, économie et planification des transports*, PUF, coll. « Fondamental », 1991.

OFFNER J.-M., PUMAIN D. (dir.), *Réseaux et territoires ; Significations croisées*, Éditions de l'Aube, 1996.

PERPILLOU A., *Géographie de la circulation : la navigation et les transports maritimes*, CDU, 1958.

SAMII A., *Mutations des stratégies logistiques en Europe*, Nathan, 1997.

TROIN J.-F., *Rail et aménagement du territoire, des héritages aux nouveaux défis*, Édisud, 1995.

VARLET J., *L'interconnexion des réseaux de transport en Europe*, Paris, Institut du transport aérien, vol. 24, n° 1, 1992.

VARLET J. (dir.), *Autoroutes, économie et territoires ; Actes du colloque de Clermont-Ferrand*, mai 1995, Clermont-Ferrand, CERAMAC, 1997.

VIGARIÉ A., *La circulation maritime. Géographie de la circulation*, vol. II, Génin, 1968.

VIGARIÉ A., *Échanges et transports internationaux depuis 1945*, Sirey, 1993.

WACKERMANN G., *Tourisme et transport*, Sedes, 1993.

WOLKOWITSCH M., *Géographie des transports*, Armand Colin, coll. « Cursus », 1992.

Table des matières

Index

P

Q

R

S

T

U

Z

11002478 - (III) - (1,2) - OSB 100° - ACT

Imprimé en France par EMD S.A.S.
53110 Lassay-les-Châteaux
N° dossier : 14541 - Dépôt légal : novembre 2005